数据科学与大数据管理丛书

Operations Research

Principle, Tools, and Applications

运筹学

原理、工具及应用

肖勇波◎编著

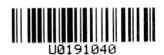

机械工业出版社
CHINA MACHINE PRESS

图书在版编目（CIP）数据

运筹学：原理、工具及应用 / 肖勇波编著．—北京：机械工业出版社，2021.1（2023.11 重印）
（数据科学与大数据管理丛书）

ISBN 978-7-111-67203-6

I. 运… II. 肖… III. 运筹学 - 高等学校 - 教材 IV. O22

中国版本图书馆 CIP 数据核字（2020）第 266359 号

本书通过对运筹学的基本理论、方法和应用进行全面介绍，既传承了理论，又突出了方法，还强调了应用的重要性。读者通过对本书的学习，可以更好地运用运筹学方法解决实际问题。本书使用的软件工具不局限于 Excel，也有 LINGO 和 MATLAB 等，为读者提供了多元化的选择。

本书适合经济管理等相关专业的本科生、研究生和 MBA 使用，也可作为相关人员的参考读物。

出版发行：机械工业出版社（北京市西城区百万庄大街 22 号 邮政编码：100037）
责任编辑：李晓敏 宁 鑫 责任校对：殷 虹
印 刷：北京建宏印刷有限公司 版 次：2023 年 11 月第 1 版第 5 次印刷
开 本：185mm×260mm 1/16 印 张：23
书 号：ISBN 978-7-111-67203-6 定 价：49.00 元

客服电话：（010）88361066 68326294

ABOUT THE AUTHOR

作者简介

肖勇波博士，清华大学经济管理学院管理科学与工程系长聘教授。先后在清华大学获得工学学士学位（2000年）和管理学博士学位（2006年），并在经济管理学院应用经济系完成博士后研究（2006～2008年），是教育部长江学者青年学者（2015年）、国家自然科学基金优秀青年科学基金（2012年）和中国管理学青年奖（2014年）的获得者。主要研究领域包括收益与定价管理、运营与供应链管理、服务管理等，主持了多项国家自然科学基金重点项目、面上项目等课题，学术论文发表在 *Operations Research* 和 *Production and Operations Management* 等国际顶级及一流学术期刊上。长期讲授“运筹学”“数据、模型与决策”“运营管理”等课程。

P R E F A C E

前言

在技术高度发达、竞争空前激烈的商业社会，如何有效地行使计划、组织、领导、协调、控制等管理职能，从而提升组织的经营绩效并打造持续竞争力，是管理者普遍关心的问题。特别是在大数据时代，如何对海量数据进行深入分析，从而帮助组织优化决策，一直是学术界关心的话题。肩负着“运筹于帷幄之中，决胜于千里之外”使命的运筹学，为管理者通过科学的方法来遴选出最优或最满意方案提供了方法论基础。

“运筹学”一直是高等院校经济管理、工业工程、自动控制和应用数学等专业本科生和研究生的必修课程。国内现有的运筹学课程一般都侧重于讲授优化原理，其相关模块与现实管理问题的结合相对薄弱。在给商学院学生讲授该课程的过程中，笔者深刻感受到：学生更希望多学习如何利用运筹学的模型、方法和工具来解决实际的管理问题。为了提升教学效果，结合学生的上课反馈，笔者一直在充实“运筹学”教学的内容，并调整教学方式。在机械工业出版社编辑的大力支持下，笔者参考国内外相关教材并结合自己的教学心得体会，编著了本教材。本书体现“实施科教兴国，强化现代化建设人才支撑”等的二十大报告内容。

相对于当前国内已有的运筹学教材，本教材有如下方面的特点：

- 运筹学原理与管理应用相结合：每个模块中，在用通俗的方式讲述相关原理的基础上，还构建了多个管理决策场景来应用相关方法。这些管理应用场景来自人力资源管理、市场营销、财务管理、运营管理等领域。
- 注重优化决策结果的分析和管理启示挖掘：运筹优化模型是为管理决策服务的，对优化结果进行深入分析比优化求解过程更重要。本教材中的很多例子都在引导学生对相关问题展开进一步的思考。
- 补充了一些新的内容：在已有教材的基础上增加了用于线性规划敏感性分析的100%法则、基于效用函数的决策树模型、排队系统配置等方面的新内容。
- 利用软件工具帮助优化求解：本教材许多例题在建模的基础上介绍了如何用 Excel、MATLAB、LINGO 等软件工具优化求解。本教材还介绍了用于求解决策树模型的 Treeplan 小插件。
- 设计了有挑战性的习题：现有教材的习题多侧重于让学生巩固相关章节学习的方法，在本教材中，笔者设计了较多富有挑战性的习题。这些习题不一定有标准答案，需要学生在已学内容的基础上，结合管理问题情境做深入的思考。

本教材属于运筹学基础性的教材，书中采用尽量浅显、通俗的语言来介绍各模块的原理、方法、应用与工具。本教材适合没有运筹学基础但对运筹学感兴趣的所有专业的学生（以本科生为主），特别是经济管理相关专业的学生。希望本教材不仅可以帮助学生掌握相关建模优化的理论、方法与工具，更能帮助他们选择合适的模型对现实问题进行建模，利用合适的工具进行优化计算，并能正确地解读和分析结果。有兴趣的学生在学习本教材的基础上，可以进一步学习高级运筹学的相关内容。特别是，笔者希望部分学生通过对本教材的学习，能激发出对管理科学相关学科（包括运营与供应链管理、市场营销、金融工程等）的相关问题进行深入研究的兴趣。

自 2012 年讲授“运筹学”课程以来，笔者深受清华大学经济管理学院管理科学与工程系资深教授程佳慧的指导与启发。作为程教授二十多年前的学生，能够接过程教授的接力棒继续为清华大学的本科生和研究生讲授运筹学是一件荣耀而又责任重大的事情。趁此机会，笔者向程教授表示深深的谢意！此外，在本教材部分章节的初稿撰写过程中，笔者得到了清华大学经济管理学院博士生胡晨、王旭红和王利明的协助，在此一并表示感谢！

由于笔者水平有限，再加上时间紧迫，书中定有疏漏或不足的地方，敬请各位老师和读者批评指正！

肖勇波

2020 年 9 月

SUGGESTION

教学建议

运筹学是在正确定义问题的基础上，通过收集相关数据、建立模型、优化分析，来帮助决策者选择优化方案的科学。通过本课程的学习，学生能够掌握运筹学的一些基本原理，理解运筹学的思维方式，采用合适的软件工具来辅助优化求解，应用科学的分析方法对管理决策问题进行定量分析，同时为后续专业课程的学习打下坚实的方法论基础。通过学习本课程，学生能在正确定义管理问题、正确建立模型、选择正确的优化方法和工具、对优化结果进行正确分析等方面都得到综合训练。

教学方式方法及手段建议

运筹学是一门综合性很强的科学，既需要有管理学修养，又要求有数学和计算机基础；学生需要掌握的相关原理、工具和方法很多。为了更好地实现预期的教学效果，在以理论教学（课堂讲授）为主的基础上，建议配以案例分析和上机实践等上课形式，通过启发式教学方法来引导学生定义、分析和解决问题。在教学中，一是要坚持原理与应用相结合，在讲授运筹学相关原理的基础上，侧重于运筹学方法在不同管理情景（如人力资源规划、市场营销、运营管理、财务管理等）下的应用；二是注重启发学生主动思考，避免“灌输式”教学方式，因为多数管理问题并不存在唯一的标准答案；三是强化软件工具的应用，介绍一些实用的软件工具（如 Treeplan、Excel、LINGO、LEAVES、MATLAB 等）来帮助有效优化求解；四是建议通过项目报告的方式，要求学生以小组形式自行建立选题、收集数据、建立模型并做优化分析，从而达到综合训练的目的。

课时分配建议（供参考）

序号	章节	主题	教学内容	课时安排
1	第 1 章	管理中的运筹学	运筹学的定义 运筹学的应用场景 运筹学的学科体系	3
2	第 2 章	线性规划	线性规划的数学模型 线性规划的类型与标准型 线性规划的图解法 线性规划问题解的性质 线性规划的单纯形法 求解线性规划的软件工具 线性规划的管理应用	8

（续）

序号	章节	主题	教学内容	课时安排
3	第 3 章	对偶理论与敏感性分析	对偶线性规划问题 对偶问题的基本性质 对偶解的经济意义——影子价格 对偶单纯形法 线性规划的敏感性分析	6
4	第 4 章	运输规划	运输规划的数学模型 产销平衡运输问题的表上作业法 产销不平衡的运输问题 运输规划模型的应用 利用 LINGO 求解运输规划	3
5	第 5 章	目标规划	目标规划问题及其数学模型 目标规划的图解法 目标规划的单纯形法 目标规划的管理应用	3
6	第 6 章	整数规划	整数规划的数学模型 求解纯整数规划的割平面法 分支定界法 指派问题 整数规划的管理应用	3
7	第 7 章	博弈论基础	博弈论的基本概念 矩阵对策和双矩阵对策 二人无限非零和对策 Stackelberg 博弈 合作博弈	5
8	第 8 章	决策分析与决策树	不确定环境下的决策 决策树模型 信息的价值 用 Treeplan 求解决策树	3
9	第 9 章	效用理论	效用理论的基本概念 效用函数与指数效用函数 基于效用理论的管理决策	3
10	第 10 章	非线性规划	非线性规划的基本概念 非线性规划的搜索算法 带约束的非线性规划 非线性规划的管理应用	5
11	第 11 章	动态规划	动态规划的基本概念和方程 动态规划的求解方法 动态规划的管理应用	3
12	第 12 章	排队论基础	排队系统及其主要指标 单服务台系统 多服务台系统	3
	合计			48

C O N T E N T S

目录

C H A P T E R 1

第1章

管理中的运筹学

作为行使计划、组织、领导、协调、控制等基本职能的活动，管理在决定组织的长远发展以及中短期绩效等方面的重要性是不言而喻的。特别是在技术高度发达、市场需求瞬息万变、企业竞争愈发激烈的背景下，企业之间的竞争越来越多地体现为管理战略和策略之间的竞争。以中国白酒行业的两家龙头企业为例，贵州茅台集团在 2001 年于上交所上市时，其营业收入只有五粮液集团（1998 年在深交所上市）的三分之一左右。然而，从 2008 年开始，贵州茅台集团就以 82 亿元的营收超越了五粮液集团的 79 亿元。目前，贵州茅台集团在公司市值、营业收入和净利润等指标上都已经远超五粮液集团。究其原因，该竞争局面的形成跟两家公司经营理念的分歧以及公司在品牌、定价等方面采用的战略息息相关。历史上，无数曾经风靡一时的企业遭受巨额亏损甚至破产，其问题都出在市场营销、财务、运营等方面的管理上。

管理的本质是什么？学术界一直对此存在争议。有人认为管理是一门艺术，因为管理在很大程度上取决于管理者本身，取决于管理者对管理问题的洞察与理解；同时管理涉及的对象是人，而与人交流、协调，引领和把握人行为的结果则更是一门艺术。也有人认为管理是一门科学，因为有效、成功的管理必须有科学的理论和方法来指导。诺贝尔经济学奖获得者赫伯特 · 西蒙 (Herbert A. Simon) 则认为管理就是决策，因为管理者的工作本质上就是要在各种方案之间做出抉择。这些决策贯穿组织的战略、运营和操作等各个层面，跨越人力资源、财务、市场营销、运营、销售等各个职能部门。

虽然有些决策问题看似是定性的，但是几乎所有的决策问题都涉及定量的分析。比如是否应该并购一家企业，决策结果取决于对实施并购和不并购两种方案所可能产生的所有后果之间的对比分析。结合管理者对决策问题的理解，决策分析往往需要经历收集数据、建模分析、得到结果并对结果分析等步骤。运筹学则提供了一套帮助决策者进行决策分析的工具与方法。

运筹学是 20 世纪 30 年代初发展起来的一门新兴学科，其主要目的是为管理人员在决策时提供科学依据，是实现有效管理、正确决策和现代化管理的重要方法之一。发展初期，它主要研究经济活动和军事活动中能用数量来表达的有关规划、管理方面的问题，是一门研究如何将生产、运营等过程中出现的管理问题加以提炼，然后利用数学方法进行解决的学科。随着科学技术和生产的发展，运筹学已经被广泛应用到很多领域，在国民经济中发挥着越来越重要的作用。在很多行业（如航空业、酒店业、娱乐业等），基于运筹学方法的解决方案已经成为公司乃至整个行业的制胜法宝。特别是在当前的大数据背景下，大数据已经成为企业的一项战略性资产。要想透过海量数据挖掘有价值的知识并帮助企业提升管理能力，需要将计算机科学、统计学和运筹学等学科知识集成起来，进行有效的商务分析与决策。不少实践已经证明，在企业的内外部资源有限的情况下，可以通过科学的运筹规划助力企业实现跨越式发展。比如，2008 年上线的 1 号店在其创始人于刚教授的领导下，利用科学的管理理念和运筹模型来优化供应链，极大地降低了企业的运营成本并让顾客直接受惠，很快就在竞争激烈的电商行业中脱颖而出。

1.1 运筹学的起源与定义

作为一门现代科学，运筹学被普遍认为是从第二次世界大战初期的军事任务开始的。当时，各国迫切需要把各种稀缺的资源以有效的方式分配给各种不同的军事行动以及每项行动中的各项具体活动，英国和美国的军事管理当局号召大批科学家运用科学手段来帮助解决战略和运营策略层面上的军事资源分配问题。这些研究军事资源分配的科学家小组正是最早的运筹小组。二战期间，运筹小组成功地解决了许多重要的作战问题（包括防空系统规划、运输船编队、空袭逃避调度、深水炸弹、轰炸机编队等），为取得反法西斯战争的胜利做出了重要贡献，同时也为运筹学后来的发展铺平了道路。运筹学在战争中的成功应用吸引人们开始将其应用于军事以外的其他领域。

运筹学的英文在英国是“Operational Research”，在美国是“Operations Research”，都简写为“OR”，其字面意思是“操作研究”“作业研究”或“作战研究”。将其译作“运筹学”，是由于我国学者借用了《史记》“运筹于帷幄之中，决胜于千里之外”一语中的“运筹”二字。这个词被誉为是中文翻译史上最惟妙惟肖的术语之一。该术语既有军事起源之意，也体现了决策过程中需要用到的谋略与聪明智慧。

当然，也有学者认为运筹学实际上起源于 20 世纪初的科学管理运动。像科学管理的奠基人泰勒（Frederick W. Taylor）和吉尔布雷思夫妇（F. B. Gilbreths & L. M. G. Gilbreths）等人首创的时间和动作研究，以及亨利 · 甘特（Henry L. Gantt）发明的“甘特图”、丹麦数学家厄兰（A. K. Erlang）1917 年对丹麦首都哥本哈根市电话系统排队问题的研究等，都应当被看作是最早的“运筹学”。若进一步追溯运筹学的起源，其实早在中国古代就已经产生了很多运筹思想，下面举三个例子加以说明。

1. 田忌赛马

田忌与齐国众公子赛马时，约定双方各出上、中、下三个等级的马中的一匹。如果双方使用同等级的马比赛，齐国众公子可获全胜。但是，军事家孙膑建议田忌用下等马对付齐国众公子的上等马，用上等马对付他们的中等马，用中等马对付他们的下等马。三场比赛结束后，田忌一场败而两场胜，最终赢得齐王的千金赌注。该故事说明在已有条件下，经过筹划安排，选择一个最好的方案，就会取得最好的效果。特别是，田忌在资源存在劣势的现实下，通过运筹实现了反败为胜。换个视角，要是齐国众公子也懂运筹优化，那么他们失败便是小概率的事件了。

2. 丁谓修宫

北宋真宗时期，皇城失火，宋真宗派大臣丁谓主持修复。当时修复的任务相当繁重，既要清理废墟，又要挖土烧砖，还要从外地运来大批建筑材料。要多快好省地完成这一修复任务，就需要制订一个最优的施工方案。丁谓经过分析研究之后，决定首先把皇宫前面的大街挖成一条大沟，利用挖出来的土烧砖；然后把京城附近的汴水引入大沟，通过汴水运送建筑材料；等皇宫修复之后，再把碎砖烂瓦填入沟中，最后修复原来的大街。这一修造方案取得了“一举三得”的效果：一是通过挖沟省去了从远处运土的麻烦，解决了烧砖的问题；二是把陆运改成水运，方便了运输，省工省时，节省了运输费用；三是为工程后期解决废墟处理的问题创造了条件。该故事体现了系统思维和系统优化的重要性和实用性。

3. 沈括运粮

军事家沈括率兵抗击西夏侵扰，发现行军作战时，不仅运粮费用高，而且军队难以载粮远行，采取何种方式运粮，成了最迫切需要解决的问题。沈括计算了后勤人员与作战士兵在不同行军天数中的不同比例关系，同时也分析计算了用各种牲畜运粮与人力运粮之间的利弊。沈括认为自运军粮花费颇大且难以远行，因此夺取敌军的粮食至关重要。最后，他做出了从敌国就地征粮，保障前方供应的重要决策，从而减少了后勤人员的比例，增强了前方作战的兵力。沈括的这种军事后勤分析计算体现的正是运筹学中统筹规划的朴素思想：对管理中涉及的人力、物力、财力等资源进行统筹安排，能够实现最有效的管理。

无论是军事安排，还是工程计划和物流调度，通过运筹规划都能取得意想不到的效果。当战后的工业恢复繁荣时，人们认识到，组织内部复杂的管理问题与战争中所曾面临的问题类似，只是具有不同的现实环境而已。于是，运筹学就这样渗透到企业和政府部门，广泛应用到企业运营、城市规划、交通调度等领域。与此同时，运筹学迅速发展为一门专门的学科。1939 年，苏联科学家康特洛维奇（Leonid Kantorovich）出版了《生产组织与计划中的数学方法》，把资源最优利用这一传统的经济学问题由定性研究和一般的定量分析推进到现实计量阶段，为线性规划方法的建立和发展做出了开创性的贡献。此后，越来越多的学者参与到运筹学这一领域的研究中，促进了该学科的快速发展。比如，美国国家工程院院士丹齐格（George Dantzig）在 1947 年提出了求解线性规划问题的一个通用解法 —— 单纯形法，被誉为运筹学中的“线性规划之父”。运筹学的应用涉及大量的计算，计算机革命以及计算机的发展也为运筹学的发展提供了技术基础。

因为运筹学涉及利用定量的方法和模型来解决管理方面的现实问题，所以有人认为运筹学是近代应用数学的一个分支，也被称为“管理数学”或者“应用数学”。运筹学被引入中国是在 20 世纪 50 年代。自从华罗庚教授首先在中国提出优选法与统筹法，并在四川、内蒙古两地大力推广应用以来，规划方法的研究和应用就在我国得到了长足的发展。众多学者在正反馈、图论、排队论、对策论、可靠性分析等方面进行了较为深入的研究，为运筹学理论的发展做出了重要贡献。一些中国学者（如管梅谷教授）结合中国问题提出的一些经典运筹学问题（如中国邮递员问题）也被写入了运筹学教程。同时，投入产出分析、工程经济、预测技术、价值工程等许多方法和技术也得到了普及和发展。上述规划方法在金融、节油技术改进、铁路系统运输统筹、大型油田开发与地面规划、黄淮海平原综合治理、两淮煤炭开发方案论证，以及人口系统规划等多种社会经济领域中得到广泛应用，都取得了良好的效果。

那么，究竟什么是运筹学？

美国国家科学院院士莫尔斯（P.M. Morse）与金博尔（G.E. Kimball）在他们 1951 年合作出版的《运筹学方法》中给运筹学下的定义是："运筹学是在实行管理的领域，运用数学方法，对需要进行管理的问题统筹规划，从而做出决策的一门应用科学。"运筹学的另一位创始人丘奇曼（Churchman）定义的运筹学是："应用科学的方法、技术和工具，来处理一个系统运行中的问题，使系统控制得到最优的解决方法。"《中国大百科全书》指出，运筹学是"用数学方法研究经济、民政和国防等部门在内外部环境的约束条件下合理分配人力、物力、财力等资源，使实际系统有效运行的技术科学。它可以用来预测发展趋势、制定行动规划或优选可行方案"。在 1979 年版《辞海》中，运筹学条目被定义为"主要研究经济活动与军事活动中能用数量来表达有关运用、筹划与管理方面的问题。它根据问题的要求，通过数学分析与运算，做出综合性的合理安排，以达到经济有效地使用人力物力"。1984 年版《中国企业管理百科全书》中释义运筹学为"应用分析、试验、量化的方法，对经济管理系统中人、财、物等有限资源进行统筹安排，为决策者提供有依据的最优方案，以实现最有效的管理"。虽然上述定义各有侧重点，但是它们都指出运筹学使用许多数学工具（包括概率统计、数理分析、微积分、线性代数等）和逻辑判断方法，来研究系统中人、财、物的组织管理和筹划调度等问题，以期发挥最大效益；运筹优化的目的是为科学的管理提供决策支持。

1.2 运筹学的典型应用场景

凡是有管理的地方，就有运筹学的应用。运筹学在政府、行业和企业中都得到了长足的应用，应用范围跨越组织的战略、运营和操作等各个层面，具体如下。

1. 国家/城市规划与布局

华罗庚教授将运筹学引入中国后，首先应用的领域就是政府规划。改革开放初期，我国政府广泛利用线性规划方法来进行省市的发展规划与战略制定，为国民经济发展路线绘制了很好的蓝图。其中一个典型的例子是"2000 年的中国"项目，它针对国民经济体系中错综复杂的系统，采用系统科学、运筹学等方法，对 2000 年中国的发展道路进行了规划。我国国民经济实际运行情况表明，《2000 年中国的总体定量分析》中的推荐方案是可行的。这个方案是在提高经济效益的前提下，在争取工农业总产值与国民收入有较高发展速度的同时，使人民得到较多的实惠。随着社会的发展和技术的进步，全球经济时代的国民经济系统变得更为复杂，交通、人口、金融、工业之间的联动性更为突出。政府部门在进行政策制定（如加息、降息，提准、降准，关税调整）、城市规划（如自贸区和工业园区产业布局规划、交通布局、人才引进政策）、公共设施选址（如医院、消防站选址）、公共服务流程优化（如出入境办证流程）等决策时都需要从系统的角度进行统筹规划。

2. 人力资源规划与调度

现代企业经营中最重要的资源就是人才。广大企业一方面每年通过校园招聘、社会招聘、猎头招聘等方式来捕获更多的人力资源，另一方面却在经济形势不好的时期大幅裁员。如何合理规划企业的人力资源不仅影响到组织的人力资源成本，而且直接影响到组织的产出效率。然而，招聘过程中客观存在的信息不对称性、人员正常流动的不确定性、企业经营环境和绩效的不确定性等都导致企业需要在不断变化的商业环境中动态地规划其人力资源。如何科学地进行人力资源规划并基于规划进行人力资源管理，需要在对组织现有的人力资源现状、人才市场现状（包括人才的可获得性以及人力资源成本等）、组织当前和未来的人力资源需求、员工的职业发展路径等因素进行综合权衡的基础上，建立定量的运筹优化模型来进行规划。特别是，对一些人力资源需求存在明显的季节性和波动性的组织，还需要寻找全职人员和兼职人员占比的最优组合（如麦当劳等快餐连锁企业通过引入兼职工作人员来弥补需求高峰的人力不足），并对人力资源的工作进行调度安排（如服务系统中人力资源的动态调度）。

3. 财务规划

企业的任何经营活动都离不开资金，如何获取企业经营所需的资金并合理分配到不同业务单元和不同经营活动是企业财务管理面临的一个核心问题。在融资的层面上，企业可以通过 IPO、发行债券、银行授信（长期贷款、短期贷款）、供应链金融（如预售、赊销）等方式来筹措资金，但是不同的筹措方式对应着不同的成本，也存在不同的风险。如何配置最优的融资组合来满足公司短期和长期的资金需求？这需要在对各种筹资方式的优势和劣势进行综合权衡的基础上，进行科学的统筹规划。在资金分配的层面上，企业也需要考虑到不同业务单元和不同经营活动的资金需求，特别是要考虑到不同部门之间的协调运作，进行系统的规划，从而提升企业的整体绩效。

4. 市场营销组合规划

作为一般企业的三大核心职能之一，市场营销在打造公司品牌形象、提高产品知名度，进而促进销售方面发挥了巨大作用。传统经济下，企业主要通过投放电视和报纸广告、在卖场发起促销活动等方式来营销产品。新经济下，互联网（特别是移动互联网）则为企业提供了多元化的营销方式。比如，互联网广告中提供的个性化广告可直接被推送到真正对产品感兴趣的特定消费者群；虚拟现实 App 能使得顾客不出门户就体验到穿戴产品的效果；被巧妙“植入”到电视节目和在线视频中的广告往往能给消费者留下极为深刻的印象；全渠道营销策略能将线上和线下的优势结合起来并产生“1+1>2”的效果；抖音等平台上“网红”的营销效果惊人，等等。那么，考虑到不同营销策略所对应的成本、面向的顾客群、潜在的效果等因素，若想在给定的营销预算下构建最优的市场营销组合，同样需要从顾客的行为分析出发，建立相应的优化模型。特别是，该优化模型还需要考虑到市场营销效果和企业的生产运营能力的有机融合。

5. 生产运营管理

如果说市场营销是企业向消费者做出了提供何种产品或服务的承诺，那么如何有效地将产品或服务生产出来并交付给消费者则直接决定了企业的经营绩效。以生产型企业为例，在采购原材料、安排生产、管理库存、物流配送甚至售后服务等各个运营环节，企业都需要考虑到成本、质量、速度、柔性等运营维度。这些目标之间往往是彼此冲突和矛盾的，需要在对它们进行综合权衡的基础上，对企业的整个生产运营流程进行安排。比如，考虑到生产部门的物料需求和结算外币的汇率波动，如何确定在什么时间以什么价格向什么供应商采购多少数量的生产物料？考虑到消费者的潜在需求（往往是有不确定性的），如何确定在什么时间以什么方式生产多少数量的产成品？上述生产运营各个环节的管理，本质上都是为了更好地匹配供应和需求，然而动态商业环境下信息的不确定性导致该匹配面临着巨大的挑战。因此，运用运筹优化的方法和模型来解决运营中的管理问题是运筹学应用最普及、效果最突出的一个领域。比如，在已有 ERP 系统的基础上，很多企业将库存管理、动态定价等模型整合到决策支持系统中，在提升企业管理效率等方面提供了有益的决策支持。

6. 供应链管理

如果将企业内部的运营管理延伸到企业外部，就需要考虑到企业和上下游之间的交互关系。供应链中的企业是既相互合作又彼此竞争的主体。比如，原材料供应商提供的批发价格对供应商意味着收益，对下游生产商则意味着成本。每个企业在制定自身的库存、进行定价等决策的过程中，都需要考虑到其对上下游企业的影响以及上下游企业的反应。因此，供应链企业之间的决策形成了一个斯塔克尔伯格博弈（Stackelberg 博弈，或称“主–从博弈”）过程，需要建立相应的模型来进行优化求解。特别是，一些博弈不仅发生在两个企业之间，也可能发生在供应链的多个企业之间。比如，生鲜产品供应链中往往涉及产品的远距离运输环节，供应商、批发商和第三方物流商之间的决策是彼此交互的。从系统观的角度来看，每个企业在优化自身利益的过程中优化的都只是供应链的局部利益，该过程会导致整个供应链的总体绩效得不到优化。因此，供应链管理的一个焦点问题在于如何设计合适的契约机制来优化整个供应链的绩效，从而提升每个参与企业的绩效。这需要采用合作博弈的一些方法，结合具体的商业模式和商业情景进行优化设计。在现实中已经广泛应用的收益共享契约、成本共担契约、数量折扣契约、回购契约等都是在运筹优化的基础上设计出来的，取得了明显的经济效益。它们通过将运营风险在供应链成员之间进行分担，使得分权供应链达到了和集权供应链相同的效果，从而实现了供应链的协调运作。

7. 投资组合管理

在 CPI（中国居民消费价格指数）短时间内很难大幅降低的背景下，如何通过合理投资来避免资产贬值或实现资产升值是摆在企业和居民面前的一个现实问题。要想获得超额的投资回报，往往需要承担极大的投资风险。在现实中，货币基金、债券基金、股票基金、银行理财产品、股票、期货、楼市、黄金等投资渠道往往伴随着不同的潜在回报以及投资风险。对于一个投资主体（如基金公司、个体投资人），如何结合自身的风险偏好来构建最优的投资组合？以股票型基金为例，面临着 A 股中的几千家上市公司，将多大比例的资金投资到各个板块以及各个股票，将直接决定基金公司的月度、季度、年度表现。特别是，股票市场的波动受到太多不确定性因素的影响（包括国际环境、政府政策、技术环境、公司基本面等），为了动态地调整基金公司的持仓组合，需要构建一套合适的交易策略。各基金公司和投资机构在研发交易策略的过程中，都需要构建定量的模型来管理交易的风险。

8. 系统调度

很多系统的运行是一个高度复杂的系统工程，需要协调好其中的众多环节和众多资源。以港口调度为例：作为一种高度稀缺的资源，港口运营效率的度量指标之一是集装箱在货轮上的卸载和装载效率。当货轮停靠深水岸线时，采用怎样的次序卸载集装箱，并将集装箱安排到堆场的什么位置需要进行系统的规划，其中还涉及对装卸桥、龙门吊、卡车、司机等配套资源的综合调度。特别是，优化模型中要考虑到每个集装箱的目的地和每个顾客对运输时间的要求等。要实现有效的港口调度，依靠经验式的管理是远远不够的，必须要进行系统的优化与调度，因为资源之间的不协调运营所造成的影响是巨大的。目前，我国部分港口已经投入使用一些基于人工智能的自动化码头（比如厦门远海自动化码头）。码头操作系统依据船舶信息，自动生成作业计划并下达指令，能在无人干预的情况下秩序井然地高效运转。这些自动化码头正是应用了系统化的运筹模型对各项任务进行优化调度，从而在提升各项资源利用率的同时提升了码头作业的综合效率。除了港口，地铁、机场、输油管道、物流配送等领域也广泛应用了调度模型。

9. 定价策略

价格是影响市场需求的最直接的因素，是企业进行供需匹配的重要维度。特别是在航空、酒店、娱乐等行业，产品与服务的供给端是相对固定的，只能通过管理需求来匹配供给与需求从而提升绩效。然而，不同细分市场的消费者具有不同的支付意愿，而且市场需求总是无法准确预测的，这给企业的定价决策带来了很大的挑战。电子零售、航空、酒店等行业已经普遍采用了一些动态定价机制，管理者需要考虑当前的实际销售状态（如剩余的产品库存、剩余的销售时间等），从顾客的选择行为出发来建立动态规划模型，从而进行价格优化。由该思想引申出的一套动态定价和收益管理的理念与方法已经成为很多行业的制胜法宝，被《华尔街日报》誉为“头号涌现式战略”。当然，在零售、生产等领域，企业在通过调整价格（零售价格、批发价格）影响需求的同时，也可以通过补货来影响产品的供给。此时，产品的定价决策需要和库存决策进行联合优化，而且需要基于相应的单周期、多周期模型来进行。

10. 匹配策略

移动互联网的发展造就了平台经济的繁荣。一批共享经济平台直接改变了人们的出行习惯，已经渗透进人们的生活中。面对每天数千万的出行订单需求，如何将用户的出行请求分配给最合适的司机，将直接影响到乘客和司机的服务感知以及平台的收益。特别是，该匹配决策必须在乘客发送出行请求时迅速确定，因为乘客对等待时间是相当敏感的。考虑到乘客需求以及空闲司机在时间和空间维度上的不确定性，如何开发最合适的动态匹配策略？这也需要出行平台结合历史数据对顾客和司机的行为规律进行定量建模，并搭建符合现实的动态匹配模型来进行优化分析。此外，移动出行往往呈现极强的季节性（比如上班和下班高峰、恶劣天气等情形下需求较为旺盛，但是司机服务意愿较低），出行平台还需要对双边价格进行优化。因为出行平台和司机之间是典型的委托（Principal）和代理（Agent）关系，如何采用合适的措施来激励司机自发地向乘客提供优质的服务，也是该系统优化模型中非常重要的一个问题。

11. 服务系统规划与调度

制造型企业运营管理的基本对象是库存（原材料、半成品、产成品），而服务型企业管理的基本对象则是人。因为服务的生产和消费是同时进行的，这使得服务型企业的供需匹配面临着有别于制造型企业的挑战。虽然不同行业提供的服务千变万化，但是服务系统的一个共性现象是顾客需要排队等候服务。特别是，排队时间和队列的长短直接影响到顾客的服务体验以及企业的排队管理成本。一般来说，在需求既定的情形下，企业投入的服务资源（如服务人员）越多，则队列越短，顾客的服务体验越好。然而，过多的服务资源投入又会导致服务资源的闲置而产生不必要的浪费。因此，考虑到顾客到达时间的不确定性以及服务时间的不确定性，若想提升服务能力并对服务系统（包括排队规则、服务规则等）进行配置，有效地平衡顾客的等待与服务资源的闲置，可以借助运筹学中的排队模型，结合计算机仿真等工具来进行服务系统的规划与调度。

12. 风险管理

无论是制造型企业还是服务型企业，生产经营活动中都面临着极大的风险。这些风险可能来自外部环境（如贸易战、汇率波动）、公司的技术环境、市场需求等层面。风险管理不当不仅可能导致项目的失败，造成巨额亏损，还可能会导致公司破产。比如，英飞凌科技公司的全资子公司奇梦达（Qimonda AG）曾是全球第二大 DRAM 供应商，2007 年内存市场需求的大幅下滑导致公司陷入破产危机。因此，在追求经营绩效的过程中，风险管理也是企业管理的一个重要维度。针对不同来源、不同性质的风险，结合决策者自身的风险态度（风险追逐、风险中性、风险厌恶），企业需要采用合适的策略来应对风险。比如，企业采用金融市场衍生工具（如期权、期货）来应对原材料价格波动的风险，通过向多家供应商采购或者采用长期采购合同和现货市场相结合的方式采购来降低供应不可靠的风险，通过购买运营险来应对运营风险，通过引入回购契约来降低库存过剩的风险等。每一种风险管理策略都需要结合具体的商业情境，建立随机环境下的优化模型，并以此来进行优化决策。特别是对于多数金融企业来说，其运营管理的焦点问题就在于如何通过定量的模型平衡收益和风险。

在上面描述的多数管理场景中，企业往往还面临着另一个维度的挑战，即竞争对手的压力。在库存管理、产品定价、营销努力等决策中，一家企业采取的行动方案不仅会影响到自身的供需匹配，也会直接影响到竞争对手的供需匹配。比如，企业的降价行为会导致提供替代性产品的竞争对手流失部分需求（在对手保持价格不变的情况下）。因此，企业制定相关决策时需要考虑到竞争对手同时也采取某种行动方案时会带来的影响。此种情境下，企业和竞争对手处于一种纳什博弈的状态。广泛存在的价格战和广告战就是典型的纳什博弈的例子。那么，博弈是否存在一个双方都能接受的均衡状态？均衡状态下的最优决策是什么？很多纳什博弈的结果是两败俱伤（如 20 世纪 80 年代，某红极一时的彩电企业在恶性循环的价格战中被迫收缩乃至退出市场），为了避免盲目竞争所带来的不利局面，竞争对手之间是否可以采用合作博弈的策略来实现双赢或者多赢？运筹学中的博弈论（非合作博弈与合作博弈）为解决此类问题提供了一个有效的分析框架。

运筹学的应用场景不胜枚举，很多行业和企业的生存与发展在很大程度上依赖基于统筹规划的科学化管理。比如，20 世纪 70 年代，美国政府放松了对航空业的管制，各大航空公司能自由地开设航线并对机票进行自主定价。美国航空公司（American Airlines）在 1982 年成立了由 12 名工程师组成的运筹小组，负责研究公司的定价策略。在十几年的时间里，该运筹小组逐渐发展壮大，在 1997 年成长为一个拥有 8 000 名员工的独立公司 SABRE，为航空公司提供收益管理解决方案；该公司在 1998 年营业收入就达到了 20 亿美元。2000 年前后，中国的各大航空公司纷纷开始引进或开发收益管理系统。如今，收益管理已经成为国内外航空公司的制胜法宝。借助计算机系统背后的优化引擎，收益管理系统实时地提供机票价格调整建议，为航空公司创造了可观的增量收益。

随着专业化分工的日渐细化以及竞争的加剧，企业所面临的经营环境呈现更大的不可预测性，管理问题也越发复杂。这更需要企业转变传统的经验式决策模式，利用科学的方法，基于建模分析来帮助决策。如今商机稍纵即逝的市场环境对企业决策的效率（即寻找优化方案的效率）提出了更高的要求。

1.3　运筹学的学科体系

正如上节所提到的，针对特定的管理场景，管理者可以用模型刻画出其所面临的决策问题并采用科学的方法寻找模型的最优解，而运筹学为管理决策提供了方法论支持。因此，运筹学和管理科学、系统科学、控制工程、数理统计、概率论、信息与计算科学等学科之间存在着千丝万缕的联系（见图 1-1）。在国际学科分类框架下，运筹学和管理科学（Operations Research and Management Science）被合并在一起组成了一个大类学科。INFORMS（Institute for Operations Research and Management Science）学会是该领域最大的学术社团，它集合了该领域顶级的国际学者，为他们交流相关学术和应用成果搭建了一个权威的平台。

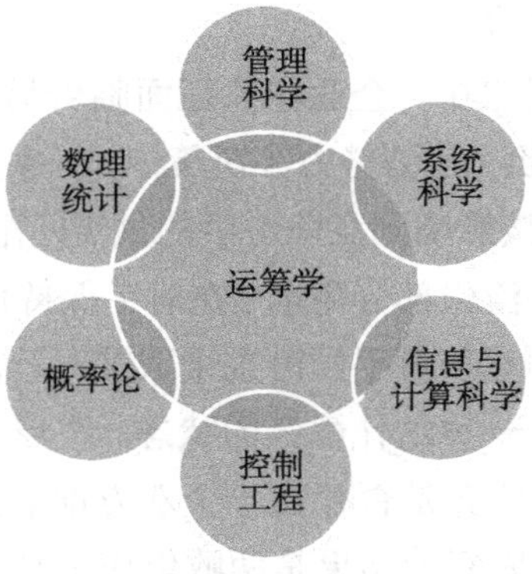

图 1-1 运筹学的交叉学科

相较其他学科而言，运筹学有如下三方面的特点：

- 系统观强。运筹学是为管理决策服务的，优化的是决策者所关心的问题。通常情况下，决策者追求的目标是实现系统的优化，而不是系统中单个子系统的优化。因此，在建模分析中需要考虑到系统各个环节之间的联系，考虑到各个子目标（如收益与成本、单位毛利与销量）之间的平衡。
- 多学科融合。在运用运筹学解决实际问题时，需要对管理问题进行正确的定义，收集决策所需的数据并对其进行分析（如统计分析、回归拟合等），选择合适的方法进行建模，设计有效的算法进行求解，并对优化结果进行验证（如计算机仿真）。这注定了运筹学是一门多学科融合的学科；每年参加 INFORMS 年会的学者来自不同的学科领域、开设不同的分会场就是一个很好的例证。
- 定量模型的应用。在部分管理领域（如工商管理），普遍采用的一类方法是实证研究（Empirical Study）和实验研究（Experimental Study）；而运筹学采用的是建模分析（Modeling Analysis）。建立模型是运筹学方法的精髓，因此往往需要具备一些数学方面的知识（如微积分、线性代数、统计学等）。

上节描述的运筹学应用场景中，不同管理问题对应的模型存在较大的差异，但是从数学的角度讲，不同场景的模型之间可能存在一些共性的形式。比如，某些确定环境下的人力资源规划模型和车辆的调度模型本质上都属于线性规划模型，多周期的库存模型和机票的定价模型本质上都属于动态规划模型，它们可以采用相同的方法进行优化求解。按照模型的共性表现形式和共性优化方法进行划分，就形成了运筹学的各个内容模块，包括规划论、图论与网络、排队论、对策论、决策论等。

1. **规划论**

规划论又称数学规划（Mathematical Programming），是运筹学的一个重要分支。1938

年，苏联科学家康特洛维奇出版了《生产组织与计划中的数学方法》，首次提出求解线性规划问题的方法 —— 解乘数法，把资源最优利用这一传统的经济学问题，由定性研究和一般的定量分析推进到现实计量阶段，为线性规划方法的建立和发展做出了开创性的贡献。1939 年，美国的希奇柯克（F. L. Hitchcock）等人首先将线性规划方法用于制订交通运输方案。1947 年，美国国家工程科学院院士丹齐格（G. B. Dantzig）提出了求解线性规划问题的“单纯形法”（Simplex Method），为线性规划的理论与计算奠定了基础，被誉为“线性规划之父”。所谓“线性规划”，是指模型的目标函数和约束条件都为线性形式的规划问题。在线性规划的基础上，慢慢发展了整数规划（部分或全部决策变量只能取离散的整数）、目标规划（优化对象为多目标）、非线性规划（目标函数或约束条件包含非线性的情形）、动态规划（多阶段优化）等。现实中，很多管理问题是非线性的，因此非线性规划模型的应用更为普及。该方向的代表性学者包括库恩（H. W. Kuhn）和塔克（A. W. Tucker），他们提出的 KKT 条件在求解非线性规划问题中得到了普遍应用。到了 20 世纪 70 年代，数学规划无论是在理论上和方法上，还是在应用的深度和广度上都得到了进一步的发展。

2. 图论与网络

项目管理中经常碰到工序间的合理安排问题，工程设计中经常遇到各种管道的运输能力问题，交通和物流配送中经常碰到最短路径规划等问题。在一类模型中，可以将关注的对象（如工序、城市）用节点表示，对象之间的联系用连线（边）表示；节点和边的集合构成了图（Graph）。图论（Graph Theory）正是研究由节点和边所组成的图的数学理论和方法，是数学的一个分支。如果赋予图中各边某个具体的参数（如时间、流量、费用、距离等），研究对象就变成了一个网络（如电力网、通信网、配送网络、航线网络等）。众所周知，图论起源于一个非常经典的哥尼斯堡七桥难题。1738 年，瑞士数学家欧拉（Leonhard Euler）解决了哥尼斯堡问题，从而成为图论的创始人。1847 年，德国物理学家基尔霍夫（Kirchhoff）第一次应用图论的原理分析电网，从而把图论引入工程技术领域。1859 年，英国天文学家和数学家汉密尔顿（William Rowan Hamilton）发明了一种游戏，提出了寻找经过图中每个节点恰好一次的回路（即汉密尔顿回路）的方法，成功解决了计算机科学和编码理论中的很多问题。研究表明，一般的图与网络问题都属于 NP 难（Non-deterministic Polynomial Hard）问题，其优化求解往往涉及大量的计算。20 世纪 50 年代以来，随着计算机运算能力的提高，很多以前的图论优化方法在大规模场景中的应用变得可行了，这进一步促进了图论的发展。比如，将复杂庞大的工程系统和管理问题用图描述，可以解决很多工程设计和管理决策的最优化问题。目前，图论的相关成果也广泛应用于导航系统以及基于位置的服务等场景中。

3. 排队论

生产和生活中大量存在的有形和无形排队现象是服务需求和服务能力之间匹配的结果。排队论（Queuing Theory）又叫随机服务系统理论，主要研究随机环境下各种系统的排队队长、排队等待时间、系统的产出率（Throughput）、服务台的闲置率等指标，并通过优化配置来提升服务系统的绩效。排队论始于 1909 年丹麦电气工程师厄兰关于电话交换机效率的研究。1949 年前后，相关学者开始了对机器管理、陆空交通等方面的研究；1951 年后，排队论研究有了新的进展，逐渐奠定了现代随机服务系统的理论基础。一般的排队系统都包括顾客到达过程、队列配置、排队规则、服务过程等因素，不同排队系统会带来完全不同的系统表现。排队论研究的一个重要方向是探讨系统经过长时间运行之后的稳态分布，并基于稳态分布来进行系统设计。排队论相关研究要用到应用随机过程、概率论、数列、微积分等方面的综合知识，因此属于运筹学中较难的分支。当前，排队论的相关理论研究成果已经被广泛应用于呼叫中心、线上客服、机场安检、海关、商场客流分析等领域。

4. 对策论

对策论也叫博弈论（Game Theory），是针对彼此对抗或竞争的决策情境，研究局中人的优化策略。之前提到的田忌赛马就是典型的博弈问题。近代对于博弈论的研究，开始于策梅洛（Zermelo）、波莱尔（Borel）及冯 · 诺依曼（John von Neumann）。1928 年，冯 · 诺依曼证明了博弈论的基本原理，从而宣告了博弈论的正式诞生。1944 年，冯 · 诺依曼和摩根斯坦合著的划时代巨著《博弈论与经济行为》将二人博弈推广到多人博弈的情形，并将博弈论系统地应用于经济领域，从而奠定了这一学科的基础和理论体系。1950 ～ 1951 年，约翰 · 福布斯 · 纳什（John Forbes Nash Jr.）利用不动点定理证明了均衡点的存在，为博弈论的一般化奠定了坚实的基础。纳什于 1950~1951 年发表的开创性论文《N 人博弈的均衡点》《非合作博弈》等，给出了纳什均衡的概念和均衡存在定理。从 1994 年诺贝尔经济学奖授予 3 位博弈论专家开始，共有 7 届的诺贝尔经济学奖与博弈论的研究有关。最初用数学方法研究博弈论是用于分析国际象棋中取胜的算法。由于博弈论是研究双方冲突、制胜对策的问题，所以这门学科在军事方面也有着十分重要的应用。数学家还对水雷与舰艇、歼击机和轰炸机之间的作战、追踪等问题进行了研究，提出了追逃双方都能自主决策的数学理论。目前，博弈论已经成为经济学和管理学的标准分析工具之一，在金融学、证券学、生物学、经济学、国际关系、计算机科学、政治学、军事学和其他很多学科都有广泛的应用。

5. 决策论

所谓决策，是指根据客观条件和可能性，借助一定的理论、方法和工具，依据一定的准则，对若干备选行动方案进行抉择的过程。决策问题是由决策者和决策域构成的，而决策域又由决策空间、状态空间和结果函数构成。研究决策理论与方法的科学就是决策科学（Decision Science）。根据决策者所面临的自然状态确定与否，可以将决策分为确定型决策、不确定型决策和风险型决策；根据决策所考虑的目标可分为单目标决策与多目标决策等。在多数情境下，决策是没有标准的最优方案的，因为决策与决策者自身的特点和偏好息息相关。比如，在不确定环境下，决策者采用的决策准则（如悲观准则、乐观准则、最小遗憾准则）直接决定了决策的结果；决策者的风险态度（风险追逐、风险中性、风险厌恶）也会导致不同决策者在同一决策问题中偏向不同的方案。学者开发的决策树和目标树等模型框架、提出的效用理论和层次分析法等能将决策中涉及的信息结构化地呈现出来，为理性的决策分析提供了很好的框架。

将上述运筹学模块应用于特定的领域（如运输问题、库存管理、生产计划等），针对这些领域问题的特点进行有针对性的深入研究，也构成了运筹学的其他子分支，包括运输规划、存储论、网络计划等。

1.4　运筹学的工作步骤

在利用运筹学解决问题时，往往要经过 7 个步骤，如图 1-2 所示。

第 1 步：定义问题。任何决策问题在展开定量的建模分析之前，必须进行定性的分析，正确定义管理者面临的决策问题（Problem）。该环节是至关重要的，因为如果界定的决策问题不正确或者不准确，即便采用了正确的方法，也可能得到非常糟糕的决策。正确地定义决策问题并非易事（特别是当问题过于复杂时），需要管理者具备较为全面的专业知识（如财务管理、市场营销、运营管理等方面的专业知识）和独到的管理洞察力。在瞬息万变的商业环境中，企业总会出现各种各样的问题（有些问题需要具备前瞻性思维才能捕捉到），准确地捕捉到这些问题是管理者实施有效管理的前提。大数据环境下，很多问题的识别来自对数据的分析。定义问题往往需要回答如下方面的问题：当前的企业管理面临着来自哪些方面的挑战，这些挑战会给企业带来怎样的影响，企业可以采用哪些行动方案来应对这些挑战，需要制定哪些决策，决策的主要目标是什么，等等。

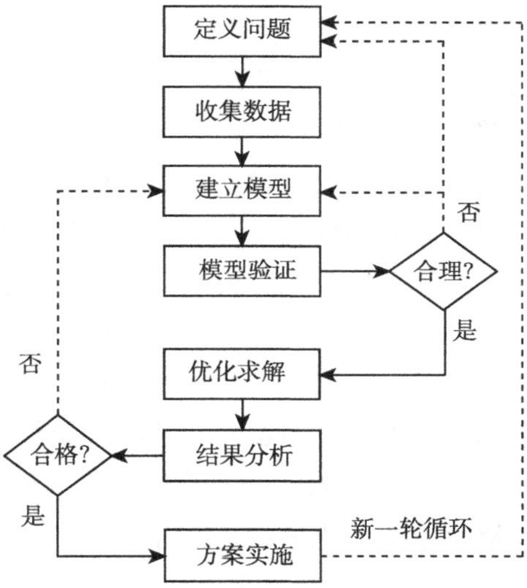

图 1-2　运筹学的工作步骤

第 2 步：收集数据。根据界定的问题，需要明确哪些数据和管理问题是相关的，哪些数据能成为决策的参考依据，这些数据将被输入模型。在很多管理场景中，既要用到组织内部的数据（如历史交易记录、来自会计部门的成本核算数据等），也要用到组织外部的数据（如汇率、利率、来自统计年鉴的行业数据、来自气象部门的天气数据等）。有些数据是结构化的定量数据，有些则是非结构化的文本数据。收集数据后，还需要对数据进行必要的分析，才能转化为定量模型的输入。比如，根据历史销售记录，如何刻画市场需求的分布规律？根据价格和销量的历史数据，如何寻找需求随价格波动的关系？根据网上顾客的评论，如何度量产品的口碑效应？这时需要利用统计分析、回归（线性回归和非线性回归）分析、文本挖掘等方法对相应的数据展开分析。

第 3 步：建立模型。建模是把用语言描述的管理问题转化为模型语言的过程，是对现实管理问题的抽象。此时需要剔除问题中的干扰因素，提炼真正影响决策的要素。建立模型需要选择适当的符号来描述模型中的参数（包括常量、随机变量、决策变量等），并建立参数之间的关系（如随机变量之间的相关性）。同时，建模往往需要设定一些必要的假设，如研究定价策略时需要刻画价格对需求的影响，可以结合问题情境选择相对合适的顾客建立模型（如 MNL 模型、垂直产品差异化模型、Hotelling 模型等）。此外，究竟选择怎样的运筹模型（线性规划、整数规划、动态规划等）来描述管理者所面临的决策问题？通过建模，对决策所面临的决策变量、希望优化的目标（可能多目标）以及面临的约束条件进行了定义。

第 4 步：模型验证。第 3 步中定义的模型是否准确地反映了管理者所面临的决策问题？比如，是否遗漏了可能影响决策的重要参数（如订货的固定成本），目标函数的定义是否准确？在进入优化求解之前还需要对模型进行验证。该步骤需要将从模型的视角定义的问题与管理者进行沟通，以确保模型是正确的。如果模型存在缺陷，则需要对模型进行调整，甚至对决策问题进行重新定义。

第 5 步：优化求解。即采用数学方法或其他工具（如编写计算机程序）对模型求解。为了设计有效的算法，可能需要对模型进行必要的分析（如分析模型是不是一个凸规划问题、从理论上能否证明博弈存在唯一均衡解等）。对一些复杂的问题，借助一些成熟的软件工具（如 Excel、MATLAB、LINGO、LEAVES 等）进行优化求解，能够节省大量的计算工作量。但在有些情形下找到理论最优的解是不太现实的，只能找出一些满足精度要求的次优解或者满意解。比如，求解一个大规模混合整数规划问题时，要求的精度越高，则计算时间越长。这时需要在计算时间和精度要求之间进行综合权衡。

第 6 步：结果分析。优化的结果是否有效可行？在实施之前还需要进行必要的结果分析。一方面，优化结果是建立在模型参数综合计算的基础上，但是第 2 步收集的数据本身不一定是完全可靠的（如存在统计偏差），万一模型的部分参数发生变化（如生产工艺参数发生改变），是否会直接影响到优化结果的变化？此时还需要进行各个重要参数的敏感性分析，分析优化结果是否具备足够的稳健性。很多运筹模型假设决策者是风险中性的，因此优化的是企业的期望利润。那么在最优策略下，企业面临的运营风险有多大？该风险是否在企业的承受范围之内？针对这些问题也需要进行必要的分析。特别是，如果风险超出企业的承受水平，则意味着以前基于风险中性假设建立的模型存在局限性，需要返回第 3 步，重新考虑决策者风险态度。此外，如果真的实施该最优策略，将在多大程度上提升企业的管理（相较于当前的管理水平）？进一步建立数值仿真实验能对策略的潜在实施效果进行评价。

第 7 步：方案实施。优化方案实施也不是一个静态的过程，而是动态调整的。新方案投入应用后会持续地产生新的结果数据（如销量和销售收入），这些数据会成为模型新的输入数据，又会影响到下一周期的优化决策。同时，在不断变化的商业环境下，需要在模型中进一步加入新的考虑因素（如来自政府关于碳排放的约束、公司研发出的新产品生产等），此时同样需要对模型做进一步的迭代调整。特别是当方案运行到一定时候，管理者又会发现新的管理问题，需要重新定义决策问题，从而进入新一轮的循环。

1.5　运筹学的学术社团与组织

伴随着运筹学学科的发展，国内外出现了很多跟运筹学相关的学术社团与组织。这些社团通过成立学术期刊、举办国际会议和研讨会等方式，吸引了来自不同学科的学者和不同行业的从业者，从不同的视角（包括优化方法的视角、具体应用的视角）对该学科的相关问题展开研究，并展开学术成果的交流。学术社团在促进学科发展方面起到了重要的平台作用。表 1-1 列举了运筹学相关领域一些典型的国内外学术社团与组织。

表 1-1　运筹学的相关学术社团与组织

序号	社团或组织名称	国别	成立年份	备注
1	Operations Research Society of America	美国	1952	该学会在 1995 年与 The Institute of Management Science（TIMS）合并为 INFORMS 学会
2	International Federation of Operations Research Societies（IFORS）	美国	1959	www.ifors.org
3	Production and Operations Management Society	美国	1989	www.poms.org
4	Institute for Operations Research and the Management Science（INFORMS）	美国	1995	www.informs.org
5	中国自动化学会	中国	1961	www.caa.org.cn
6	中国运筹学会	中国	1991	www.orsc.org.cn
7	中国系统工程学会	中国	1980	www.sesc.org.cn
8	中国优选法统筹法与经济数学研究会	中国	1981	www.scope.org.cn

上述学术社团或组织积极设立了相关学术期刊来发表相关领域的最新研究成果。对运筹学方法和应用感兴趣的读者可以参阅下列国际和国内学术期刊。其中 INFORMS 学会下的两个国际期刊*Operations Research*和*Management Science*被公认为是运筹与管理科学领域的顶级学术期刊；前者侧重于发表运筹学理论方法方面的研究成果，后者则侧重于发表运筹学应用方面的研究成果。

- *Decision Science*
- *European Journal of Operations Research*
- *Interface*
- *Journal of Operational Research Society*
- *Journal of ORSA*
- *Journal of the Operations Research Society of China*
- *Management Science*

- *Manufacturing & Service Operations Management*
- *Marketing Science*
- *Mathematics of Operations Research*
- *O.R. Quarterly*
- *Operations Research*
- *OR/MS Today*
- *Production and Operations Management*
- *Transportation Science*
- 《管理科学学报》
- 《系统工程》
- 《系统工程理论与实践》
- 《系统工程学报》
- 《系统管理学报》
- 《运筹学学报》
- 《运筹与管理》
- 《中国管理科学》

1.6 运筹学优化软件

运筹优化软件的开发是同运筹学的发展密切相连的。商业化的优化软件极大地解放了人们手工求解的过程。对于有数百万个变量和约束条件的优化问题，借助计算机软件工具，可以在很短的时间内获得一个满意解。下面简要介绍国内教学中常用的几个求解运筹学模型的软件工具，在后续章节中我们采用部分优化软件工具来帮助求解。

1. Microsoft Excel

作为 Microsoft Office 中的电子表格软件，Excel 提供了一个规划求解插件工具。通过将规划求解插件加载到 Excel 中，就可以直接在电子表格界面上定义规划模型（包括线性规划、整数规划和非线性规划等）的决策变量、目标函数以及约束条件了。相对其他优化软件而言，Excel 规划求解工具的优势在于强大的数据组织与呈现功能可使模型数据组织得更简洁明了，特别是借助单元格之间的公式引用，可以非常方便地定义规划模型。同时，规划求解后还可以直接以表格形式提供运算结果报告、敏感性报告和极限值报告，为结果分析提供了便利。

2. LINGO

LINGO 是 Linear Interactive and General Optimizer 的缩写，即“交互式的线性和通用优化求解器”，由美国 LINDO 系统公司（Lindo System Inc.）开发，可以用于快速、方便和有效地构建和求解各类规划模型。LINGO 的特色在于其内置的建模语言，提供了十几个内部函数，能够非常方便地定义规模庞大的规划模型；同时，用户能够从自己编写的应用程序（包括 Excel 宏）中直接调用 LINGO。LINGO 已经被全世界数千万的公司用来做最大化利润和最小化成本的分析，应用范围包含生产线规划、运输、财务金融、投资分配、资本预算、混合排程、库存管理、资源配置等。

3. CPLEX 优化器

CPLEX 优化器最初由 Robert E. Bixby 开发，1988 年被 CPLEX Optimization Inc. 商业化销售，1997 年被 ILOG 收购，2009 年 1 月被 IBM 收购。CPLEX 优化器提供了灵活的高性能优化程序，可以解决整数规划、超大型线性规划、二次方程规划、二次方程约束规划和混合整数规划、凸和非凸二次规划等问题。CPLEX 优化器具有一个称为 Concert 的建模层，该层提供了与 C ++，C#和 Java 语言的接口。CPLEX 优化器有一个基于 C 接口的 Python 语言接口，还提供了 Microsoft Excel 和 MATLAB 的连接器。此外，CPLEX 优化器提供独立的 Interactive Optimizer 可执行文件，可用于调试和其他目的。

4. MATLAB

MATLAB 是美国 MathWorks 公司出品的商业数学软件，用于算法开发、数据可视化、数据分析以及数值计算的高级技术计算语言和交互式环境。MATLAB 提供了强大的矩阵运算、函数绘制等功能，直接调用简单的命令即可实现线性规划和非线性规划等模型的求解。MATLAB 是运筹学与管理科学领域的多数学者建立优化模型进行数值仿真实验的首选软件工具。

5. WinQSB

WinQSB 是 Quantitative Systems for Business 的缩写，由美籍华人 Yih-Long Chang 和 Kiran Desai 共同开发。这是一款教学软件，对于非大型的问题都能计算，适用于多媒体课堂教学。该软件可应用于管理科学、决策科学、运筹学及生产管理领域的求解问题。

6. LEAVES

上述运筹优化软件基本上都来自海外公司或者机构。从安全性等角度考虑，中国学者认为有必要开发具有中国知识产权的优化求解器。2016 年成立的杉树科技公司（www.shanshu.ai）与上海财经大学联合开发了国内第一个自主开发的优化求解器——LEAVES（leaves.shufe.edu.cn）。该项目由冯 · 诺依曼理论奖唯一华人得主、国际知名运筹学专家、斯坦福大学叶荫宇教授领导，可以解决线性规划、半正定规划、几何规划、线性约束的凸规划等常见的大规模优化算法求解问题。对其中多个经典模型的求解，可以达到世界第一流的效率与速度。LEAVES 是一个开源的算法求解平台，鼓励开源社区每一个工程师和科学家的积极参与，目前的功能分为三大模块：传统运筹学的根基数学规划、大规模机器学习算法的高效实现和运筹学的实际应用软件。

CHAPTER 2

第2章

线性规划

线性规划是运筹学的基础，很多规划模型（如目标规划、整数规划等）都是在线性规划的基础上发展起来的。线性规划被誉为 20 世纪中期最重要的科学发展，很多在运筹学领域做出突出贡献的科学家的研究工作都和线性规划密切相关。1968 年，诺贝尔奖设经济学奖，到 1996 年的 28 年间共有 32 名学者获得该奖项，其中有 13 人（约 40%）从事过与线性规划相关的研究工作。

在理解问题的基础上建立一个线性规划模型并不难，如何有效地找到最优解并对结果进行分析是其难点。在线性规划求解方面，有三位科学家做出过突出贡献。第一位是苏联科学家康特洛维奇，他于 1938 年在《生产组织与计划中的数学方法》中首次提出求解线性规划问题的方法 —— 解乘数法。他把资源最优利用这一传统的经济学问题，由定性研究和一般的定量分析推进到现实计量阶段，对线性规划方法的建立和发展做出了开创性的贡献。康特洛维奇因对资源最优分配理论的贡献而获得 1975 年诺贝尔经济学奖。同时期，美国国家工程科学院院士丹齐格针对人员轮训和任务分配问题，于 1947 年开发了求解线性规划的单纯形法（Simplex Method）。由于该方法具有极强的普适性，因此丹齐格被誉为“线性规划之父”。然而，对于大规模的问题，单纯形法在计算效率上存在一定的局限性（特别是在计算机计算能力较差的背景下）。于是，卡马卡（Narendra Karmarkar）在 1984 年提出“内点法”（Interior Point Method），它是第一个在理论上和实际上都表现良好的算法。对很多大规模的线性规划计算，内点法相比单纯形法有显著的效率提升，现在被广泛用于求解巨型线性规划问题。

线性规划已经成为一个标准的优化工具，在很多行业和企业中得到了普遍应用，并且为企业的管理提升做出了巨大贡献。虽然现实中很多管理问题并非线性的，但是在很多应用中，可以将模型近似为一个线性规划，从而开发相应的启发式策略和方法，也能取得相当不错的效果。下面举两个早期的例子。20 世纪 80 年代的美联航（United Airlines）开通了 48 个新机场服务，是唯一在美国全部 50 个州开通服务的航空公司。1982 年，美联航实施了一个成本控制项目，目的是根据消费者的需求进行工作排程，提高订票处和机场工作人员的利用率。该项目通过将美联航面临的问题抽象为一个线性规划模型来给出月度的工作排程计划，考虑的对象包含 11 个航班订票处、10 个机场，以及上万名工作人员。优化之后，公司每年节省的薪酬和津贴高达 600 万美元。第二个例子是 Citgo 石油公司。1985 年，Citgo 运用管理科学的技术（主要是线性规划)，建立供应、配送与营销的模型系统，公司主要产品的供应、配送与营销凭借庞大的销售与配送网络得到了很好的协调。测算表明，公司当年库存费用下降 11 650 万美元，利润增加 1 400 万美元。

2.1 线性规划的数学模型

在这一节，我们先通过两个简化版的现实管理问题，介绍线性规划的基本思想。

[例 2-1]（餐桌椅生产问题） A 家具厂专注于实木餐桌和餐椅的生产与销售，其生产的餐桌和餐椅属于标准化的产品。具体来说，家具厂生产 3 种规格的餐桌：两人餐桌、四人餐桌、六人餐桌；它们共同配套同一种餐椅。一般情况下，餐桌椅都是成套销售的：两人餐桌配套 2 把椅子，四人餐桌和六人餐桌配套 4 把椅子，但是有些情况下，购买六人餐桌的消费者会多购买 1 把或者 2 把餐椅，因为购买餐桌椅的客户大多是刚完成新房装修的消费者。在房地产经济下滑的背景下，A 家具厂出现了部分产品过剩的局面。临近年底，厂长成立了一个代号为“管理提升”（Management Plus，简称 M+）的项目组，希望对下一年度的生产计划进行事先安排，从而提升家具厂的经营绩效。

实木家具的主要原材料是木材。A 家具厂主要采用的是进口橡胶木，出于长远战略的考虑，家具厂和东南亚的某木材经销商签订了长期供货合同，原材料充足而且采购价格稳定（价格为 50 每单位），但是需要提前订购。餐桌椅的生产流程相对复杂，包括刨料 → 拼板 → 指接 → 铣型 → 木磨 → 排钻 → 刷油 → 批灰 → 再次刷油 → 喷底 → 打磨 → 面漆 → 检验 → 装配 → 包装等十几个工艺步骤。家具厂对每一道工序的质量都严格把控，富有经验的技术工人在保证质量方面发挥了重要作用。根据生产流程，餐桌椅生产的工人主要分为三类：负责木工相关工作的木匠、负责油漆相关工作的油工以及负责质检包装和搬运的杂工。为了提高生产效率，很多木工相关工作都是借助现代化设备来完成的，比如毛料加工需要刨床和截锯，净料加工需要开榫机、钻床、打眼机、雕刻机、铣床、砂光机等。家具厂没有进一步招聘新的工人和购买设备的打算。

M+项目组需要回答的问题包括：

(1) 各种规格的餐桌和餐椅分别生产多少？

(2) 需要向经销商采购多少橡胶木？

(3) 预计下一年度的营业收入有多少？

为回答上述问题，项目组通过走访各个部门（包括人力资源部门、运营部门、市场营销部门)，收集到了下列数据（部分数据是经过一系列复杂的换算方法计算得到的）。具体来说，与考虑问题有关的数据包括（如表 2-1 所示）：

- 四种产品各自的单位毛利和当前的存货量。
- 三种餐桌的需求预测值。

- 当前的木材原料存货量。
- 各种人力资源（木工、油工、杂工）和设备资源在下一年度的可用能力。
- 生产各种产品所需消耗的各种资源（人、设备、木材）的数量。

表 2-1　A 家具厂的主要数据

		产品				当前能力
		两人餐桌	四人餐桌	六人餐桌	餐椅	
资源	木工工时	4	5	6	5	16 000
	油工工时	4	5	5	3	12 800
	杂工工时	2	2	2	2	8 000
	设备工时	2	2	2	3	10 000
	木材	7	8	9	5	6 000
当前存货		50	20	25	280	
单位毛利		800	950	1 250	400	
预测需求		250	1 200	300	N/A	

M+项目的主要目标应该是找到一种最优的安排，能使得 A 家具厂未来一年的利润最大化。因为未来一年家具厂不会进一步招聘新工人，也不会购买新设备，其人力资源成本和设备的运维成本都是固定的，而各种产成品库存和原材料库存对应的成本都属沉没成本，所以项目追求的利润目标最大化等价于营业收入的最大化。当然，该营业收入中需要扣除采购原材料（木材）所需的资金支出。在表 2-1 中，各种产品的单位毛利是产品的售价扣除原材料成本之外的其他各种辅料（油漆、铆钉等）成本得到的。

对于上述问题，很显然，没有任何容易的方法能快速给出使营业收入最大化的年度计划。我们不妨采用一个数学模型来描述这个问题。首先，M+项目组需要决定的是下一年度各种产品的生产量和木材的采购量。我们定义如下：

$x_1 =$ 下一年度生产的两人餐桌数量（张）

$x_2 =$ 下一年度生产的四人餐桌数量（张）

$x_3 =$ 下一年度生产的六人餐桌数量（张）

$x_4 =$ 下一年度生产的餐椅数量（把）

$y =$ 下一年度采购的木材数量

如果用 z 表示下一年度新生产产品产生的净收益，那么其表达式为

$$z = 800x_1 + 950x_2 + 1\,250x_3 + 400x_4 - 50y$$

上述表达式的一个前提假设是生产出的产品总能销售出去；其中，$50y$ 对应的是采购木材的成本。直观上，四种产品的产量越高，则营业收入越高。但是，产量决策必须遵循一些限制条件（称为“约束条件”），体现在如下几个方面。

制定的生产任务必须是工人能完成的（因为不能新招工，也不考虑加班），即

木工：$4x_1 + 5x_2 + 6x_3 + 5x_4 \leqslant 16\,000$

油工：$4x_1 + 5x_2 + 5x_3 + 3x_4 \leqslant 12\,800$

杂工：$2x_1 + 2x_2 + 2x_3 + 2x_4 \leqslant 8\,000$

制定的生产任务必须是设备（本例中只考虑一种设备）能完成的，即

$$设备：2x_1+2x_2+2x_3+3x_4\leqslant 10\ 000$$

制定的生产任务必须要有足够的木材供应，即采购的木材需要满足生产需求，即

$$木材：7x_1+8x_2+9x_3+5x_4\leqslant 6\ 000+y$$

要考虑三种餐桌需求的限制，多生产意味着库存浪费，因此

$$两人餐桌：50+x_1\leqslant 250$$

$$四人餐桌：20+x_2\leqslant 1\ 200$$

$$六人餐桌：25+x_3\leqslant 300$$

对于餐椅，考虑到其和各种餐桌的配套关系（六人餐桌最少配套 4 把餐椅，最多配套 6 把餐椅），有

$$餐椅最少：2(x_1+50)+4\,(x_2+20)+4\,(x_3+25)\leqslant x_4+280$$

$$餐椅最多：2(x_1+50)+4\,(x_2+20)+6\,(x_3+25)\geqslant x_4+280$$

最后，必须确保决策变量中没有任何变量出现负数，因此需要加入非负性约束：

$$非负性：x_1,x_2,x_3,x_4,y\geqslant 0$$

将上述目标函数和约束条件汇总到一起，就完成了对 A 家具厂生产安排的完整模型，如下：

$$\max\ z=800x_1+950x_2+1\ 250x_3+400x_4-50y$$

约束条件：

$$木工：4x_1+5x_2+6x_3+5x_4\leqslant 16\ 000$$

$$油工：4x_1+5x_2+5x_3+3x_4\leqslant 12\ 800$$

$$杂工：2x_1+2x_2+2x_3+2x_4\leqslant 8\ 000$$

$$设备：2x_1+2x_2+2x_3+3x_4\leqslant 10\ 000$$

$$木材：7x_1+8x_2+9x_3+5x_4\leqslant 6\ 000+y$$

$$两人餐桌：50+x_1\leqslant 250$$

$$四人餐桌：20+x_2\leqslant 1\ 200$$

$$六人餐桌：25+x_3\leqslant 300$$

$$餐椅最少：2(x_1+50)+4\,(x_2+20)+4\,(x_3+25)\leqslant x_4+280$$

$$餐椅最多：2(x_1+50)+4\,(x_2+20)+6\,(x_3+25)\geqslant x_4+280$$

$$非负性：x_1,x_2,x_3,x_4,y\geqslant 0$$

要进行最优的生产计划，就是要在同时满足上述所有约束条件的所有方案中，找出一个使得目标函数值 z 最大的方案。根据线性规划的基本原理（在本章介绍），我们并不需要

遍历所有的可行方案来优化求解。通过线性规划优化方法或软件工具（参见 2.7.1），可以求得上述模型的最优解为 $(x_1^*, x_2^*, x_3^*, x_4^*, y^*) = (200, 242, 275, 2\,468, 12\,151)$。因此，M+项目组需要回答的问题的答案为：

(1) 三种规格的餐桌产量分别为 200 张、242 张和 275 张，餐椅的产量为 2 468 把。

(2) 为了满足生产安排，需要采购 12 151 单位的橡胶木。

(3) 预计下一年度的净收益 $z^* = 800 \times 200 + 950 \times 242 + 1\,250 \times 275 + 400 \times 2\,468 - 50 \times 12\,151 = 1\,658\,300$。

[例 2-2]（科学养猪问题） 2019 年猪肉市场形势一片大好，猪肉价格节节攀升。刚刚大学毕业的小王萌生了回家乡通过科学养猪自主创业的想法。在家人和乡政府的支持下，小王综合运用大学所学知识，盖起了面积为 400 平方米的养殖基地，基地配套了适合猪生长的各项基础设施（包括水、电、温控设施，排泄物处理装置等）。同时，小王成功地获得了当地农村信用社为期一年的 50 万元的低息贷款，年贷款利率为 4.5%。经过一番对比，小王决定养殖当地的优质品种 —— 山东仔猪。一方面，该品种的供应充足，价格便宜（200 元 / 头）；另一方面，该品种的仔猪生长发育快，适合年轻的创业者养殖。虽然毕业于农牧学院，但是究竟开展多大规模的养殖业务，以及如何科学养猪，对小王而言仍是一大决策难题。同时，小王也在考虑是否需要向亲戚朋友再筹措一些资金来扩大养殖的规模。虽然亲戚朋友都很看好小王的创业项目，并且也表示愿意从资金上给予支持，但是小王明白，如果向亲戚朋友借钱创业，也需要参照市场的利率水平给予相应的回报。通过咨询在金融界工作的同学，小王了解到亲戚朋友可以接受且自己也能承受的回报水平是 6%。

猪的饲养密度是一个非常重要的考虑因素。饲养密度高可以充分利用有效空间，降低养猪成本；而密度低能保证猪生长发育所需要的空间，可以减少饲料的摄取量，并减少因空间狭小而引发的恶癖（如随处排便、咬尾等问题）。当然，猪在不同生产阶段对所需空间的要求是不一样的。专家建议可以按照每头猪 1 平方米的面积来进行安排。

开设养猪场的成本主要划分为两类。一类是固定成本，包括养猪场雇用工人的工资和日常运营费用（水费、电费、维修费用、粪便处理费用等）。小王找了一名农民工来帮助经营养猪场，每月的工资是 1 500 元，测算每月的运营成本为 4 000 元，因此每月的固定成本是 5 500 元。另一类是可变成本，主要包括猪的防疫与医药开支和日常饲料成本。据初步估算，饲料之外的各项可变成本为 100 元 / 头，猪饲料是养猪的主要可变成本。一般生猪出售时的标准重量是 110 公斤，普通养猪技术条件下的生猪料肉比是 3 : 1，因此每头生猪到出栏时需要 330 公斤猪饲料。为了保证猪的正常生长，饲料配方需要满足猪在蛋白质、脂肪、矿物质、碳水化合物、维生素等方面的营养要求。按照自己的经验，小王决定重点保证饲料在碳水化合物和蛋白质方面的要求。小王考虑选择玉米、槽料和苜蓿作为主要饲料，因为这些饲料在当地非常常见，而且价格相对低。各种饲料对应的碳水化合物、蛋白质含量以及成本如表 2-2 所示，表的最后一列也列出了科学养猪中对每公斤饲料所含最低营养成分的要求。比如，从碳水化合物的角度，每公斤混合饲料中需要保证其含量高达 60 单位；三种主要饲料（玉米、槽料和苜蓿）每公斤的含量分别为 90、20 和 40 单位。

表 2-2 小王养猪的主要饲料

营养成分	每公斤玉米	每公斤槽料	每公斤苜蓿	每公斤最小需求量
碳水化合物	90	20	40	60
蛋白质	40	80	60	55
成本	3	2.3	2.5	

生猪价格两年前长期在 15 元 / 公斤上下徘徊，近两年受到很多因素的影响（猪瘟、政策等），经历了快速上涨又慢慢回落的过程。2019 年 10 月份，生猪价格曾经冲到最高 40 元 / 公斤，之后缓慢回落至 36 元 / 公斤。2020 年的生猪价格具有很大的不确定性，在通货膨胀的背景下，要想让猪肉价格回落到两年前的水平似乎也不太现实。小王做了一个折中的估计，预计 2020 年生猪出栏时价格为 25 元 / 公斤。

规划养猪，小王需要回答的问题包括：

(1) 是否向亲戚朋友借款？如果借，借多少？

(2) 养殖多少头仔猪？

(3) 采购哪些饲料，以及如何进行混合？

(4) 一年经营下来有望获得多少利润？

要回答上述决策问题要进行多方面的考虑，没法得到一个直接的结论。我们同样可以通过数学建模的方式来进行优化求解。首先，定义如下决策变量：

$$
\begin{aligned}
m &= \text{向亲戚朋友借款的金额} \\
x &= \text{养殖的仔猪头数} \\
y_1 &= \text{每公斤混合饲料中玉米所占百分比} \\
y_2 &= \text{每公斤混合饲料中槽料所占百分比} \\
y_3 &= \text{每公斤混合饲料中苜蓿所占百分比}
\end{aligned}
$$

总体而言，小王关心的目标是一年养殖经营的利润水平，体现为生猪出栏的收益扣除各方面的成本（包括人工成本、固定运营成本、防疫与医药开支、饲料成本以及资金成本）。经过分析，我们可以发现小王的决策实际上包括两个层面：一是如何搭配混合饲料（该决策问题与养殖多少头仔猪没有关系）；二是如何确定养殖的规模以及所需的资金支持。

我们首先考虑混合饲料的配方问题，其目标是使饲料成本尽可能低，对应的优化模型如下：

$$\min w = 3y_1 + 2.3y_2 + 2.5y_3$$

约束条件：

$$
\begin{aligned}
\text{碳水化合物：} 90y_1 + 20y_2 + 40y_3 &\geqslant 60 \\
\text{蛋白质：} 40y_1 + 80y_2 + 60y_3 &\geqslant 55 \\
\text{百分比：} y_1 + y_2 + y_3 &= 1
\end{aligned}
$$

$$\text{非负性：} y_1, y_2, y_3 \geqslant 0$$

在上述模型中，第一条约束条件表明混合饲料必须满足碳水化合物含量的要求，第二条约束条件表明混合饲料必须满足蛋白质含量的要求，第三条约束是天然存在的逻辑关系。通过优化求解（参见 2.7.1），可得最优的配方组合为 $(y_1^*, y_2^*, y_3^*) = (0.571\ 4, 0.428\ 6, 0)$。也就是说，在满足两种营养成分的前提下，混合饲料中采用 57.14%的玉米和 42.86%的槽料能使养猪成本最低。相应地，每公斤混合饲料的最低成本为 $w^* = 3 \times 0.571\ 4 + 2.3 \times 0.428\ 6 + 2.5 \times 0 \approx 2.7$（元 / 公斤）。

下一步是优化养殖规模以及向亲戚朋友借款，其目标是使利润尽可能高，对应的优化模型如下：

$$\max z = (110 \times 25 - 200 - 100 - 2.7 \times 330)\,x - 5\ 500 \times 12 - 500\ 000 \times 4.5\% - 0.06m$$

约束条件：

$$\text{资金：} 500\ 000 + m \geqslant (200 + 100 + 2.7 \times 330)\,x + 5\ 500 \times 12$$

$$\text{产能：} x \leqslant 400$$

$$\text{非负性：} x, m \geqslant 0$$

在上述模型中，每多养一头猪的边际贡献为 $110 \times 25 - 200 - 100 - 2.7 \times 330 = 1\ 559$（元），目标函数中扣除了年度固定运营费用以及资金的成本。第一条约束表明筹措的总资金必须满足一年经营活动的总开支（因为生猪出栏后才能获得相应的收益），第二条约束表明当前猪场的面积最多只能容纳 400 头猪。通过优化求解，可得最优的决策为 $(x^*, m^*) = (400, 42\ 400)$。也就是说，小王应该满负荷养猪（养殖 400 头猪）；为了补充养殖所需的资金，需要向亲戚朋友借款 42 400 元。相应地，一年经营后的期望利润是 $z^* = 1\ 559 \times 400 - 5\ 500 \times 12 - 500\ 000 \times 0.045 - 0.06 \times 42\ 400 = 532\ 556$（元）。

总结一下，小王需要回答问题的答案为：

(1) 需要向亲戚朋友借款，借 42 400 元。

(2) 养殖 400 头仔猪。

(3) 利用 57.14%的玉米混合 42.86%的槽料。

(4) 有望实现 532 556 元的利润。

当然，在该例中，小王是基于对未来市场和可能开支的估算进行规划的。未来生猪的价格实际上具有很大的不确定性。比如，一年后如果生猪的价格持续回落至两年前的水平（15 元 / 公斤），那么小王能实现的利润将只有 92 556 元，该数值远低于预期的 532 556 元。同样，小王还面临着未来饲料价格上涨、运营成本失控等方面的风险。这意味着还需要对决策的结果进行进一步的分析，比如最优决策（如饲料配方）和最优利润如何随着一些关键参数的变化而变化等。我们将在第 3 章学习线性规划的敏感性分析。

在例 2-1 和例 2-2 中，我们都通过一个数学模型来描述决策者所面临的决策问题。两个例子表明，规划模型一般包含三个要素：

- 决策变量（Decision Variable），即规划问题中需要确定的能用数量表示的量。
- 目标函数（Objective Function），它是关于决策变量的函数，也是决策者优化的目标，一般追求最大（用 max 表示）或者最小（用 min 表示）。
- 约束条件（Constraint），即决策变量需要满足的限制条件（如可用资源的限制、需要满足的服务率的要求等），通常表达为关于决策变量的等式或者不等式。

相应地，对一个管理问题进行建模时，也需要遵循三个步骤：

(1) 定义决策变量。有时决策变量的选择方式并非唯一的，定义决策变量的原则是便于建模即可；有时出于建模的需要，可以引入一些“冗余”的中间变量。

(2) 定义目标函数。目标函数一定要正确刻画出决策者优化的目标。

(3) 定义约束条件。结合管理问题，一定要完备地列出所有约束条件。有时部分约束条件是隐性但客观存在的，很容易被忽视。

当一个规划模型中决策变量的取值是连续的（而不是离散点），且目标函数和约束条件都是线性表达式时，该类规划模型被称为“线性规划”（Linear Programming）。因为线性函数在生活中非常常见，且数学形式最为简单，所以线性规划也是一类最常见的模型。它在很多管理领域都得到了普遍应用，包括市场营销（广告预算和媒介选择、竞争性定价、新产品开发、销售计划制订）、生产计划制订（合理下料、配料）、库存管理（库存水平确定、停车场大小、设备容量）、运输问题、财政和会计（预算、贷款、成本分析、投资、证券管理）、人事（人员分配、人才评价、工资和奖金的确定）、设备管理（维修计划、设备更新）、城市管理（供水、污水管理，以及服务系统设计和运用）等。

在经济学中，描述市场需求随着价格变化的关系时经常用到的一个线性函数是

$$d = a - b \times p$$

其中，a 表示市场的潜在规模（即对应产品价格为零时的需求），p 是产品的销售价格，b 反映了价格变化对需求的影响程度。那么，类似上述线性函数的背后又有着什么样的基本经济学假设？在实际问题中，“线性”的含义体现在如下四个方面：

- 比例性：决策变量对目标函数或者约束条件的影响是成比例关系的，如价格每增加 1 单位，会导致需求的减少量是一个常数 b。用经济学的术语来讲，就是决策变量所对应的边际影响（收益、成本等）是一个常数。
- 可加性：如生产多种产品时，总利润是各种产品利润之和，总成本也是各种资源的成本之和。
- 连续性：决策变量可以取某区间的连续值，其取值可以为小数、分数或者实数。
- 确定性：线性函数中的参数都是确定的常数。

值得留意的是，在部分现实场景中，决策变量的边际影响并非恒定的，如经济学中普遍存在边际收益递减或者边际成本递增的规律。在考虑决策者风险态度时，追求的利润函数也并非线性的，而且有些指标本身就是非线性的（比如用来度量风险的方差）。这意

味着线性规划也并非万能的。在这些场景下，我们需要采用其他的规划模型（如非线性规划）来帮助决策者决策。

考虑一个一般的线性规划模型，假定其中包含 n 个决策变量，通常用 $x_j(j=1,2,\cdots,n)$ 来表示。在目标函数中，x_j 对应的系数为 c_j（称为目标函数系数）。规划模型包含 m 个约束条件，用 $b_i\,(i=1,2,\cdots,m)$ 表示第 i 个约束条件对应的右边项（如某种可用资源的限制），用 a_{ij} 表示第 i 个约束中决策变量 x_j 所对应的系数（通常称为技术系数或者工艺系数），则一般管理情境下的线性规划模型可以表示为

$$
\begin{aligned}
&\max \text{ 或 } \min\ z = c_1x_1 + c_2x_2 + \cdots + c_nx_n \\
&\text{s.t.}\begin{cases}
a_{11}x_1 + a_{12}x_2 + \cdots + a_{1n}x_n \leqslant (\text{或} =, \geqslant)\, b_1 \\
a_{21}x_1 + a_{22}x_2 + \cdots + a_{2n}x_n \leqslant (\text{或} =, \geqslant)\, b_2 \\
\qquad \cdots\cdots \\
a_{m1}x_1 + a_{m2}x_2 + \cdots + a_{mn}x_n \leqslant (\text{或} =, \geqslant)\, b_m \\
x_1, x_2, \cdots, x_n \geqslant 0
\end{cases}
\end{aligned}
\tag{2-1}
$$

上述模型可以简写为

$$
\begin{aligned}
&\max \text{ 或 } \min z = \sum_{j=1}^{n} c_jx_j \\
&\text{s.t.}\begin{cases}
\displaystyle\sum_{j=1}^{n} a_{ij}x_j \leqslant (\text{或} =, \geqslant)\, b_i & (i=1,2,\cdots,m) \\
x_j \geqslant 0 & (j=1,2,\cdots,n)
\end{cases}
\end{aligned}
\tag{2-2}
$$

如果引入向量或矩阵符号，记

$$
\boldsymbol{X} = (x_1, x_2, \cdots, x_n)'
$$

$$
\boldsymbol{C} = (c_1, c_2, \cdots, c_n)
$$

$$
\boldsymbol{b} = (b_1, b_2, \cdots, b_m)'
$$

$$
\boldsymbol{A} = \begin{pmatrix}
a_{11} & a_{12} & \cdots & a_{1n} \\
a_{21} & a_{22} & \cdots & a_{2n} \\
\vdots & \vdots & & \vdots \\
a_{m1} & a_{m2} & \cdots & a_{mn}
\end{pmatrix}
$$

那么，式 (2-1) 可以简写为：

$$
\begin{aligned}
&\max \text{ 或 } \min\ z = \boldsymbol{CX} \\
&\text{s.t.}\begin{cases}
\boldsymbol{AX} \leqslant (\text{或} =, \geqslant)\, \boldsymbol{b} \\
\boldsymbol{X} \geqslant \boldsymbol{0}
\end{cases}
\end{aligned}
\tag{2-3}
$$

我们称向量 $\boldsymbol{C}$ 为“目标函数系数”，向量 $\boldsymbol{b}$ 为“约束条件右边项”，矩阵 $\boldsymbol{A}$ 为约束条件的“系数矩阵”。在数学意义上，有些决策变量是可以取负值的，但是在绝大多数管理问题中，决策变量只能取非负数。因此，在本书中我们通常加上决策变量的非负性约束。

2.2　线性规划的类型与标准型

根据线性规划模型解决的问题的不同，一般可以将线性规划划分为四种类型。

1. 资源配置问题

经济学是一门关于资源稀缺的科学；正是因为组织拥有的资源（人、财、物、技术等）是稀缺的，才需要通过科学的管理来优化资源的利用。很多企业在经营管理中，都面临着如何将有限的资源分配到不同的经营活动中，从而提升企业整体绩效的问题。

[例 2-3]（资源配置问题）　某厂在计划期内要安排生产 A、B 两种产品（假定产品畅销），需要用到劳动力、设备和原材料等三种资源（资源的可用量存在限制）。已知生产单位产品的利润与所需各种资源的消耗量如表 2-3 所示。请问：如何安排生产能使该厂获利最大？

表 2-3　某厂生产情况表

	产品 A	产品 B	资源限额
劳动力（工时）	9	4	360
设备（台时）	4	5	200
原材料（公斤）	3	10	300
单位利润（元）	70	120	

这个问题可以通过建立以下数学模型来求解。定义

$$x_1 = \text{计划生产的产品 A 的数量}$$
$$x_2 = \text{计划生产的产品 B 的数量}$$

对应的线性规划模型为：

$$\max\ z = 70x_1 + 120x_2$$
$$\text{s.t.}\begin{cases} 9x_1 + 4x_2 \leqslant 360 & \text{劳动力} \\ 4x_1 + 5x_2 \leqslant 200 & \text{设备} \\ 3x_1 + 10x_2 \leqslant 300 & \text{原材料} \\ x_1, x_2 \geqslant 0 & \text{非负性} \end{cases}$$

在该例子中，确定产品 A 和 B 的产量等价于确定把多少资源“分配”到不同的产品中，因此我们称之为“资源配置问题”（Resource Allocation Problem）。不同实际问题中，“资源”可以体现为不同的形式，如资金、厂房容量、服务器计算能力、网络带宽等。

一般的资源配置问题都是为了通过资源分配来实现整体利益的最大化。在式 (2-1) 的线性规划模型中，决策变量 x_j 表示产品 j 的产量，目标函数系数 c_j 表示产品 j 的单位贡献，约束条件右边项 b_i 表示资源 i 的可用数量，系数 a_{ij} 表示每单位产品 j 所消耗的资源 i 的数量。考虑到所有可用资源的限制，资源配置问题的模型为：

$$\max\ z = c_1x_1 + c_2x_2 + \cdots + c_nx_n$$
$$\text{s.t.}\begin{cases} a_{11}x_1 + a_{12}x_2 + \cdots + a_{1n}x_n \leqslant b_1 \\ a_{21}x_1 + a_{22}x_2 + \cdots + a_{2n}x_n \leqslant b_2 \\ \cdots\cdots \\ a_{m1}x_1 + a_{m2}x_2 + \cdots + a_{mn}x_n \leqslant b_m \\ x_1, x_2, \cdots, x_n \geqslant 0 \end{cases} \tag{2-4}$$

2. 成本–收益平衡问题

很多问题中，管理者追求的目标是以最小的代价（如成本、时间）来达到既定的目标。比如，在满足供货合同要求的前提下生产成本最小化，在配送所有用户订单的前提下总路径最短，在保证所有任务能完成的前提下总人力最少等。

[例 2-4]（科学养殖问题） 随着现代生物和养殖技术的发展，如何为养殖的动物提供合理的营养元素、满足其生长所需，是科学养殖关注的重要问题。营养专家认为，某动物生长的关键营养元素包括 A、B 和 C。具体来说，每天至少需要摄入 700 克元素 A、30 克元素 B，以及 200 毫克元素 C。候选的饲料包括 5 种，其单位价格（元 / 千克）以及每千克所含的营养元素如表 2-4 所示。请问：如何确定最优的饲料配方？

表 2-4 价格与营养元素含量表

饲料	元素 A（克）	元素 B（克）	元素 C（毫克）	价格（元 / 千克）
1	3	1	0.5	2
2	2	0.5	1	7
3	1	0.2	0.2	4
4	6	2	2	9
5	18	0.5	0.8	5
最低含量	700	30	200	

这个问题可以通过建立以下数学模型来求解。定义

$$x_j = \text{混合饲料中饲料 } j \text{ 的重量},\ j = 1, 2, \cdots, 5$$

对应的线性规划模型为：

$$\min\ w = 2x_1 + 7x_2 + 4x_3 + 9x_4 + 5x_5$$
$$\text{s.t.}\begin{cases} 3x_1 + 2x_2 + x_3 + 6x_4 + 18x_5 \geqslant 700 & \text{元素A} \\ x_1 + 0.5x_2 + 0.2x_3 + 2x_4 + 0.5x_5 \geqslant 30 & \text{元素B} \\ 0.5x_1 + x_2 + 0.2x_3 + 2x_4 + 0.8x_5 \geqslant 200 & \text{元素C} \\ x_1, x_2, \cdots, x_5 \geqslant 0 & \text{非负性} \end{cases}$$

在该例中，优化的目标是混合饲料成本最小化。如果光是考虑目标函数，很显然各种饲料的重量越低越好，但是决策变量取值过低会导致部分营养元素的含量达不到规定的要求。因此，优化模型需要在成本和效果（元素含量）之间进行平衡。我们把该类线性规划问题称为“成本–收益平衡问题”，其一般形式如下：

$$\min w = c_1x_1 + c_2x_2 + \cdots + c_nx_n$$
$$\text{s.t.} \begin{cases} a_{11}x_1 + a_{12}x_2 + \cdots + a_{1n}x_n \geqslant b_1 \\ a_{21}x_1 + a_{22}x_2 + \cdots + a_{2n}x_n \geqslant b_2 \\ \cdots\cdots \\ a_{m1}x_1 + a_{m2}x_2 + \cdots + a_{mn}x_n \geqslant b_m \\ x_1, x_2, \cdots, x_n \geqslant 0 \end{cases} \tag{2-5}$$

在上述模型中，决策变量 x_j 表示原料 j 的用量，目标函数系数 c_j 表示原料 j 的单位成本，约束条件右边项 b_i 表示效果指标 i 的最低要求，系数 a_{ij} 表示每单位原料 j 所贡献的指标 i 的数量。

3. **运输问题**

运输是原材料、半成品和产成品流通的环节。在部分行业（如电子商务、天然气、钢铁）中，运输成本在运营总成本中占比很高，因此通过合理的调度安排来降低物流成本是企业管理的重中之重。我们先看下面的例子。

[例 2-5]（网络运输问题） 从生产规模经济性的角度考虑，某企业在全国范围内布局了 m 个工厂，为 n 个销售终端（商店）供货。在本例中，考虑 $m = n = 3$ 的情形（如图 2-1 所示），每个工厂都可以向每个商店供货。

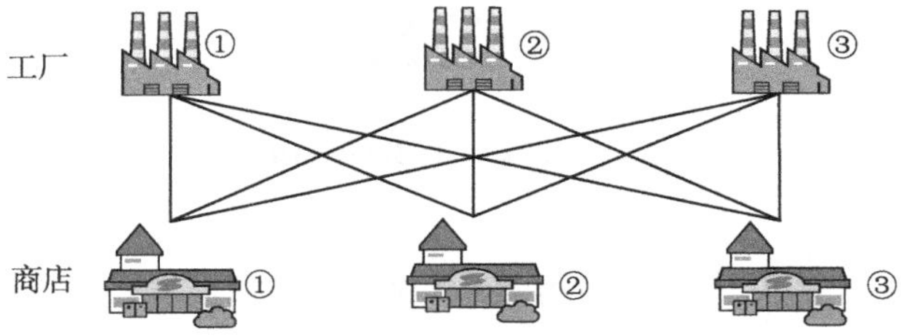

图 2-1 网络运输问题

已知每个工厂都有自己的最大产能，每个商店都有自己希望满足的需求量，如表 2-5 所示。表中同时给出了从各个工厂运送货物至各个商店对应的单位成本。

表 2-5 单位成本表

	商店 1	商店 2	商店 3	产量
工厂 1	2	1	3	50
工厂 2	2	2	4	30
工厂 3	3	4	2	10
需求	40	15	35	

请问：采用怎样的运输方案能使得整体物流成本最小？

先简单地分析一下该问题。三个工厂的总产量是 90，恰好等于三个商店的总需求。运输方案要保证所有的工厂都将其所有库存运输出去，同时每个商店的需求都能恰好得到满足。定义

$$x_{ij} = \text{从工厂 } i \text{ 运送至商店 } j \text{ 的库存量}, \ i, j = 1, 2, 3$$

那么，运输方案对应的规划模型如下：

$$\min w = 2x_{11} + x_{12} + 3x_{13} + 2x_{21} + 2x_{22} + 4x_{23} + 3x_{31} + 4x_{32} + 2x_{33}$$

$$\text{s.t.} \begin{cases} x_{11} + x_{12} + x_{13} = 50 & \text{工厂 } 1 \\ x_{21} + x_{22} + x_{23} = 30 & \text{工厂 } 2 \\ x_{31} + x_{32} + x_{33} = 10 & \text{工厂 } 3 \\ x_{11} + x_{21} + x_{31} = 40 & \text{商店 } 1 \\ x_{12} + x_{22} + x_{32} = 15 & \text{商店 } 2 \\ x_{13} + x_{23} + x_{33} = 35 & \text{商店 } 3 \\ x_{ij} \geqslant 0, i, j = 1,2,3 & \text{非负性} \end{cases}$$

不同于例 2-3 和例 2-4 的是，该模型中所有约束条件均为等式约束（非负性约束除外）。其中，一组等式约束表示各个工厂运输出去的总量刚好等于其产量，另一组约束表示各个商店收到的运输量之和刚好等于其需求。我们称这类总产量刚好等于总需求的运输问题为“产销平衡运输问题”。我们在第 4 章中即将学到，对于产销不平衡的运输问题（总产量大于总需求，或者总产量小于总需求的情形），我们可以通过等价变换，将其转化为一个产销平衡的运输问题。

在一个包含 m 个产地、n 个销地的产销平衡运输问题中，记 c_{ij} 为从产地 i 运往销地 j 的单位运费，a_i 为产地 i 的产能，b_j 为销地 j 的需求，则追求总运费最小化的规划模型为：

$$\min z = \sum_{i=1}^{m}\sum_{j=1}^{n} c_{ij}x_{ij}$$

$$\text{s.t.} \begin{cases} \sum_{j=1}^{n} x_{ij} = a_i, i = 1,2,\cdots,m \\ \sum_{i=1}^{m} x_{ij} = b_j, j = 1,2,\cdots,n \\ x_{ij} \geqslant 0, i = 1,2,\cdots,m; j = 1,2,\cdots,n \end{cases} \tag{2-6}$$

仔细观察不难发现，式 (2-6) 所示的运输问题的约束条件呈现一定的对称规律，而且约束条件中决策变量的系数取值只为 0 或 1。这些特点决定了我们可以采用一些简化的方法来求解该类问题。我们将在第 4 章中详细介绍运输问题的求解方法。

4. 混合问题

对比资源配置问题、成本–收益平衡问题和运输问题，可以发现它们的目标函数和约束条件呈现不同的形式，如表 2-6 所示（其中 LHS 表示约束条件左边表达式，RHS 表示右边表达式）。

表 2-6 三类典型线性规划问题的对比

类型	目标函数	约束条件形式	约束条件含义
资源配置问题	max	LHS $\leqslant$ RHS	对于特定的资源， 使用的数量 $\leqslant$ 可获得的数量
成本–收益平衡问题	min	LHS $\geqslant$ RHS	对于特定的收益， 达到的水平 $\geqslant$ 最低可接受水平
运输问题	max/min	LHS = RHS	对于一些数量， 提供的数量=需求的数量

在更多一般的线性规划问题中，约束条件可能同时包括大于等于、小于等于或等于的形式。我们称该类问题为混合线性规划问题，如例 2-1 和例 2-2。

对任何类型的线性规划，我们都可以通过等价变换，将其转化为如下形式：

$$\max z = c_1x_1 + c_2x_2 + \cdots + c_nx_n$$
$$\text{s.t.} \begin{cases} a_{11}x_1 + a_{12}x_2 + \cdots + a_{1n}x_n = b_1 \\ a_{21}x_1 + a_{22}x_2 + \cdots + a_{2n}x_n = b_2 \\ \quad\cdots\cdots \\ a_{m1}x_1 + a_{m2}x_2 + \cdots + a_{mn}x_n = b_m \\ x_1, x_2, \cdots, x_n \geqslant 0 \end{cases} \tag{2-7}$$

其中等式右边项系数 $b_i \geqslant 0$。我们把这类求最大化、所有约束条件都为等式约束的线性规划模型称为线性规划的标准型。下面通过两个例子说明如何将一般的问题转化为标准型。

[例 2-6]（线性规划标准型） 将如下线性规划问题转化为标准型：

$$\max z = 70x_1 + 120x_2$$
$$\text{s.t.} \begin{cases} 9x_1 + 4x_2 \leqslant 360 \\ 4x_1 + 5x_2 \leqslant 200 \\ 3x_1 + 10x_2 \geqslant 300 \\ x_1, x_2 \geqslant 0 \end{cases}$$

解：在三个不取等号的约束条件中分别引入非负决策变量 x_3、x_4 和 x_5，可以将原始线性规划问题等价转化为

$$\max z = 70x_1 + 120x_2$$
$$\text{s.t.} \begin{cases} 9x_1 + 4x_2 + x_3 = 360 \\ 4x_1 + 5x_2 + x_4 = 200 \\ 3x_1 + 10x_2 - x_5 = 300 \\ x_1, x_2, \cdots, x_5 \geqslant 0 \end{cases}$$

我们把引入的变量 x_3 和 x_4 称为“松弛变量”，而 x_5 是“剩余变量”。一般地，在资源配置型约束中会引入松弛变量，在成本–收益平衡型约束中会引入剩余变量。

[例 2-7]（线性规划标准型） 将如下线性规划问题转化为标准型：

$$\min w = x_1 + 2x_2 - 3x_3$$
$$\text{s.t.} \begin{cases} x_1 + x_2 + x_3 \leqslant 9 \\ -x_1 - 2x_2 + x_3 \geqslant 2 \\ 3x_1 + x_2 - 3x_3 = 5 \\ x_1 \leqslant 0, x_2 \geqslant 0 \end{cases}$$

解：目标函数是求最小化，可以令 $z = -w$，于是最小化 w 等价于最大化 z。在第一个约束条件中可以引入非负松弛变量 x_4，第二个约束条件中可以引入非负剩余变量 x_5。考虑到 x_1 是非正的，可以引入 $x_1 = -x_1'$；考虑到 x_3 是自由的（可正可负），可以引入 $x_3 = x_3' - x_3''$。原线性规划问题转化为

$$\max\ z = x_1' - 2x_2 + 3x_3' - 3x_3''$$

$$\text{s.t.}\begin{cases} -x_1' + x_2 + x_3' - x_3'' + x_4 = 9 \\ x_1' - 2x_2 + x_3' - x_3'' - x_5 = 2 \\ -3x_1' + x_2 - 3x_3' + 3x_3'' = 5 \\ x_1', x_2, x_3', x_3'', x_4, x_5 \geqslant 0 \end{cases}$$

总结一下，在将一般线性规划问题转化为标准型时：

- 如果目标函数求最小值，可以将目标函数系数乘以 -1，等价为求最大值；
- 对“小于等于”型约束，引入非负松弛变量；
- 对“大于等于”型约束，引入非负剩余变量；
- 对取值非正的决策变量 x_j，可以做变量替换 $x_j = -x_j'$，其中 x_j' 取值非负；
- 对取值自由的决策变量 x_j，可以引入 $x_j = x_j' - x_j''$，其中 x_j' 和 x_j'' 均为非负。

2.3 线性规划的图解法

对于只有两个决策变量的线性规划问题，可以考虑采用图解法来寻找其最优解。下面结合例 2-3 来介绍图解法的一般步骤。

$$\max\ z = 70x_1 + 120x_2$$

$$\text{s.t.}\begin{cases} 9x_1 + 4x_2 \leqslant 360 & 劳动力 \\ 4x_1 + 5x_2 \leqslant 200 & 设备 \\ 3x_1 + 10x_2 \leqslant 300 & 原材料 \\ x_1, x_2 \geqslant 0 & 非负性 \end{cases}$$

求解上述线性规划问题，等价于在满足所有约束条件（劳动力、设备、原材料、非负性）的所有点 (x_1, x_2) 中，找一个能使目标函数（利润）达到最大值的方案。由于该问题只有两个非负决策变量（产品 A 和产品 B 的产量），我们可以采用一种直观的方式——图解法来进行求解。

第一步，我们画一个二维坐标系，其中 x_1 对应横轴，x_2 对应纵轴。因为两个决策变量都是非负的，所以只需要画坐标系中的第一象限（如图 2-2 所示）。

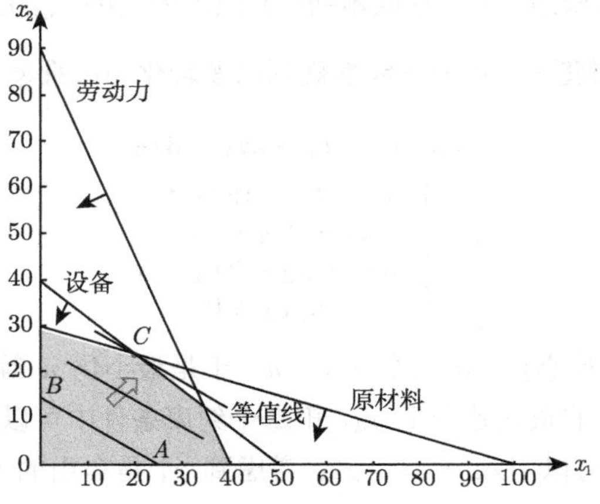

图 2-2 图解法

第二步，依次考虑三个约束条件。先考虑劳动力，在二维坐标系中画出直线 $9x_1 + 4x_2 = 360$。很显然，位于这条直线上的任何一点所对应的生产方案都可以刚好消耗掉所有的劳动力资源。位于直线上方的任何一点都满足 $9x_1 + 4x_2 > 360$，即它们对应生产方案所需的劳动力超出了可用劳动力的限制，因此属于不可行方案。位于直线下方的任何一点都满足 $9x_1 + 4x_2 < 360$，即它们对应生产方案所需的劳动力低于实际可用的劳动力。因此，要保证实际消耗的劳动力资源不超过最大值 360，我们只能取位于直线 $9x_1 + 4x_2 = 360$ 上或者位于这条直线下方的非负点（如箭头方向所示）。类似地，考虑设备和原材料的限制，又可以画出另外两条直线，而考虑到对应资源的限制，只能取位于直线上或者下方的点。

上述三条直线构成的可行区间的交集如图 2-2 中的阴影区域所示。管理者采用的任一生产方案必须同时满足劳动力、设备和原材料的限制，这意味着生产方案只能在图中阴影区域（包括边界）取值。该阴影区域被称为线性规划问题的“可行域”，凡是位于可行域之外的点都不是可行的。

第三步，要在可行域上找到使得目标函数（利润）达到最大值的方案，可以在二维坐标系上取两个点 A(24, 0) 和 B(0, 14)，并做连线 AB。很显然，所有在线段 AB 上的点都满足 $70x_1 + 120x_2 = 1\,680$，也就是说线段 AB 上任一点所对应的目标函数值都为 1 680，因此我们将 AB 称为该线性规划问题的一条等值线。如果将直线 AB 向右上方平移一些，会得到一条新的直线，它也是一条等值线，而且该等值线对应的目标函数值高于 1 680。事实上，在该二维坐标系中，凡是与直线 AB 平行的其他直线也都是等值线。特别是，越是往右上方平移等值线，它所对应的目标函数值越大。因此，要找到利润最大的生产方案，我们应该尽可能地往右上方平移等值线，直到不能进一步平移为止。在该例子中，不难发现，当等值线向右上方平移到经过 C 点时，如果进一步平移等值线，那么等值线就和可行域没有交集了，这意味着这里的 C 点就是能使得总利润达到最大的方案了。

第四步，C 点对应的产量决策究竟是多少呢？不难发现，C 点刚好对应于原材料和设备所对应的直线的交点。这意味着 C 点的坐标同时满足如下条件：

$$\begin{cases} 4x_1 + 5x_2 = 200 \\ 3x_1 + 10x_2 = 300 \end{cases}$$

求解上述联立方程组，我们可得 $(x_1, x_2) = (20, 24)$。因此，应该生产 20 单位产品 A、24 单位产品 B；在该生产方案下，能实现最大利润 $z = 70 \times 20 + 120 \times 24 = 4\,280$（元）。

在本书中，为了区别于其他符号，我们用上标“*”表示最优解和最优目标函数值（简称“最优值”），即 $(x_1^*, x_2^*) = (20, 24)$，$z^* = 4\,280$ 元。

最优点 C 刚好是原材料和设备约束对应方程的联立解，这意味着如果采用 C 点的生产方案，那么将刚好消耗完所有的原材料资源和设备工时。于是，原材料和设备工时所对应的约束将成为一个“紧约束”。相反，在 C 点对应的生产方案下，实际消耗的劳动力是 $9x_1^* + 4x_2^* = 9 \times 20 + 4 \times 24 = 276$，小于劳动力的可用工时 360 小时。因此，劳动力资源将有剩余，我们称劳动力约束对应的是一个“非紧约束”。换言之，在最优生产安排下，紧约束对应的是系统的稀缺资源（或瓶颈资源），而非紧约束对应的是系统的过剩资源。

值得一提的是，通过引入松弛变量，例 2-3 的线性规划问题对应的标准型如下：

$$\max\ z = 70x_1 + 120x_2$$
$$\text{s.t.}\begin{cases} 9x_1 + 4x_2 + x_3 = 360 \\ 4x_1 + 5x_2 + x_4 = 200 \\ 3x_1 + 10x_2 + x_5 = 300 \\ x_1, x_2, \cdots, x_5 \geqslant 0 \end{cases}$$

直观上，上述标准型线性规划问题的最优解应该为 $(x_1^*, x_2^*, x_3^*, x_4^*, x_5^*) = (20, 24, 84, 0, 0)$。这里的 x_3^* 刚好对应于剩余的人工工时数。

总结一下，对于只有两个决策变量的线性规划问题，图解法的一般步骤包括：

- 第一步：画出二维直角坐标系，非负约束构成坐标系的第一象限。
- 第二步：画出每条约束所对应的区域（对不等式约束，首先画出等式线，再判明约束方向），并确定线性规划问题的可行域（即各条约束所对应区域的交集）。
- 第三步：根据目标优化方向平移目标函数等值线，直到不能再平移为止，确定线性规划问题对应的最优点。
- 第四步：根据最优点满足的等式构建联立方程组，从而求解出最优方案，并计算最优方案所对应的最优目标函数值。

根据上述步骤，在用图解法求解过程中可能会碰到一些特殊的情形，包括：

(1) 存在多个最优解的情形。 在上面的例子中，假设目标函数系数发生变化，目标函数变为了 $z = 96x_1 + 120x_2$。由于可行域并没发生变化，只需要在第三步中调整等值线的方向。如图 2-3 所示，不难发现，等值线刚好和可行域的一个边界（CD）平行。因此，在向右上方平移等值线的过程中，当等值线经过 C 点或者 D 点时即达到最优。直观上，线段 CD 上的任何一点都能使目标函数达到最大（因为 CD 是等值线）。此时，线性规划问题存在无穷多个最优解。

$$\max\ z = 96x_1 + 120x_2$$
$$\text{s.t.}\begin{cases} 9x_1 + 4x_2 \leqslant 360 & \text{劳动力} \\ 4x_1 + 5x_2 \leqslant 200 & \text{设备} \\ 3x_1 + 10x_2 \leqslant 300 & \text{原材料} \\ x_1, x_2 \geqslant 0 & \text{非负性} \end{cases}$$

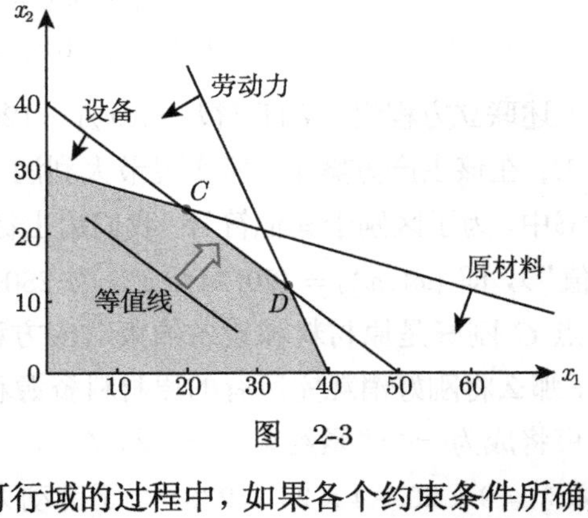

图 2-3

(2) 可行域为空集的情形。 在绘制可行域的过程中，如果各个约束条件所确定的区域的交集为空，那么可行域为空集。这意味着不存在能同时满足所有约束条件的方案，因此，该线性规划问题无解（如图 2-4 所示）。

$$\max \ z = x_1 + \frac{1}{3}x_2$$

$$\text{s.t.} \begin{cases} x_1 + x_2 \leqslant 20 \\ -2x_1 + 5x_2 \geqslant 150 \\ x_1 \geqslant 5 \\ x_1, x_2 \geqslant 0 \end{cases}$$

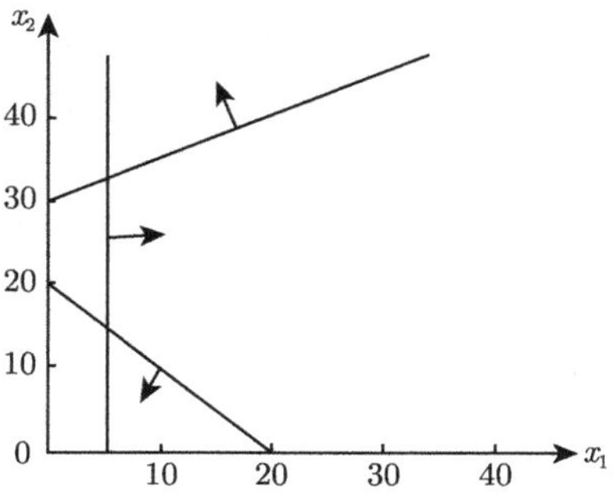

图 2-4

(3) 无有界最优解的情形。在平移等值线的过程中，如果等值线可以无限地向改进目标函数的方向平移（如图 2-5 所示），那么该线性规划问题的最优解是无穷大（或者无穷小），我们称该种情形为“无有界最优解”。

$$\max \ z = x_1 + \frac{1}{3}x_2$$

$$\text{s.t.} \begin{cases} x_1 + x_2 \geqslant 20 \\ -2x_1 + 5x_2 \leqslant 150 \\ x_1 \geqslant 5 \\ x_1, x_2 \geqslant 0 \end{cases}$$

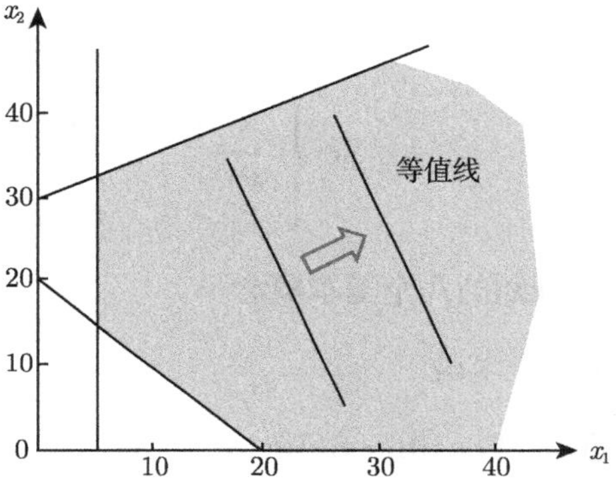

图 2-5

在现实管理问题中，最优决策一般不可能是无穷大（或无穷小）。因此，如果出现无有界最优解的情形，极有可能是建模出了差错。比如，在上面的例子中，通过检查发现目标函数应该求极小值。通过平移等值线，不难发现最优解对应图中的 A 点（如图 2-6 所示），它的坐标为 $(x_1^*, x_2^*) = (5, 15)$，对应的目标函数值为 $z^* = 10$。

$$\min z = x_1 + \frac{1}{3}x_2$$

$$\text{s.t.} \begin{cases} x_1 + x_2 \geqslant 20 \\ -2x_1 + 5x_2 \leqslant 150 \\ x_1 \geqslant 5 \\ x_1, x_2 \geqslant 0 \end{cases}$$

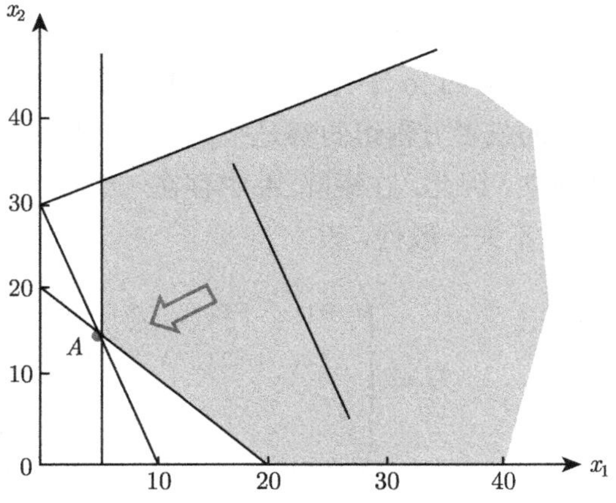

图 2-6

正如前面提到的，图解法只适用于存在两个决策变量的线性规划问题。因为存在 3

个或 3 个以上决策变量时，如果要用图解法，需要在多维空间中绘制可行域和等值线（严格地说是等值面），这一般是不太现实的。但是，图解法能让我们直观地感受到线性规划问题可能具有的一些特征和性质（需要严格证明）。比如，如果一个线性规划问题存在有界最优解，那么它的最优解一定是在可行域的边界上；最优解可能对应唯一的一个点，也可能是一个线段，还可能是一个超平面。不管怎样，我们至少可以在可行域的某个顶点上找到线性规划问题的一个最优解。

2.4 线性规划问题解的性质

在本节，我们探讨线性规划问题解的性质。我们在如下标准形式的规划问题的基础上进行讨论。

$$\max z = \sum_{j=1}^{n} c_j x_j \tag{2-8}$$

$$\text{s.t.} \begin{cases} \displaystyle\sum_{j=1}^{n} a_{ij} x_j = b_i, \quad i = 1, 2, \cdots, m \\ x_j \geqslant 0, \quad j = 1, 2, \cdots, n \end{cases} \tag{2-9}$$

2.4.1 线性规划的几个基本概念

先定义两个术语。

- **可行解**（**Feasible Solution**）：满足线性规划模型约束条件 (2-9) 的解，称为“可行解”；所有可行解构成的集合称为“可行域”（Feasible Domain）。
- **最优解**（**Optimal Solution**）：在可行域中，能使得目标函数 (2-8) 达到最大的解称为“最优解”。

在上述问题中，$\boldsymbol{A}$ 是一个 $m \times n$ 阶的系数矩阵。一般情况下，我们有 $m \leqslant n$；因为如果 $m > n$，则意味着在约束 (2-9) 的 m 个方程中，至少有一个方程是多余的（即某方程可以通过其他方程的线性组合得到），或者方程组的解是空集。另外，我们假设矩阵 $\boldsymbol{A}$ 的秩是 m，即 $\boldsymbol{A}$ 的 m 个行向量彼此线性独立（同样，$\boldsymbol{A}$ 的秩小于 m 意味着至少有一个方程是多余的或者方程组的解是空集）。从列向量的角度，$\boldsymbol{A}$ 的 n 列中，至少存在 m 列彼此线性独立。因此，在矩阵 $\boldsymbol{A}$ 中存在一个 $m \times m$ 阶的子矩阵 $\boldsymbol{B}$，其秩为 m（即 $\boldsymbol{B}$ 为满秩矩阵）。不失一般性，设

$$\boldsymbol{B} = \begin{pmatrix} a_{11} & a_{12} & \cdots & a_{1m} \\ a_{21} & a_{22} & \cdots & a_{2m} \\ \vdots & \vdots & & \vdots \\ a_{m1} & a_{m2} & \cdots & a_{mm} \end{pmatrix} = (P_1, P_2, \cdots, P_m)$$

我们称该满秩子矩阵 $\boldsymbol{B}$ 一个基阵，简称为“**基**”（**Base**）。基阵中的每一个列向量 $\boldsymbol{P}_j$（$j = 1, 2, \cdots, m$）称为一个“**基向量**”；与基向量 $\boldsymbol{P}_j$ 对应的变量 x_j 称为“**基变量**”。

线性规划问题中除基向量以外的其他列向量则称为“非基向量”，除基变量以外的其他变量则称为**“非基变量”**。比如：

$$\boldsymbol{A}=\begin{pmatrix} a_{11} & a_{12} & \cdots & a_{1n} \\ a_{21} & a_{22} & \cdots & a_{2n} \\ \vdots & \vdots & & \vdots \\ a_{m1} & a_{m2} & \cdots & a_{mn} \end{pmatrix}=(P_1,P_2,\cdots P_m,P_{m+1},\cdots,P_n)=(B,N)$$

其中，$P_{m+1},\cdots,P_n$ 为非基向量，相应的 $x_{m+1},\cdots,x_n$ 为非基变量。为了方便，我们将所有非基向量构成的子矩阵记为 $\boldsymbol{N}=(P_{m+1},\cdots,P_n)$；也将变量 $\boldsymbol{X}$ 分为两部分 $\boldsymbol{X}=(X_B,X_N)'$，其中

$$X_B=(x_1,x_2,\cdots,x_m)',X_N=(x_{m+1},x_{m+2},\cdots,x_n)'$$

考虑约束条件 $\boldsymbol{AX}=\boldsymbol{b}$，按照上述符号定义，方程组等价于

$$(B,N)\begin{pmatrix} X_B \\ X_N \end{pmatrix}=\boldsymbol{b}$$

即

$$BX_B+NX_N=\boldsymbol{b}$$

考虑到 $\boldsymbol{B}$ 是满秩子矩阵，它是可逆的，我们有

$$X_B=\boldsymbol{B}^{-1}(\boldsymbol{b}-\boldsymbol{N}X_N)$$

- **基解**：对应于基 $\boldsymbol{B}$，如果令 $X_N=0$，可以得到一个解 $\boldsymbol{X}=(\boldsymbol{B}^{-1}\boldsymbol{b},0)$，我们称该解是对应于基 $\boldsymbol{B}$ 的基解。
- **基可行解**：满足变量非负约束（即 $\boldsymbol{B}^{-1}\boldsymbol{b}\geqslant 0$）的基解称为“基可行解”。
- **可行基**：对应于基可行解的基阵称为一个可行基。

如果基解中某一个分量取负值，那么该基解位于线性规划问题的可行域之外，是一个非可行解。根据上述定义，不难得到：一个基解中最多有 m 个非零分量；同时，基解和可行基的数目不超过 C_n^m。

[例 2-8]（基解） 找出下述线性规划问题可行域中的所有基解，并指出哪些是基可行解。

$$\max z=40x_1+50x_2$$
$$\text{s.t.}\begin{cases} x_1+2x_2+x_3=30 \\ 3x_1+2x_2+x_4=60 \\ 2x_2+x_5=24 \\ x_1,x_2,x_3,x_4,x_5\geqslant 0 \end{cases}$$

解：本例中 $m=3$，$n=5$，因此最多有 20 个基。比如，如果取 $\boldsymbol{B}=(P_1,P_2,P_3)$，可得对应的基解为 $X=(12,12,-6,0,0)$，不满足非负性约束，因此该基解对应的不是基可行解。通过列举，该线性规划问题总共有 9 个基解，其中有 5 个基可行解，如表 2-7 所示：

表 2-7

序号	x_1	x_2	x_3	x_4	x_5	是否为基可行解
①	12	12	−6	0	0	否
②	6	12	0	18	0	是
③	15	7.5	0	0	9	是
④	20	0	10	0	24	是
⑤	30	0	0	−30	24	否
⑥	0	12	6	36	0	是
⑦	0	30	−30	0	−36	否
⑧	0	15	0	30	−6	否
⑨	0	0	30	60	24	是

值得一提的是，在本例中，x_3, x_4, x_5 可以看作是如下约束条件中引入的松弛变量：

$$
\begin{cases}
x_1 + 2x_2 \leqslant 30 \\
3x_1 + 2x_2 \leqslant 60 \\
2x_2 \leqslant 24 \\
x_1, x_2 \geqslant 0
\end{cases}
$$

如果用二维坐标系画出上述约束条件所定义的可行域（如图 2-7 所示），可以发现以上 9 个基解刚好对应于三条直线和两条坐标轴之间的交点（其中⑦对应的坐标为 (0,30)）；其中 5 个基可行解刚好对应于可行域的 5 个**顶点**，其余 4 个点对应于可行域之外的交点。

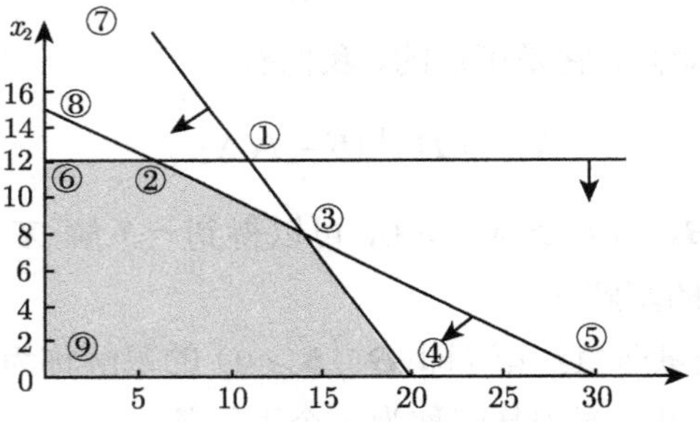

图 2-7

小技巧：在计算基解时，涉及矩阵的求逆运算。当基阵的行（或列）较大时，手工计算 $\boldsymbol{B}^{-1}$ 比较烦琐，这时可以选择合适的软件工具帮助计算。MATLAB 以简便的方式提供了功能丰富的矩阵计算模块，可以成为计算基解的首选工具。比如，针对基阵 $\boldsymbol{B} = (P_1, P_2, P_3)$，如下简单代码即可计算其对应的基解（对应序号为①的基解）：

```
%===================
P1 = [1,3,0]';
P2 = [2,2,2]';
P3 = [1,0,0]';
P4 = [0,1,0]';
P5 = [0,0,1]';
b = [30, 60, 24]';
B = [P1,P2,P3];
X_B = B^(-1) * b;
%===================
```

- **凸集**：如果集合 D 中任意两点 X_1 和 X_2，其连线上的所有点也属于集合 D，则称集合 D 为一个凸集。

由于两点 X_1 和 X_2 之间的连线可以表示为

$$aX_1 + (1-a)X_2, 0 < a < 1$$

因此，凸集用数学语言描述为：对集合 D 中任意两点 X_1 和 X_2，如果对任意 $a \in (0,1)$，均有 $aX_1 + (1-a)X_2 \in D$，则称集合 D 为一个凸集。根据该定义，不难看出在下面的四个图中，2-8a 和 2-8b 是凸集，而 2-8c 和 2-8d 不是凸集。

a) b) c) d)

图 2-8

- **凸组合**：设 X_i，$i=1,2,\cdots,k$，是 n 维欧氏空间中的 k 个点，若有一组数 μ_i，$i=1,2,\cdots,k$ 满足 $\mu_i \in [0,1]$，而且 $\mu_1+\mu_2+\cdots+\mu_k=1$，那么 $X := \mu_1 X_1 + \mu_2 X_2 + \cdots + \mu_k X_k$ 是点 X_1，X_2，$\cdots$，X_k 的凸组合。
- **顶点**：在一个凸集 D 中的点 X，如果不存在任何两个不同的点 $X_1 \in D$ 和 $X_2 \in D$，使得 X 成为这两个点连线上的一个点，换个角度来说，对任何点 $X_1 \in D$ 和 $X_2 \in D$，不存在常数 $a \in (0,1)$，使得 $X = aX_1 + (1-a)X_2$，那么点 X 为凸集 D 的一个顶点。

2.4.2 线性规划的几个基本定理

正如图解法所示，线性规划问题的可行域都是凸集，如下定理给出了严格的证明。

定理 2-1 如果一个线性规划问题的可行域非空，那么它一定是凸集。

证明：记线性规划问题的可行域为

$$D = \{X | AX = b, X \geqslant 0\}$$

对任意两点 $X_1, X_2 \in D$ 和任意 $a \in (0,1)$，令 $X = aX_1 + (1-a)X_2$。显然，X 的所有分量为非负，同时

$$AX = aAX_1 + (1-a)AX_2 = ab + (1-a)b = b$$

因此，$X \in D$。即：可行域 D 上任意两点之间的连线也属于该可行域，所以 D 为凸集。

引理 2-1 设 D 为有界凸多面集，那么对该凸集中的任何一点 $X \in D$，它必可表示为 D 的顶点的凸组合。

该引理可以用数学归纳法加以证明，这里我们只给出基本思路。设 k 为有界多面集 D 的维数。如果 $k=2$，即 D 对应一个线段，很显然 D 上任一点都可以通过线段两个端点（即顶点）的凸组合来进行描述。假设多面集 D 的维数为 $k \geqslant 2$ 时结论成立，对于一个

维数为 $k+1$ 的有界凸多面集，设 X 为其中任一点。总可以找到 D 的某一个顶点（不妨记为 X_1），将 X 和 X_1 进行连线，记该连线延长线和由 D 上其他顶点构成的子平面的交点记为 $\tilde{X}$。根据归纳假设，我们知 $\tilde{X}$ 可以通过除 X_1 之外的其他顶点的凸组合来表示，而 X 可以通过 X_1 和 $\tilde{X}$ 的凸组合来表示。因此，我们知 X 可以通过 D 的顶点的凸组合来表示。于是，通过数学归纳法，我们可以将引理推广到任意维数的有界凸多面集的情形。

正如从图解法中可以猜测的：直观上，一个线性规划问题的最优解（如果存在的话）总是可以在可行域的某个顶点上获得。如下定理说明了该性质的普遍性。

定理 2-2 如果线性规划问题的可行域有界，则其最优值必可在某个顶点处获得。

证明：利用反证法。记 X_1，X_2，$\cdots$，X_k 是可行域 D 的 k 个顶点，假设它们都不是线性规划问题的最优解。记 X^* 为最优点，即最大值点为 $z^*=CX^*$。根据引理 2-1，X^* 可以表示为可行域顶点的凸组合，即存在一组非负参数 $\mu_i\ (i=1,2,\cdots,k)$，$\sum\limits_{i=1}^{k}\mu_i=1$，使得

$$X^*=\sum_{i=1}^{k}\mu_i X_i$$

因此

$$z^*=CX^*=\sum_{i=1}^{k}\mu_i CX_i<\sum_{i=1}^{k}\mu_i z^*=z^*$$

上述不等式之所以成立，是因为根据假设，对任意顶点，其对应的目标函数值小于 z^*。于是，矛盾产生。这意味着线性规划的最优值点至少可以在某个顶点处找到。

注意：上述定理只适用于有界可行域。当某个线性规划问题的可行域无界时，可以非常直观地得到：其最优解有可能是无界的，也有可能是有界的。如果线性规划问题存在有界最优解，那么它也一定可以在可行域的某个顶点处获得。因此，我们可以断定：对任何一个线性规划问题，如果它的最优解是有界的，那么一定可以在可行域的某个顶点处获得。

在线性规划问题的基可行解的定义中，我们可以看到，一个基可行解中有部分分量取值为零。以下引理给出了一个可行解是否为基可行解的判定条件。

引理 2-2 线性规划问题的可行解 X 是基可行解的充分必要条件是：X 的非零分量对应的系数列向量线性无关。

证明：首先证明必要性（$\Rightarrow$）。已知 X 是一个基可行解，根据基可行解的定义，X 的非零分量一定是基变量，它们所对应的系数列向量为可行基的一部分，很显然，满足系数列向量线性无关。

再证明充分性（$\Leftarrow$）。设 P_1，P_2，$\cdots$，P_k 为 X 的非零分量对应的系数列向量，它们是线性无关的。很显然，一定有 $k\leqslant m$（注：m 是系数矩阵 $\boldsymbol{A}$ 的行数或者秩）。如果 $k=m$，则 $\boldsymbol{B}=(P_1\ P_2\ \cdots\ P_k)$ 刚好构成一个满秩子矩阵，是原问题的一个基；可行解 X 刚好是对应于这个基的一个基可行解。如果 $k<m$，那么一定可以在矩阵 $\boldsymbol{A}$ 的其他 $n-k$ 个列向量中找出 $m-k$ 个列向量，它们与 $(P_1\ P_2\ \cdots\ P_k)$ 构成一个满秩子矩阵 $\boldsymbol{B}$，可行解 X 可以看作是对应于这个基的一个基可行解。

以下定理建立了基可行解和可行域顶点之间的关系。

定理 2-3 线性规划问题的基可行解 X 刚好对应可行域上的某个顶点。

证明：等价于要证明定理的逆否命题，即可行解 X 不是基可行解的充分必要条件是 X 不是可行域顶点。

(1) 首先证明必要性（$\Rightarrow$）。给定可行域内的某点 X，如果它不是一个基可行解，根据引理 2-2 可知，X 的非零分量对应的系数列向量线性相关。记 $X=(x_1,x_2,\cdots,x_k,0,\cdots,0)$，其中 $x_1,x_2\cdots,x_k$ 是非零分量。于是，存在一组不全为零的数 $\mu_i\ (i=1,2,\cdots,k)$，使得

$$\mu_1P_1+\mu_2P_2+\cdots+\mu_kP_k=0 \tag{2-10}$$

因为 $AX=b$，我们知

$$(P_1\quad P_2\quad\cdots\quad P_n)\begin{pmatrix}x_1\\x_2\\\vdots\\x_k\\0\\\vdots\\0\end{pmatrix}=b$$

即

$$x_1P_1+x_2P_2+\cdots+x_kP_k=b \tag{2-11}$$

取一个足够小的正数 $\delta>0$，令

$$X_1:=(x_1+\delta\mu_1,x_2+\delta\mu_2,\cdots,x_k+\delta\mu_k,0,\cdots,0)',$$

$$X_2:=(x_1-\delta\mu_1,x_2-\delta\mu_2,\cdots,x_k-\delta\mu_k,0,\cdots,0)'.$$

很显然，可以取

$$\delta=\frac{1}{2}\min\left\{\frac{x_i}{\mu_i}\middle|\mu_i>0\right\}$$

从而有 $X_1\geqslant 0$，$X_2\geqslant 0$，而且 $AX_1=AX_2=b$。即 X_1 和 X_2 是线性规划可行域上的两个不同的点。不难发现

$$X=\frac{X_1+X_2}{2}$$

因此，根据顶点的定义可知，X 不是可行域的顶点。

(2) 再证明充分性（$\Leftarrow$）。给定非顶点的可行解 $X=(x_1,x_2,\cdots,x_k,0,\cdots,0)$，其中 $x_1,x_2,\cdots,x_k$ 是非零分量，我们要证明它不可能是一个基可行解。根据顶点的定义，可以在可行域中找到两个不相同的点 X_1 和 X_2，以及一个正数 $a\in(0,1)$，使得

$$X=aX_1+(1-a)X_2$$

很显然，X 的零分量所对应的 X_1 和 X_2 的分量也一定取 0，即可以记

$$X_1=(\hat{x}_1,\hat{x}_2,\cdots,\hat{x}_k,0,\cdots,0)'$$

$$X_2=(\tilde{x}_1,\tilde{x}_2,\cdots,\tilde{x}_k,0,\cdots,0)'$$

因为 $AX_1=AX_2=b$，可得

$$\sum_{i-1}^{k}(\hat{x}_i-\tilde{x}_i)\,P_i=0$$

考虑到 $X_1\neq X_2$，上式意味着 P_1，P_2，$\cdots$，P_k 是线性相关的。根据引理 2-2 可得，X 不是一个基可行解。

定理 2-3 表明，线性规划问题的顶点其实就是一个基可行解。结合定理 2-2，我们要寻找线性规划问题的最优解，只需要在基可行解上搜索（即不需要在可行域的内部进行搜索）。这一性质为开发线性规划的有效算法奠定了基础。

2.5 求解线性规划的单纯形法

搜索基可行解的基本思路是：先找出一个初始的基可行解，然后判断该基可行解是否为最优；如果否，则转换到相邻的能进一步改善目标函数值的基可行解，直到找到最优解为止。我们先利用这种思路计算例 2-8 的最优解，即考虑如下线性规划问题：

$$\max\ z=40x_1+50x_2$$
$$\text{s.t.}\begin{cases}x_1+2x_2+x_3=30\\3x_1+2x_2+x_4=60\\2x_2+x_5=24\\x_1,x_2,x_3,x_4,x_5\geqslant 0\end{cases}$$

第①步：寻找一个初始基可行解。很显然，可以令 x_3、x_4 和 x_5 为基变量。将所有的非基变量移到方程式的右边，约束方程变为如下形式：

$$\begin{cases}x_3=30-x_1-2x_2\\x_4=60-3x_1-2x_2\\x_5=24-2x_2\end{cases}\tag{2-12}$$

如果令非基变量 $x_1=x_2=0$，可以非常直观地得到初始基可行解 $X^{(1)}=(0,0,30,60,24)$，它所对应的目标函数值为 $z^{(1)}=40x_1+50x_2=0$。

接下来判断 $X^{(1)}$ 是否已经达到最优。从 $z^{(1)}$ 关于非基变量的表达式中可以看出，如果进一步增加非基变量 x_1 或 x_2 的取值（比如，非基变量从零值增加为一个正数），那么可以进一步增加目标函数的值（因为 x_1 和 x_2 的目标函数系数均为正）。特别是，每增加一单位 x_1，可以令目标函数值提高 40；每增加一单位 x_2，可以令目标函数值提高 50。于是，我们可以考虑优先增加 x_2 的取值，即把 x_2 从非基变量变为一个基变量，同时保持 x_1 为非基变量（即保持其取值为 0 不变）。

为了尽可能增加目标函数值，应该尽可能大地提高 x_2 的取值。但是，x_2 能否无限制地增加呢？显然不能，因为在增加 x_2 的过程中，要保证所有的基变量是非负的，即要满足：

$$\begin{cases} x_3 = 30 - 2x_2 \geqslant 0 \Rightarrow x_2 \leqslant 15 \\ x_4 = 60 - 2x_2 \geqslant 0 \Rightarrow x_2 \leqslant 30 \\ x_5 = 24 - 2x_2 \geqslant 0 \Rightarrow x_2 \leqslant 12 \end{cases}$$

将上述三个条件取交集，可得 x_2 的最大值为 12。如果 x_2 取值 12，对应的 $x_5 = 0$，即正好令 x_5 从基变量变为非基变量。

第②步：换基迭代，上面已经确定将 x_2 换入，将 x_5 换出。我们要对约束 (2-12) 进行等价变换，将新的基变量 (x_3, x_4, x_2) 用非基变量 (x_1, x_5) 的线性形式进行表示。通过数学变换，我们得到

$$\begin{cases} x_3 = 6 - x_1 + x_5 \\ x_4 = 36 - 3x_1 + x_5 \\ x_2 = 12 - 0.5x_5 \end{cases} \tag{2-13}$$

如果令非基变量 $x_1 = x_5 = 0$，可以非常直观地得到换基迭代之后的基可行解 $X^{(2)} = (0, 12, 6, 36, 0)$；它所对应的目标函数值为 $z^{(2)} = 600 + 40x_1 - 25x_5$ =600，即相对 $z^{(1)}$ 提高了 600 单位。

接下来判断 $X^{(2)}$ 是否已经达到最优。从 $z^{(2)}$ 关于非基变量的表达式中可以看出，x_1 的目标函数系数为正，这说明如果增加非基变量 x_1 的取值，可以进一步增加目标函数的值。于是，$x^{(2)}$ 并非最优，需要进一步换基迭代。在将 x_1 入基的过程中（保持 x_5 为基变量），也需要保证所有基变量取非负值，即满足：

$$\begin{cases} x_3 = 6 - x_1 \geqslant 0 \Rightarrow x_1 \leqslant 6 \\ x_4 = 36 - 3x_1 \geqslant 0 \Rightarrow x_1 \leqslant 12 \\ x_2 = 12 \geqslant 0 \Rightarrow x_1 \text{无约束} \end{cases}$$

因此，x_1 的最大值为 6，对应的 x_3 出基。

第③步：继续换基迭代，上面已经确定将 x_1 换入，将 x_3 换出。对约束 (2-13) 进行等价变换，将新的基变量 (x_1, x_4, x_2) 用非基变量 (x_3, x_5) 的线性形式进行表示，得

$$\begin{cases} x_1 = 6 - x_3 + x_5 \\ x_4 = 18 + 3x_3 - 2x_5 \\ x_2 = 12 - 0.5x_5 \end{cases} \tag{2-14}$$

如果令非基变量 $x_3 = x_5 = 0$，可以直观地得到换基迭代之后的基可行解 $X^{(3)} = (6, 12, 0, 18, 0)$，它所对应的目标函数值为 $z^{(3)} = 840 - 40x_3 + 15x_5 = 840$，相对 $z^{(2)}$ 提高了 240 单位。

接下来判断 $X^{(3)}$ 是否已经达到最优。从 $z^{(3)}$ 关于非基变量的表达式中可以看出，x_5 的目标函数系数为正，这说明如果增加非基变量 x_5 的取值，可以进一步增加目标函数的值。所以 $X^{(3)}$ 并非最优，需要进一步换基迭代。在将 x_5 入基的过程中（保持 x_3 为基变

量），也需要保证所有基变量取非负值，即满足：

$$\begin{cases} x_1 = 6 + x_5 \geqslant 0 \Rightarrow x_5\text{无约束} \\ x_4 = 18 - 2x_5 \geqslant 0 \Rightarrow x_5 \leqslant 9 \\ x_2 = 12 - 0.5x_5 \geqslant 0 \Rightarrow x_5 \leqslant 24 \end{cases}$$

因此，x_5 的最大值为 9，对应的 x_4 出基。

第④步：继续换基迭代，上面已经确定将 x_5 换入，将 x_4 换出。对约束 (2-14) 进行等价变换，将新的基变量 (x_1, x_5, x_2) 用非基变量 (x_3, x_4) 的线性形式进行表示，得

$$\begin{cases} x_1 = 15 + \dfrac{1}{2}x_3 - \dfrac{1}{2}x_4 \\ x_5 = 9 + \dfrac{3}{2}x_3 - \dfrac{1}{2}x_4 \\ x_2 = 7.5 - \dfrac{3}{4}x_3 + \dfrac{1}{4}x_4 \end{cases} \tag{2-15}$$

如果令非基变量 $x_3 = x_4 = 0$，可以直观地得到换基迭代之后的基可行解 $X^{(4)} = (15, 7.5, 0, 0, 9)$；它所对应的目标函数值为 $z^{(4)} = 975 - 17.5x_3 - 7.5x_4 = 975$，相对 $z^{(3)}$ 提高了 135 单位。

接下来判断 $X^{(4)}$ 是否已经达到最优。从 $z^{(4)}$ 关于非基变量的表达式中可以看出，非基变量 x_3 和 x_5 的目标函数系数均为负，说明 975 已经是目标函数值所能达到的最大值了。因此，我们已经找到了最优解。最优解为 $X^* = X^{(4)} = (15, 7.5, 0, 0, 9)$，对应的目标函数值为 $z^* = 975$。

如果用图解法来求解上述线性规划问题，其可行域如图 2-9 阴影部分区域所示。不难看出，上述四个步骤的搜索过程中，搜索得到的结果刚好对应于可行域的几个顶点。特别是，$X^{(1)}$ 为顶点①，$X^{(2)}$ 为顶点②，$X^{(3)}$ 为顶点③，$X^{(4)}$ 为顶点④。逐步“换基迭代”的过程，刚好是沿着可行域的几个顶点依次搜索的过程。注意：在第①步中，我们选择入基的变量为 x_2，如果选择 x_1 入基，那么搜索顶点的次序将为①⇒⑤⇒④，即通过两步换基迭代即可找到问题的最优解。

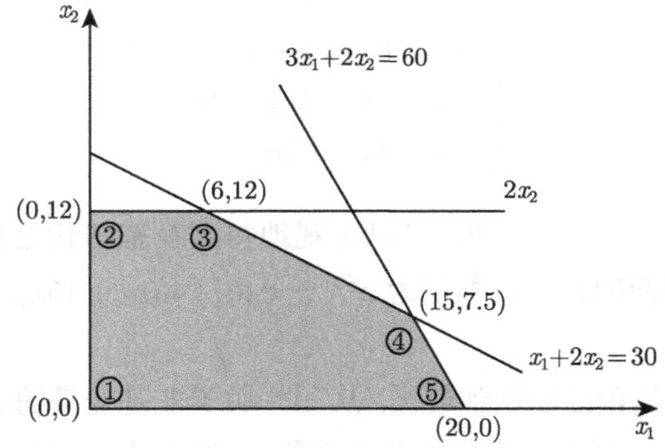

图 2-9

2.5.1 单纯形法的原理

上述例子中通过"换基迭代"的方法搜索可行域的顶点，实际上采用的是一个称为"单纯形法"的过程。本节我们结合标准型线性规划模型，探讨其基本原理。我们还是研究如下问题：

$$\max z = \sum_{j=1}^{n} c_j x_j$$
$$\text{s.t.} \begin{cases} \sum_{j=1}^{n} a_{ij} x_j = b_i,\ i = 1, 2, \cdots, m \\ x_j \geqslant 0, \quad j = 1, 2, \cdots, n \end{cases}$$

首先我们考虑一个特殊的情形，即假设系数矩阵 $\boldsymbol{A}$ 中已经存在一个单位矩阵，一般地，假设

$$\boldsymbol{A} = \begin{pmatrix} 1 & 0 & \cdots & 0 & a_{1(m+1)} & \cdots & a_{1n} \\ 0 & 1 & \cdots & 0 & a_{2(m+1)} & \cdots & a_{2n} \\ \vdots & \vdots & & \vdots & \vdots & & \vdots \\ 0 & 0 & \cdots & 1 & a_{m(m+1)} & \cdots & a_{mn} \end{pmatrix}$$

第一步：确定初始基可行解

很显然，可以取基阵为

$$\boldsymbol{B} = (P_1, P_2, \cdots, P_m) = \boldsymbol{I}$$

将所有基变量用非基变量的函数式来表示，可得

$$x_i = b_i - \sum_{j=m+1}^{n} a_{ij} x_j, \quad i = 1, 2, \cdots, m$$

相应地，也将目标函数用非基变量的函数式来表示，为

$$\begin{aligned} z &= \sum_{i=1}^{m} c_i x_i + \sum_{j=m+1}^{n} c_j x_j \\ &= \sum_{i=1}^{m} c_i \left(b_i - \sum_{j=m+1}^{n} a_{ij} x_j \right) + \sum_{j=m+1}^{n} c_j x_j \\ &= \sum_{i=1}^{m} c_i b_i + \sum_{j=m+1}^{n} \left(c_j - \sum_{i=1}^{m} a_{ij} c_i \right) x_j \end{aligned}$$

因此，如果令非基变量 $x_{m+1} = x_{m+2} = \cdots = x_n = 0$，可以直观地得到初始基可行解为

$$X^{(0)} = (x_1, x_2, \cdots, x_n)' = (b_1, b_2, \cdots, b_m, 0, \cdots, 0)'$$

它所对应的目标函数值为

$$z^{(0)} = \sum_{i=1}^{m} c_i b_i$$

第二步：判断最优性

从目标函数关于当前非基变量的函数式来判断当前基可行解是否为最优。如果记

$$\lambda_j := c_j - \sum_{i=1}^{m} a_{ij} c_i, \quad j = m+1, \cdots, n \tag{2-16}$$

可知，

$$z = \sum_{i=1}^{m} c_i b_i + \sum_{j=m+1}^{n} \lambda_j x_j$$

因此，如果在 λ_{m+1}，$\cdots$，λ_n 中有一个系数为正（比如设 $\lambda_k > 0$），则说明将其对应的非基变量 x_k 适当增加一些（从 0 变为一个正数），可以进一步改进目标函数值。当且仅当 $\lambda_{m+1}, \cdots, \lambda_n$ 均为非正时，我们才可以断定：进一步换基迭代不可能再次改进目标函数值。因此，可以直接利用 $\lambda_{m+1}, \cdots, \lambda_n$ 来判断当前基可行解是否已经达到最优。于是，我们将式 (2-16) 所定义的系数 λ_j 称为非基变量 x_j 的“检验系数”。当且仅当所有非基变量的检验系数为非正时，才算找到线性规划问题的最优解。

定理 2-4 *对基可行解 $X^{(0)}$，如果所有检验系数 $\lambda_k \leqslant 0, k = m+1, \cdots, n$，则 $X^{(0)}$ 即为线性规划问题的最优解。*

证明： 因为检验系数均非正，我们可知，对任意可行解 X，均有

$$z \leqslant \sum_{i=1}^{m} c_i b_i$$

即 $\sum\limits_{i=1}^{m} c_i b_i$ 是目标函数的上界。而当前的基可行解 $X^{(0)}$ 刚好能实现该上界值，因此，$X^{(0)}$ 即为线性规划问题的最优解。

第三步：换基迭代

如果部分非基变量的检验系数为正，按照经验，可以选择最大的检验系数对应的非基变量作为入基变量。不失一般性，记 x_k 为已经确定的入基变量（对应的 $\lambda_k > 0$）。为了确定出基变量，我们保持其他非基变量取值为 0 不变，来确定 x_k 的最大取值。要保持所有基变量依然为非负，需要保证对任意 $i = 1, 2, \cdots, m$，有

$$x_i = b_i - a_{ik} x_k \geqslant 0$$

- 如果 $a_{ik} \leqslant 0$ ，很显然，该不等式约束总是成立（即 x_k 可取无穷大）；
- 如果 $a_{ik} > 0$，则对应有

$$x_k \leqslant \frac{b_i}{a_{ik}}$$

定理 2-5 *如果某个非基变量 x_k 的检验系数为正，其对应的列向量 $\boldsymbol{P}_k = (a_{1k}, a_{2k}, \cdots, a_{mk})'$ 所有元素均非正，那么线性规划问题无有界最优解。*

证明： 因为 $\boldsymbol{P}_k = (a_{1k}, a_{2k}, \cdots, a_{mk})' \leqslant 0$，那么在将非基变量 x_k 入基的过程中，可以无限制地增加其取值。每增加一单位 x_k，目标函数值增加 λ_k。因此，目标函数值可以无限制地朝改进的方向移动，线性规划问题的最优解无界。

考虑 a_{ik} 中至少有一个为正的情形。考虑到所有关于 x_k 的限制，我们可以取其交集，令

$$\theta = \min_{i=1,2,\cdots,m} \left\{ \frac{b_i}{a_{ik}} \middle| a_{ik} > 0 \right\} \tag{2-17}$$

则 θ 是非基变量 x_k 的最大取值。设在该取值处，某一基变量（记为 x_r）取值为 0，即

$$b_r - a_{rk}\theta = 0$$

则 x_r 是出基变量。

接下来，要用新的一组非基变量表示新的基变量，等价于在下列方程组中，将变量 x_r 从左边移到右边，同时将 x_k 移到左边。

$$\begin{cases} x_1 = b_1 - \sum\limits_{j=m+1}^{n} a_{1j}x_j \\ x_2 = b_2 - \sum\limits_{j=m+1}^{n} a_{2j}x_j \\ \cdots \\ x_m = b_m - \sum\limits_{j=m+1}^{n} a_{mj}x_j \end{cases}$$

(1) 对第 r 个方程，可以直接得到

$$x_k = \frac{b_r}{a_{rk}} - \frac{1}{a_{rk}}x_r - \sum_{j=m+1,j\neq k}^{n} \frac{a_{rj}}{a_{rk}}x_j$$

(2) 对 $i = 1,2,\cdots,r-1,r+1,\cdots,m$，有

$$\begin{aligned} x_i &= b_i - \sum_{j=m+1,j\neq k}^{n} a_{ij}x_j - a_{ik}x_k \\ &= b_i - \sum_{j=m+1,j\neq k}^{n} a_{ij}x_j - a_{ik}\left(\frac{b_r}{a_{rk}} - \sum_{j=m+1,j\neq k}^{n} \frac{a_{rj}}{a_{rk}}x_j - \frac{1}{a_{rk}}x_r\right) \\ &= b_i - \frac{a_{ik}}{a_{rk}}b_r + \frac{a_{ik}}{a_{rk}}x_r - \sum_{j=m+1,j\neq k}^{n} \left(a_{ij} - \frac{a_{rj}}{a_{rk}}a_{ik}\right)x_j \end{aligned}$$

用非基变量来表示目标函数，为

$$\begin{aligned} z^{(1)} &= \sum_{i=1}^{m} c_i b_i + \sum_{j=m+1,j\neq k}^{n} \lambda_j x_j + \lambda_k x_k \\ &= \sum_{i=1}^{m} c_i b_i + \sum_{j=m+1,j\neq k}^{n} \lambda_j x_j + \left(\frac{b_r}{a_{rk}} - \frac{1}{a_{rk}}x_r - \sum_{j=m+1,j\neq k}^{n} \frac{a_{rj}}{a_{rk}}x_j\right)\lambda_k \\ &= \sum_{i=1}^{m} c_i b_i + \frac{b_r}{a_{rk}}\lambda_k - \frac{\lambda_k}{a_{rk}}x_r + \sum_{j=m+1,j\neq k}^{n} \left(\lambda_j - \frac{a_{rj}}{a_{rk}}\lambda_k\right)x_j \end{aligned}$$

如果令非基变量取值为 0，可得基变量 $(x_1,\cdots,x_k,\cdots,x_m)$ 所对应的基可行解为

$$X^{(1)}=(b_1-\theta a_{1k},b_2-\theta a_{2k},\cdots,b_m-\theta a_{mk},0,\cdots,\theta,0,\cdots,0) \tag{2-18}$$

相应的目标函数值为

$$z^{(1)}=\sum_{i=1}^{m}c_ib_i+\frac{b_r}{a_{rk}}\lambda_k=\sum_{i=1}^{m}c_ib_i+\theta\lambda_k$$

定理 2-6 经过换基迭代得到的新解 $X^{(1)}$ 是一个基可行解，同时，它所对应的目标函数值相对 $z^{(0)}$ 是一个改进，即 $z^{(1)}>z^{(0)}$。

证明：要证明 $X^{(1)}$ 是基可行解，只需要证明 $X^{(1)}$ 的所有分量为非负即可。根据 (2-17) 对 θ 的定义，可知 $X^{(1)}$ 是非负的。另外，有

$$z^{(1)}-z^{(0)}=\theta\lambda_k>0$$

上述不等式之所以成立，是因为检验系数 λ_k 和 θ 的取值均为正。

定理 2-6 表明，经过换基迭代得到的新的基可行解，它所带来的目标函数的增量刚好等于检验系数 λ_k 和 θ 值的乘积。这是因为 λ_k 可以被看作是变量 x_k 的"边际效应"，即每增加一单位 x_k 所带来的目标函数值的变化量；同时，θ 值刚好对应于换基迭代过程中 x_k 的增量值（从 $0\rightarrow\theta$）。

接下来可以将 $X^{(1)}$ 看作初始基可行解，重复前面的三个步骤，进一步验证 $X^{(1)}$ 的最优性，并根据结果进行换基迭代。如果线性规划问题存在有界最优解，那么通过有限步的换基迭代，总能找到该问题的最优解。

单纯形法的基本步骤可总结如下：

①确定初始基，得到初始的基可行解；

②检查非基变量检验数是否全部非正：若是，则已经得到最优解，若否，则转到③；

③如果存在某检验系数 $\lambda_k>0$，则检查变量 x_k 所对应的列向量 $\boldsymbol{P}_k$：如果 $\boldsymbol{P}_k$ 的所有元素非正，则线性规划问题无有界最优解，否则转到④；

④根据最大非负检验系数确定入基变量 x_k，根据最小 θ 值确定出基变量 x_r，以 a_{rk} 为中心换基迭代，然后转到②。

上述步骤也给出了线性规划问题无有界最优解的判定方法。为了更直观地体会这种情形，不妨看看下面的例 2-9。

[例 2-9]（无有界最优解） 求解线性规划问题：

$$\max z=30x_1+20x_2$$

$$\text{s.t.}\begin{cases}-x_1+3x_2+x_3=10\\-3x_1+2x_2+x_4=15\\x_1,x_2,x_3,x_4\geqslant 0\end{cases}$$

解: 显然可以选择初始基 $B=(P_3,P_4)$，不难得到对应的基可行解 $X^{(1)}=(0,0,10,15)$ 和目标函数值 $z^{(1)}=0$。此时，非基变量 x_1 和 x_2 的检验系数分别为 30 和 20。将 x_1 作为入基变量，我们可以看到在系数矩阵中，x_1 所对应的列向量为 $\boldsymbol{P}_1=(-1,-2)'<0$。因此，根据定理 2-4 可以断定该线性规划问题无有界最优解。为了直观说明，我们将约束条件变形为

$$\begin{cases} x_3=10+x_1-3x_2 \\ x_4=15+3x_1-2x_2 \end{cases}$$

很显然，在增加 x_1 的过程中，总能保证 x_3 和 x_4 是非负的（因为方程式右边 x_1 的系数均为正），即可以无限制地增加 x_1 的取值，从而无限制地改进目标函数值。

2.5.2 单纯形表

为了更加直观地进行换基迭代计算过程，可以将上述基可行解搜索过程通过表格的方式进行描述。一般情况下，单纯形表的布局方式如表 2-8 所示。

表 2-8 单纯形表

$c_j \rightarrow$			目标函数系数	θ_i
C_B	基	b	决策变量	
基变量的目标函数系数	基变量	约束右边项 b	系数矩阵 $\boldsymbol{A}$	θ 值
目标函数值			检验系数	

还是针对 2.5.1 中的特殊情形，下面我们利用单纯形表来进行计算。

第一步：初始单纯形表

因为初始基变量为 $(x_1,x_2,\cdots,x_m)$，初始的单纯形表如表 2-9 所示。

表 2-9 初始单纯形表

$c_j \rightarrow$			c_1	c_2	$\cdots$	c_m	c_{m+1}	$\cdots$	c_k	$\cdots$	c_n	θ_i
C_B	基	b	x_1	x_2	$\cdots$	x_m	x_{m+1}	$\cdots$	x_k	$\cdots$	x_n	
c_1	x_1	b_1	1	0	$\cdots$	$\cdots$	$a_{1(m+1)}$	$\cdots$	a_{1k}	$\cdots$	a_{1n}	θ_1
c_2	x_2	b_2	0	1	$\cdots$	$\cdots$	$a_{2(m+1)}$	$\cdots$	a_{2k}	$\cdots$	a_{2n}	θ_2
$\cdots$	$\cdots$	$\cdots$		$\cdots$	$\cdots$	$\cdots$	$\cdots$	$\cdots$	$\cdots$	$\cdots$	$\cdots$	$\cdots$
c_r	x_r	b_r	0	$\cdots$	$\cdots$	$\cdots$	$a_{r(m+1)}$	$\cdots$	$\boxed{a_{rk}}$	$\cdots$	a_{rn}	θ_r
$\cdots$	$\cdots$	$\cdots$		$\cdots$	$\cdots$	$\cdots$	$\cdots$	$\cdots$	$\cdots$	$\cdots$	$\cdots$	$\cdots$
c_m	x_m	b_m	0	0	$\cdots$	$\cdots$	$a_{m(m+1)}$	$\cdots$	a_{mk}	$\cdots$	a_{mn}	θ_m
$\sum_{j=1}^{m} c_i b_i$			0	0	$\cdots$	0	$\lambda_{(m+1)}$	$\cdots$	λ_k	$\cdots$	λ_n	

在最后一行中，可以直接计算出每个决策变量所对应的检验系数。注意：对基变量而言，它们的检验系数一定为 0。根据检验系数进行判定，如果至少存在一个非基变量的检验系数为正，则选择检验系数最大的作为入基变量（不妨设为 x_k），相应地计算 a_{ik} 为正时所对应的 θ_i 值，并记录在表格的最后一列：

$$\theta_i=\frac{b_i}{a_{ik}}, i=1,2,\cdots,m, 且 a_{ik}>0$$

如果某 $a_{ik} \leqslant 0$，可以认为其对应的 θ_i 取值为无穷大。令

$$r = \underset{i=1,2,\cdots,m}{\operatorname{argmin}} \{\theta_i\}$$

则 x_r 为出基变量。接下来以 a_{rk} 为中心进行换基迭代。

第二步：换基迭代后的单纯形表

接下来基变量将变为 $(x_1, x_2, \cdots, x_k, \cdots, x_m)$。在上面的单纯形表中，首先对 x_r 所在的行进行变换，只需在它对应的方程两边同时除以 a_{rk}，将 x_r 移到方程的右边，将 x_k 移到方程的左边即可，得到的相应结果如表 2-10 中 x_k 所在的列所示。为了让表中基变量 $(x_1, x_2, \cdots, x_k, \cdots, x_m)$ 所对应的系数矩阵构成一个单位阵，对 $\forall i = 1, 2, \cdots, r-1, r+1, \cdots, m$，将 x_i 所对应的方程减去 $a_{ik}\times$（x_k 所对应的方程）即可。得到的新的单纯形表如表 2-10 所示。

表 2-10　换基迭代后的单纯形表

$c_j \rightarrow$			c_1	c_2	$\cdots$	c_m	c_{m+1}	$\cdots$	c_k	$\cdots$	c_n	θ_i
C_B	基	b	x_1	x_2	$\cdots$	x_m	x_{m+1}	$\cdots$	x_k	$\cdots$	x_n	
c_1	x_1	$b_1 - a_{1k}\dfrac{b_r}{a_{rk}}$	1	0	$\cdots$	$\cdots$	$a_{1(m+1)} - a_{1k}\dfrac{a_{r(m+1)}}{a_{rk}}$	$\cdots$	0	$\cdots$	$a_{1n} - a_{1k}\dfrac{a_{rn}}{a_{rk}}$	
c_2	x_2	$b_2 - a_{2k}\dfrac{b_r}{a_{rk}}$	0	1	$\cdots$	$\cdots$	$a_{2(m+1)} - a_{2k}\dfrac{a_{r(m+1)}}{a_{rk}}$	$\cdots$	0	$\cdots$	$a_{2n} - a_{2k}\dfrac{a_{rn}}{a_{rk}}$	
$\cdots$	$\cdots$	$\cdots$		$\cdots$	$\cdots$	$\cdots$	$\cdots$	$\cdots$	$\cdots$	$\cdots$	$\cdots$	
c_k	x_k	$\dfrac{b_r}{a_{rk}}$	0	$\cdots$	$\cdots$	$\cdots$	$\dfrac{a_{r(m+1)}}{a_{rk}}$	$\cdots$	1	$\cdots$	$\dfrac{a_{rn}}{a_{rk}}$	
$\cdots$	$\cdots$	$\cdots$		$\cdots$	$\cdots$	$\cdots$	$\cdots$	$\cdots$	$\cdots$	$\cdots$	$\cdots$	
c_m	x_m	$b_m - a_{mk}$	0	0	$\cdots$	$\cdots$	$a_{m(m+1)} - a_{mk}\dfrac{a_{r(m+1)}}{a_{rk}}$	$\cdots$	0	$\cdots$	$a_{mn} - a_{mk}\dfrac{a_{rn}}{a_{rk}}$	

同样，在上述单纯形表的基础上，可以计算当前基可行解对应的目标函数值，计算每个决策变量对应的检验系数，判断基可行解的最优性。如果当前的基可行解非最优，则进一步确定入基变量，通过计算 θ 值来确定出基变量，然后进行换基迭代。

下面通过两个具体的例子来演示单纯形表的计算过程。

[例 2-10]（单纯形法）　应用单纯形法求解以下线性规划问题：

$$\max z = 3x_1 - 3x_2 + 5x_4 - x_5$$

$$\text{s.t.} \begin{cases} x_1 - 2x_3 + 2x_4 = 12 \\ x_2 - 2x_3 = 1 \\ -4x_3 + 3x_4 + x_5 = 27 \\ x_1, x_2, x_3, x_4, x_5 \geqslant 0 \end{cases}$$

解：首先确定初始基可行解，建立初始单纯形表。很显然，可以取变量 (x_1, x_2, x_5) 为初始基变量，因为它们所对应的系数矩阵中的列向量刚好构成一个单位阵。对应的初始单纯形表如表 2-11 所示。

表 2-11

$c_j \to$			3	−3	0	5	−1	θ_i
C_B	基	b	x_1	x_2	x_3	x_4	x_5	
3	x_1	12	1	0	−2	[2]	0	6
−3	x_2	1	0	1	−2	0	0	
−1	x_5	27	0	0	−4	3	1	9
		6	0	0	−4	2	0	

依次计算当前基可行解所对应的目标函数值、各决策变量的检验系数，并填入上表相应的位置。因为 x_4 检验系数为正，需要将它作为入基变量。计算每个基变量所对应的 θ_i 值，可知应该将 x_1 出基。因此，进行换基迭代，得到表 2-12。

表 2-12

$c_j \to$			3	−3	0	5	−1	θ_i
C_B	基	b	x_1	x_2	x_3	x_4	x_5	
5	x_4	6	$\frac{1}{2}$	0	−1	1	0	
−3	x_2	1	0	1	−2	0	0	
−1	x_5	9	$-\frac{3}{2}$	0	−1	0	1	
		18	−1	0	−2	0	0	

再次计算当前基可行解所对应的目标函数值、各决策变量的检验系数，并填入上表相应的位置。可以发现，所有非基变量的检验系数均为非正。因此，当前基可行解即为线性规划问题的最优解，即 $X^* = (0,1,0,6,9)'$，对应的最优目标函数值 $z^* = 18$。

[例 2-11]（单纯形法） 应用单纯形法求解以下线性规划问题：

$$\max z = 70x_1 + 120x_2$$
$$\text{s.t.}\begin{cases} 9x_1 + 4x_2 + x_3 = 360 \\ 4x_1 + 5x_2 + x_4 = 200 \\ 3x_1 + 10x_2 + x_5 = 300 \\ x_1, x_2, x_3, x_4, x_5 \geqslant 0 \end{cases}$$

解：首先确定初始基可行解，建立初始单纯形表。很显然，可以取变量 (x_3, x_4, x_5) 为初始基变量，因为它们所对应的系数矩阵中的列向量刚好构成一个单位阵。对应的初始单纯形表如表 2-13 所示。

表 2-13

$c_j \to$			70	120	0	0	0	θ_i
C_B	基	b	x_1	x_2	x_3	x_4	x_5	
0	x_3	360	9	4	1	0	0	90
0	x_4	200	4	5	0	1	0	40
0	x_5	300	3	[10]	0	0	1	30
		0	70	120	0	0	0	

依次计算当前基可行解所对应的目标函数值、各决策变量的检验系数，并填入上表相应的位置。因为 x_2 检验系数为正且最大，需要将它作为入基变量。计算每个基变量所

对应的 θ_i 值，可知应该将 x_5 出基。因此，进行换基迭代，得到表 2-14。

表 2-14

$c_j \rightarrow$			70	120	0	0	0	θ_i
C_B	基	b	x_1	x_2	x_3	x_4	x_5	
0	x_3	240	$\frac{39}{5}$	0	1	0	$-\frac{2}{5}$	$\frac{1\ 200}{39}$
0	x_4	50	$\left[\frac{5}{2}\right]$	0	0	1	$-\frac{1}{2}$	20
120	x_2	30	$\frac{3}{10}$	1	0	0	$\frac{1}{10}$	100
		3 600	34	0	0	0	−12	

计算检验系数和 θ_i 值，确定 x_1 入基，x_4 出基。换基迭代后得到表 2-15：

表 2-15

$c_j \rightarrow$			70	120	0	0	0	θ_i
C_B	基	b	x_1	x_2	x_3	x_4	x_5	
0	x_3	84	0	0	1	$-\frac{78}{25}$	$\frac{29}{25}$	
70	x_1	20	1	0	0	$\frac{2}{5}$	$-\frac{1}{5}$	
120	x_2	24	0	1	0	$-\frac{3}{25}$	$\frac{4}{25}$	
		4 280	0	0	0	−13.6	−5.2	

计算检验系数，所有非基变量的检验系数均为非正。因此，当前基可行解即为线性规划问题的最优解，即 $X^* = (20, 24, 84, 0, 0)'$，对应的最优目标函数值 $z^* = 4\ 280$。

从上面两个例子中可以看出，单纯形表很好地展现了换基迭代的计算过程。在实际计算中，可以将每一步的单纯形表直接用一个大表格来呈现。以例 2-8 的线性规划问题为例：

$$\max z = 40x_1 + 50x_2$$
$$\text{s.t.}\begin{cases} x_1 + 2x_2 + x_3 = 30 \\ 3x_1 + 2x_2 + x_4 = 60 \\ 2x_2 + x_5 = 24 \\ x_1, x_2, x_3, x_4, x_5 \geqslant 0 \end{cases}$$

其完整的单纯形表计算过程如表 2-16 所示。

不难发现，表 2-16 的计算过程和 2.5 节开始的计算过程是完全一致的。

从上面几个例子可以看出，换基迭代本质上是对约束方程 $AX = b$ 不断变换的过程。在每一步中，针对给定的基变量相对应的基阵 $\boldsymbol{B}$，相当于在最初约束方程两边左乘 $\boldsymbol{B}^{-1}$ 即可。下面考虑资源配置问题：

$$\max z = CX$$
$$\text{s.t.}\begin{cases} AX \leqslant b \\ X \geqslant 0 \end{cases}$$

将其转化为标准化形式，通过引入松弛变量（记为 X_s），有

$$\max z = CX$$
$$\text{s.t.} \begin{cases} AX + X_s = b \\ X \geqslant 0 \end{cases}$$

于是，可以直接将 X_s 作为初始基变量建立初始单纯形表。如果通过若干步换基迭代后，最终单纯形表对应的基为 B，基变量为 X_B，基变量对应的目标函数系数为 C_B，那么其最终单纯形表如表 2-17 所示。

表 2-16

	$c_j \rightarrow$		40	50	0	0	0	θ_i
C_B	基	b	x_1	x_2	x_3	x_4	x_5	
0	x_3	30	1	2	1	0	0	15
0	x_4	60	3	2	0	1	0	30
0	x_5	24	0	[2]	0	0	1	12
		0	40	50	0	0	0	
0	x_3	6	[1]	0	1	0	−1	6
0	x_4	36	3	0	0	1	−1	$\frac{32}{3}$
50	x_2	12	0	1	0	0	$\frac{1}{2}$	/
		600	40	0	0	0	−25	
40	x_1	6	1	0	1	0	−1	/
0	x_4	18	0	0	−3	1	[2]	9
50	x_2	12	0	1	0	0	$\frac{1}{2}$	24
		840	0	0	−40	0	15	
40	x_1	15	1	0	$-\frac{1}{2}$	$\frac{1}{2}$	0	
0	x_5	9	0	0	$-\frac{3}{2}$	$\frac{1}{2}$	1	
50	x_2	7.5	0	1	$\frac{3}{4}$	$-\frac{1}{4}$	0	
		975	0	0	−17.5	−7.5	0	

表 2-17

	$c_j \rightarrow$		C	0	θ_i	
C_B	基	b	X'	X_s'		
0	X_s	b	A	I		初始单纯形表
	0		C	0		
C_B	X_B	$B^{-1}b$	$B^{-1}A$	B^{-1}		最终单纯形表
		$C_B B^{-1}b$	$C - C_B B^{-1}A$	$-C_B B^{-1}$		

根据最终单纯形表的最优性判断准则，一定有

$$\begin{cases} C - C_B B^{-1}A \leqslant 0 \\ -C_B B^{-1} \leqslant 0 \end{cases} \Leftrightarrow \begin{cases} C_B B^{-1}A \geqslant C \\ C_B B^{-1} \geqslant 0 \end{cases}$$

上述关系是对偶单纯形法的基础，我们将在下章学习。

2.5.3 几种特殊情形

1. *无穷多最优解的情形*

线性规划问题的最优解有可能并非唯一的。如果能找到至少两个不同的顶点（即不同的基可行解），那么可以断定该线性规划问题有无穷多个最优解。参看表 2-18：

表 2-18

$c_j \rightarrow$			3	6	0	0	0	θ_i
C_B	基	b	x_1	x_2	x_3	x_4	x_5	
3	x_1	4	1	0	0	$\frac{1}{4}$	0	16
0	x_5	4	0	0	-2	$\left[\frac{1}{2}\right]$	1	8
6	x_2	2	0	1	$\frac{1}{2}$	$-\frac{1}{8}$	0	/
		24	0	0	-3	0	0	

所有检验系数均为非正，所以 $X^{(1)} = (4, 2, 0, 0, 4)'$ 是该问题的最优解，对应的目标函数值为 24。注意：在上述结果中，非基变量 x_4 的检验系数为 0。如果我们继续换基迭代，把 x_4 作为入基变量，根据 θ_i 的最小值确定 x_5 为出基变量。换基迭代得到的结果如表 2-19 所示：

表 2-19

$c_j \rightarrow$			3	6	0	0	0	θ_i
C_B	基	b	x_1	x_2	x_3	x_4	x_5	
3	x_1	2	1	0	1	0	$-\frac{1}{2}$	
0	x_4	8	0	0	-4	1	2	
6	x_2	3	0	1	0	0	$\frac{1}{4}$	
		24	0	0	-3	0	0	

我们得到一个新的基可行解 $X^{(2)} = (2, 3, 0, 8, 0)'$，它所对应的目标函数值也是 24。之所以与刚才的换基迭代得到的目标函数值相等，是因为目标函数的增量 $= x_4$ 的检验系数 $\times 8$。于是，我们得到了线性规划问题的两个不同的最优顶点，因此，两个顶点连线上的任一点都是该线性规划问题的最优解。

按照上述思路，存在无穷多个最优解的判定条件是最终单纯形表中某个非基变量的检验系数为零。但是这只是一个必要条件而非充分条件。比如，考虑最终单纯形表如表 2-20 所示。

最优解为 $X^{(1)} = (4, 2, 0, 0, 0)$。同样，可以进行换基迭代，将 x_4 入基，x_5 出基，得到表 2-21。

这时得到一个新的基可行解，对应基变量为 (x_1, x_4, x_2)，对应的顶点为 $X^{(2)} = (4, 2, 0, 0, 0) = X^{(1)}$，刚好和 $X^{(1)}$ 重合。因此，此时两个不同的最优基可行解对应的其实是同一个可行域上的顶点，线性规划的最优解依然是唯一的。

表 2-20

$c_j \to$			3	6	0	0	0	θ_i
C_B	基	b	x_1	x_2	x_3	x_4	x_5	
3	x_1	4	1	0	0	$\frac{1}{4}$	0	16
0	x_5	0	0	0	−2	$\left[\frac{1}{2}\right]$	1	0
6	x_2	2	0	1	$\frac{1}{2}$	$-\frac{1}{8}$	0	/
		24	0	0	−3	0	0	

表 2-21

$c_j \to$			3	6	0	0	0	θ_i
C_B	基	b	x_1	x_2	x_3	x_4	x_5	
3	x_1	4	1	0	1	0	$-\frac{1}{2}$	
0	x_4	0	0	0	−4	1	2	
6	x_2	2	0	1	0	0	$\frac{1}{4}$	
		24	0	0	−3	0	0	

2. 退化解的情形

如果某线性规划问题在求解过程中某一步的单纯形表如表 2-22 所示:

表 2-22

$c_j \to$			3	−3	0	5	−1	θ_i
C_B	基	b	x_1	x_2	x_3	x_4	x_5	
3	x_1	12	1	0	−2	[2]	0	6
−3	x_2	1	0	1	−2	0	0	/
−1	x_5	24	0	0	−4	[4]	1	6
		15	0	0	−4	3	0	

非基变量 x_4 的检验系数为正，因此入基。在计算 θ_i 时发现 x_1 和 x_5 所对应的 θ_i 值相等，因此可以考虑 x_1 或 x_5 出基。

- 如果选择 x_1 出基，得到的最优基变量为 (x_4, x_2, x_5)，最优解 $X^{(1)} = (0, 1, 0, 6, 0)$，目标函数值 $z^{(1)} = 27$;
- 如果选择 x_5 出基，得到的最优基变量为 (x_1, x_2, x_4)，最优解 $X^{(2)} = (0, 1, 0, 6, 0)$，目标函数值 $z^{(2)} = 27$。

上面两种换基迭代方式得到的基变量不同，但是最优解完全相同，也同样出现了两个不同的基对应同一个顶点的情形。我们称此时的最优解为一个“退化解”。图 2-10 给出了退化解的直观解释。在图中，最优解为顶点 A，它刚好是三条约束直线对应的交点（一般情形下，三条直线有三个交点，这三个交点现在“退化”为同一个交点了）。

3. 求极小的线性规划问题

在前面介绍的单纯形法中，我们采用的标准化形式中是求目标函数极大值。对于目标函数极小的情形，以后不一定需要等价变换为求极大了，可以直接利用单纯形表进行换基迭代。相对于求极大值的单纯形法而言，唯一需要调整的就是基可行解的最优性检验准则，即当且仅当所有非基变量的检验系数为正时，最优解已经找到。如果某个非基变量的检验系数为负，那么取检验系数为负且绝对值最大的非基变量作为入基变量。通过完全相同的方法根据 θ_i 值确定出基变量，然后换基迭代即可。基于类似的换基迭代原理，可知每次换基迭代目标函数的增量依然等于检验系数乘以 θ 值。

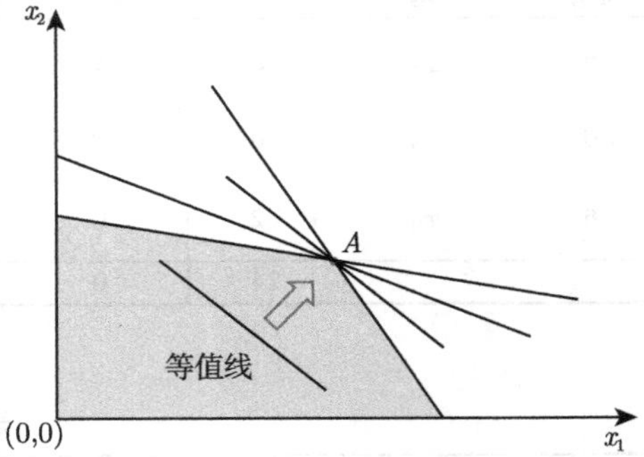

图 2-10

2.6 求解线性规划的人工变量法

在 2.5 节的单纯形法中，我们考虑的是一个相对特殊的情形，即系数矩阵 $\boldsymbol{A}$ 中包含一个 m 阶的单位子矩阵。在这种情况下，取该单位子矩阵为基阵可以容易地得到初始基可行解。但是在有些线性规划问题中，如果原问题的系数矩阵 $\boldsymbol{A}$ 中并不包含一个 m 阶单位子矩阵，那该如何得到初始的基可行解？一个常见的方法是去尝试不同的列向量组合，找到一个满秩子矩阵作为基阵，然后计算它所对应的基解。然而，这种方法得到的基解并不一定是可行解。当线性规划问题的规模较大（如约束较多，决策变量也较多）时，通过尝试的方式来寻找一个基可行解可能并不是一件容易的事情；极端情形（比如可行域为空集时）下甚至根本找不到一个初始基可行解。那么，如何判断可行域是否为空？如何有效地找到一组初始基可行解？本节介绍一个“人工变量法”来解决上述问题。

2.6.1 大 M 法

先考虑下面的例子。

[例 2-12]（大 M 法） 求解如下线性规划问题：

$$\min w = -3x_1 + x_2 + x_3$$
$$\text{s.t.} \begin{cases} x_1 - 2x_2 + x_3 \leqslant 14 \\ -4x_1 + x_2 + 2x_3 \geqslant 3 \\ -2x_1 + x_3 = 1 \\ x_1, x_2, x_3 \geqslant 0 \end{cases}$$

按照本书的惯例，我们首先将它等价变换为如下标准形式：

$$\max\ z = 3x_1 - x_2 - x_3$$
$$\text{s.t.}\begin{cases} x_1 - 2x_2 + x_3 + x_4 = 14 \\ -4x_1 + x_2 + 2x_3 - x_5 = 3 \\ -2x_1 + x_3 = 1 \\ x_1, x_2, x_3, x_4, x_5 \geqslant 0 \end{cases}$$

其中，x_4 为引入的松弛变量，x_5 为剩余变量。以上线性规划问题的系数矩阵

$$\boldsymbol{A} = \begin{pmatrix} 1 & -2 & 1 & 1 & 0 \\ -4 & 1 & 2 & 0 & -1 \\ -2 & 0 & 1 & 0 & 0 \end{pmatrix}$$

中很显然并不包含任何三阶单位阵，因此没法直观地给出初始基可行解。为了人为地“凑出”一个单位子矩阵，我们可以在约束条件中再次引入两个非负的“人工变量”（记为 x_6 和 x_7），即：

$$\begin{cases} x_1 - 2x_2 + x_3 + x_4 = 14 \\ -4x_1 + x_2 + 2x_3 - x_5 + x_6 = 3 \\ -2x_1 + x_3 + x_7 = 1 \\ x_1, x_2, x_3, x_4, x_5, x_6, x_7 \geqslant 0 \end{cases} \tag{2-19}$$

此时，变量 (x_4, x_6, x_7) 对应的列向量刚好构成一个单位子矩阵。然而，方程组 (2-19) 所定义的可行域和原始问题的可行域显然是不同的，除非 x_6 和 x_7 取值刚好为零。也就是说，我们要进行一定的等价变换，保证最终 x_6 和 x_7 取值为零。一个直观的做法是对目标函数 $z = 3x_1 - x_2 - x_3$ 进行适当的调整，调整为

$$\hat{z} = 3x_1 - x_2 - x_3 - Mx_6 - Mx_7$$

其中，M 是一个很大的正数（可以认为它等于无穷大）。从经济含义上讲，M 可以理解为是引入的人工变量 x_6 和 x_7 取正值的“惩罚”。如果原始问题的可行域非空，那么优化下列线性规划问题得到的最优解中一定满足 $x_6 = x_7 = 0$（否则目标函数值将无穷小）：

$$\max\ \hat{z} = 3x_1 - x_2 - x_3 - Mx_6 - Mx_7$$
$$\text{s.t.}\begin{cases} x_1 - 2x_2 + x_3 + x_4 = 14 \\ -4x_1 + x_2 + 2x_3 - x_5 + x_6 = 3 \\ -2x_1 + x_3 + x_7 = 1 \\ x_1, x_2, x_3, x_4, x_5, x_6, x_7 \geqslant 0 \end{cases}$$

接下来将 M 看作是一个很大的正数，按照正常的单纯形法求解上述等价变换后的线性规划问题即可。将 (x_4, x_6, x_7) 作为基变量，得到的初始单纯形表如表 2-23 所示：

表　2-23

$c_j \rightarrow$			3	-1	-1	0	0	$-M$	$-M$	θ_i
C_B	基	b	x_1	x_2	x_3	x_4	x_5	x_6	x_7	
0	x_4	14	1	-2	1	1	0	0	0	14
$-M$	x_6	3	-4	1	2	0	-1	1	0	1.5
$-M$	x_7	1	-2	0	[1]	0	0	0	1	1
		$-4M$	$3-6M$	$M-1$	$3M-1$	0	$-M$	0	0	

由最后一列可以看出，决策变量的检验系数可以写为 M 的线性函数。考虑到 M 足够大，可知 x_2 和 x_3 的检验系数为正；取 x_3 为入基变量。通过计算并比较 θ_i 值，得出应该 x_7 出基。换基迭代后的单纯形表如表 2-24 所示：

表 2-24

$c_j \to$			3	-1	-1	0	0	$-M$	$-M$	θ_i
C_B	基	b	x_1	x_2	x_3	x_4	x_5	x_6	x_7	
0	x_4	13	3	-2	0	1	0	0	-1	/
$-M$	x_6	1	0	[1]	0	0	-1	1	-2	1
-1	x_3	1	-2	0	1	0	0	0	1	/
		$-M-1$	1	$M-1$	0	0	$-M$	0	$1-3M$	

x_2 的检验系数为正，取 x_2 为入基变量，同时只能 x_6 出基。换基迭代后的单纯形表如表 2-25 所示：

表 2-25

$c_j \to$			3	-1	-1	0	0	$-M$	$-M$	θ_i
C_B	基	b	x_1	x_2	x_3	x_4	x_5	x_6	x_7	
0	x_4	15	[3]	0	0	1	-2	2	-5	5
-1	x_2	1	0	1	0	0	-1	1	-2	/
-1	x_3	1	-2	0	1	0	0	0	1	/
		-2	1	0	0	0	-1	$1-M$	$-1-M$	

x_1 的检验系数为正，取 x_1 为入基变量，同时只能 x_4 出基。换基迭代后的单纯形表如表 2-26 所示：

表 2-26

$c_j \to$			3	-1	-1	0	0	$-M$	$-M$	θ_i
C_B	基	b	x_1	x_2	x_3	x_4	x_5	x_6	x_7	
3	x_1	5	1	0	0	$\frac{1}{3}$	$-\frac{2}{3}$	$\frac{2}{3}$	$-\frac{5}{3}$	
-1	x_2	1	0	1	0	0	-1	1	-2	
-1	x_3	11	0	0	1	$\frac{2}{3}$	$-\frac{4}{3}$	$\frac{4}{3}$	$-\frac{7}{3}$	
		3	0	0	0	$-\frac{1}{3}$	$-\frac{1}{3}$	$\frac{1}{3}-M$	$\frac{2}{3}-M$	

所有非基变量检验系数为负，因此当前基可行解就是最优解。即在原始问题中，最优解为 $X^* = (5,1,11,0,0)'$，目标函数值最小为 $w^* = -3$。

从上面的计算过程不难看出，引入两个人工变量 x_6 和 x_7 的作用在于帮助我们快速地找到一个初始基可行解。事实上，在上面换基迭代的过程中，一旦两个人工变量都出基，变为非基变量，那么它们的使命就已经完成了。比如，从第三步开始，人工变量 x_6 和 x_7 就不可能再被选中做入基变量了（因为增加 x_6 或 x_7 的值只会降低目标函数值）。

试想一下，如果经过多次换基迭代已经达到了最优性条件（即所有非基变量检验系数非正），但是某个人工变量依然是取正值的基变量。这会是什么原因造成的？此种情况下，最优解对应的目标函数显然是关于 M 的一个线性函数（其系数为负），即目标函数的取值为负无穷大。这意味着不存在一个使得所有人工变量取值为 0 的基可行解，原线性规划问题的可行域是空集。因此，大 M 法提供了一种判断线性规划问题可行域是否为空的方法。

2.6.2 两阶段法

既然人工变量的使命是为了帮助找到一个初始的基可行解，我们也可以将 2.6.1 节的大 M 法分解为两个阶段来进行求解。

(1) 第一阶段，构造一个辅助的线性规划模型，其目标函数是人工变量之和，优化方向是最小化，约束条件是引入人工变量后的等式形式。利用单纯形法求解该辅助问题，如果最终的单纯形表中所有人工变量取值为零，则第一阶段的最优解便是原问题的一个基可行解，进入第二阶段计算。如果最终的单纯形表中某个人工变量取值为正，则说明原问题可行域为空，无解。

(2) 第二阶段，在第一阶段的最终单纯形表中，删去人工变量，将目标函数系数替换为原始问题的目标函数系数，利用单纯形法继续求解。

还是考虑例 2-12。第一阶段的辅助线性规划问题的标准化形式为

$$\max\ \hat{z} = -x_6 - x_7$$

$$\text{s.t.}\begin{cases} x_1 - 2x_2 + x_3 + x_4 = 14 \\ -4x_1 + x_2 + 2x_3 - x_5 + x_6 = 3 \\ -2x_1 + x_3 + x_7 = 1 \\ x_1, x_2, x_3, x_4, x_5, x_6, x_7 \geqslant 0 \end{cases}$$

求解对应的单纯形表见表 2-27：

表 2-27

$c_j \to$			0	0	0	0	0	−1	−1	θ_i
C_B	基	b	x_1	x_2	x_3	x_4	x_5	x_6	x_7	
0	x_4	14	1	−2	1	1	0	0	0	14
−1	x_6	3	−4	1	2	0	−1	1	0	1.5
−1	x_7	1	−2	0	[1]	0	0	0	1	1
		−4	−6	1	3	0	−1	0	0	
0	x_4	13	3	−2	0	1	0	0	−1	/
−1	x_6	1	0	[1]	0	0	−1	1	−2	1
0	x_3	1	−2	0	1	0	0	0	1	/
		−1	0	1	0	0	−1	0	−3	
0	x_4	15	3	0	0	1	−2	2	−5	5
0	x_2	1	0	1	0	0	−1	1	−2	/
0	x_3	1	−2	0	1	0	0	0	1	/
		0	0	0	0	0	0	−1	−1	

两个人工变量 x_6 和 x_7 均已出基，辅助线性规划问题的最优解为 0。在上面最终的单纯形表中，去掉人工变量，替换原问题的目标函数系数，继续换基迭代，如表 2-28 所示：

表　2-28

C_B	$c_j \rightarrow$ 基	b	3 x_1	-1 x_2	-1 x_3	0 x_4	0 x_5	θ_i
0	x_4	15	[3]	0	0	1	-2	5
-1	x_2	1	0	1	0	0	-1	/
-1	x_3	1	-2	0	1	0	0	/
		-2	1	0	0	0	-1	
3	x_1	5	1	0	0	$\dfrac{1}{3}$	$-\dfrac{2}{3}$	
-1	x_2	1	0	1	0	0	-1	
-1	x_3	11	0	0	1	$\dfrac{2}{3}$	$-\dfrac{4}{3}$	
		3	0	0	0	$-\dfrac{1}{3}$	$-\dfrac{1}{3}$	

因此，我们可得原始线性规划问题的最优解为 $X^* = (5,1,11,0,0)'$，目标函数值最小为 $w^* = -3$。对比两阶段法和大 M 法不难看出，两种方法换基迭代的过程是完全一致的。相对大 M 法而言，两阶段法中并不需要引入参数 M，因此计算起来更为便利。

2.7　用软件工具求解线性规划问题

单纯形法固然简单，但是当问题的规模较大时，靠手工计算是不太现实的。可喜的是，在实际应用中可以借助现有的软件工具来求解规划问题。单纯形等算法已经被封装到了 Microsoft Excel、LINGO/LINDO、MATLAB 等软件工具中，可以直接调用并进行求解。

2.7.1　用 Excel 求解线性规划

电子表格 Excel 提供了强大的数据组织与呈现功能，通过单元格之间的公式引用，可以非常方便地定义线性规划问题的目标函数和约束条件。Excel 通过加载宏和规划求解功能，可以在表格上定义规划问题的各个元素，并进行优化求解。下面结合例 2-1 和例 2-2 来介绍如何利用 Excel 求解线性规划问题。

对例 2-1,将模型涉及的参数和决策变量整理到一个 Excel 表格中，如图 2-11 所示。

- 单元格 C11:F11 用来存放四种产品的产量决策，单元格 C12 用来存放木材的采购量决策。可以在 5 个决策变量单元格中输入"0"，表示该线性规划问题的初始搜索方案。

- 单元格 C14 用来存放营业收入（目标函数），在该单元格中输入"=SUMPRODUCT (C9:F9,C11:F11) - F12*C12"即可。

- 为了方便设置优化模型，我们将所有的约束条件都写为"≤"的形式，将其左边项放于单元格 C17:C26 中，将其右边项放于单元格 D17:D26 中。比如，对应于木工工时约束

$$4x_1 + 5x_2 + 6x_3 + 5x_4 \leqslant 16\,000$$

可以将单元格 D17 设置为 16 000，C17 设置为

$$\text{C17=SUMPRODUCT(C3:F3,C11:F11)}$$

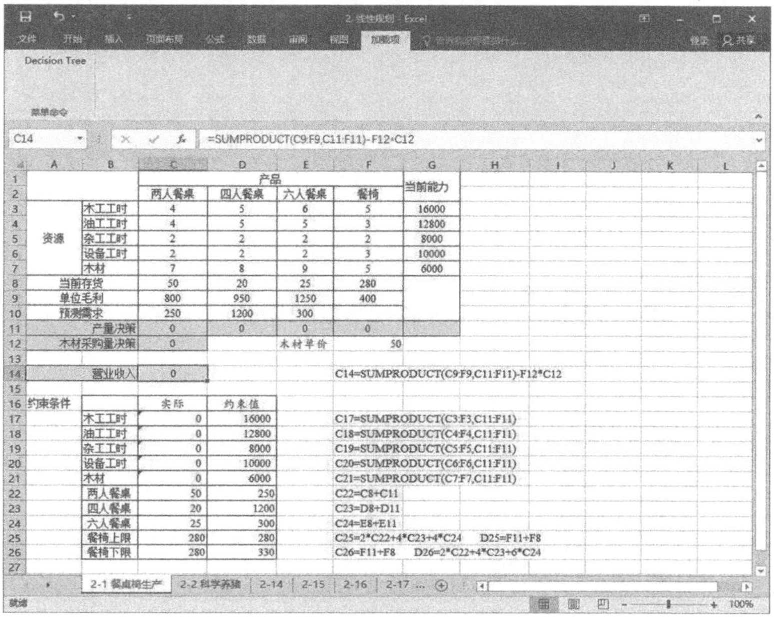

图 2-11　Excel 求解例 2-1

定义好所有单元格的表达式以后，单击“规划求解”菜单，即可弹出“规划求解参数”设置对话框（如图 2-12 所示）。在该对话框中，将“$C$14”设置为优化的目标，选择“最大值”为优化的方向；将“$C$11:$F$11,$C$12”指定为可变单元格（即决策变量），通过单击“添加”按钮输入约束条件为“$C$17:$C$26 <= $D$17:$D$26”；勾选“使无约束变量为非负数”来指定非负约束；在“选择求解方法”下拉框中选择“单纯线性规划”，这样就完成了所有设置。

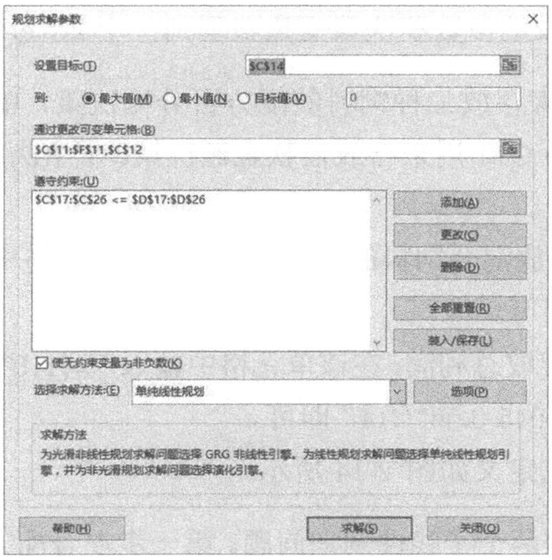

图 2-12　Excel 规划求解参数设置（例 2-1）

单击“求解”按钮，并单击“规划求解结果”对话框中的“确定”按钮，即可呈现出优化结果，如图 2-13 所示。

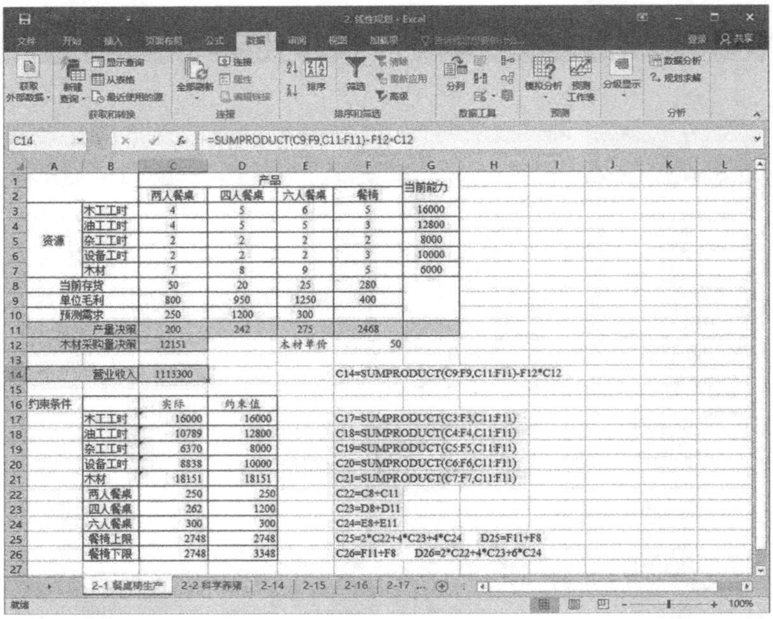

C14 =SUMPRODUCT(C9:F9,C11:F11)-F12*C12

		两人餐桌	四人餐桌	六人餐桌	餐椅	当前能力
资源	木工工时	4	5	6	5	16000
	油工工时	4	5	5	3	12800
	杂工工时	2	2	2	2	8000
	设备工时	2	2	2	3	10000
	木材	7	8	9	5	6000
当前存货		50	20	25	280	
单位毛利		800	950	1250	400	
预测需求		250	1200	300		
产量决策		200	242	275	2468	
木材采购量决策		12151		木材单价	50	
营业收入		1113300			C14=SUMPRODUCT(C9:F9,C11:F11)-F12*C12	

约束条件		实际	约束值	
	木工工时	16000	16000	C17=SUMPRODUCT(C3:F3,C11:F11)
	油工工时	10789	12800	C18=SUMPRODUCT(C4:F4,C11:F11)
	杂工工时	6370	8000	C19=SUMPRODUCT(C5:F5,C11:F11)
	设备工时	8838	10000	C20=SUMPRODUCT(C6:F6,C11:F11)
	木材	18151	18151	C21=SUMPRODUCT(C7:F7,C11:F11)
	两人餐桌	250	250	C22=C8+C11
	四人餐桌	262	1200	C23=D8+D11
	六人餐桌	300	300	C24=E8+E11
	餐椅上限	2748	2748	C25=2*C22+4*C23+4*C24 D25=F11+F8
	餐椅下限	2748	3348	C26=F11+F8 D26=2*C22+4*C23+6*C24

图 2-13 Excel 求解结果（例 2-1）

由图 2-13 不难看出，在木工工时、油工工时、杂工工时、设备工时等四种资源中进行最优安排后，除了木工工时，其他三种工时都有剩余。因此，木工工时对应的是系统的瓶颈资源，它是一个“紧约束”，而其他三种工时是“非紧约束”。

正如“规划求解结果”对话框中显示的，上述求解过程中在展示优化结果的同时，还可以输出敏感性报告等。借助敏感性报告，可以对优化结果进行进一步的敏感性分析，我们将在下一章学习敏感性分析的相关内容。

对例 2-2，将模型涉及的参数和决策变量整理到一个 Excel 表格中，如图 2-14 所示。

- 单元格 C7:E7 用来存放三种饲料的配方百分比决策，单元格 C13 用来存放养猪规模决策，单元格 C14 用来存放借款金额决策。5 个决策变量单元格中初始输入“0”。
- 单元格 C8 用来存放混合饲料的单位成本，在该单元格中输入“=SUMPRODUCT(C6:E6,C7:E7)”即可。
- 单元格 C15 用来存放总利润，在该单元格中输入“=(110*25-200-100-2.7*330)*C13-5500*12-500000*0.045-0.06*C14”即可。
- 其他单元格的公式定义如图 2-14 所示。

我们分两步依次求解两个子线性规划问题。第一步混合配方决策的“规划求解参数”设置对话框如图 2-15a 所示，求得的混合饲料最低成本为 2.7 元/公斤。第二步养猪规模及借款决策的“规划求解参数”设置对话框如图 2-15b 所示，最终的运算结果界面如图 2-16 所示。在最优方案下，应该饲养 400 头猪，并向亲戚朋友借款 42 400 元。

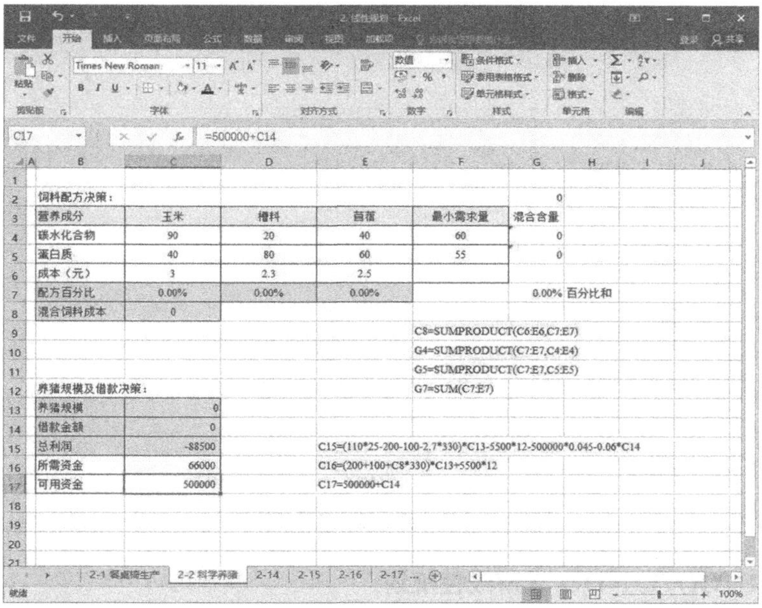

图 2-14　Excel 求解例 2-2

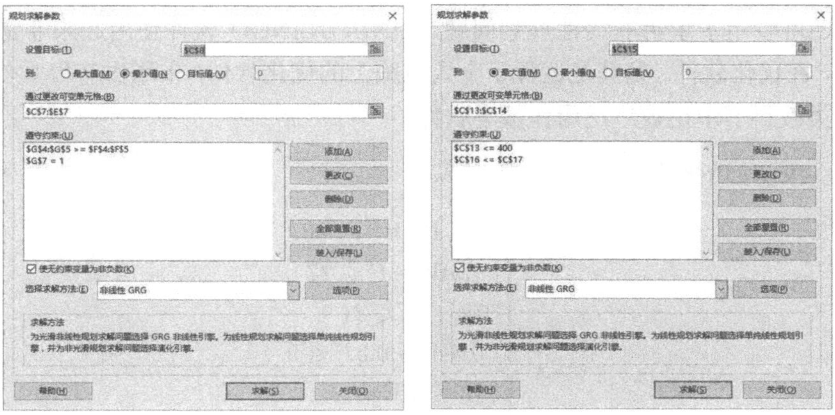

a)　　　　b)

图 2-15　Excel 规划求解参数设置（例 2-2）

正如以上两个例子显示的，利用 Excel 的规划求解功能求解线性规划问题的最大优势在于比较直观。在电子表格中，可以按照建模的逻辑，采用合适的单元格来表示决策变量、目标函数，并设置相应的约束条件。但是当问题的规模较大（比如决策变量较多，或者约束条件较多）时，在 Excel 中定义规划模型可能会比较烦琐，并且容易出错。这时也可以考虑采用其他软件工具进行求解。

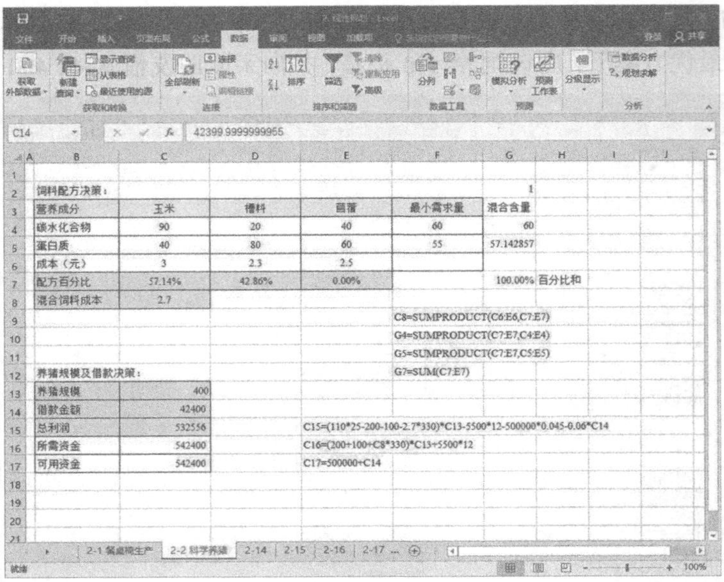

图 2-16　Excel 求解结果（例 2-2）

2.7.2　用 LINGO/LINDO 求解线性规划

LINDO 和 LINGO 是美国 Lindo 系统公司开发的一套专门用于求解最优化问题的软件包。LINDO 可以用来求解线性规划和二次规划问题，LINGO 除了具有 LINDO 的全部功能外，还可以用于求解非线性规划问题。LINDO/LINGO 软件使用起来非常简便，很容易学会，在优化软件（尤其是运行于个人电脑上的优化软件）市场占有很大份额，在国外运筹学类教科书中也被广泛用作教学软件。

[例 2-15]　求解如下线性规划问题：

$$\max z = 130W + 100P$$
$$\text{s.t.}\begin{cases} 1.5W + P \leqslant 27 \\ W + P \leqslant 21 \\ 0.3W + 0.5P \leqslant 9 \\ W \leqslant 15 \\ P \leqslant 16 \\ W, P \geqslant 0 \end{cases}$$

打开 LINGO 程序编辑器，直接输入如下代码：

```
! ========================
MAX = 130 * W + 100 * P;
1.5 * W + P <= 27;
W+P <= 21;
0.3*W + 0.5* P <= 9;
W < = 15;
```

```
P <=16;
W >=0;
P >=0;
! =======================
```

单击工具栏中的“LINGO”菜单，执行“Solve”命令，可以直接求出该问题的最优解。比如，图 2-17 显示上述线性规划问题的最优解为 $(W^*, P^*) = (12, 9)$，对应的目标函数值为 2 460。

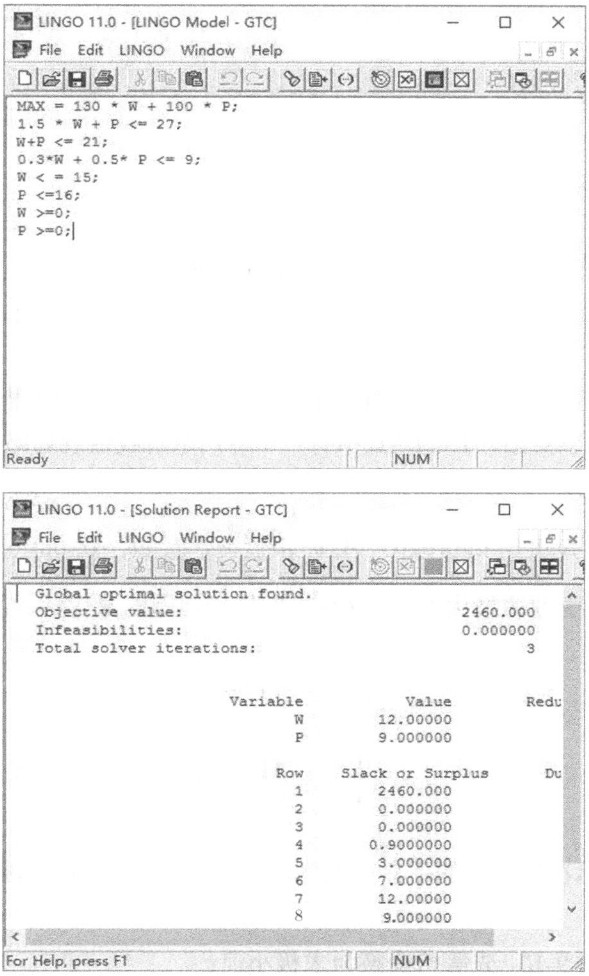

图 2-17　利用 LINGO 求解线性规划问题

不难看出，LINGO 虽然没有通过电子表格的方式来呈现数据，但是其代码的书写方式和模型的描述方式非常一致。因此，编写 LINGO 代码相当容易。特别是对一些大规模的问题，可以利用 LINGO 内置的函数来极大地简化代码。

比如，在 2.2 节介绍的运输问题中，对每个产地和每个销地都有相应的约束。考虑到各产地和各销地之间的对称性，在 LINGO 中可以通过相对简单的代码实现编程，如

图 2-18 所示。

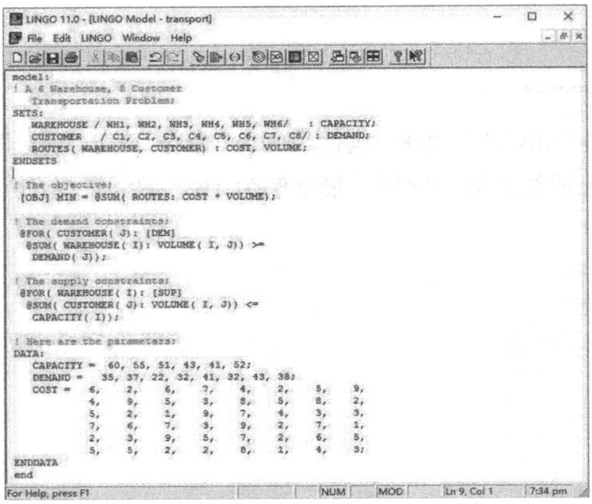

图 2-18 利用 LINGO 求解运输问题

2.7.3 用 MATLAB 求解线性规划

线性规划的单纯形法本质上就是矩阵和向量之间的迭代计算过程，借助 MATLAB 也可以轻松实现求解。事实上，MATLAB 中有一个专门求解线性规划问题的函数：linprog()，其使用方法如下：

$$[\mathrm{x},\ \mathrm{fval}] = \mathrm{linprog}(C,\ A,\ b,\ Aeq,\ beq,\ lb,\ ub,\ x0,\ \mathrm{options})$$

其中，fval 返回目标函数的最优值；x 返回线性规划问题的最优解。它所求解的是如下线性规划问题：

$$\min\ w = C'X$$
$$\text{s.t.}\begin{cases} AX \leqslant b \\ AeqX = beq \\ lb \leqslant X \leqslant ub \end{cases}$$

即 lb 和 ub 分别表示决策变量的下界和上界，$x0$ 给出了搜索的初始解，options 是控制参数。

比如，要求解例 2-15，先等价变换为求极小值：

$$\min\ w = -130W - 100P$$
$$\text{s.t.}\begin{cases} 1.5W + P \leqslant 27 \\ W + P \leqslant 21 \\ 0.3W + 0.5P \leqslant 9 \\ W \leqslant 15 \\ P \leqslant 16 \\ W, P \geqslant 0 \end{cases}$$

编写 MATLAB 代码并运行，得到的结果如图 2-19 所示。不难看出，它和用其他软件（如 LINGO）得到的结果是完全一致的。

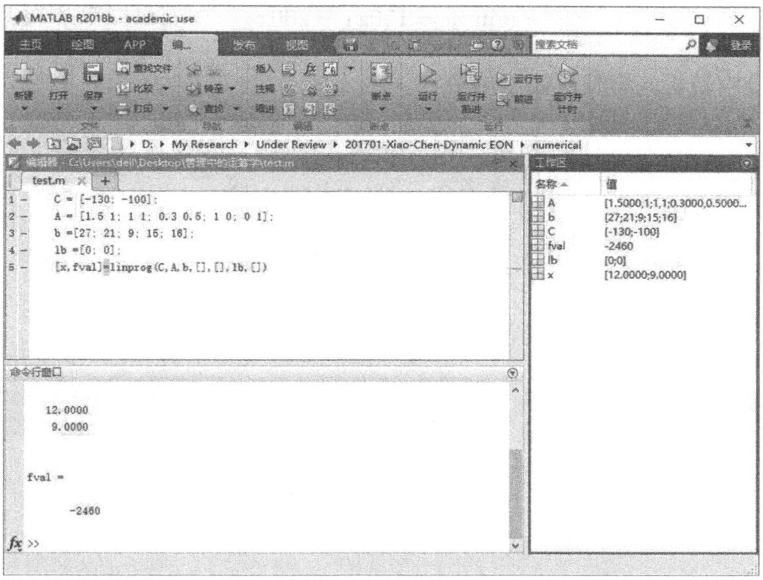

图 2-19　利用 MATLAB 求解线性规划问题

2.8　线性规划的管理应用

本节中我们再给出几个完整的线性规划应用的例子。这些例子可能来自企业的不同职能部门，如市场营销部门、生产运营部门、财务部门等。

[例 2-16]（广告组合问题）　某日用化工企业生产并销售三种产品：喷雾去污剂、液体洗涤剂和洗衣粉。为了应对越发激烈的市场竞争，公司决定投入一定资金进行产品推广。公司进行推广的渠道主要有两条：电视广告和印刷媒体广告。公司决定在全国的电视上打液体洗涤剂的广告来帮助推出这一新产品，同时通过印刷媒体广告促销所有三种产品。管理部门特别设定了推广目标：喷雾去污剂至少增加 3%的市场份额，液体洗涤剂至少获得 18%的市场份额，洗衣粉至少增加 4%的市场份额。

表 2-29 显示了在两种媒体上做广告的预期效果和广告的单位成本。在“电视”一列中，每投入一单位广告，洗衣粉的市场份额减少 1%，这是因为新的液体洗涤剂和洗衣粉之间存在极大的替代性。试分析该企业应该如何进行产品推广。

表　2-29

产品	每单位广告增加的市场份额（%）	
	电视	印刷媒体
喷雾去污剂	0	1
液体洗涤剂	3	2
洗衣粉	−1	4
单位成本（万元）	150	200

解：设 x_1 和 x_2 分别为投放电视、印刷媒体的广告数量。优化的目标是总成本最小，即

$$\min w = 150x_1 + 200x_2$$

为满足推广目标，需满足如下约束

$$\begin{cases} \text{去污剂} & x_2 \geqslant 3 \\ \text{洗涤剂} & 3x_1 + 2x_2 \geqslant 18 \\ \text{洗衣粉} & -x_1 + 4x_2 \geqslant 4 \\ \text{非负性} & x_1 \geqslant 0, x_2 \geqslant 0 \end{cases}$$

利用 Excel 求解上述规划问题，得到的最优解如图 2-20 所示。

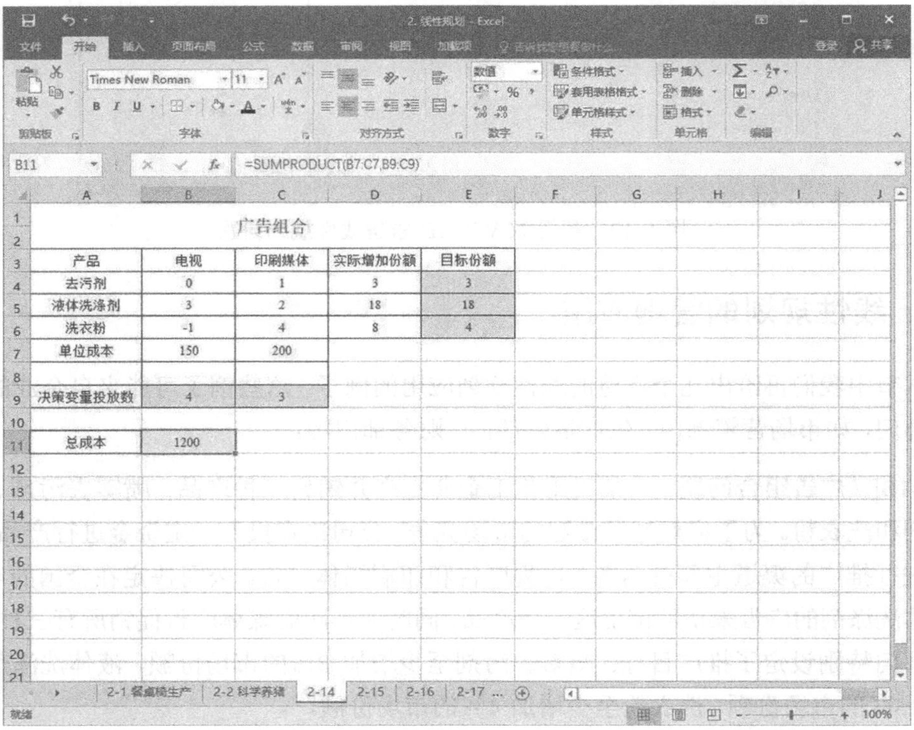

图 2-20　用 Excel 求解广告组合问题

[例 2-17]（混合配料问题）　某饲料厂采用 4 种不同的原材料（记为 A、B、C、D）生产三种不同的产成品（记为甲、乙、丙）。为了达到产品品质的要求，各种产成品中部分原材料的比重要满足规定的要求。相关数据如表 2-30 所示。表中给出了每种产品对应的单位生产费用（元/公斤）和单位售价（元/公斤）、各种原材料的采购成本以及每月的最大供应上限（公斤）。已知采购原材料所需的资金必须通过银行贷款，贷款的月利率为 3%。请问：该饲料厂应该如何安排下个月饲料的生产？

表 2-30

原材料	产成品			成本	每月供应上限（公斤）
	甲	乙	丙		
A	$\geqslant 20\%$		$\geqslant 20\%$	2.0	30 000
B		$\geqslant 30\%$		2.2	20 000
C	$\geqslant 30\%$		$\geqslant 30\%$	1.8	15 000
D	$\geqslant 10\%$	$\geqslant 20\%$		3.5	无限
生产费用（元/公斤）	0.20	0.20	0.30		
售价（元/公斤）	5.0	4.8	6.0		

解：定义如下决策变量

$$w = \text{饲料厂的贷款金额}$$

$$x_{ij} = \text{采用 } i \text{ 原料生产 } j \text{ 产品的数量}，i = 1,2,3,4; j = 1,2,3$$

$$x_i = \text{原材料 } i \text{ 的总采购量}，i = 1,2,3,4$$

$$y_j = \text{产品 } j \text{ 的总生产量}，j = 1,2,3$$

目标是总利润最大，即

$$\begin{aligned}\max z = & (5-0.2)\,y_1 + (4.8-0.2)\,y_2 + (6-0.3)\,y_3 \\ & -2.0x_1 - 2.2x_2 - 1.8x_3 - 3.5x_4 - 0.03w\end{aligned}$$

约束条件方面，首先有如下等式约束：

$$\text{原材料采购量：} x_i = x_{i1} + x_{i2} + x_{i3}, i = 1,2,3,4$$

$$\text{产成品生产量：} y_j = y_{1j} + y_{2j} + y_{3j} + y_{4j}, j = 1,2,3$$

各产品配方比重约束：

$$\text{产品甲中A比重：} x_{11} \geqslant 0.2y_1$$

$$\text{产品甲中C比重：} x_{31} \geqslant 0.3y_1$$

$$\text{产品甲中D比重：} x_{41} \geqslant 0.1y_1$$

$$\text{产品乙中B比重：} x_{22} \geqslant 0.3y_2$$

$$\text{产品乙中D比重：} x_{42} \geqslant 0.2y_2$$

$$\text{产品丙中A比重：} x_{13} \geqslant 0.2y_3$$

$$\text{产品丙中C比重：} x_{33} \geqslant 0.3y_3$$

各原材料供应上限约束：

$$\begin{aligned}&\text{A供应上限：} && x_1 \leqslant 30\,000 \\ &\text{B供应上限：} && x_2 \leqslant 20\,000 \\ &\text{C供应上限：} && x_3 \leqslant 15\,000\end{aligned}$$

采购资金约束：

$$2x_1 + 2.2x_2 + 1.8x_3 + 3.5x_4 \leqslant w$$

最后，还有非负约束：

$$x_{ij} \geqslant 0, x_i \geqslant 0, y_j \geqslant 0,\ w \geqslant 0$$

利用 Excel 求解上述规划问题，得到的最优解如图 2-21 所示，结果表明饲料厂应该只生产乙和丙两种饲料。

混合配料问题

原材料	甲	乙	丙	成本	供应上限
A	0.2		0.2	2	30000
B		0.3		2.2	20000
C	0.3		0.3	1.8	15000
D	0.1	0.2		3.5	无限
生产费用	0.2	0.2	0.3		
售价	5	4.8	6		所需采购资金
单位毛利	4.8	4.6	5.7		311833

决策变量

	甲	乙	丙	采购量	
A	0	20000	10000	30000	
B	0	20000	0	20000	
C	0	0	15000	15000	
D	0	26667	25000	51667	
生产量	0	66667	50000		总利润
贷款金额	311833				270478

图 2-21　用 Excel 求解混合配料问题

[例 2-18]（生产安排问题）　某厂主要生产甲、乙、丙三种产品，都需要经过 A、B 两道加工工序。已知 A 工序可以在设备 A1 或 A2 上完成，B 工序可以在设备 B1 或 B2 上完成。每种产品在每个设备上的加工时间和其他数据如表 2-31 所示（表中划 “/” 的单元格表示该产品的工序不能在相应设备上加工）：

表　2-31

设备	产品			设备有效台时
	甲	乙	丙	
A1	4	9	/	8 000
A2	6	8	10	12 000
B1	/	6	2	4 000
B2	3	6	8	7 000
原料费 (元/件)	30	50	35	
售价 (元/件)	200	400	300	

试安排最优生产计划。

解： 用 $k = 1, 2, 3$ 分别表示产品甲、乙、丙。考虑到两道加工工序，设

x_{ik} = 利用设备 Ai 加工的产品 k 的数量，$i = 1,2$; $k = 1,2,3$

y_{jk} = 利用设备 Bj 加工的产品 k 的数量，$j = 1,2$; $k = 1,2,3$

w_k = 产品 k 的总加工数量，$k = 1,2,3$

目标是总利润最大化，即

$$\max z = (200-30)w_1 + (400-50)w_2 + (300-35)w_3$$

约束方面，首先是每种产品的产量约束：

$$\begin{cases} \text{甲：} & w_1 = x_{11} + x_{21} = y_{21} \\ \text{乙：} & w_2 = x_{12} + x_{22} = y_{12} + y_{22} \\ \text{丙：} & w_3 = x_{23} = y_{13} + y_{23} \end{cases}$$

其次是各种设备的台时限制：

$$\begin{cases} \text{A1:} & 4x_{11} + 9x_{12} \leqslant 8000 \\ \text{A2:} & 6x_{21} + 8x_{22} + 10x_{23} \leqslant 12000 \\ \text{B1:} & 6y_{12} + 2y_{13} \leqslant 4000 \\ \text{B2:} & 3y_{21} + 6y_{22} + 8y_{23} \leqslant 7000 \end{cases}$$

最后，还有非负约束：

$$x_{ik} \geqslant 0, y_{jk} \geqslant 0, w_k \geqslant 0,\ i = 1,2; j = 1,2,3; k = 1,2,3$$

利用 Excel 求解上述规划问题，得到的最优解如图 2-22 所示。

生产安排				
设备	产品			设备有效台时
	甲	乙	丙	
A1	4	9	/	8000
A2	6	8	10	12000
B1	/	6	2	4000
B2	3	6	8	7000
原料费(元/件)	30	50	35	
售价(元/件)	200	400	300	
决策变量	甲	乙	丙	实际消耗台时
A1	2000	0		8000
A2	0	591	727	12000
B1		424	727	4000
B2	2000	167	0	7000
产量	2000	591	727	
A总生产	2000	591	727	总利润
B总生产	2000	591	727	739545

图 2.22　用 Excel 求解生产安排问题

[例 2-19]（连续投资问题） 某人有 100 万元的闲置资金，且在未来 5 年里不会使用，现在他面临下列投资机会：

A：为期 1 年的定期存款，即每年年初投资，年末收回本金和利息，投资回报 5%；

B：为期 2 年的定期存款，即每年年初投资，次年年末收回本金和利息，投资回报 11%；

C：第 3 年年初投资，到第 5 年年末回收本金和利息，投资回报 25%，最大投资额 20 万元；

D：第 2 年年初投资，到第 5 年年末回收本金和利息，投资回报 35%，最大投资额 30 万元。

请问：应该如何搭配投资组合，使得第 5 年年末总资产最大化？

解：设 x_{ik} 表示第 k 年年初投资项目 i 的资金数。根据 A、B、C、D 四个项目的投资时间，可得到如表 2-32 中 11 个决策变量。

表 2-32

项目	年份				
	1	2	3	4	5
A	x_{11}	x_{12}	x_{13}	x_{14}	x_{15}
B	x_{21}	x_{22}	x_{23}	x_{24}	
C			x_{33}		
D		x_{42}			

第 5 年年末的总资产为：

$$\max z = 1.05x_{15} + 1.11x_{24} + 1.25x_{33} + 1.35x_{42}$$

很显然，每年年初，他应该将手头的资金都投资出去（即任何一个年初都不持有现金）。每年年初投资出去的资金刚好等于可以投资的金额（单位：万元），表现为如下 5 个等式约束：

$$\begin{cases} \text{第 1 年年初：} & x_{11} + x_{21} = 100 \\ \text{第 2 年年初：} & x_{12} + x_{22} + x_{42} = 1.05x_{11} \\ \text{第 3 年年初：} & x_{13} + x_{23} + x_{33} = 1.05x_{12} + 1.11x_{21} \\ \text{第 4 年年初：} & x_{14} + x_{24} = 1.05x_{13} + 1.11x_{22} \\ \text{第 5 年年初：} & x_{15} = 1.05x_{14} + 1.11x_{23} \end{cases}$$

项目 B 和项目 C 的投资金额上限（单位：万元）：

$$\begin{cases} \text{项目 C：} & x_{33} \leqslant 20 \\ \text{项目 D：} & x_{42} \leqslant 30 \end{cases}$$

最后，还有非负约束：

$$x_{ik} \geqslant 0, i = 1, 2, 3, 4; k = 1, 2, 3, 4, 5$$

利用 Excel 求解上述规划问题，得到的最优解如图 2-23 所示。

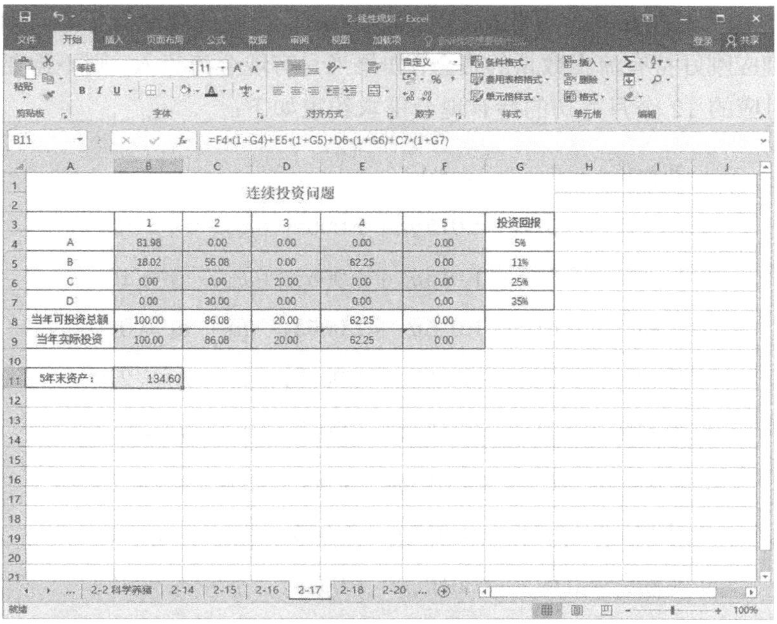

图 2-23 用 Excel 求解连续投资问题

[例 2-20]（现金流管理问题） 某工厂的回款主要集中在每年的年中和年末。已知该厂下一年度每月的现金流（单位：万元）如表 2-33 所示，其中现金流为负表示公司要支出相应的金额，现金流为正则表示公司要回收相应的款项。假设所有现金流都发生在月中。为了应付现金流的需求，该厂可能需要借助于银行贷款。有两种方式：(1) 为期一年的长期借款，即于上一年年末借一年期贷款，一次得到全部贷款额，从下一年度 1 月起每月末偿还 1% 的利息，于 12 月底偿还本金和最后一期利息；(2) 为期一个月的短期借款，即可以每月初获得短期贷款，于当月底偿还本金和利息，月利率为 1.5%。当该厂有多余现金时，也可以以短期存款的方式获取部分利息收入。假设该厂只能每月初存入，月末取出，月息 0.5%。

请问：该厂应如何进行存贷款操作来管理现金流？

表 2-33

月份	1	2	3	4	5	6	7	8	9	10	11	12
现金流	−10	−8	−10	−6	−2	5	6	−6	−4	−10	12	50

解：定义如下决策变量：

$$x = \text{为期一年的长期借款金额}$$

$$y_i = \text{第 } i \text{ 月初的短期借款金额}, \ i = 1, 2, \cdots, 12$$

$$s_i = \text{第 } i \text{ 月初的短期存款金额}, \ i = 1, 2, \cdots, 12$$

目标函数是追求第 12 月月底的现金流最大化：

$$\max \ z = 50 + 1.005 s_{12} - 1.015 y_{12} - 1.01 x$$

很显然，每个月月初要持有相应的现金流来满足当月的现金流需求。如果当月有现金流流出，则应刚好持有流出数量的资金；如果当月有现金流流入，则不需要持有任何资金。因此，对应的 12 个月月初的持有现金需求约束如下：

$$
\begin{aligned}
&1\text{ 月初：}x+y_1-s_1=10\\
&2\text{ 月初：}-0.01x-1.015y_1+1.005s_1+y_2-s_2=8\\
&3\text{ 月初：}-0.01x-1.015y_2+1.005s_2+y_3-s_3=10\\
&4\text{ 月初：}-0.01x-1.015y_3+1.005s_3+y_4-s_4=6\\
&5\text{ 月初：}-0.01x-1.015y_4+1.005s_4+y_5-s_5=2\\
&6\text{ 月初：}-0.01x-1.015y_5+1.005s_5+y_6-s_6=0\\
&7\text{ 月初：}5-0.01x-1.015y_6+1.005s_6+y_7-s_7=0\\
&8\text{ 月初：}6-0.01x-1.015y_7+1.005s_7+y_8-s_8=6\\
&9\text{ 月初：}-0.01x-1.015y_8+1.005s_8+y_9-s_9=4\\
&10\text{ 月初：}-0.01x-1.015y_9+1.005s_9+y_{10}-s_{10}=10\\
&11\text{ 月初：}-0.01x-1.015y_{10}+1.005s_{10}+y_{11}-s_{11}=0\\
&12\text{ 月初：}12-0.01x-1.015y_{11}+1.005s_{11}+y_{12}-s_{12}=0
\end{aligned}
$$

最后，还有非负约束：

$$x\geqslant 0, y_i\geqslant 0, s_i\geqslant 0, i=1,2,\cdots,12$$

利用 Excel 求解上述规划问题，得到的最优解如图 2-24 所示。

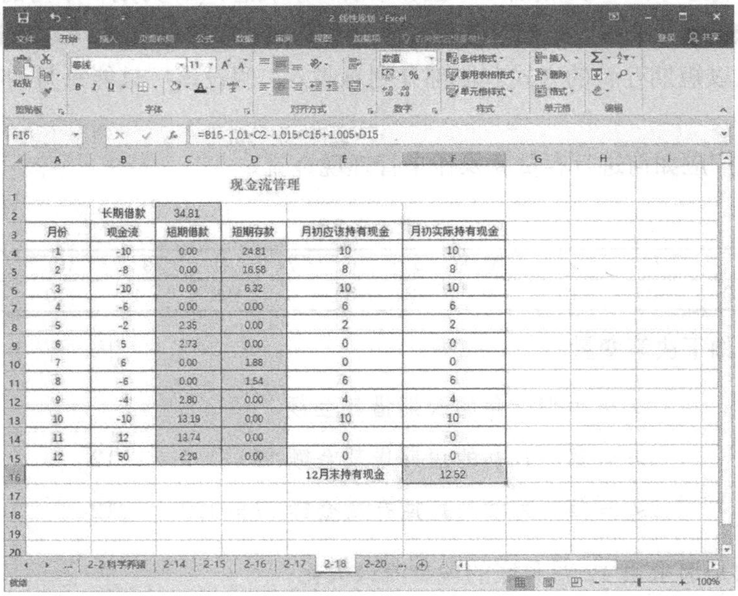

	长期借款	34.81			
月份	现金流	短期借款	短期存款	月初应该持有现金	月初实际持有现金
1	-10	0.00	24.81	10	10
2	-8	0.00	16.58	8	8
3	-10	0.00	6.32	10	10
4	-6	0.00	0.00	6	6
5	-2	2.35	0.00	2	2
6	5	2.73	0.00	0	0
7	6	0.00	1.88	0	0
8	-6	0.00	1.54	6	6
9	-4	2.80	0.00	4	4
10	-10	13.19	0.00	10	10
11	12	13.74	0.00	0	0
12	50	2.29	0.00	0	0
				12月末持有现金	12.52

图 2-24　用 Excel 求解现金流管理问题

[例 2-21]（生产存储问题） 某厂和客户签订了 5 种产品（用 i 表示，$i=1,2,\cdots,5$）上半年的交货合同。已知各产品在第 j 月（$j=1,2,\cdots,6$）的合同交货量为 D_{ij}，该月对应的销售价格为 p_{ij}，生产一单位产品 i 需要消耗工时 a_i。

设第 j 月的正常生产工时为 T_j，正常生产下每单位产品 i 的人工成本为 c_{ij}。如果生产任务重，工厂也可以适当加班，第 j 月的加班工时上限为 $\hat{T}_j$，对应的加班人工成本为 $\hat{c}_{ij}>c_{ij}$。如果工厂生产出来的产品当月不交货，可以存储起来，已知产品 i 的每月单位存储成本为 h_i。

请问：该厂应该如何安排未来半年的生产，在保证完成合同交货的前提下使得总盈利最大化？

解：定义如下决策变量：

$x_{ij}=$ 在第 j 月通过正常方式生产的产品 i 的数量，$i=1,2,\cdots,5;j=1,2,\cdots,6$;

$y_{ij}=$ 在第 j 月通过加班方式生产的产品 i 的数量，$i=1,2,\cdots,5;j=1,2,\cdots,6$;

$w_{ij}=$ 在第 j 月末库存的产品 i 的数量，$i=1,2,\cdots,5;j=1,2,\cdots,6$。

总盈利目标函数为：

$$\max\ z=\sum_{i=1}^{5}\sum_{j=1}^{6}(D_{ij}p_{ij}-c_{ij}x_{ij}-\hat{c}_{ij}y_{ij}-h_iw_{ij})$$

每月末各产品的库存数量约束：

$$w_{i1}=x_{i1}+y_{i1}-D_{i1}, i=1,2,\cdots,5$$

$$w_{ij}=w_{i(j-1)}+x_{ij}+y_{ij}-D_{ij}, i=1,2,\cdots,5;j=1,2,\cdots,6$$

正常加工工时约束：

$$\sum_{i=1}^{5}x_{ij}a_i\leqslant T_j, j=1,2,\cdots,6$$

加班加工工时约束：

$$\sum_{i=1}^{5}y_{ij}a_i\leqslant \hat{T}_j,\ j=1,2,\cdots,6$$

最后，加上非负性约束：

$$x_{ij},y_{ij},w_{ij}\geqslant 0, i=1,2,\cdots,5;j=1,2,\cdots,6$$

[例 2-22]（不确定条件下的线性优化） 已知某工厂生产两种产品（记为 A 和 B），它们需要消耗同样数量的钢材资源、浇铸工时以及装配工时。单位产品所需的三种资源如表 2-34 所示。已知产品 B 的单位利润是固定值 80，产品 A 下一季度的单位利润可能是 100 或者 120（可能性各 50%）。生产产品需要提前采购钢材资源，单位采购成本为 40。已知可用浇铸工时为固定值 16 000，但是可用装配工时可能是 7 000 或 9 000（可能性各 50%）。

请问：工厂应该提前采购多少钢材，同时如何安排产品的生产？

表 2-34

资源	产品		资源限制
	A	B	
钢材	2	1	无限，单位采购成本 40
浇铸	1	1	16 000
装配	0.4	0.5	7 000 或 9 000
单位利润	100 或 120	80	

解：本问题是一个两阶段优化问题。第一阶段，需要确定钢材的采购数量；第二阶段，在观察到产品 A 的实际单位利润和装配资源的实际可用量之后，需要确定两种产品的生产量决策。在第二阶段可能出现四种情形，如表 2-35 所示：

表 2-35

情形	发生概率	A 的单位利润	可用装配工时
1	0.25	100	7 000
2	0.25	100	9 000
3	0.25	120	7 000
4	0.25	120	9 000

定义如下决策变量：

$S=$ 采购的钢材资源的数量；

$x_i=$ 在出现情形 i 时生产的产品 A 的数量，$i=1,2,3,4$；

$y_i=$ 在出现情形 i 时生产的产品 B 的数量，$i=1,2,3,4$；

因为第二阶段随着出现的情形不同，工厂的生产安排和对应的利润可能不同，可以把工程的期望利润作为优化的目标，即：

$$\max\ z = 0.25\,(100x_1+80y_1)+0.25\,(100x_2+80y_2)+0.25\,(120x_3+80y_3)$$
$$+0.25\,(120x_4+80y_4)-40S$$

在每种情形下都应该满足三种资源的限制：

$$\text{情形 1:}\quad \begin{cases} 2x_1+y_1\leqslant S \\ x_1+y_1\leqslant 16\ 000 \\ 0.4x_1+0.5y_1\leqslant 7\ 000 \end{cases}$$

$$\text{情形 2:}\quad \begin{cases} 2x_2+y_2\leqslant S \\ x_2+y_2\leqslant 16\ 000 \\ 0.4x_2+0.5y_2\leqslant 9\ 000 \end{cases}$$

$$\text{情形 3:}\quad \begin{cases} 2x_3+y_3\leqslant S \\ x_3+y_3\leqslant 16\ 000 \\ 0.4x_3+0.5y_3\leqslant 7\ 000 \end{cases}$$

$$\text{情形 4:}\quad \begin{cases} 2x_4+y_4\leqslant S \\ x_4+y_4\leqslant 16\ 000 \\ 0.4x_4+0.5y_4\leqslant 9\ 000 \end{cases}$$

最后，加上所有非负约束：

$$S, x_i, y_i \geqslant 0, i = 1, 2, 3, 4$$

利用 Excel 求解上述规划问题，得到的最优解如图 2-25 所示。

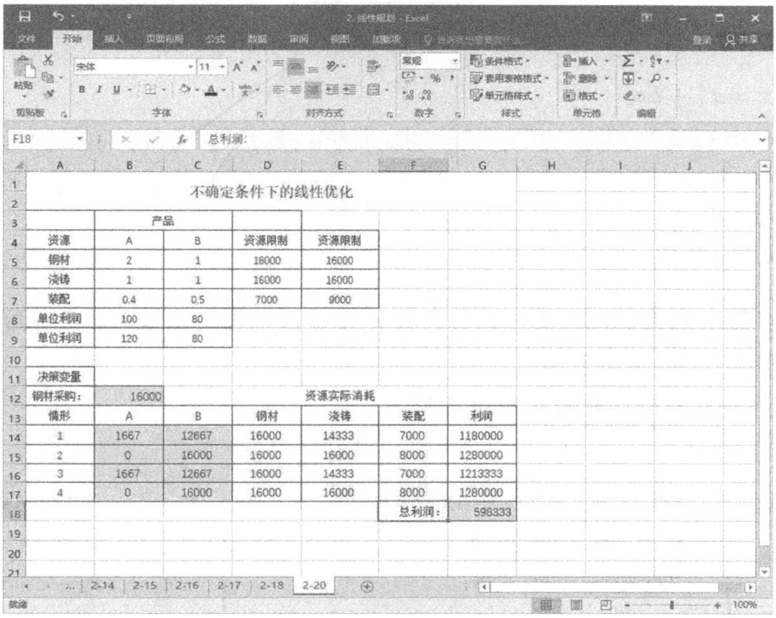

不确定条件下的线性优化						
	产品					
资源	A	B	资源限制	资源限制		
钢材	2	1	16000	16000		
浇铸	1	1	16000	16000		
装配	0.4	0.5	7000	9000		
单位利润	100	80				
单位利润	120	80				
决策变量						
钢材采购:	16000			资源实际消耗		
情形	A	B	钢材	浇铸	装配	利润
1	1667	12667	16000	14333	7000	1180000
2	0	16000	16000	16000	8000	1280000
3	1667	12667	16000	14333	7000	1213333
4	0	16000	16000	16000	8000	1280000
					总利润:	598333

图 2-25　用 Excel 求解不确定条件下线性规划问题

本章习题

1. 用图解法求解下列线性规划问题：

(1)

$$\min\ z = 2x_1 + 3x_2$$
$$\text{s.t.} \begin{cases} x_1 + x_2 \geqslant 2 \\ 3x_1 + 5x_2 \leqslant 15 \\ x_1 + 4x_2 \geqslant 4 \\ x_1, x_2 \geqslant 0 \end{cases}$$

(2)

$$\min\ z = x_1 + x_2$$
$$\text{s.t.} \begin{cases} 3x_1 + 2x_2 \geqslant 30 \\ 3x_1 + 4x_2 \leqslant 60 \\ -x_1 + x_2 \geqslant 5 \\ x_1, x_2 \geqslant 0 \end{cases}$$

(3)

$$\max\ z = 6x_1 + 5x_2$$
$$\text{s.t.} \begin{cases} 2x_1 - x_2 \geqslant 2 \\ -x_1 + 2x_2 \geqslant 2 \\ 2x_1 + x_2 \leqslant 10 \\ x_1, x_2 \geqslant 0 \end{cases}$$

(4)

$$\max\ z = 2x_1 + x_2$$
$$\text{s.t.} \begin{cases} x_1 + x_2 \leqslant 6 \\ 2x_1 + x_2 \leqslant 8 \\ x_1 \leqslant 3 \\ x_1, x_2 \geqslant 0 \end{cases}$$

2. 分别考虑下面的两个线性规划问题，其中 c 为一个参数：

$$\max z = cx_1 + x_2$$

$$\text{s.t.}\begin{cases} x_1 + x_2 \leqslant 8 \\ 2x_1 + x_2 \leqslant 12 \\ x_2 \leqslant 6 \\ x_1, x_2 \geqslant 0 \end{cases}$$

$$\min \ z = x_1 + cx_2$$

$$\text{s.t.}\begin{cases} x_1 + x_2 \leqslant 8 \\ 2x_1 + x_2 \leqslant 12 \\ x_2 \leqslant 6 \\ x_1, x_2 \geqslant 0 \end{cases}$$

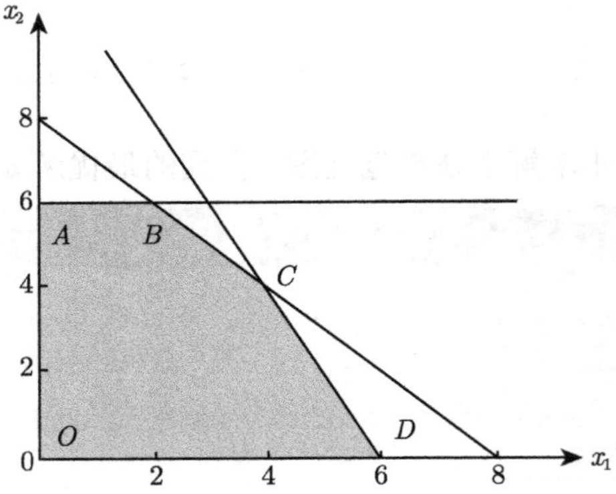

请问：在两个线性规划问题中，当参数 c 在什么范围内取值时，最优解分别在可行域的 A、B、C、D、O 点处获得？

3. 将下列线性规划问题转化为标准形式：

(1)

$$\max \ z = 2x_1 - 3x_2 + 3x_3 + 4x_4$$

$$\text{s.t.}\begin{cases} 4x_1 + 2x_2 + x_3 \geqslant 10 \\ -2x_1 + x_2 - x_4 \leqslant 8 \\ x_1 + x_2 + x_3 \geqslant 5 \\ -2 \leqslant x_1 \leqslant 3 \\ 2 \leqslant x_2 \leqslant 4 \\ x_3 \geqslant 0, x_4 \leqslant 0 \end{cases}$$

(2)

$$\min \ z = 2x_1 - 3x_2 - 5x_3$$

$$\text{s.t.}\begin{cases} x_1 - x_2 + x_3 = -8 \\ -x_1 + 2x_2 - x_3 \leqslant 7 \\ 5x_1 - x_3 \geqslant 3 \\ 3x_2 - x_3 \leqslant -5 \\ 2 \leqslant x_2 \leqslant 4 \\ x_1 \text{自由}, x_3 \geqslant 0 \end{cases}$$

4. 求出下列线性规划问题的所有基解，并判断哪些是基可行解：

(1)

$$\max \ z = 3x_1 + x_2$$

$$\text{s.t.}\begin{cases} x_1 + x_2 \geqslant 1 \\ -x_1 + x_2 \leqslant 2 \\ x_1 \leqslant 2 \\ x_2 \leqslant 3 \\ x_1 \geqslant 0, x_2 \geqslant 0 \end{cases}$$

(2)

$$\max \ z = x_1 + 3x_2$$

$$\text{s.t.}\begin{cases} x_1 + x_2 \geqslant 3 \\ x_1 + 3x_2 \geqslant 9 \\ x_1 + x_2 \leqslant 5 \\ 5x_1 + 6x_2 \leqslant 30 \\ x_1 \geqslant 0, x_2 \geqslant 0 \end{cases}$$

5. 将下列线性规划问题先转化为标准形式，然后给出初始的单纯形表：

(1)

$$\max \ z = x_1 + 2x_2 + 3x_3 + 4x_4$$

$$\text{s.t.}\begin{cases} x_1 + x_2 + x_3 + x_4 \leqslant 8 \\ 2x_1 - 4x_2 + 5x_3 = -7 \\ x_1 - 3x_3 + x_4 \geqslant 2 \\ x_1 \geqslant 0, x_2 \leqslant 0, x_3 \geqslant 0, x_4 \text{自由} \end{cases}$$

(2)

$$\min \quad z=\sum_{i=1}^{m}\sum_{j=1}^{n}c_{ij}x_{ij}$$

$$\text{s.t.}\begin{cases}\sum_{j=1}^{n}x_{ij}=a_i,\forall i=1,2,\cdots,m\\ \sum_{i=1}^{m}x_{ij}\leqslant b_j,\forall j=1,2,\cdots,n\\ x_{ij}\geqslant 0,\forall i=1,2,\cdots,m;\forall j=1,2,\cdots,n\end{cases}$$

注：其中参数 a_i、b_j 和 c_{ij} 均非负。

(3)

$$\min \quad z=\sum_{i=1}^{m}\sum_{j=1}^{n}c_{ij}x_{ij}$$

$$\text{s.t.}\begin{cases}\sum_{j=1}^{n}x_{ij}\leqslant a_i,\forall i=1,2,\cdots,m\\ \sum_{i=1}^{m}x_{ij}=b_j,\forall j=1,2,\cdots,n\\ x_{ij}\geqslant 0,\forall i=1,2,\cdots,m;\forall j=1,2,\cdots,n\end{cases}$$

注：其中参数 a_i、b_j 和 c_{ij} 均非负。

(4)

$$\max \quad z=CX$$

$$\text{s.t.}\begin{cases}A_1X\geqslant \boldsymbol{b}_1\\ A_2X=\boldsymbol{b}_2\\ A_3X\leqslant \boldsymbol{b}_3\\ X\geqslant 0\end{cases}$$

注：其中 $\boldsymbol{b}_1$、$\boldsymbol{b}_2$、$\boldsymbol{b}_3$ 均为非负列向量。

6. 利用单纯形法求解下列线性规划问题，要求求出每个问题的所有最优解。

(1)

$$\max \quad z=4x_1+x_2+x_3$$

$$\text{s.t.}\begin{cases}6x_1+4x_2+9x_3\leqslant 9\\ 10x_1+2x_2+x_3\leqslant 8\\ x_1,x_2,x_3\geqslant 0\end{cases}$$

(2)

$$\max \quad z=4x_1+5x_2$$

$$\text{s.t.}\begin{cases}3x_1+2x_2\leqslant 18\\ x_1\leqslant 5\\ x_2\leqslant 6\\ x_1,x_2\geqslant 0\end{cases}$$

7. 分别用大 M 法和两阶段法求解下列线性规划问题:

(1)

$$\min \quad z=2x_1+x_2$$

$$\text{s.t.}\begin{cases}x_1+x_2\geqslant 2\\ x_1+2x_2\leqslant 3\\ x_1,x_2\geqslant 0\end{cases}$$

(2)

$$\max \ z = 4x_1 + 3x_2$$
$$\text{s.t.} \begin{cases} -x_1 + x_2 \geqslant 2 \\ -x_1 + 3x_2 \leqslant 3 \\ x_1 \leqslant 3 \\ x_1, x_2 \geqslant 0 \end{cases}$$

8. 考虑下面的线性规划问题，其中 c 为一个参数：

$$\max \ z = x_1 + cx_2$$
$$\text{s.t.} \begin{cases} x_1 + x_2 \leqslant 8 \\ 4x_1 + x_2 \leqslant 24 \\ x_2 \leqslant 4 \\ x_1, x_2 \geqslant 0 \end{cases}$$

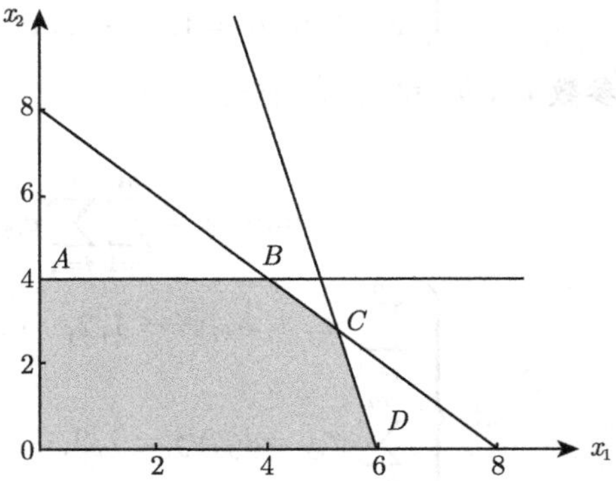

请结合单纯形法，探讨当参数 c 在什么范围内取值时，最优解分别在可行域的 A、B、C、D 点处获得。

9. 考虑下面的线性规划问题，其中 a 为一个参数：

$$\max \ z = x_1 + 2x_2$$
$$\text{s.t.} \begin{cases} x_1 + x_2 \leqslant 8 \\ 4x_1 + ax_2 \leqslant 24 \\ x_2 \leqslant 4 \\ x_1, x_2 \geqslant 0 \end{cases}$$

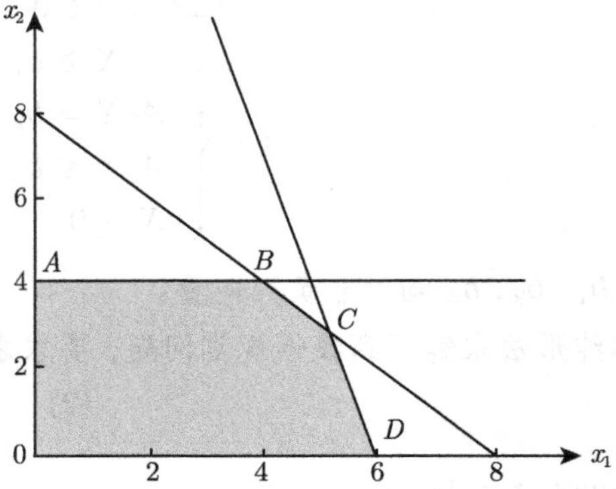

请结合单纯形法，探讨当参数 a 在什么范围内取值时，最优解由如下方程组联立得到：

$$\begin{cases} x_1 + x_2 = 8 \\ 4x_1 + ax_2 = 24 \end{cases}$$

10. 考虑如下线性规划问题：

$$\max \ z = c_1x_1 + c_1x_2$$
$$\text{s.t.} \begin{cases} a_{11}x_1 + a_{12}x_2 + x_3 = b_1 \\ a_{21}x_1 + a_{22}x_2 + x_4 = b_2 \\ x_1, x_2, x_3, x_4 \geqslant 0 \end{cases}$$

用单纯形法求解，得到最终的单纯形表如下表所示：

$c_j \to$			c_1	c_2	0	0	θ_i
C_B	基	b	x_1	x_2	x_3	x_4	
c_1	x_1	8	1	0	4	−1	
c_2	x_2	18	0	1	−1	1	
			0	0	−16	−5	

请问：原始线性规划问题的目标函数系数、系数矩阵和约束右边项的取值分别是多少？

11. 给定某求极大化线性规划问题的最终单纯形表，其中 $(a) \sim (f)$ 为待定常数。

$c_j \to$			c_1	c_2	c_3	c_4	c_5	θ_i
C_B	基	b	x_1	x_2	x_3	x_4	x_5	
c_3	x_3	2	4	(a)	1	0	0	
c_4	x_4	(b)	−1	−2	0	1	0	
c_5	x_5	3	(c)	−4	0	0	1	
			(e)	(f)	0	0	0	

请问在什么参数条件下：

(1) 表中的解即为线性规划问题的唯一最优解？

(2) 表中的解为最优解，但是非唯一最优解？

(3) 该线性规划问题无有界最优解？

(4) 表中的基可行解非最优，下一步迭代的入基变量为 x_1，出基变量为 x_5？

12. 考虑一个线性规划问题：

$$\max \quad z = \alpha x_1 + x_2 + x_3$$
$$\text{s.t.} \begin{cases} 6x_1 + 4x_2 + 9x_3 \leqslant 9 + \beta \\ 10x_1 + 2x_2 + x_3 \leqslant 8 + \gamma \\ x_1, x_2, x_3 \geqslant 0 \end{cases}$$

其中 α、β 和 γ 为参数。

请问：当 α、β 和 γ 的取值满足什么条件时，上述线性规划问题最优基可行解中 x_1 和 x_2 是基变量？

13. 某工厂下一年度每月都将面临现金流的流出或流入。记第 i 月 $(i = 1, 2, \cdots, 12)$ 的现金流需求为 D_i，它的取值可正可负：

$$D_i = \begin{cases} \text{工厂支出金额 } D_i & \text{如果} D_i > 0 \\ \text{不发生现金流入流出} & \text{如果} D_i = 0 \\ \text{工厂回收金额 } -D_i & \text{如果} D_i < 0 \end{cases}$$

假设所有现金流都发生在月中。为了应付现金流的需求，该厂可能需要借助于银行借款。有两种方式：

(1) 为期一年的长期借款，即于上一年年末借一年期贷款，一次得到全部贷款额，从下一年度 1 月起每月末偿还 1%的利息，于 12 月底偿还本金和最后一期利息；

(2) 为期一个月的短期借款，即可以每月初获得短期贷款，于当月底偿还本金和利息，假设月利率为 1.5%。当该厂有多余现金时，也可以以短期存款的方式获取部分利息收入。假设该厂只能每月初存入，月末取出，月息 0.5%。

请建立线性规划模型，帮助该厂管理现金流。

14. 已知某银行每月初发行若干款理财产品，每款产品对应的预期收益率和投资时间（投资时间都以月来计算）不同。某人在 2019 年年底持有资金 10 万元，计划在 2020 年年底利用这笔资金。请建立规划模型帮助他决策应该在 2020 年如何购买理财产品。

15. 马上进入期末考试周了，本学期赵同学有四门课程需要期末考试：运筹学、经济学原理、管理学原理、高等数学。赵同学掐指一算，总共只有 40 小时的复习时间来备考了；他希望对复习时间进行合理安排，尽可能提升考试成绩。赵同学感觉压力最大的是高等数学，他决定至少投入三分之一的时间用于高等数学的复习。赵同学平时运筹学成绩很好，他决定用于运筹学的复习时间最多不超过 5 小时。根据以往经验，在定量的课程（运筹学、高等数学）上每投入 1 小时能提升 1.5%的成绩；在定量和定性相结合的课程（经济学原理）上每投入 1 小时能提升 2%的成绩；在定性课程（管理学原理）上每投入 1 小时只能提高 1%的成绩。请构造一个线性规划模型，帮助赵同学合理规划复习时间。

16. 考虑某玩具厂现金流的管理问题。已知该玩具厂未来一年每月都有需要支出的应付账款，同时也会回收应收账款，相关数据如下表所示（单位：万元）。

	月份											
	1	2	3	4	5	6	7	8	9	10	11	12
应付账款	10	8	5	6	10	12	20	4	5	4	3	2
应收账款	5	6	4	8	6	18	6	6	3	2	18	20

为了应付现金流的需求，该玩具厂可能需要借助于银行借款。有两种方式：

(1) 为期一年的长期借款，即于上一年年末借一年期贷款，一次得到全部贷款额，从下一年度 1 月起每月末偿还 1%的利息，于 12 月底偿还本金和最后一期利息；

(2) 为期一个月的短期借款，即可以在每月初获得短期贷款，于当月底偿还本金和利息，月利率为 1.5%。当该厂有多余现金时，也可以以短期存款的方式获取部分利息收入。假设该厂只能每月初存入，月末取出，月息 0.5%。

请构建规划模型帮助玩具厂管理现金流。请问：玩具厂最少需要花费的财务成本是多少？在最悲观的情况下，玩具厂最多需要花费的财务成本是多少？

17. 某个体户老王从事中秋月饼的生产和销售。因为月饼的销售具有很强的季节性，而且月饼保质期比较短，所以老王每年 7 月 20 日开始生产月饼，生产周期 20 天。根据目前的产能，每天加工 1 000 个月饼。已知月饼的价格是 20 元/个，原材料成本是 10 元/个，即每个月饼毛利是 10 元。如果需要，老王也可以额外请一个帮手来提高产量，每天最多能增产 500 个月饼，但是增产部分的额外人工成本是每个月饼 2 元。

在老王不做任何广告的情况下，其保底销量为 12 000 个月饼。当然，老王也可以在生产月饼的同时，在所在小镇投放广告来宣传产品。已知广告的设计、印刷等固定投入费用是 5 000 元，历史经验表明，每多投入 100 元广告能增加月饼销量 180 个。

请问：为了提高今年的利润，老王应该怎样安排月饼的生产和广告活动？他能实现多少利润？

18. 继续第 17 题。如果今年的市场情况比较复杂，不能准确预测月饼的销售价格。经过分析，老王认为今年月饼有可能涨价，也可能跌价，涨跌可能性各 50%，幅度都为 2 元。在涨价（即销售价格 22 元/个）的情况下，产品的保底销量将变为 10 000 个；在跌价（即销售价格 18 元/个）的情况下，产品的保底销量将变为 13 000 个。中秋节过后，如果有月饼剩余，每个月饼还能以 2 元/个的价格清仓销售。

请问：老王应该怎样安排月饼的生产和广告活动？他能实现多少利润？

19. 考虑某资源配置问题：

$$\max \quad z = 70x_1 + 120x_2$$
$$\text{s.t.} \begin{cases} \text{资源 1: } 9x_1 + 4x_2 + x_3 = 360 \\ \text{资源 2: } 4x_1 + 5x_2 + x_4 = 200 \\ \text{资源 3: } 3x_1 + 10x_2 + x_5 = 300 \\ \text{非负性: } x_1, x_2, x_3, x_4, x_5 \geqslant 0 \end{cases}$$

其中，x_1 表示产品 A 的产量，x_2 表示产品 B 的产量。通过单纯形表计算得到的最终结果如下：

$c_j \rightarrow$			70	120	0	0	0	θ_i
C_B	基	b	x_1	x_2	x_3	x_4	x_5	
0	x_3	84	0	0	1	$-\frac{78}{25}$	$\frac{29}{25}$	
70	x_1	20	1	0	0	$\frac{2}{5}$	$-\frac{1}{5}$	
120	x_2	24	0	1	0	$-\frac{3}{25}$	$\frac{4}{25}$	
		4 280	0	0	0	−13.6	−5.2	

请在上述表格的基础上回答如下问题：

(1) 产品 A 的单位利润有可能发生变化，则它在什么范围内变化时，最优解保持不变？

(2) 上述结果表明资源 2 和资源 3 是瓶颈资源。假设可以以 10 元的单位价格购买部分资源 2，则购买资源 2 是否划算？如果划算，最多可以购买多少单位的资源 2？

C H A P T E R 3

第3章

对偶理论与敏感性分析

每一个线性规划问题都有另一个与之对应的线性规划问题，我们称之为“对偶问题”(Dual Problem)。对偶理论是线性规划中最重要的理论之一，它充分显示出线性规划理论的严谨性和结构的对称性。对偶线性规划问题的最优解和原始问题的最优解之间也存在一定的对应关系。有时对偶解也称为“影子价格”(Shadow Price)，它是经济学中一个非常重要的概念。学习对偶理论，不仅能帮助决策者从另一个视角求解原始线性规划问题，而且能够帮助决策者进行敏感性分析，并提供有意义的管理启示。

3.1 对偶线性规划问题

我们首先看两个例子，它们分别对应例 2-1 和例 2-2 的简化问题。

[例 3-1]（餐桌椅生产问题） A 家具厂生产标准的四人餐桌和餐椅。假设两种产品的需求都无限大。生产产品需要用到 3 种共同的资源：木工、油工和设备。每种产品的单位毛利（元）、每种资源的限制（小时/周）以及生产各种产品所消耗的各种资源如表 3-1 所示。

表 3-1

	餐椅	餐桌	可用工时
木工工时	4	3	120
油工工时	2	1	60
设备工时	1	2	40
单位毛利	500	400	

很显然，这是一个典型的资源配置问题。为了优化家具厂的绩效，需要确定餐桌和餐椅两种产品的产量。设 x_1 和 x_2 分别为餐椅和餐桌的生产数量，则家具厂面临的优化模型为

$$\max z = 500x_1 + 400x_2$$

$$\text{s.t.}\begin{cases} 4x_1 + 3x_2 \leqslant 120 \\ 2x_1 + x_2 \leqslant 60 \\ x_1 + 2x_2 \leqslant 40 \\ x_1, x_2 \geqslant 0 \end{cases} \tag{3-1}$$

利用单纯形法或者 Excel 等软件工具，我们可以计算出最优决策为：每周生产餐椅 24 把、生产餐桌 8 张，实现每周 15 200 元的利润。在该生产安排下，木工和设备工时将刚好消耗完（是紧约束），而油工工时富余 4 小时（是非紧约束）。

现在假设有另外一家企业 B 需要装修办公场所，急需装修所需的木工、油工和设备。因为春节刚过，在市场上很难找到所需的劳动力，企业 B 找到 A 家具厂的老板，想和他商量能否暂时租用家具厂的木工、油工和设备。家具厂的老板表示，只要企业 B 支付的价格合适，他是愿意停工一周的（正好给自己多放一周的假）。因此，这里最关键的问题是对 3 种资源的价格（租金）进行谈判。为建模方便，设

$$y_1 = \text{企业 B 为木工工时支付的单位租金（元/小时）}$$

$$y_2 = \text{企业 B 为油工工时支付的单位租金（元/小时）}$$

$$y_3 = \text{企业 B 为设备工时支付的单位租金（元/小时）}$$

很显然，企业 B 希望支付的总租金越低越好，目标是追求总成本的最小化，即

$$\min\ w = 120y_1 + 60y_2 + 40y_3$$

直观上，对企业 B 而言，最好的状态是 3 种资源的租金都为零（即 $y_1 = y_2 = y_3 = 0$），这样企业 B 能够免费获得 A 家具厂的 3 种资源。然而，当租金过低时，A 家具厂的老板就不愿意停工了（因为从正常生产中他是能获利的）。这意味着 3 种资源租金应该要满足一定的条件。试想一下，A 家具厂通过 4 单位的木工工时、2 单位的设备工时和 1 单位的设备工时能生产出 1 把餐椅，从而创造出 500 元的毛利。于是，为了让 A 家具厂愿意放弃餐椅的生产，其当量租金收入（表示为 $4y_1 + 2y_2 + y_3$）不能低于 500 元，用不等式约束来表示，即

$$4y_1 + 2y_2 + y_3 \geqslant 500$$

同样，为了让 A 家具厂愿意放弃餐桌的生产，其当量租金收入也应该满足

$$3y_1 + y_2 + 2y_3 \geqslant 400$$

考虑到单位租金的非负性，我们可以得到企业 B 的一个完整的线性规划模型，如下

$$\min\ w = 120y_1 + 60y_2 + 40y_3$$

$$\text{s.t.}\begin{cases} 4y_1 + 2y_2 + y_3 \geqslant 500 \\ 3y_1 + y_2 + 2y_3 \geqslant 400 \\ y_1, y_2, y_3 \geqslant 0 \end{cases} \tag{3-2}$$

利用单纯形法或者利用 Excel 等软件工具，可以计算出最优决策为：企业 B 为木工支付的单位租金为 120 元/小时，为油工支付的单位租金为 0 元/小时，为设备支付的单位租金为 20 元/小时，总共支付的租金为 15 200 元。

对比 A 家具厂的资源配置模型 (3-1) 和企业 B 的租金模型 (3-2)，我们可以发现这两个线性规划模型所有的参数（目标函数系数、工艺矩阵、约束右边项）都是共同的，只是

不同的参数在不同的模型中位置不同而已。我们称这两个模型具有形式上的对称性（具体对称关系在下文总结），即线性规划模型 (3-2) 是模型 (3-1) 的对偶问题。

[例 3-2]（科学养猪问题） 养猪专业户小王考虑选择玉米、槽料和苜蓿作为主要饲料科学养猪。各种饲料的价格以及对应的碳水化合物和蛋白质含量如表 3-2 所示，表的最后一列给出了科学养猪中每头猪每天摄入的最低营养成分。

表 3-2

营养成分	玉米	槽料	苜蓿	每天的需求量
碳水化合物	90	20	40	600
蛋白质	40	80	60	550
成本（元/公斤）	3	2.3	2.5	

为了满足科学养猪营养成分的要求，小王需要对混合饲料的配方进行优化。设 y_1、y_2 和 y_3 分别为混合配方中采用的玉米、槽料和苜蓿的使用量（每头猪），其对应的成本–收益平衡优化模型如下

$$\min w = 3y_1 + 2.3y_2 + 2.5y_3$$
$$\text{s.t.}\begin{cases} 90y_1 + 20y_2 + 40y_3 \geqslant 600 \\ 40y_1 + 80y_2 + 60y_3 \geqslant 550 \\ y_1, y_2, y_3 \geqslant 0 \end{cases} \tag{3-3}$$

利用单纯形法或者利用 Excel 等软件工具，我们可以计算出最优决策为：每天为每头猪准备的混合饲料由玉米和槽料构成，包括 5.78 公斤玉米、3.98 公斤槽料，对应的总成本为 26.51 元。

现在，假设富有开拓精神的老赵看到了一个自认为富有潜力的创业机会。他观察到，在饲养猪的过程中，玉米、槽料、苜蓿等饲料往往受到农药的污染，会导致最终猪肉的品质受到影响。他想通过加工直接从各种原料中提炼出养猪所需的碳水化合物和蛋白质等营养素。这样，科学养猪时只需给猪喂食相应数量的营养素即可。也就是，用营养素来替代原来的猪饲料。经过半年的努力，老赵将自己的想法变为了现实，他面向养猪场研制的碳水化合物营养素和蛋白质营养素面世了，但是如何为两种营养素定价是摆在老赵面前的一大难题。设

$$x_1 = \text{每单位碳水化合物营养素的定价}$$
$$x_2 = \text{每单位蛋白质营养素的定价}$$

考虑到每头猪每天的营养素需求，老赵当然希望自己的收入越高越好，即目标函数为

$$\max z = 600x_1 + 550x_2$$

如果没有任何约束的限制，那么老赵应该将营养素的定价定得越高越好。但是，当营养素价格过高时，养猪场老板（比如小王）就不一定愿意利用营养素来替代传统的猪饲料了。比如，为了说服小王放弃喂食玉米，老赵的玉米饲料所包含的营养成分对应的当量成本（表示为 $90x_1 + 40x_2$）不能超过玉米的价格，即

$$90x_1 + 40x_2 \leqslant 3$$

同样地，为了说服小王放弃喂食槽料和苜蓿，各营养素对应的当量成本也不能超过其价格，即

$$20x_1 + 80x_2 \leqslant 2.3$$

$$40x_1 + 60x_2 \leqslant 2.5$$

考虑到营养素价格的非负性，我们可以得到老赵的完整线性规划模型，如下

$$\max z = 600x_1 + 550x_2$$
$$\text{s.t.} \begin{cases} 90x_1 + 40x_2 \leqslant 3 \\ 20x_1 + 80x_2 \leqslant 2.3 \\ 40x_1 + 60x_2 \leqslant 2.5 \\ x_1, x_2 \geqslant 0 \end{cases} \tag{3-4}$$

利用单纯形法或者 Excel 等软件工具，我们可以计算出最优决策为：两种营养素的最优定价分别为 0.023 125 和 0.022 969 元，对应的每头猪的销售收入为 26.51 元。

对比小王的混合饲料配方模型 (3-3) 和老赵的营养素定价模型 (3-4)，不难看出，两者之间存在很好的对称性。我们也称线性规划模型 (3-4) 是模型 (3-3) 的对偶问题。

通过上述两个例子可以看出，一个资源配置型线性规划模型，可以找到一个与之对偶的成本–收益平衡型线性规划模型，反之亦然。我们考虑一个一般的资源配置模型为原问题（Primary Problem，简记为 P），则有

$$\max z = c_1x_1 + c_2x_2 + \cdots + c_nx_n$$
$$\text{s.t.} \begin{cases} a_{11}x_1 + a_{12}x_2 + \cdots + a_{1n}x_n \leqslant b_1 \\ a_{21}x_1 + a_{22}x_2 + \cdots + a_{2n}x_n \leqslant b_2 \\ \qquad\qquad \cdots\cdots \\ a_{m1}x_1 + a_{m2}x_2 + \cdots + a_{mn}x_n \leqslant b_m \\ x_1, x_2, \cdots, x_n \geqslant 0 \end{cases}$$

那么，其对偶问题（Dual Problem，简记为 D）为

$$\min w = b_1y_1 + b_2y_2 + \cdots + b_my_m$$
$$\text{s.t.} \begin{cases} a_{11}y_1 + a_{21}y_2 + \cdots + a_{m1}y_m \geqslant c_1 \\ a_{12}y_1 + a_{22}y_2 + \cdots + a_{m2}y_m \geqslant c_2 \\ \qquad\qquad \cdots\cdots \\ a_{1n}y_1 + a_{2n}y_2 + \cdots + a_{mn}y_m \geqslant c_n \\ y_1, y_2, \cdots, y_m \geqslant 0 \end{cases}$$

原问题和对偶问题之间的对称关系体现为：

- 原问题的每个约束对应对偶问题的一个决策变量；

- 原问题为求极大（或极小），则对偶问题为求极小（或极大）；
- 原问题的目标函数系数对应于对偶问题约束右边项；
- 原问题的约束右边项对应于对偶问题的目标函数系数；
- 原问题的系数矩阵和对偶问题的系数矩阵互为转置关系；
- 原问题的约束条件方向为小于等于，其对偶问题的约束条件方向为大于等于。

如果用矩阵形式来表示，上述原问题和对偶问题分别为

$$
\text{(P)}\quad \begin{array}{l} \max\ z = CX \\ \text{s.t.}\begin{cases} AX \leqslant b \\ X \geqslant 0 \end{cases} \end{array}
\qquad
\text{(D)}\quad \begin{array}{l} \min\ w = Yb \\ \text{s.t.}\begin{cases} YA \geqslant C \\ Y \geqslant 0 \end{cases} \end{array}
$$

其中，原问题中 $\boldsymbol{X}$ 为一个列向量，而对偶问题中 $\boldsymbol{Y}$ 为一个行向量。

以上互为对偶的问题中，原问题是一个标准型的资源配置问题，其对偶问题是一个标准型的成本–收益平衡问题。那么，对于一个混合型线性规划问题，其对偶问题又会是怎样呢？我们看下一个例子。

[例 3-3]（对偶问题） 写出下面问题的对偶问题

$$
\begin{array}{l}
\max\ z = 5x_1 + 6x_2 \\
\text{s.t.}\begin{cases}
3x_1 - 2x_2 = 7 \\
4x_1 + x_2 \leqslant 9 \\
5x_1 + 6x_2 \geqslant 30 \\
x_1, x_2 \geqslant 0
\end{cases}
\end{array}
$$

解：该问题中，第 1 个约束和第 3 个约束不符合前文的小于等于形式，因此我们先对约束条件进行等价变换，如下

$$
\begin{array}{l}
\max\ z = 5x_1 + 6x_2 \\
\text{s.t.}\begin{cases}
3x_1 - 2x_2 \leqslant 7 & \to y_1' \\
-3x_1 + 2x_2 \leqslant -7 & \to y_1'' \\
4x_1 + x_2 \leqslant 9 & \to y_2 \\
-5x_1 - 6x_2 \leqslant -30 & \to y_3' \\
x_1, x_2 \geqslant 0
\end{cases}
\end{array}
$$

记各个约束条件对应的对偶变量分别为 y_1'、y_1''、y_2 和 y_3'，我们可以直接利用前面的对偶关系写出其对偶问题为

$$
\begin{array}{l}
\min\ w = 7y_1' - 7y_1'' + 9y_2 - 30y_3' \\
\text{s.t.}\begin{cases}
3y_1' - 3y_1'' + 4y_2 - 5y_3' \geqslant 5 \\
-2y_1' + 2y_1'' + y_2 - 6y_3' \geqslant 6 \\
y_1', y_1'', y_2, y_3' \geqslant 0
\end{cases}
\end{array}
$$

进一步做变量替换，令 $y_1 = y_1' - y_1''$，$y_3 = -y_3'$，则上述对偶问题变为

$$\min w = 7y_1 + 9y_2 + 30y_3$$
$$\text{s.t.}\begin{cases} 3y_1 + 4y_2 + 5y_3 \geqslant 5 \\ -2y_1 + y_2 + 6y_3 \geqslant 6 \\ y_1\text{自由}, y_2 \geqslant 0, y_3 \leqslant 0 \end{cases}$$

观察上述例子可知：

(1) 对偶变量 y_1 对应于等式约束 $3x_1 - 2x_2 = 7$，它可正可负，是一个自由变量；

(2) 对偶变量 y_3 对应于 $\geqslant$ 型约束 $5x_1 + 6x_2 \geqslant 30$（该约束方向与标准资源配置型线性规划的约束方向相反)，因此 $y_3 \leqslant 0$。

我们将原问题和对偶问题的对应关系总结在表 3-1 中，这样，在写任何一个线性规划问题的对偶问题时，我们就不必再像例 3-3 一样，先将原问题等价变换为标准形式的资源配置问题或成本–收益平衡问题，可以利用表 3-3 的对应关系直接建模。

表 3-3　对偶关系对应表

	原问题	对偶问题
目标函数类型	max	min
目标函数系数与右边项的对应关系	目标函数系数	约束右边项系数
	约束右边项系数	目标函数系数
变量数与约束数的对应关系	变量数 n	约束数 n
	约束数 m	变量数 m
原问题变量类型与对偶问题约束类型的对应关系	变量 $\geqslant 0$	$\geqslant$ 型约束
	变量 $\leqslant 0$	$\leqslant$ 型约束
	变量自由	$=$ 型约束
原问题约束类型与对偶问题变量类型的对应关系	$\geqslant$ 型约束	变量 $\leqslant 0$
	$\leqslant$ 型约束	变量 $\geqslant 0$
	$=$ 型约束	变量自由

[例 3-4]（对偶问题）　直接写出下面问题的对偶问题

$$\min w = 48y_1 + 120y_2$$
$$\text{s.t.}\begin{cases} y_1 + y_2 \geqslant 5 \\ 2y_1 + y_2 \leqslant 8 \\ y_1 + 4y_2 = 10 \\ y_1 \geqslant 0, y_2\text{自由} \end{cases}$$

解：设三个约束条件对应的对偶变量分别为 x_1、x_2 和 x_3，利用表 3-3 所示的对应关系，直接写出其对偶问题如下

$$\max z = 5x_1 + 8x_2 + 10x_3$$
$$\text{s.t.}\begin{cases} x_1 + 2x_2 + x_3 \leqslant 48 \\ x_1 + x_2 + 4x_3 = 120 \\ x_1 \geqslant 0, x_2 \leqslant 0, x_3\text{自由} \end{cases}$$

3.2 对偶问题的基本性质

本节我们探讨线性规划对偶问题的基本性质。先看一个简单的例子。

[例 3-5] 考虑以下线性规划问题

$$\max z = 5x_1 + 6x_2$$
$$\text{s.t.} \begin{cases} 3x_1 + x_2 \leqslant 48 \\ 3x_1 + 4x_2 \leqslant 120 \\ x_1, x_2 \geqslant 0 \end{cases}$$

为了利用单纯形法求解，我们首先增加松弛变量 x_3 和 x_4，将原问题转换为标准型。

$$\max z = 5x_1 + 6x_2$$
$$\text{s.t.} \begin{cases} 3x_1 + x_2 + x_3 = 48 \\ 3x_1 + 4x_2 + x_4 = 120 \\ x_1, x_2, x_3, x_4 \geqslant 0 \end{cases}$$

其对应的单纯形表计算过程见表 3-4：

表 3-4

$c_j \rightarrow$			5	6	0	0	θ_i
C_B	基	b	x_1	x_2	x_3	x_4	
0	x_3	48	3	1	1	0	48
0	x_4	120	3	[4]	0	1	30
			5	6	0	0	
0	x_3	18	$\left[\frac{9}{4}\right]$	0	1	$-\frac{1}{4}$	8
6	x_2	30	$\frac{3}{4}$	1	0	$\frac{1}{4}$	40
			$\frac{1}{2}$	0	0	$-\frac{2}{3}$	
5	x_1	8	1	0	$\frac{4}{9}$	$-\frac{1}{9}$	
6	x_2	24	0	1	$-\frac{1}{3}$	$\frac{1}{3}$	
		184	0	0	$-\frac{2}{9}$	$-\frac{13}{9}$	

因此，最优解为 $(x_1^*, x_2^*, x_3^*, x_4^*) = (8, 24, 0, 0)$，对应的最优目标函数值 $z^* = 184$。

我们考虑其对偶问题

$$\min w = 48y_1 + 120y_2$$
$$\text{s.t.} \begin{cases} 3y_1 + 3y_2 \geqslant 5 \\ y_1 + 4y_2 \geqslant 6 \\ y_1, y_2 \geqslant 0 \end{cases}$$

为了利用单纯形法求解，增加松弛变量 y_3、y_4 和人工变量 y_5、y_6，对偶问题改写为

$$\min w = 48y_1 + 120y_2 + My_5 + My_6$$
$$\text{s.t.} \begin{cases} 3y_1 + 3y_2 - y_3 + y_5 = 5 \\ y_1 + 4y_2 - y_4 + y_6 = 6 \\ y_1, y_2, \cdots, y_6 \geqslant 0 \end{cases}$$

其对应的单纯形表计算过程见表 3-5：

表 3-5

$c_j \rightarrow$			48	120	0	0	M	M	θ_i
C_B	基	b	y_1	y_2	y_3	y_4	y_5	y_6	
M	y_5	5	3	3	−1	0	1	0	$\frac{5}{3}$
M	y_6	6	1	[4]	0	−1	0	1	$\frac{3}{2}$
			$48-4M$	$120-7M$	M	M	0	0	
M	y_5	$\frac{1}{2}$	$\left[\frac{4}{9}\right]$	0	−1	$\frac{3}{4}$	1	$-\frac{3}{4}$	$\frac{9}{8}$
120	y_2	$\frac{3}{2}$	$\frac{1}{4}$	1	0	$-\frac{1}{4}$	0	$\frac{1}{4}$	6
			$18-\frac{9M}{4}$	0	M	$30-\frac{3M}{4}$	0	$-30+\frac{7M}{4}$	
48	y_1	$\frac{2}{9}$	1	0	$-\frac{4}{9}$	$\frac{1}{3}$	$\frac{4}{9}$	$-\frac{1}{3}$	
120	y_2	$\frac{13}{9}$	0	1	$\frac{1}{9}$	$-\frac{1}{3}$	$-\frac{1}{9}$	$\frac{1}{3}$	
		184	0	0	8	24	$M-8$	$M-24$	

因此，对偶问题的最优解为 $(y_1^*, y_2^*, y_3^*, y_4^*) = \left(\frac{2}{9}, \frac{13}{9}, 0, 0\right)$，对应的最优目标函数值 $w^* = 184$。

对比原问题和其对偶问题的最终单纯形表，也不难发现一些对应关系，比如：

- 原问题的最优目标函数值恰好等于对偶问题的最优目标函数值（$z^* = 184 = w^*$）；
- 原问题的最优解刚好对应于对偶问题最终单纯形表的检验系数；
- 原问题最终单纯形表的检验系数 ×(-1) 刚好对应于对偶问题的最优解。

也就是说，在原问题（或对偶问题）的最终单纯形表中，实际上给出了两个线性规划问题的最优解。下面我们探讨上述发现是否适用于一般的对偶问题。

考虑一对互为对偶的问题

$$\text{(P)} \quad \begin{aligned} &\max\ z = CX \\ &\text{s.t.} \begin{cases} AX \leqslant b \\ X \geqslant 0 \end{cases} \end{aligned} \qquad \text{(D)} \quad \begin{aligned} &\min\ w = Yb \\ &\text{s.t.} \begin{cases} YA \geqslant C \\ Y \geqslant 0 \end{cases} \end{aligned}$$

定理 3-1（弱对偶定理） 设 $\hat{X}$ 为问题 (P) 的一个可行解，$\hat{Y}$ 是问题 (D) 的一个可行解，则有 $C\bar{X} \leqslant \bar{Y}b$。

证明：由 $A\hat{X} \leqslant b$，$\hat{Y} \geqslant 0$，可得 $\hat{Y}A\hat{X} \leqslant \hat{Y}b$；由 $\hat{Y}A \geqslant C$，$\hat{X} \geqslant 0$，可得 $\hat{Y}A\hat{X} \geqslant C\hat{X}$。因此，$C\hat{X} \leqslant \hat{Y}A\hat{X} \leqslant \hat{Y}b$。

弱对偶定理表明，原问题中任一可行解所对应的目标函数值都构成对偶问题任一可行解对应函数值的下界；反之，对偶问题中任一可行解所对应的目标函数值都构成原问题任一可行解对应函数值的上界。因此，不难得到如下推论：

① 如果原 (P) 可行域非空而且目标函数值无界（即无有界最优解），则其对偶问题可行域一定为空；反之，如果对偶问题可行域非空且目标函数值无界，则原问题可行域一定为空。

② 如果原问题可行域非空而对偶问题无可行解，则原问题目标函数值一定无界；反之，对偶问题可行域非空而其原问题无可行解，则对偶问题的目标函数值一定无界。

定理 3-2（**最优性**） 如果 $\hat{X}$，$\hat{Y}$ 分别是问题 (P) 和 (D) 的一个可行解，且满足 $C\hat{X} = \hat{Y}b$，则它们分别是问题 (P) 和问题 (D) 的最优解。

证明：根据定理 3-1，对问题 (P) 的任一可行解 X，均有 $CX \leqslant \hat{Y}b = C\hat{X}$，因此 $\hat{X}$ 即是问题 (P) 的最优解。同样，对问题 (D) 的任一可行解 Y，均有 $Yb \geqslant C\hat{X} = \hat{Y}b$，因此 $\hat{Y}$ 即是问题 (D) 的最优解。

定理 3-2 表明，如果在原问题和对偶问题中分别找到了一个可行解，且它们对应的目标函数值相等，则这两个可行解即为最优解。下面的定理 3-3 进一步给出了对偶问题的最优解的具体形式。

定理 3-3（**最优对偶解**） 若 B 为原问题 (P) 的最优基，则 $\hat{Y} = C_B B^{-1}$ 即是对偶问题 (D) 的最优解。

证明：对于原问题 (P)，通过引入松弛变量（记为 X_s），其等价变形为

$$\max z = CX$$
$$\text{s.t.} \begin{cases} AX + X_s = b \\ X, X_s \geqslant 0 \end{cases}$$

将 X_s 作为初始基变量，其初始和最终的单纯形表见表 3-6：

表 3-6

	$c_j \rightarrow$		C	0	θ_i	
C_B	基	b	X'	X_s'		
0	X_s	b	A	I		初始单纯形表
	0		C	0		
C_B	X_B	$B^{-1}b$	$B^{-1}A$	B^{-1}		最终单纯形表
		$C_B B^{-1}b$	$C - C_B B^{-1}A$	$-C_B B^{-1}$		

根据最终单纯形表的最优性判断准则，一定有

$$\begin{cases} C - C_B B^{-1}A \leqslant 0 \\ -C_B B^{-1} \leqslant 0 \end{cases}$$

如果令 $\hat{Y}=C_BB^{-1}$，上述条件为

$$\begin{cases}\hat{Y}A\geqslant C\\ \hat{Y}\geqslant 0\end{cases}$$

因此，$\hat{Y}$ 即为对偶问题的一个可行解。值得注意的是

$$C_BB^{-1}b=\hat{Y}b$$

即原问题 (P) 的最优目标函数值刚好等于对偶问题的可行解 $\hat{Y}$ 所对应的目标函数值。因此，根据定理 3-2，$\hat{Y}$ 即为对偶问题的最优解。

定理 3-3 也说明，若原问题 (P) 和对偶问题 (D) 均有可行解，则两者均有有界最优解，而且最优目标函数值相等。因此，从例 3-5 中观察到的现象其实具有很好的普适性，适合于一般的线性规划模型及其对偶问题。

定理 3-4（互补松弛定理）　如果 $\hat{X}$，$\hat{Y}$ 分别是问题 (P) 和 (D) 的一个可行解，则它们分别为最优解的充分必要条件是：

(1) 如果原问题某一约束条件对应的对偶变量值大于零，则该约束条件取严格等式（即若 $\hat{y}_i>0$，则 $\sum\limits_{j=1}^{n}a_{ij}\hat{x}_j=b_i$）；如果原问题某一约束条件取严格不等式，则对应的对偶变量值为零（即若 $\sum\limits_{j=1}^{n}a_{ij}\hat{x}_j<b_i$，则 $\hat{y}_i=0$）。

(2) 如果对偶问题某一约束条件对应的原问题决策变量值大于零，则该约束条件取严格等式（即若 $\hat{x}_j>0$，则 $\sum\limits_{i=1}^{m}a_{ij}\hat{y}_j=c_j$）；如果对偶问题某一约束条件取严格不等式，则对应的原问题决策变量值为零（即若 $\sum\limits_{i=1}^{m}a_{ij}\hat{y}_j>c_j$，则 $\hat{x}_j=0$）。

证明：在原问题 (P) 中引入松弛变量，变形为

$$\max\ z=CX$$
$$\text{s.t.}\begin{cases}AX+X_s=b\\ X,X_s\geqslant 0\end{cases}$$

其中，$X=(x_1,x_2,\cdots,x_n)'$，$X_s=(x_{n+1},x_{n+2},\cdots,x_{n+m})'$。

同样，在其对偶问题 (D) 中引入剩余变量，变形为：

$$\min\ w=Yb$$
$$\text{s.t.}\begin{cases}YA-Y_s=C\\ Y,Y_s\geqslant 0\end{cases}$$

其中，$Y=(y_1,y_2,\cdots,y_m)$，$Y_s=(y_{m+1},y_{m+2},\cdots,y_{m+n})$。

我们先证明必要性。已知 $\hat{X}$ 和 $\hat{Y}$ 分别为原问题和对偶问题的最优解，则有 $C\hat{X}=\hat{Y}b$。

由 $\hat{Y}A\geqslant C$ 且 $\hat{X}\geqslant 0$，可得 $\hat{Y}A\hat{X}\geqslant C\hat{X}$；

由 $A\hat{X}\leqslant b$ 且 $\hat{Y}\geqslant 0$，可得 $\hat{Y}A\hat{X}\leqslant \hat{Y}b$。

因此，必有 $C\hat{X}=\hat{Y}A\hat{X}=\hat{Y}b$。

考虑 $\hat{Y}A\hat{X}=\hat{Y}b$，即 $\hat{Y}(b-A\hat{X})=0$，展开即有

$$\sum_{i=1}^{m}\hat{y}_i(b_i-a_{i1}\hat{x}_1-a_{i2}\hat{x}_2-\cdots-a_{in}\hat{x}_n)=0$$

在上述求和式中，每一项都为非负，因此每一项取值必须都为零，即

$$\hat{y}_i(b_i-a_{i1}\hat{x}_1-a_{i2}\hat{x}_2-\cdots-a_{in}\hat{x}_n)=0, i=1,2,\cdots,m$$

这意味着对任何 i，$\hat{y}_i$ 和 $\sum\limits_{j=1}^{n}a_{ij}\hat{x}_j-b_i$ 中至少有一项为零，即条件 (1) 得证。类似地，从 $C\hat{X}=\hat{Y}A\hat{X}$ 可以证明条件 (2)。

我们再证明充分性：由已知条件 (1)，我们知对任意 $i=1,2,\cdots,m$

$$\hat{y}_i\left(\sum_{j=1}^{n}a_{ij}\hat{x}_j-b_i\right)=0$$

从而，$\hat{Y}(b-A\hat{X})=0$。由已知条件 (2)，可得 $C\hat{X}=\hat{Y}A\hat{X}$，因此有

$$C\hat{X}=\hat{Y}A\hat{X}=\hat{Y}b$$

根据定理 3-2 知，可行解 $\hat{X}$ 和 $\hat{Y}$ 即分别是问题 (P) 和 (D) 的最优解。

互补松弛定理即意味着

$$\hat{x}_{n+i}\times\hat{y}_i=0,\ 对任意i=1,2,\cdots,m$$

$$\hat{x}_j\times\hat{y}_{m+j}=0,\ 对任意j=1,2,\cdots,n$$

考虑原问题 (D) 是资源配置问题的情形，互补松弛性表明：当资源 i 存在剩余时（即 $\hat{x}_{n+i}>0$ 时），我们可知其对应的对偶解一定为零；反之，如果某个资源对应的对偶解取值为正，那么该资源一定对应于系统的瓶颈资源（即 $\hat{x}_{n+i}=0$）。

互补松弛定理揭示的对应关系可以帮助我们从一个问题的最优解直接判断出另一个问题的最优解。

[例 3-6]（互补松弛性的应用） 考虑以下互为对偶的线性规划问题

原问题 (P)

$$\min w=5y_1+y_2$$
$$\text{s.t.}\begin{cases}3y_1+y_2\geqslant 9\\ y_1+y_2\geqslant 5\\ y_1+8y_2\geqslant 8\\ y_1,y_2\geqslant 0\end{cases}$$

对偶问题 (D)

$$\max\ z=9x_1+5x_2+8x_3$$
$$\text{s.t.}\begin{cases}3x_1+x_2+x_3\leqslant 5\\ x_1+x_2+8x_3\leqslant 1\\ x_1,x_2,x_3\geqslant 0\end{cases}$$

已知对偶问题采用单纯形表优化求解后的最终单纯形表见表 3-7。

表 3-7

	$c_j \to$		9	5	8	0	0	θ_i
C_B	基	b	x_1	x_2	x_3	x_4	x_5	
0	x_4	2	0	−2	−23	1	−3	
9	x_1	1	1	1	8	0	1	
		9	0	−4	−64	0	−9	

请问：能否直接给出原问题的最优解？

解：原问题的最优解直接对应于上述单纯形表中的检验系数，关键是找到变量和变量之间的对应关系。原问题的决策变量 y_1 对应于对偶问题的约束条件 $3x_1+x_2+x_3 \leqslant 5$；在利用单纯形法计算时，该约束引入了松弛变量 x_4。因此，原问题的最优解中，y_1 即对应于变量 x_4 的检验系数，即 $y_1=0$。类似地，y_2 对应变量 x_5 的检验系数，即 $y_2=9$。

[例 3-7]（互补松弛性的应用） 考虑以下互为对偶的线性规划问题

原问题 (P)

$$\min w = 2x_1+3x_2+5x_3+2x_4+3x_5$$
$$\text{s.t.}\begin{cases} x_1+x_2+2x_3+x_4+3x_5 \geqslant 4 \\ 2x_1-x_2+2x_3+x_4+x_5 \geqslant 3 \\ x_1,x_2,\cdots,x_5 \geqslant 0 \end{cases}$$

对偶问题 (D)

$$\max z = 4y_1+3y_2$$
$$\text{s.t.}\begin{cases} y_1+2y_2 \leqslant 2 & ① \\ y_1-y_2 \leqslant 3 & ② \\ 2y_1+3y_2 \leqslant 5 & ③ \\ y_1+y_2 \leqslant 2 & ④ \\ 3y_1+y_2 \leqslant 3 & ⑤ \\ y_1,y_2 \geqslant 0 \end{cases}$$

已知对偶问题的最优解为 $(y_1,y_2)=\left(\dfrac{4}{5},\dfrac{3}{5}\right)$，求原问题 (P) 的最优解。

解：将对偶解代入到对偶问题的 5 个约束条件分别检验，可知条件②、③和④为严格的不等式约束，因此它们对应的原问题的决策变量取值为零（互补松弛性），即 $x_2=x_3=x_4=0$。注意: y_1 对应原问题的第一个约束，因为 $y_1>0$，根据互补松弛性知，原问题第一个约束一定取等号。类似地，原问题第二个约束一定取等号。因此，我们知原问题的最优解一定满足

$$\begin{cases} x_1+x_2+2x_3+x_4+3x_5=4 \\ 2x_1-x_2+2x_3+x_4+x_5=3 \\ x_2=x_3=x_4=0 \end{cases}$$

联立上述方程组即可求得 $(x_1,x_2,x_3,x_4,x_5)=(1,0,0,0,1)$。

3.3 对偶解的经济意义——影子价格

我们再回到例 3-1 的资源配置问题。因为木工和设备工时对应于瓶颈资源，为了能进一步提升绩效，A 家具厂老板在考虑获取更多的资源。先思考一个简单的问题：如果设备工时增加一个单位（即从 40 到 41），那么能提升多少利润？为了回答这个问题，可以重新求解下面更新后的线性规划问题：

$$\max z = 500x_1 + 400x_2$$

$$\text{s.t.}\begin{cases} 4x_1 + 3x_2 \leqslant 120 \\ 2x_1 + x_2 \leqslant 60 \\ x_1 + 2x_2 \leqslant 41 \\ x_1, x_2 \geqslant 0 \end{cases}$$

该问题的最优解为 $(x_1, x_2) = (23.4, 8.8)$，相应的最优利润为 15 220 元。相对于设备工时为 40 的情形而言，最优利润提升了 $15\ 220 - 15\ 200 = 20$ 元。上述设备工时参数变化所导致的最优解的变化可以从图解法（见图 3-1）直观地看出。当可用设备工时增加 1 单位时，其对应的约束线朝右上方平移 1 个单位，导致可行域扩大。相应地，最优解从图中的 A 点变为 B 点。相对 A 点而言，餐椅的产量减少而餐桌的产量增加，导致目标函数提升 20 元。如果将可用设备工时减少 1 单位，通过计算我们可以发现其最优利润也将减少 20 元。在上面的分析中，增加或减少的 20 元是设备资源的单位变化（增加或减少 1 单位）所引起的。所以，我们将 20 称为设备工时的“影子价格”（Shadow Price），其单位为“元/小时”。

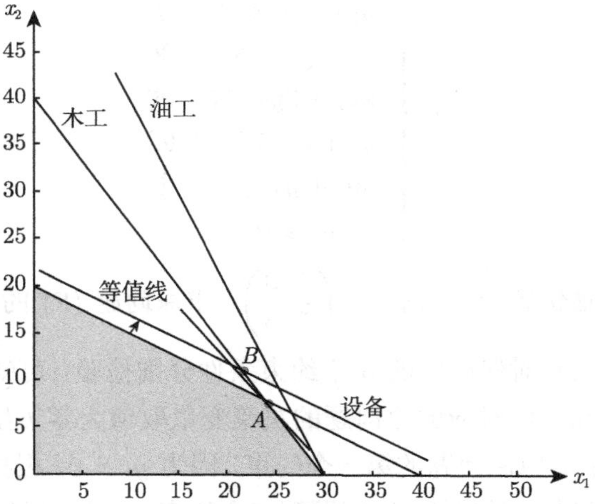

图 3-1 家具生产的图解法

按照类似的分析方法，如果将可用设备工时提高 2 单位，可以得到其增加的最优目标函数值将为 40 元。如果进一步提高可用设备工时，比如提高至 90 单位（即增量为 50 小时），是否可以提高利润 1 000 元呢？从图 3-1 不难看出，当设备资源所对应的直线向右上方平移到一定程度（比如，可用设备工时达到 80 小时），继续增加可用设备工时将不再进一步扩大可行域，因为设备工时将从一个瓶颈资源变为一个过剩资源。此时，设备工时的影子价格就不再是 20 元/小时了。类似地，当可用设备工时下降到一定程度时，其影子价格也会发生变化。

所谓**“影子价格”**，也称**“阴影价格”**，是指在保持其他参数不变的前提下，某个约束的右边项（如资源配置问题中的可用资源量）在一个微小的范围内变动 1 单位时，导致的最优目标函数值的变动量。影子价格是经济学和管理学中的一个重要概念，它有时也被称为边际价格或对偶价格。

关于影子价格，有如下特点：

- 在线性规划中，每个约束都对应一个影子价格，其单位是目标函数的单位除以约束的单位，因此不同约束的影子价格量纲可能是不同的。
- 在资源配置问题中，影子价格反映了各项资源在系统内的稀缺程度。如果资源供给有剩余（对应非紧约束），则其影子价格为 0，因为进一步增加该资源的供应量不会改变最优决策，也不会进一步改善目标函数值。资源的影子价格越高，说明其“单位增量价值”越高（在不考虑其成本的前提下）。

影子价格不同于资源在市场上的获取价格：后者相对客观和稳定，前者则取决于系统中各种资源的相对配置情况。比如，有些资源在市场上的购买价格可能很贵，但是如果在最优生产安排下又存在富余，其在系统中的影子价格将为 0。相反，有些资源可能购买价格非常便宜（比如螺丝钉），但是如果它明显供应不足，可能会影响到整个组装车间的进度，其影子价格可能非常高。

在一个资源配置问题中，假设原问题和对偶问题的最优解分别为 X^* 和 Y^*。对偶理论告诉我们，两个问题的最优值满足关系

$$z^* = \sum_{j=1}^{n} c_j x_j^* = \sum_{i=1}^{m} b_i y_i^* = w^*$$

在上面的等式中，等号左侧是从产品的视角度量系统的绩效，等号右侧则从资源的视角度量系统的绩效。对偶变量 y_i^* 表示资源在最优利用条件下对第 i 种资源的估价。

根据上一章提到的线性规划理论，在该资源配置问题中

$$z = C_B B^{-1} b + \left(C_N - C_B B^{-1} N\right) X_N$$

如果把最优目标函数看作可用资源的函数，即

$$z^* = z(b) = C_B B^{-1} b$$

按照定义，资源的影子价格刚好对应于 z^* 对资源量 b 的导数，有

$$\frac{\partial z(b)}{\partial b} = C_B B^{-1} = Y^*$$

上式表明，资源的影子价格刚好等于最优对偶解。这正好说明影子价格等同于对偶价格。同时，对偶解描述了企业放弃资源所对应的机会成本，因此，影子价格也是一种机会成本（Opportunity Cost）。

影子价格也可以帮助我们更好地理解单纯形法中的检验系数。还是以标准的资源配置问题为例，其初始和最终的单纯形表见表 3-8。

表 3-8

$c_j \rightarrow$			c_1	$\cdots$	c_n	0	θ_i	
C_B	基	b	x_1	$\cdots$	x_n	X_s'		
0	X_s	b	P_1	$\cdots$	P_n	I		初始单纯形表
			c_1	$\cdots$	c_n	0		
C_B	X_B	$B^{-1}b$	$B^{-1}P_1$	$\cdots$	$B^{-1}P_n$	B^{-1}		最终单纯形表
		$C_BB^{-1}b$	$c_1-C_BB^{-1}P_1$	$\cdots$	$c_n-C_BB^{-1}P_n$	$-C_BB^{-1}$		

在最终的单纯形表中，变量 $x_j\ (j=1,2,\cdots,n)$ 的检验系数为

$$\lambda_j = c_j - C_BB^{-1}P_j = c_j - Y^*P_j = c_j - \sum_{i=1}^{m} y_i^* a_{ij}$$

上述公式表明，产品 j 的产量决策对应的检验系数刚好等于其单位贡献 c_j（每生产一单位的边际收益）减去其所消耗的各种资源对应的机会成本（即每生产一单位的机会成本）。只有当所有产品的边际利润（等于边际收益减去边际机会成本）都为非正时，该生产方案才达到最优；否则，通过调整生产计划可以进一步提升系统绩效。

最后，互补松弛性告诉我们，在最优生产安排下：

$$\hat{x}_{n+i} \times \hat{y}_i = 0, \forall i = 1,2,\cdots,m$$

这说明，如果资源 i 有剩余（即 $\hat{x}_{n+i} > 0$），则其影子价格一定等于 0；如果资源 i 的影子价格为正，那么它一定对应一个紧约束（即 $\hat{x}_{n+i} = 0$）。这和前面影子价格的定义是完全一致的。

在利用 Excel 求解线性规划时，可以直接生成敏感性报告（如图 3-2 所示）。该报告

可变单元格

单元格	名称	终值	递减成本	目标式系数	允许的增量	允许的减量
\$B\$7	产量决策 餐椅	24	0	500	33.33333333	300
\$C\$7	产量决策 餐桌	8	0	400	600	25

约束

单元格	名称	终值	阴影价格	约束限制值	允许的增量	允许的减量
\$B\$12	木工工时 实际消耗量	120	120	120	6.666666667	60
\$B\$13	油工工时 实际消耗量	56	0	60	1E+30	4
\$B\$14	设备工时 实际消耗量	40	20	40	40	10

图 3-2 家具生产问题的敏感性报告

的下方直接给出了每种资源对应的阴影价格，以及该阴影价格对应的范围。比如，设备工时的阴影价格为 20 元/小时。只有当设备工时在 [30, 80] 变动（对应允许的增量为 40、允许的减量为 10，变动过程中保持其他参数不变）时，其阴影价格才为 20 元/小时。

在例 3-1 中，两个紧约束（木工工时、设备工时）所对应的阴影价格均为正数。那么，是否瓶颈资源的阴影价格一定严格为正呢？我们看下面的例子。

[例 3-8]（阴影价格） 考虑以下线性规划问题

$$\max\ z = 2x_1 + 3x_2$$
$$\text{s.t.}\begin{cases} x_1 + 2x_2 \leqslant 3 \\ 2x_1 + x_2 \leqslant 3 \\ x_1 + x_2 \leqslant 2 \\ x_1, x_2, x_3 \geqslant 0 \end{cases}$$

其优化结果对应的敏感性报告如图 3-3 所示：

可变单元格

单元格	名称	终值	递减成本	目标式系数	允许的增量	允许的减量
\$B\$6	x1	1	0	2	1	0.5
\$C\$6	x2	1	0	3	1	1

约束

单元格	名称	终值	阴影价格	约束限制值	允许的增量	允许的减量
\$E\$3	资源1	3	1	3	1	0
\$E\$4	资源2	3	0	3	1E+30	0
\$E\$5	资源3	2	1	2	0	0.5

图 3-3

很显然，在最优安排下，三种资源的实际使用量都恰好等于其供应量，因此，三种资源均为稀缺资源（即对应着紧约束）。然而，资源 2 对应的阴影价格为 0。这是因为该例子中，三种资源对应的约束线刚好交于同一点 (1, 1)。根据阴影价格的定义，如果在小范围内增加资源 2 的可用量，并不会改变最优解，因此其阴影价格为 0。特别是，当资源 2 增加到无穷大时，其阴影价格为 0 都保持不变。因此，紧约束所对应的影子价格并不一定总是为正。

3.4 对偶单纯形法

再次回顾单纯形法。在换基迭代的过程中，我们在可行域的顶点（基可行解）上进行搜索，直到所有非基变量的检验系数满足最优性条件即可。以最大化问题为例，在单纯形表中，我们保持 $B^{-1}b \geqslant 0$，不断更换基阵 $\boldsymbol{B}$，直到检验系数 $C - C_B B^{-1} A \leqslant 0$。学习了对偶问题，我们也可以换一种思路进行换基迭代，即找一个初始基 $\boldsymbol{B}$，满足检验系数

$C - C_B B^{-1} A \leqslant 0$，但是 $B^{-1} b$ 的部分分量可以为负，在换基迭代的过程中，保持检验系数小于等于零，直到 $B^{-1} b \geqslant 0$，我们就找到了该问题的最优解。该计算方法被称为“对偶单纯形法”。

先看一个简单的例子。

[例 3-9]（对偶单纯形法） 考虑下面的线性规划问题

$$\max z = 4x_1 + 2x_2$$
$$\text{s.t.} \begin{cases} x_1 + 2x_2 + x_3 = 5 \\ 2x_2 + x_3 \leqslant 5 \\ 4x_2 + 6x_3 \geqslant 9 \\ x_1, x_2, x_3 \geqslant 0 \end{cases}$$

正常思维下，我们需要引入人工变量，采用大 M 法或者两阶段法进行求解，因为第三个约束是大于等于型约束。此时，我们换一种方法：通过在约束中引入松弛变量和剩余变量，我们将原问题等价变换为

$$\max z = 4x_1 + 2x_2$$
$$\text{s.t.} \begin{cases} x_1 + 2x_2 + x_3 = 5 \\ 2x_2 + x_3 + x_4 = 5 \\ -4x_2 - 6x_3 + x_5 = -9 \\ x_1, x_2, \cdots, x_5 \geqslant 0 \end{cases}$$

虽然第三个约束右边项变为了一个负值，但是在本问题中可以直接找到一个初始基阵 $\boldsymbol{B} = (P_1, P_4, P_5) = I$。对应于该基的两个非基变量 (x_2, x_3) 的检验系数为

$$C_N - C_B B^{-1} N = (2,0) - (4,0,0) \begin{pmatrix} 2 & 1 \\ 2 & 3 \\ -4 & -6 \end{pmatrix} = (-6, -4) \leqslant 0$$

对应 $\boldsymbol{B} = (P_1, P_4, P_5)$ 的初始单纯形表如表 3-9 所示：

表 3-9

	$c_j \rightarrow$		4	2	0	0	0
C_B	基	b	x_1	x_2	x_3	x_4	x_5
4	x_1	5	1	2	1	0	0
0	x_4	5	0	2	1	1	0
0	x_5	−9	0	−4	−6	0	1
			0	−6	−4	0	0

该单纯形表所呈现的基解并不是一个基可行解（因为 $x_5 = -9 < 0$），因此我们要换基迭代。这里很显然要将 x_5 出基，可以入基的变量为 x_2 或者 x_3。

如果选择 x_2 入基，一步换基迭代后得到的单纯形表如表 3-10 所示。该表中对应的解为一个基可行解，但是 x_3 的检验系数为正，因此还需要进行换基迭代。此时，我们可以按照正常的单纯形法，将 x_3 入基，x_2 出基，经过一步换基迭代即可找到最优解。

表 3-10

$c_j \to$			4	2	0	0	0
C_B	基	b	x_1	x_2	x_3	x_4	x_5
4	x_1	$\frac{1}{2}$	1	0	-2	0	$\frac{1}{2}$
0	x_4	$\frac{1}{2}$	0	0	-2	1	$\frac{1}{2}$
2	x_2	$\frac{9}{4}$	0	1	$\frac{3}{2}$	0	$-\frac{1}{4}$
			0	0	5	0	$-\frac{3}{2}$
4	x_1	$\frac{7}{2}$	1	$\frac{4}{3}$	0	0	$\frac{1}{6}$
0	x_4	$\frac{7}{2}$	0	$\frac{4}{3}$	0	1	$\frac{1}{6}$
0	x_3	$\frac{3}{2}$	0	$\frac{2}{3}$	1	0	$-\frac{1}{6}$
			0	-5	0	0	$-\frac{2}{3}$

如果选择 x_3 入基，换基迭代一步后得到的单纯形表如表 3-11 所示。该表中对应的解为一个基可行解，同时所有检验系数为非正，因此已经达到最优性条件。

表 3-11

$c_j \to$			4	2	0	0	0
C_B	基	b	x_1	x_2	x_3	x_4	x_5
4	x_1	$\frac{7}{2}$	1	$\frac{4}{3}$	0	0	$\frac{1}{6}$
0	x_4	$\frac{7}{2}$	0	$\frac{4}{3}$	0	1	$\frac{1}{6}$
0	x_3	$\frac{3}{2}$	0	$\frac{2}{3}$	1	0	$-\frac{1}{6}$
			0	-5	0	0	$-\frac{2}{3}$

因此，在确定出基变量的前提下，选择不同的入基变量会得到不同的中间结果。如果设定相应的规则，可以在保持检验系数满足最优性条件的前提下，逐步消除取负值的基变量，直到最终找到问题的最优解。

对偶单纯形法的基本步骤如下（以 max 型线性规划为例）：

① 做初始单纯形表，要求全部检验数 $\lambda_j \leqslant 0$；

② 判定：若当前的基解满足 $B^{-1}b \geqslant 0$，则当前解即为最优解；若不满足，则选取取值为负且绝对值最大的基变量（设为单纯形表的第 l 行）作为出基变量。

③ 确定入基变量：若单纯形表中第 l 行的系数 a_{ij} 均为非负，则原问题无可行解；若否，则计算第 l 行的 a_{lj} 为负值的每个非基变量对应的 θ_j 值：

$$\theta_j = \frac{\lambda_j}{a_{lj}}$$

求 θ_j 的最小值，其对应的非基变量 x_k 即为入基变量。以 a_{lk} 为中心，进行换基迭代。

④ 返回步骤②。

有兴趣的读者可以自行证明，为什么上述步骤能在保持检验系数满足最优性条件的前提下，逐步消除取负值的基变量，并最终找到问题的最优解。其基本原理和单纯形法是类似的。我们利用对偶单纯形法来计算下面例子的最优解。

[例 3-10]（min 型对偶单纯形法） 考虑下面的线性规划问题

$$\min z = 2x_1 + 3x_2 + 4x_3$$

$$\text{s.t.} \begin{cases} x_1 + 2x_2 + x_3 \geqslant 3 \\ 2x_1 - x_2 + 3x_3 \geqslant 4 \\ x_1, x_2, x_3 \geqslant 0 \end{cases}$$

解：首先引入剩余变量 x_4 和 x_5，将原问题等价变形为

$$\min z = 2x_1 + 3x_2 + 4x_3$$

$$\text{s.t.} \begin{cases} -x_1 - 2x_2 - x_3 + x_4 = -3 \\ -2x_1 + x_2 - 3x_3 + x_5 = -4 \\ x_1, x_2, \cdots, x_5 \geqslant 0 \end{cases}$$

将 x_4 和 x_5 作为初始基变量，构造单纯形表，并逐步换基迭代，计算过程如表 3-12 所示。

表 3-12

	$c_j \rightarrow$		2	3	4	0	0
C_B	基	b	x_1	x_2	x_3	x_4	x_5
0	x_4	-3	-1	-2	-1	1	0
0	x_5	-4	$[-2]$	1	-3	0	1
			2	3	4	0	0
0	x_4	-1	0	$\left[-\frac{5}{2}\right]$	$\frac{1}{2}$	1	$-\frac{1}{2}$
2	x_1	2	1	$-\frac{1}{2}$	$\frac{3}{2}$	0	$-\frac{1}{2}$
			0	4	1	0	1
3	x_2	$\frac{2}{5}$	0	1	$-\frac{1}{5}$	$-\frac{2}{5}$	$\frac{1}{5}$
2	x_1	$\frac{11}{5}$	1	0	$\frac{7}{5}$	$-\frac{1}{5}$	$-\frac{2}{5}$
		$\frac{28}{5}$	0	0	$\frac{9}{5}$	$\frac{8}{5}$	$\frac{1}{5}$

根据最终表，该问题的最优解为 $X^* = \left(\frac{11}{5}, \frac{2}{5}, 0, 0, 0\right)$，最优值为 $z^* = \frac{28}{5}$。

[例 3-11]（max 型对偶单纯形法） 考虑下面的线性规划问题

$$\max z = -x_1 - 4x_2 - 3x_4$$

$$\text{s.t.} \begin{cases} x_1 + 2x_2 - x_3 + x_4 \geqslant 3 \\ -2x_1 - x_2 + 4x_3 + x_4 \geqslant 2 \\ x_1, x_2, \cdots, x_4 \geqslant 0 \end{cases}$$

解：首先引入剩余变量 x_5 和 x_6，将原问题等价变形为

$$\max z = -x_1 - 4x_2 - 3x_4$$
$$\text{s.t.} \begin{cases} -x_1 - 2x_2 + x_3 - x_4 + x_5 = -3 \\ 2x_1 + x_2 - 4x_3 - x_4 + x_6 = -2 \\ x_1, x_2, \cdots, x_6 \geqslant 0 \end{cases}$$

将 x_5 和 x_6 作为初始基变量，构造单纯形表，并逐步换基迭代，计算过程如表 3-13 所示。

表　3-13

$c_j \rightarrow$			-1	-4	0	-3	0	0
C_B	基	b	x_1	x_2	x_3	x_4	x_5	x_6
0	x_5	-3	$[-1]$	-2	1	-1	1	0
0	x_6	-2	2	1	-4	-1	0	1
			-1	-4	0	-3	0	0
-1	x_1	3	1	2	-1	1	-1	0
0	x_6	-8	0	-3	$[-2]$	-3	2	1
			0	-2	-1	-2	-1	0
-1	x_1	7	1	$\frac{7}{2}$	0	$\frac{5}{2}$	-2	$-\frac{1}{2}$
0	x_3	4	0	$\frac{3}{2}$	1	$\frac{3}{2}$	-1	$-\frac{1}{2}$
		-7	0	$-\frac{1}{2}$	0	$-\frac{1}{2}$	-2	$-\frac{1}{2}$

因此，原问题的最优解为 $X^* = (7, 0, 4, 0)$，最优值为 $z^* = -7$。

3.5　线性规划的敏感性分析

通过正常单纯形法或者对偶单纯形法计算得到线性规划问题最优解之后，还需要对结果进行必要的分析才能付诸实践。这是因为，在建模的过程中，部分数据可能并不是准确的（比如有些数据很难客观度量，往往需要决策者根据自身经验进行估计）；基于不准确的数据得到的优化结果有可能带来非常糟糕的结果。同时，企业经营的环境总是在发生变化，线性规划中涉及的参数（如产品的市场价格、产品的生产工艺、可用的资源等）都有可能发生变化。那么，在参数不准或者参数变化的情形下，线性规划问题的最优解是否也会发生变化？我们需要通过敏感性分析来回答这类问题。对于线性规划模型

$$\max z = CX$$
$$\text{s.t.} \begin{cases} AX = b \\ X \geqslant 0 \end{cases}$$

敏感性分析往往要回答的问题包括：

- 参数 A、b 和 C 在什么范围内变动时，对当前的最优方案无影响？
- 参数 A、b 和 C 中的一个或多个同时发生变动时，最优方案会发生怎样的变化？

- 如果最优方案发生改变，如何快速得到新问题的最优方案？

下面我们结合例 3-12 来进行敏感性分析。

[例 3-12]（生产安排） 某企业利用甲、乙两种原料，生产 A、B 和 C 三种产品，每种产品的资源消耗、单位利润以及各种原料的限制如表 3-14 所示。试问：如何进行生产规划能使该企业的收益最大化？

表 3-14

	A	B	C	可用资源
甲	1	1	1	12
乙	1	2	2	20
利润	5	8	6	

令 x_1, x_2, x_3 分别为产品 A、B 和 C 的产量，生产安排的线性规划模型为：

$$\max z = 5x_1 + 8x_2 + 6x_3$$
$$\text{s.t.} \begin{cases} x_1 + x_2 + x_3 \leqslant 12 \\ x_1 + 2x_2 + 2x_3 \leqslant 20 \\ x_1, x_2, x_3 \geqslant 0 \end{cases}$$

引入松弛变量 x_4 和 x_5，原问题等价于：

$$\max z = 5x_1 + 8x_2 + 6x_3$$
$$\text{s.t.} \begin{cases} x_1 + x_2 + x_3 + x_4 = 12 \\ x_1 + 2x_2 + 2x_3 + x_5 = 20 \\ x_1, x_2, \cdots, x_5 \geqslant 0 \end{cases}$$

单纯形表计算的初始和最终结果如表 3-15 所示：

表 3-15

	$c_j \rightarrow$		5	8	6	0	0	θ_i
C_B	基	b	x_1	x_2	x_3	x_4	x_5	
0	x_4	12	1	1	1	1	0	12
0	x_5	20	1	2	2	0	1	10
			0	0	5	8	6	
5	x_1	4	1	0	0	2	−1	
8	x_2	8	0	1	1	−1	1	
		84	0	0	−2	−2	−3	

因此，该问题的最优解为 $(x_1^*, x_2^*, x_3^*) = (4, 8, 0)$，最优利润为 84。如果用 Excel 计算，其敏感性报告如图 3-4 所示。

可变单元格

单元格	名称	终值	递减成本	目标式系数	允许的增量	允许的减量
$B$6	产量决策 A	4	0	5	3	1
$C$6	产量决策 B	8	0	8	2	2
$D$6	产量决策 C	0	−2	6	2	1E+30

约束

单元格	名称	终值	阴影价格	约束限制值	允许的增量	允许的减量
$B$11	甲 实际消耗量	12	2	12	8	2
$B$12	乙 实际消耗量	20	3	20	4	8

图 3-4　生产安排问题的敏感性报告

3.5.1　目标函数系数的敏感性分析

首先进行目标函数系数的敏感性分析。考虑如下问题：

(1) 如果 A 的单位利润增加 3，B 的单位利润减少 1，请问最优生产计划是否发生变化？

(2) 保持其他参数不变，B 的单位利润在什么范围内变化时，最优计划保持不变？

(3) 保持其他参数不变，A 和 B 的单位利润在什么范围变化时，最优计划保持不变？

我们在已得到原始问题最终单纯形表的基础上逐一回答上述问题。

(1) 如果（部分）决策变量的目标函数系数发生变化，线性规划问题的可行域保持不变，但是等值线的方向可能发生变化。根据图解法可知，等值线的方向（如二维空间中的斜率）在一定的范围内变化时，最优解是有可能保持不变的。要判断最优解是否发生变化，可以在最终单纯形表中，直接更新目标函数系数（将 x_1 的系数更新为 8，x_2 的系数更新为 7），如表 3-16 所示：

表　3-16

	$c_j \rightarrow$		8	7	6	0	0	θ_i
C_B	基	b	x_1	x_2	x_3	x_4	x_5	
8	x_1	4	1	0	0	2	−1	/
7	x_2	8	0	1	1	−1	[1]	8
			0	0	−1	−9	1	
8	x_1	12	1	1	1	1	0	
0	x_5	8	0	1	1	−1	1	
		96	0	−1	−2	−8	0	

在上表中，目标函数系数的变化会导致检验系数发生变化。因此，我们重新计算每个非基变量的检验系数，发现变量 x_5 的检验系数为正数。因此，在新的参数组合下，当前基可行解并非最优。于是我们可以断定，最优生产安排将发生变化。根据单纯形法换基迭代，最终的最优解变为 $(x_1, x_2, x_3, x_4, x_5) = (12, 0, 0, 0, 8)$。

(2) 可以采用类似的方法判断保持最优解不变的产品 B 的单位利润的变化范围。假设产品 B 的单位利润为 $8 + r$，其中 r 可正可负，表示产品 B 的单位利润的变动量。在最

终单纯形表中将 x_2 的系数更新为 $8+r$，并重新计算各非基变量的检验系数，如表 3-17 所示：

表 3-17

	$c_j \to$		5	$8+r$	6	0	0	θ_i
C_B	基	b	x_1	x_2	x_3	x_4	x_5	
5	x_1	4	1	0	0	2	-1	
$8+r$	x_2	8	0	1	1	-1	1	
		$84+8r$	0	0	$-2-r$	$r-2$	$-3-r$	

要保持最优解不发生变化，需要满足各非基变量检验数均非正，即

$$\begin{cases} -2-r \leqslant 0 \\ r-2 \leqslant 0 \\ -3-r \leqslant 0 \end{cases} \Rightarrow -2 \leqslant r \leqslant 2$$

因此，产品 B 单位利润在 [6, 10] 变化时，最优解为 $(x_1, x_2, x_3) = (4, 8, 0)$ 保持不变。但是，最优目标函数值为 $84+8r$，它与单位利润的实际变动量有关。

在图 3-4 所示的敏感性报告中，部分“可变单元格”已经给出了在其他参数不变的情况下，能保持最优解不变的每个目标函数系数允许变化的范围。比如，对产品 A 的产量决策，允许的增量是 3，允许的减量是 1，因此在其他参数不变的前提下，产品 A 的单位利润在 [4, 8] 之间变化时，最优生产安排均是 $(x_1, x_2, x_3) = (4, 8, 0)$。对产品 C 的产量决策而言，允许的减量是无穷大，这说明只要产品 C 的单位利润不超过 8，那么其生产量将永远保持为 0。

(3) 考虑产品 A 和产品 B 的单位利润可以同时发生变化的情形。设 A 的单位利润为 $5+r_1$，B 的单位利润为 $8+r_2$，其中 r_1 和 r_2 分别表示 A 和 B 的单位利润的变动量。类似 (2)，目标函数系数更新之后的单纯形表如表 3-18 所示：

表 3-18

	$c_j \to$		$5+r_1$	$8+r_2$	6	0	0	θ_i
C_B	基	b	x_1	x_2	x_3	x_4	x_5	
$5+r_1$	x_1	4	1	0	0	2	-1	
$8+r_2$	x_2	8	0	1	1	-1	1	
		$84+4r_1+8r_2$	0	0	$-2-r_2$	$-2+r_2-2r_1$	$-3+r_1-r_2$	

此时，非基变量的检验系数是 r_1 和 r_2 的线性函数。要保持最优解不发生变化，需要满足非基变量检验数均为非正，即

$$\begin{cases} -2-r_2 \leqslant 0 \\ -2+r_2-2r_1 \leqslant 0 \\ -3+r_1-r_2 \leqslant 0 \end{cases}$$

上述变动区域对应于图 3-5 中二维空间里的阴影部分。也就是说，只要 (r_1, r_2) 的取值位于图中阴影区域内，那么原问题的最优解保持为 $(x_1, x_2, x_3) = (4, 8, 0)$ 不变。但是最优利

润取决于利润的变动值，为 $84+4r_1+8r_2$。值得注意的是，图 3-5 也直接给出了敏感性报告中目标函数系数 c_1（x_1 的目标函数系数）和 c_2（x_2 的目标函数系数）允许的增量和减量。比如，c_1 的允许变动范围刚好对应于 $r_2=0$ 时阴影区域的上界和下界，即允许的增量为 3，允许的减量为 1，这与图 3-4 的结果完全一致。

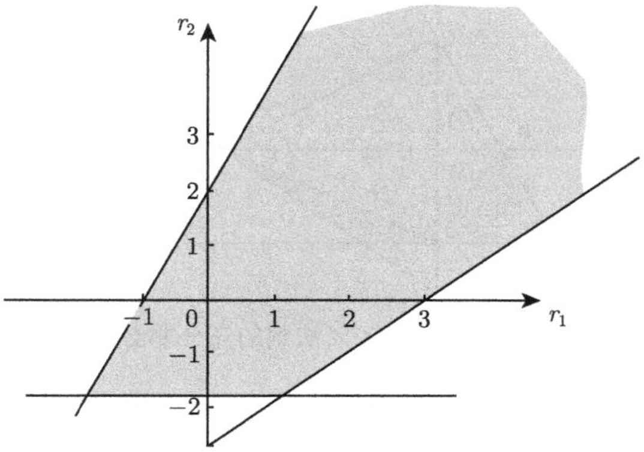

图 3-5　保持最优解不变的产品 A 和 B 的单位利润变动区域

进行多个目标函数系数变化的敏感性分析时，有一个非常实用的法则(称为“100%”法则)。为了便于表述，在敏感性报告中，记目标函数系数 c_j 允许的增量为 U_j，允许的减量为 L_j。如果系数 c_j 变化的量为 c_j，可以计算出每个目标函数系数变化的相对百分比：

$$\gamma_j=\begin{cases}\dfrac{\Delta c_j}{U_j}, & \Delta c_j\geqslant 0\\ \dfrac{\Delta c_j}{L_j}, & \Delta c_j<0\end{cases}$$

多个目标函数系数同时变化的 100%法则：如果目标函数系数变化的相对百分比之和不超过 100%（即 $\sum_j\gamma_j\leqslant 100\%$），那么线性规划的最优解保持不变；如果相对百分比之和超过 100%（即 $\sum_j\gamma_j>100\%$ ），那么最优解可能会发生变化。

有兴趣的读者可以自行证明该法则。值得一提的是，100%法则只是一个充分条件，而不是一个必要条件。也就是说，如果相对百分比之和不满足 100%法则，最优解也可能保持不变。我们继续考虑上面的例子来加以说明，还是考虑产品 A 和产品 B 的单位利润同时发生变化的情形。r_1 和 r_2 均可能增加或者减少，因此总共有四种可能。

- 如果 $r_1\geqslant 0$，$r_2\geqslant 0$，即变化量 (r_1,r_2) 位于图 3-5 中的第一象限，那么 100%法则表明，当 (r_1,r_2) 满足

$$\frac{r_1}{3}+\frac{r_2}{2}\leqslant 100\%$$

  即 (r_1,r_2) 落在图 3-6 中的子区域①时，最优解保持为 $(x_1,x_2,x_3)=(4,8,0)$ 不变。显然，子区域①是图 3-5 中阴影区域的一个子集。

- 如果 $r_1\geqslant 0$，$r_2\leqslant 0$，100%法则表明，当 (r_1,r_2) 满足

$$\frac{r_1}{3}+\frac{-r_2}{2}\leqslant 100\%$$

即 (r_1,r_2) 落在图 3-6 中的子区域②时，最优解保持为 $(x_1,x_2,x_3)=(4,8,0)$ 不变。

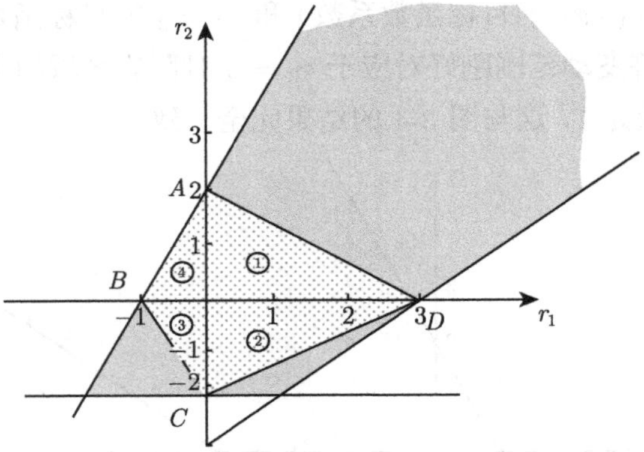

图 3-6 100%法则的充分非必要性

- 如果 $r_1\leqslant 0$，$r_2\leqslant 0$，100%法则表明，当 (r_1,r_2) 满足

$$\frac{-r_1}{1}+\frac{-r_2}{2}\leqslant 100\%$$

即 (r_1,r_2) 落在图 3-6 中的子区域③时，最优解保持为 $(x_1,x_2,x_3)=(4,8,0)$ 不变。

- 如果 $r_1\leqslant 0$，$r_2\geqslant 0$，100%法则表明，当 (r_1,r_2) 满足

$$\frac{-r_1}{1}+\frac{r_2}{2}\leqslant 100\%$$

即 (r_1,r_2) 落在图 3-6 中的子区域④时，最优解保持为 $(x_1,x_2,x_3)=(4,8,0)$ 不变。

综合上述四种情形，100%法则表明，当 (r_1,r_2) 落在四边形 $ABCD$ 内（含边界）时，最优解保持为 $(x_1,x_2,x_3)=(4,8,0)$ 不变。很显然，四边形 $ABCD$ 只是图 3-5 中阴影部分的一个子集。因此，100%法则是判断最优解保持不变的一个充分条件，而不是必要条件。

3.5.2 约束条件右边项的敏感性分析

下面进行约束条件右边项（即资源的可用量）的敏感性分析。考虑如下问题：

(1) 如果资源甲的可用量变为 30，请问最优基和最优生产计划是否发生变化？如果发生，该变化会导致最优目标函数值发生怎样的变化？

(2) 保持其他参数不变，资源甲的可用量在什么范围内变化时，最优基保持不变？在该范围内，最优生产安排和最优利润如何变化？

(3) 保持其他参数不变，资源甲和资源乙的可用量在什么范围内变化时，最优基保持不变？

我们在原始问题的最终单纯形表的基础上逐一回答上述问题。

(1) 如果（部分）约束条件右边项发生变化，线性规划问题的目标函数保持不变，但是可行域会发生变化。根据图解法可知，最优解可能发生变化。如果资源甲的可用量变为 30（即资源的可用量变化 $\Delta b=(18,0)'$），要在最终单纯形表的基础上进行判断，需要相应地改动基变量的取值。注意：最终单纯形表中对应的约束方程式是在最初方程式的

基础上左乘 $\boldsymbol{B}^{-1}$ 得到的，其中，基阵为

$$\boldsymbol{B}=\begin{pmatrix}1 & 1\\1 & 2\end{pmatrix}$$

事实上，其逆矩阵不需要计算，也可以从单纯形表中直接读出

$$\boldsymbol{B}^{-1}=\begin{pmatrix}2 & -1\\-1 & 1\end{pmatrix}$$

资源变动 Δb 之后，体现在单纯形表中基变量的取值部分，其相应的变动量为

$$\boldsymbol{B}^{-1}\Delta b=\begin{pmatrix}2 & -1\\-1 & 1\end{pmatrix}\begin{pmatrix}18\\0\end{pmatrix}=\begin{pmatrix}36\\-18\end{pmatrix}$$

因此，如果基变量依然是 (x_1,x_2)，其对应的基解为

$$\begin{pmatrix}x_1\\x_2\end{pmatrix}=\begin{pmatrix}4\\8\end{pmatrix}+\boldsymbol{B}^{-1}\Delta b=\begin{pmatrix}40\\-10\end{pmatrix}$$

将其代入到最终的单纯形表，如表 3-19 所示：

表　3-19

$c_j \rightarrow$			5	8	6	0	0
C_B	基	b	x_1	x_2	x_3	x_4	x_5
5	x_1	40	1	0	0	2	−1
8	x_2	−10	0	1	1	[−1]	1
			0	0	−2	−2	−3

很显然，此时的基解并非一个基可行解。于是，当前的基解并不是问题的最优解，需要进行换基迭代。考虑到约束右边项的变化并不影响到当前的检验系数，我们可以利用对偶单纯形法继续求解，得到的最终结果见表 3-20：

表　3-20

$c_j \rightarrow$			5	8	6	0	0
C_B	基	b	x_1	x_2	x_3	x_4	x_5
5	x_1	20	1	2	2	0	1
0	x_4	10	0	−1	−1	1	−1
		100	0	−2	−4	0	−5

因此，最优解变为 $(20,0,0,10,0)$，即只生产 20 单位的产品 A，对应的最优利润为 100。

(2) 假设资源甲的可用量变为 $12+\lambda$，按照 (1) 的过程，可知在保持基变量为 (x_1,x_2) 时，基变量的取值为

$$\begin{pmatrix}x_1\\x_2\end{pmatrix}=\begin{pmatrix}4\\8\end{pmatrix}+\boldsymbol{B}^{-1}\Delta b=\begin{pmatrix}4\\8\end{pmatrix}+\begin{pmatrix}2 & -1\\-1 & 1\end{pmatrix}\begin{pmatrix}\lambda\\0\end{pmatrix}=\begin{pmatrix}4+2\lambda\\8-\lambda\end{pmatrix}$$

将其代入最终单纯形表，如表 3-21 所示：

表 3-21

	$c_j \rightarrow$		5	8	6	0	0	θ_i
C_B	基	b	x_1	x_2	x_3	x_4	x_5	
5	x_1	$4+2\lambda$	1	0	0	2	-1	
8	x_2	$8-\lambda$	0	1	1	-1	1	
		$84+2\lambda$	0	0	-2	-2	-3	

要保持最优基不变，必须满足所有基变量的取值为非负，即

$$\begin{cases} 4+2\lambda \geqslant 0 \\ 8-\lambda \geqslant 0 \end{cases} \Rightarrow -2 \leqslant \lambda \leqslant 8$$

也就是说，在其他参数不变的前提下，当资源甲的初始可用量在 [10, 20] 之间变化时，线性规划问题的最优基都是 (x_1, x_2)，但是其具体取值会随着资源变化量 λ 的变化而变化。在敏感性报告（见图 3-4）的第二部分中，每个约束的“约束限制值”之后给出了该约束允许的增量和允许的减量，该变化范围正好对应最优基不变的约束右边项的变动范围。比如，图 3-4 表明，在其他参数不变的前提下，资源乙在 [12, 24] 变化时，最优基为 (x_1, x_2) 保持不变。

当资源甲的可用量在 [10, 20] 内变动时，最优解对应的最优目标函数值为：

$$z(\lambda) = 84 + 2\lambda$$

即随着资源甲的可用资源量的增加，最优利润也会增加。特别是，每增加 1 单位的资源甲，目标函数提升 2 个单位，这里的系数 2 刚好对应资源甲的阴影价格。因此，当单个资源的可用量发生变化时，如果最优基保持不变，那么其阴影价格也将保持不变。

(3) 假设资源甲的可用量变为 $12+\lambda_1$，资源乙的可用量变为 $20+\lambda_2$，按照 (1) 的过程，可知在保持基变量为 (x_1, x_2) 时，基变量的取值为

$$\begin{pmatrix} x_1 \\ x_2 \end{pmatrix} = \begin{pmatrix} 4 \\ 8 \end{pmatrix} + \boldsymbol{B}^{-1}\Delta b = \begin{pmatrix} 4 \\ 8 \end{pmatrix} + \begin{pmatrix} 2 & -1 \\ -1 & 1 \end{pmatrix}\begin{pmatrix} \lambda_1 \\ \lambda_2 \end{pmatrix} = \begin{pmatrix} 4+2\lambda_1-\lambda_2 \\ 8-\lambda_1+\lambda_2 \end{pmatrix}$$

将其代入最终单纯形表，如表 3-22 所示：

表 3-22

	$c_j \rightarrow$		5	8	6	0	0	θ_i
C_B	基	b	x_1	x_2	x_3	x_4	x_5	
5	x_1	$4+2\lambda_1-\lambda_2$	1	0	0	2	-1	
8	x_2	$8-\lambda_1+\lambda_2$	0	1	1	-1	1	
		$84+2\lambda_1+3\lambda_2$	0	0	-2	-2	-3	

要保持最优基不变，必须满足所有基变量的取值为非负，即

$$\begin{cases} 4+2\lambda_1-\lambda_2 \geqslant 0 \\ 8-\lambda_1+\lambda_2 \geqslant 0 \end{cases}$$

因此，当资源甲和资源乙的变化量同时满足上述条件时，线性规划问题的最优基保持为 (x_1, x_2) 不变。在允许变化的范围内，最优解对应的最优目标函数值为：

$$z(\lambda_1, \lambda_2) = 84 + 2\lambda_1 + 3\lambda_2$$

即每增加 1 单位的资源甲，目标函数提升 2 个单位；每增加 1 单位的资源乙，目标函数提升 3 个单位。这说明当多个约束右边项发生变化时，如果最优基保持不变（即各个资源的影子价格保持不变），那么最优目标函数值的变动量刚好等于各个资源变动量所引起的目标函数变化量之和。

与多个目标函数系数变化的敏感性分析类似，当多个约束右边项发生变化时，也可以采用“100%”法则。为了便于表述，记在敏感性报告中，第 i 个约束允许的增量为 U_i，允许的减量为 L_i。如果参数 b_i 变化的量为 Δb_i，我们可以计算出每个右边项系数变化的相对百分比：

$$\gamma_i = \begin{cases} \dfrac{\Delta b_i}{U_i}, & \Delta b_i \geqslant 0 \\ \dfrac{\Delta b_i}{L_i}, & \Delta b_i < 0 \end{cases}$$

多个约束右边项同时变化的 100%法则：如果约束右边项参数变化的相对百分比之和不超过 100%（即 $\sum_i \gamma_i \leqslant 100\%$），那么线性规划的最优基和阴影价格保持不变；如果相对百分比之和超过 100%（即 $\sum_i \gamma_i > 100\%$ ），那么最优基可能会发生变化。

同样，上述 100%法则只是给出了最优基不变的一个充分条件，而不是必要条件。

3.5.3 添加新变量的敏感性分析

假设在原始产品线的基础上，企业又研发出了一种新的产品 D。生产新产品 D 同样需要消耗资源甲和乙。已知每生产 1 单位产品 D 要消耗 3 单位资源甲和 2 单位资源乙，可以获得利润 10（如表 3-23 所示）。

表 3-23

	A	B	C	D	可用资源
甲	1	1	1	3	12
乙	1	2	2	2	20
利润	5	8	6	10	

考虑如下问题：

(1) 企业是否应该投产产品 D？

(2) 新产品 D 的单位利润在什么范围内时，生产产品 D 才是有利的？

当引入一种新产品时，理论上决策者需要重新建立模型进行优化求解，因为规划问题的约束条件和目标函数都需要相应调整。我们也可以在原问题最终单纯形表的基础上来思考上述问题。

设在新的模型中，产品 D 的产量为 x_6。

(1) 要判断投产产品 D 是否划算，需要在其投产的边际收益和边际成本之间进行权衡。每生产 1 单位的产品 D，能够创造的边际收益为 10，但是要消耗 3 单位的资源甲和 2 单位的资源乙，其对应的机会成本为 $3\times2+2\times3=12$。因此，投产 1 单位产品 D 的净收益为 $10-12=-2<0$，这意味着投产 D 只会导致总利润进一步降低。因此，不应该投产产品 D。

采用本书的符号，生产 1 单位产品 D 的净收益刚好对应于决策变量 x_6 的检验系数：

$$\lambda_6=c_6-C_BB^{-1}P_6=10-\begin{pmatrix}5&8\end{pmatrix}\begin{pmatrix}2&-1\\-1&1\end{pmatrix}\begin{pmatrix}3\\2\end{pmatrix}=10-12=-2$$

因此，判断是否应该投产新产品，只需要计算其对应的检验系数即可。当且仅当其检验系数大于 0 时，投产该产品是有利可图的。

(2) 设新产品 D 的单位利润为 c_6，当且仅当决策变量 x_6 的检验系数为正：

$$\lambda_6=c_6-C_BB^{-1}P_6=c_6-\begin{pmatrix}5&8\end{pmatrix}\begin{pmatrix}2&-1\\-1&1\end{pmatrix}\begin{pmatrix}3\\2\end{pmatrix}=c_6-12>0$$

即 $c_6>12$ 时，投产产品 D 才能进一步增加企业的利润。例如，如果产品 D 的单位利润为 $c_6=15$，可得 $\lambda_6=3$，即每生产 1 单位的产品 D，能够提升 3 单位的利润。为了计算新问题的最优解，我们同样要对 P_6 进行变换，即

$$\tilde{P}_6=B^{-1}P_6=\begin{pmatrix}2&-1\\-1&1\end{pmatrix}\begin{pmatrix}3\\2\end{pmatrix}=\begin{pmatrix}4\\-1\end{pmatrix}$$

在原问题的最终单纯形表中，增加 x_6 列，同时填入 $\tilde{P}_6$，得到如下的单纯形表（见表 3-24）。因为 x_6 的检验系数为正，需要进行换基迭代。最终的单纯形表表明，企业应该调整生产方案为生产 9 单位产品 B 和 1 单位产品 D，实现利润 87，比原方案增加 3 单位利润。

表 3-24

$c_j\to$			5	8	6	0	0	15	θ_i
C_B	基	b	x_1	x_2	x_3	x_4	x_5	x_6	
5	x_1	4	1	0	0	2	−1	[4]	1
8	x_2	8	0	1	1	−1	1	−1	/
			0	0	−2	−2	−3	3	
15	x_6	1	$\frac{1}{4}$	0	0	$\frac{1}{2}$	$-\frac{1}{4}$	1	
8	x_2	9	$\frac{1}{4}$	1	1	$-\frac{1}{2}$	$\frac{3}{4}$	0	
		87	$-\frac{3}{4}$	0	−2	$-\frac{7}{2}$	$-\frac{9}{4}$	0	

3.5.4 添加新约束的敏感性分析

随着国家节能减排政策的推出，假设某企业突然收到来自政府环保部门的通知，要求严格控制产品生产中的碳排放量。假设每单位产品 A、B 和 C 的碳排放当量分别为

2、1 和 3 单位，环保部门规定的企业的总碳排放上限是 13 单位（如表 3-25 所示）。那么，该碳排放约束是否会改变企业的最优生产安排？

表 3-25

	A	B	C	可用资源
甲	1	1	1	12
乙	1	2	2	20
碳排放	2	1	3	13
利润	5	8	6	

引入碳排放限制，相当于在原线性规划问题的基础上新增一个约束，即

$$2x_1 + x_2 + 3x_3 \leqslant 13$$

或者

$$2x_1 + x_2 + 3x_3 + x_6 = 13$$

要判断该新增的碳排放约束是否会改变企业的最优生产安排，只需要判断原始的最优决策所需要的碳排放是否超标即可。在最优生产安排下排放的碳总额为 $2 \times 4 + 1 \times 8 = 16 > 13$，因此碳排放超标，需要调整生产计划。

为了调整生产安排，将 $(x_1, x_2, x_3) = (4, 8, 0)$ 代入上面新增的约束条件，可以算出 $x_6 = -3$，即如果生产安排不变，碳超标排放 3 个单位。很显然，可以将 x_6 作为一个基变量，和 (x_1, x_2) 凑成新问题的基变量。为了在最终单纯形表中加一行来引入新约束，需要用非基变量来表示 x_6，即

$$\begin{aligned} x_6 &= 13 - 2x_1 - x_2 - 3x_3 \\ &= 13 - 2(4 - 2x_4 + x_5) - (8 - x_3 + x_4 - x_5) - 3x_3 \\ &= -3 - 2x_3 + 3x_4 - x_5 \end{aligned}$$

将该约束加入单纯形表，如表 3-26 所示。

表 3-26

	$c_j \rightarrow$		5	8	6	0	0	0
C_B	基	b	x_1	x_2	x_3	x_4	x_5	x_6
5	x_1	4	1	0	0	2	-1	0
8	x_2	8	0	1	1	-1	1	0
0	x_6	-3	0	0	2	[-3]	1	1
			0	0	-2	-2	-3	0
5	x_1	2	1	0	$\frac{4}{3}$	0	$-\frac{1}{3}$	$\frac{2}{3}$
8	x_2	9	0	1	$\frac{1}{3}$	0	$\frac{2}{3}$	$-\frac{1}{3}$
0	x_4	1	0	0	$-\frac{2}{3}$	1	$-\frac{1}{3}$	$-\frac{1}{3}$
		82	0	0	$-\frac{10}{3}$	0	$-\frac{11}{3}$	$-\frac{2}{3}$

接下来利用对偶单纯形法换基迭代，即可进一步找到问题的最优解。下面的结果表明，企业应该调整生产方案，生产 2 单位的产品 A 和 9 单位的产品 B，获取 82 单位利润。即新增加的碳排放约束导致企业减少 2 单位利润。

3.5.5 工艺矩阵系数的敏感性分析

现实中，企业往往会持续进行产品研发，提升产品生产工艺。现在考虑产品 A 的工艺发生改变的情形。假设产品 A 对资源甲和乙的需求变为 1 和 0.5；单位利润也有所降低，变为 4。请问企业是否应该调整生产方案？如果是，最优方案会如何改变？

我们用 $\hat{x}_1$ 表示新的生产工艺下产品 A 的产量，为了在最终单纯形表的基础上进行数据替换，需要将其列向量左乘 $\boldsymbol{B}^{-1}$，即

$$\hat{\boldsymbol{P}}_1 = \boldsymbol{B}^{-1}\begin{pmatrix}1\\ \frac{1}{2}\end{pmatrix} = \begin{pmatrix}2 & -1\\ -1 & 1\end{pmatrix}\begin{pmatrix}1\\ \frac{1}{2}\end{pmatrix} = \begin{pmatrix}\frac{3}{2}\\ -\frac{1}{2}\end{pmatrix}$$

在表 3-27 所示的最终单纯形表中：

① 在 x_1 后面新增一列 $\hat{x}_1$，并填入 $\hat{x}_1$ 对应的列向量和目标函数系数；

② 将 x_1 出基，$\hat{x}_1$ 入基，基变量调整为 $(\hat{x}_1, x_2)$；

③ 从单纯形表中删除原来的 x_1 列，采用单纯形法换基迭代，直到找到最优解。

表 3-27

$c_j \rightarrow$			5	4	8	6	0	0	θ_i
C_B	基	b	x_1	$\hat{x}_1$	x_2	x_3	x_4	x_5	
5	x_1	4	1	$\left[\frac{3}{2}\right]$	0	0	2	-1	
8	x_2	8	0	$-\frac{1}{2}$	1	1	-1	1	
			0	$\frac{1}{2}$	0	-2	-2	-3	
4	$\hat{x}_1$	$\frac{8}{3}$		1	0	0	$\left[\frac{4}{3}\right]$	$-\frac{2}{3}$	
8	x_2	$\frac{28}{3}$		0	1	1	$-\frac{1}{3}$	$\frac{2}{3}$	
		$\frac{256}{3}$		0	0	-2	$-\frac{8}{3}$	$-\frac{8}{3}$	

上述结果表明，企业应该调整生产方案为：生产 $\frac{8}{3}$ 单位产品 A 和 $\frac{28}{3}$ 单位产品 B，对应的利润为 $\frac{256}{3}$ 单位。

本章习题

1. 写出下列线性规划问题的对偶问题：

(1)
$$\min z = 8x_1 + 5x_2 + 4x_3$$
$$\text{s.t.} \begin{cases} x_1 + 3x_2 + 4x_3 \geqslant 2 \\ 2x_1 + 4x_2 + 3x_3 \leqslant 3 \\ 4x_1 + 3x_2 + 3x_3 = 5 \\ x_1 \leqslant 0, x_2 \geqslant 0, x_3 \text{自由} \end{cases}$$

(2)
$$\max z = 7x_1 + 3x_2 + 5x_3$$
$$\text{s.t.} \begin{cases} x_1 + 2x_2 + 2x_3 = 5 \\ -x_1 + 5x_2 - x_3 \geqslant 3 \\ 4x_1 - 7x_2 + 5x_3 \leqslant 8 \\ x_1 \text{自由}, x_2 \leqslant 0, x_3 \geqslant 0 \end{cases}$$

(3)
$$\max z = \sum_{j=1}^{n} c_j x_j$$
$$\text{s.t.} \begin{cases} \sum_{j=1}^{n} a_{ij} x_j \leqslant b_i (i = 1, 2, \cdots, m_1) \\ \sum_{j=1}^{n} a_{ij} x_j = b_i (i = m_1 + 1, m_1 + 2, \cdots, m_2) \\ \sum_{j=1}^{n} a_{ij} x_j \geqslant b_i (i = m_2 + 1, m_2 + 2, \cdots, m_3) \\ x_j \geqslant 0 (j = 1, 2, \cdots, n_1) \\ x_j \leqslant 0 (j = n_1 + 1, n_1 + 2, \cdots, n_2) \\ x_j \text{自由} (j = n_2 + 1, n_2 + 2, \cdots, n) \end{cases}$$

2. 考虑下列两个线性规划问题:

(P1)
$$\max z = c_1 x_1 + c_2 x_2$$
$$\text{s.t.} \begin{cases} a_{11} x_1 + a_{12} x_2 \leqslant b_1 \\ a_{21} x_1 + a_{22} x_2 \leqslant b_2 \\ x_1, x_2 \geqslant 0 \end{cases}$$

(P2)
$$\max z = 10 c_1 x_1 + 9 c_2 x_2$$
$$\text{s.t.} \begin{cases} 10 a_{11} x_1 + 9 a_{12} x_2 \leqslant b_1 \\ 10 a_{21} x_1 + 9 a_{22} x_2 \leqslant b_2 \\ x_1, x_2 \geqslant 0 \end{cases}$$

已知问题 (P1) 的最优解为 $(x_1^*, x_2^*) = (12, 20)$, $z^* = 360$, 求问题 (P2) 的最优解。

3. 给出线性规划问题:

$$\min z = 4x_1 + 6x_2 + 10x_3 + 12x_4$$
$$\text{s.t.} \begin{cases} x_1 + 2x_2 + 3x_3 + x_4 \geqslant 2 \\ -2x_1 + x_2 - x_3 + 3x_4 \leqslant -3 \\ x_j \geqslant 0 \, (j = 1, 2, 3, 4) \end{cases}$$

(1) 写出其对偶问题;

(2) 用图解法求解对偶问题;

(3) 根据 (2) 的结果计算原问题的最优解。

4. 给出线性规划问题:

$$\max z = 2x_1 + 4x_2 + x_3 + x_4$$
$$\text{s.t.} \begin{cases} x_1 + 3x_2 + x_4 \leqslant 8 \\ 2x_1 + x_2 \leqslant 6 \\ x_2 + x_3 + x_4 \leqslant 6 \\ x_1 + x_2 + x_3 \leqslant 9 \\ x_j \geqslant 0 \, (j = 1, 2, 3, 4) \end{cases}$$

(1) 用单纯形法求解该问题；

(2) 写出其对偶问题；

(3) 直接给出对偶问题的最终单纯形表。

5. 给出线性规划问题：

$$\min z = -2x_1 + x_2 - x_3$$
$$\text{s.t.} \begin{cases} x_1 + x_2 + x_3 \leqslant 12 \\ -x_1 + 2x_2 \leqslant 8 \\ x_1, x_2, x_3 \geqslant 0 \end{cases}$$

先用单纯形法求出最优解，再回答下列问题。

(1) 如果目标函数变为 $\max z = 2x_1 + 3x_2 + x_3$，请问最优解是多少？

(2) 如果约束右边项变为了 $(15, 12)'$，请问最优解是多少？

(3) 如果新增一个约束条件 $-x_1 + 2x_3 \geqslant 4$，请问最优解是多少？

6. 给出线性规划问题：

$$\max \ z = 3x_1 + x_2 + c_3x_3 + c_4x_4$$
$$\text{s.t.} \begin{cases} 6x_1 + 3x_2 + 5x_3 + 4x_4 \leqslant 450 \\ 3x_1 + 4x_2 + 5x_3 + 2x_4 \leqslant 300 + \lambda \\ x_j \geqslant 0, \ j = 1, 2, 3, 4 \end{cases}$$

请回答下列问题：

(1) 考虑 $\lambda = 0$ 的情形，以 (x_1, x_2) 为基变量列出相应的单纯形表。

(2) 若 (x_1, x_2) 为最优基，请问 (c_3, c_4) 在什么范围内变化时，最优解保持不变？

(3) 若 (x_1, x_2) 为最优基，请问 λ 在什么范围内变化时，影子价格保持不变？

(4) 如果引入一个新的决策变量 x_5，其对应的目标函数系数为 c_5，工艺向量为 $\boldsymbol{P}_5 = (2,3)'$，请问，$c_5$ 在什么范围内变化时，最优解才会发生变化？

7. 考虑下列线性规划问题，其中 λ 是一个非负参数。当 λ 在不同范围内取值时，最优解如何发生变化？画出最优目标函数值 $z^*(\lambda)$ 随 λ 的变化关系。

$$\text{(P1)} \quad \min \ z(\lambda) = x_1 + x_2 - (1+\lambda)x_3 + 3\lambda x_4$$
$$\text{s.t.} \begin{cases} x_1 + x_3 + 2x_4 = 4 \\ 2x_1 + x_2 + 3x_4 = 10 \\ x_j \geqslant 0, j = 1, 2, 3, 4 \end{cases}$$

$$\text{(P2)} \quad \max \ z(\lambda) = (10+\lambda)x_1 + (30-2\lambda)x_2$$
$$\text{s.t.} \begin{cases} x_1 + 2x_2 \leqslant 20 \\ 2x_1 + x_2 \leqslant 20 \\ x_1, x_2 \geqslant 0 \end{cases}$$

8. 考虑下列线性规划问题，其中 λ 是一个非负参数。当 λ 在不同范围内取值时，最优解如何发生变化？画出最优目标函数值 $z^*(\lambda)$ 随 λ 的变化关系。

$$
(\text{P1})\quad \begin{array}{l} \max z(\lambda) = 2x_1 + x_2 \\ \text{s.t.} \begin{cases} x_1 \leqslant 10 + 2\lambda \\ x_1 + x_2 \leqslant 30 - \lambda \\ x_2 \leqslant 10 + 2\lambda \\ x_1, x_2 \geqslant 0 \end{cases} \end{array}
$$

$$
(\text{P2})\quad \begin{array}{l} \max z(\lambda) = 3x_1 + x_2 + 4x_3 + 2x_4 \\ \text{s.t.} \begin{cases} 6x_1 + 3x_2 + 5x_3 + 4x_4 \leqslant 45 + 2\lambda \\ x_1 + x_2 + 2x_3 + 2x_4 \leqslant 12 + \lambda \\ 3x_1 + 4x_2 + 5x_3 + 2x_4 \leqslant 30 \\ x_j \geqslant 0, j = 1, 2, 3, 4 \end{cases} \end{array}
$$

9. 某厂生产甲、乙、丙、丁四种产品，其所需劳动力、设备和原材料等相关数据如下表所示。

	甲	乙	丙	丁	资源限制
劳动力	6	3	5	4	450
设备	1	1	2	2	120
原材料	3	4	5	2	300
产品利润（元/件）	30	10	40	20	

请回答下列问题。

(1) 建立线性规划模型帮助工厂确定获利最大的生产方案，并利用单纯形法优化求解。

(2) 其他参数不变的前提下，产品丙的利润在什么范围内变动时，上述最优计划不变？

(3) 如果在最优生产计划中要生产产品乙，请问其单位利润应该满足什么条件？

(4) 产品甲的市场需求发生了变化，管理层决定限制产品甲的产量不超过 40 件。请问最优生产安排是否应该发生调整？如果是，应如何调整？

(5) 如果原材料可以从市场上进一步购买，已知其市场价格是 8 元，工厂是否应该购买额外的原材料来扩大生产规模？如果是，应该采购多少原材料？如果原材料的市场价格是 4 元呢？

10. 胜利家具厂生产桌子和椅子两种家具，相关数据如下表所示。

	桌子	椅子	可用工时
木工	4	3	120
油工	2	1	50
单位利润	50	30	

为了使得销售利润最大，家具厂经理建立了一个线性规划模型来帮助安排生产。利用 Excel 优化求解，得到的敏感性报告如下所示：

可变单元格

单元格	名称	终值	递减成本	目标式系数	允许的增量	允许的减量
$E$3	桌子 产量	15	0	50	10	10
$E$4	椅子 产量	20	0	30	7.5	5

约束

单元格	名称	终值	阴影价格	约束限制值	允许的增量	允许的减量
$B$6	实际工时 木工	120	5	120	30	20
$C$6	实际工时 油漆工	50	15	50	10	10

请问：如果桌子价格上涨 10% 而椅子价格下降 10%，最优解是否发生变化？如果价格变化趋势相反呢？

11. 某日用化工企业生产并销售三种产品：去污剂、液体洗涤剂和洗衣粉。为了应对越发激烈的市场竞争，公司决定投入一定资金进行产品推广。公司进行推广的渠道主要有两条：电视广告和印刷媒体广告。公司决定在全国的电视上做液体洗涤剂的广告来帮助推出这一新产品，同时通过印刷媒体广告促销所有三种产品。管理部门特别设定了推广目标：去污剂至少增加 3% 的市场份额，液体洗涤剂至少获得 18% 的市场份额，洗衣粉至少增加 4% 的市场份额。

产品	每单位广告增加的市场份额（%）	
	电视	印刷媒体
去污剂	0	1
液体洗涤剂	3	2
洗衣粉	−1	4
单位成本（万元）	100	200

上表显示了在两种媒体上做广告的预期效果和广告的单位成本。在"电视"一列中，每投入 1 单位广告，洗衣粉的市场份额减少 1%，这是因为新的液体洗涤剂和洗衣粉之间存在极大的替代性。管理部门的目标是以最低的总成本达到既定的市场份额目标。

(1) 请建立该公司广告组合问题的线性规划模型。

(2) 假设管理层通过 Excel 对线性规划模型进行了求解，敏感性报告如下所示。请问电视广告的单位成本在什么范围内变化，不会改变当前的最优决策？

可变单元格

单元格	名称	终值	递减成本	目标式系数	允许的增量	允许的减量
$C$8	电视	4	0	100	200	100
$D$8	印刷媒体	3	0	200	1E+30	133.3333333

约束

单元格	名称	终值	阴影价格	约束限制值	允许的增量	允许的减量
$E$3	去污剂	3	133.3333333	3	6	0.857142857
$E$4	液体洗涤剂	18	33.33333333	18	12	12
$E$5	洗衣粉	8	0	4	4	1E+30

(3) 在上述敏感性报告中，液体洗涤剂的影子价格是多少？它的经济含义是什么？

(4) 在上述敏感性报告中，为什么洗衣粉的影子价格为 0?

(5) 如果管理层希望将液体洗涤剂的市场份额增加 20%，而去污剂的市场份额增加 6%，根据上述敏感性报告，请问最优广告组合下的总成本是多少？

(6) 假设电视和印刷媒体的单位成本现在分别变为了 130 万元和 180 万元，而管理层要求的市场份额保持不变（即保持为 3%、18%、4%)，那么根据上述敏感性报告，最优的广告组合是什么？对应的最优广告总成本是多少？

12. 请证明：在多个目标函数系数同时变动的敏感性分析和多个约束右边项同时变动的敏感性分析中，给出的 100%法则是充分条件而不是必要条件。

CHAPTER 4

第4章

运输规划

本章探讨一类特殊的线性规划问题 —— 运输规划。回顾第 2 章例 2-5 的网络运输问题，我们往往用一个矩阵来定义决策变量，表示从各个工厂（称为"产地"）运往各个商店（称为"销地"）的数量。当产地或者销地过多时，会导致该问题的决策变量数过多。因此，如果采用单纯形法或对偶单纯形法进行求解，可能需要花费较大的计算代价。考虑到运输问题的约束条件呈现出一些对称的特征（约束条件中所有决策变量对应的系数都为 1），能否利用这些特征来简化优化求解的过程？本章将分析运输规划的简化求解方法。

4.1 运输规划的数学模型

对于很多企业（如中石油等石化企业、京东等电子商务企业、联想等制造商）来说，物流运输成本在运营成本中占据了很大比重。如何通过合适的调度来降低总运输成本是摆在企业面前的一个重要问题。在运输问题中，一般有多个可以发出产品的工厂或者库存中心（我们称之为"产地"），以及多个可以接收产品的商店或者消费点（我们称之为"销地"）。决策者需要确定从各个产地运往各个销地的商品数量。

考虑一个一般的运输问题，设：

(1) 共有 m 个产地，产地 $A_i\,(i=1,2,\cdots,m)$ 的供给量或产量为 a_i；

(2) 共有 n 个销地，销地 $B_j\,(j=1,2,\cdots,n)$ 的需求量或销量为 b_j；

(3) 从产地 i 到销地 j 的单位产品运价为 c_{ij}。

在运输问题中，假设从任何产地到任何销地的总运输成本与运输数量成正比，即不考虑运输的规模经济性。令：

$$x_{ij} = \text{由产地 } i \text{ 运往销地 } j \text{ 的产品数量}$$

决策者追求的目标是实现总运费的最小化，即

$$\min z = \sum_{i=1}^{m}\sum_{j=1}^{n} c_{ij}x_{ij}$$

表 4-1 所示的运输表直观描述了运输问题中涉及的参数和变量。

运输问题的建模取决于该问题中总产量和总销量之间的相对关系。

表 4-1 运输表

销地 产地	B_1	B_2	$\cdots$	B_n	产量
A_1	c_{11} x_{11}	c_{12} x_{12}	$\cdots$	c_{1n} x_{1n}	a_1
A_2	c_{21} x_{21}	c_{22} x_{22}	$\cdots$	c_{2n} x_{2n}	a_2
$\cdots$	$\cdots$	$\cdots$	$\cdots$	$\cdots$	$\cdots$
A_m	c_{m1} x_{m1}	c_{m2} x_{m2}	$\cdots$	c_{mn} x_{mn}	a_m
销量	b_1	b_2	$\cdots$	b_n	

(1) 当运输问题的总产量刚好等于总销量（即 $\sum\limits_{i=1}^{m} a_i = \sum\limits_{j=1}^{n} b_j$）时，该问题对应一个产销平衡的运输问题。决策者要把所有产地的产品运输出去，并满足所有销地的需求。对应的完整运输规划模型如下：

$$\min z = \sum_{i=1}^{m}\sum_{j=1}^{n} c_{ij}x_{ij}$$

$$\text{s.t.}\begin{cases}\sum\limits_{j=1}^{n} x_{ij} = a_i, \quad i = 1,2,\cdots,m \\ \sum\limits_{i=1}^{m} x_{ij} = b_j, \quad j = 1,2,\cdots,n \\ x_{ij} \geqslant 0, \quad i = 1,2,\cdots,m;\ j = 1,2,\cdots,n\end{cases}$$

(2) 当运输问题的总产量大于总销量（即 $\sum\limits_{i=1}^{m} a_i > \sum\limits_{j=1}^{n} b_j$）时，该问题对应一个产大于销的运输问题。决策者要通过运输来满足所有销地的需求。对应的完整运输规划模型如下：

$$\min z = \sum_{i=1}^{m}\sum_{j=1}^{n} c_{ij}x_{ij}$$

$$\text{s.t.}\begin{cases}\sum\limits_{j=1}^{n} x_{ij} \leqslant a_i, \quad i = 1,2,\cdots,m \\ \sum\limits_{i=1}^{m} x_{ij} = b_j, \quad j = 1,2,\cdots,n \\ x_{ij} \geqslant 0,\ i = 1,2,\cdots,m; \quad j = 1,2,\cdots,n\end{cases}$$

(3) 当运输问题的总产量小于总销量（即 $\sum\limits_{i=1}^{m} a_i < \sum\limits_{j=1}^{n} b_j$）时，该问题对应一个销大于产的运输问题。决策者要把所有产地的所有产品运输出去，尽可能地满足销地的需求。对应的完整运输规划模型如下：

$$\min z = \sum_{i=1}^{m}\sum_{j=1}^{n} c_{ij}x_{ij}$$

$$\text{s.t.}\begin{cases}\sum\limits_{j=1}^{n} x_{ij} = a_i, \quad i = 1,2,\cdots,m \\ \sum\limits_{i=1}^{m} x_{ij} \leqslant b_j, \quad j = 1,2,\cdots,n \\ x_{ij} \geqslant 0, \quad i = 1,2,\cdots,m;\ j = 1,2,\cdots,n\end{cases}$$

上述三种情形的运输问题，都呈现以下特点：

(1) 约束条件至少存在一组等式约束；

(2) 在约束条件中，决策变量的系数取值只有 0 或者 1；

(3) 在 $m+n$ 个约束条件中，每个决策变量都只出现 2 次。

上述特点为开发有针对性的运输问题求解方法奠定了基础。下面我们先探讨产销平衡的运输问题的求解方法；对于产销不平衡的运输问题，可以进一步等价变换为产销平衡的运输问题。

4.2 产销平衡运输问题的表上作业法

先考虑产销平衡的运输问题，设其总产量和总销量为：

$$Q=\sum_{i=1}^{m}a_i=\sum_{j=1}^{n}b_j \tag{4-1}$$

如果令

$$x_{ij}=\frac{a_ib_j}{Q}, i=1,2,\cdots,m;\quad j=1,2,\cdots,n$$

显然，$X=(x_{ij})_{m\times n}$ 满足运输规划的两组等式约束条件，是一个可行解。因此，产销平衡的运输问题必定存在有界最优解。

观察运输问题的系数矩阵：

$$\boldsymbol{A}=\begin{pmatrix}
P_{11} & P_{12} & \cdots & P_{1n} & P_{21} & P_{22} & \cdots & P_{2n} & \cdots & P_{m1} & P_{m2} & \cdots & P_{mn}\\
1 & 1 & \cdots & 1 & 0 & 0 & \cdots & 0 & \cdots & 0 & 0 & \cdots & 0\\
0 & 0 & \cdots & 0 & 1 & 1 & \cdots & 1 & \cdots & 0 & 0 & \cdots & 0\\
\vdots & \vdots & \vdots & \vdots & \vdots & \vdots & \vdots & \vdots & \vdots & \vdots & \vdots & \vdots & \vdots\\
0 & 0 & \cdots & 0 & 0 & 0 & \cdots & 0 & \cdots & 1 & 1 & \cdots & 1\\
1 & 0 & \cdots & 0 & 1 & 0 & \cdots & 0 & \cdots & 1 & 0 & \cdots & 0\\
0 & 1 & \cdots & 0 & 0 & 1 & \cdots & 0 & \cdots & 0 & 1 & \cdots & 0\\
\vdots & \vdots & \vdots & \vdots & \vdots & \vdots & \vdots & \vdots & \vdots & \vdots & \vdots & \vdots & \vdots\\
0 & 0 & \cdots & 1 & 0 & 0 & \cdots & 1 & \cdots & 0 & 0 & \cdots & 1
\end{pmatrix}$$

其中，$\boldsymbol{A}$ 的行数为 $m+n$，列数为 $m\times n$。在存在至少两个产地和至少两个销地的前提下，$m\times n\geqslant m+n$。那么，矩阵 $\boldsymbol{A}$ 的秩是多少？一方面，由产销平衡条件 (4-1) 知，约束条件中至少存在一个冗余的方程，因此 $\boldsymbol{A}$ 的秩肯定小于 $m+n$。另一方面，在矩阵 $\boldsymbol{A}$ 中，可以找到下面的 $(m+n-1)\times(m+n-1)$ 的子矩阵 $\boldsymbol{B}$：

$$
\boldsymbol{B}=\begin{pmatrix}
P_{11} & P_{12} & \cdots & P_{1n} & P_{21} & P_{31} & \cdots & P_{m1}\\
0 & 0 & \cdots & 0 & 1 & 0 & \cdots & 0\\
0 & 0 & \cdots & 0 & 0 & 1 & \cdots & 0\\
\vdots & \vdots & \vdots & \vdots & \vdots & \vdots & \vdots & \vdots\\
0 & 0 & \cdots & 0 & 0 & 0 & \cdots & 1\\
1 & 0 & \cdots & 0 & 1 & 1 & \cdots & 1\\
0 & 1 & \cdots & 0 & 0 & 0 & \cdots & 0\\
\vdots & \vdots & \vdots & \vdots & \vdots & \vdots & \vdots & \vdots\\
0 & 0 & \cdots & 1 & 0 & 0 & \cdots & 0
\end{pmatrix}
$$

很显然，对矩阵 $\boldsymbol{B}$ 做适当的线性变换，可以转化为一个单位矩阵。因此，$\boldsymbol{B}$ 是一个满秩矩阵。于是，矩阵 $\boldsymbol{A}$ 的秩是 $m+n-1$。这意味着，如果采用单纯形法来求解运输问题，可以去掉其中的任何一个等式约束，然后引入人工变量进行计算。在换基迭代的过程中，基变量的个数为 $m+n-1$。

下面我们设计一种表上作业法来直接进行换基迭代。虽然不采用单纯形表，但是其基本思路完全遵循单纯形法的步骤：

①求初始运输方案（即初始基可行解），并填入运输表。

②计算表中非基变量的检验数，判定当前解是否最优。若满足最优性条件（所有检验系数为非负），则停止计算；若不满足，则转入步骤③。

③方案调整（换基迭代），返回步骤②。

下面通过一个例子来演示表上作业法。

[例 4-1]（产销平衡运输规划） 考虑表 4-2 中 3×3 的产销平衡运输问题：

表 4-2

产地 \ 销地	B_1	B_2	B_3	产量
A_1	x_{11} [3]	x_{12} [5]	x_{13} [5]	20
A_2	x_{21} [1]	x_{22} [3]	x_{23} [2]	40
A_3	x_{31} [2]	x_{32} [3]	x_{33} [4]	30
销量	60	20	10	

4.2.1 确定初始基可行解

寻找运输问题的初始基可行解，需要在 $(x_{ij})_{m\times n}$ 中最多找出 $m+n-1$ 个分量作为基变量。通常，可以采用三种启发式方法来快速找到初始基可行解。

1. 最小元素法

直观上，优先安排单位运价最低的产销单元格有望获得较低的成本。“最小元素法”的基本思想是从单位运价最低的单元格开始安排，然后安排次低运价所对应的单元格，直到所有的产量都运输出去，所有的销量需求都得到满足为止，如表 4-3 所示。

表 4-3　用最小元素法寻找初始基可行解

产地＼销地	B_1	B_2	B_3	产量
A_1	× (3)	10 (5)	10 (5)	20
A_2	40 (1)	× (3)	× (2)	40
A_3	20 (2)	10 (3)	× (4)	30
销量	60	20	10	

在例 4-1 中，运价最低的产–销对是 $A_2 \to B_1$（单位运价为 1）。因为产地 A_2 的产量为 40，销地 B_1 的需求为 60，因此从 A_2 到 B_1 最多运输 $x_{21} = \min(a_2, b_1) = 40$ 单位，我们在运输表 x_{21} 单元格中填入"40"。此时 A_2 产量全部消耗完，无法再向其他销地供应。因此，我们在 x_{22} 和 x_{23} 对应的决策单元格中画"×"，表示 $x_{22} = x_{23} = 0$（即 x_{22} 和 x_{23} 为非基变量）。此时产地 A_2 所对应的运输方案安排完毕。

除了 A_2 所在的行，剩下单元格中单位运价最低的产–销对是 $A_3 \to B_1$（单位运价为 2）。因为产地 A_3 的产量为 30，销地 B_1 尚未满足的需求为 $60 - 40 = 20$，因此从 A_3 到 B_1 最多运输 $x_{31} = \min(a_3, b_1 - 40) = 20$ 单位，我们在运输表 x_{31} 单元格中填入"20"。此时 B_1 的需求完全得到满足，无须从其他产地运输。因此，我们在 x_{11} 对应的决策单元格中画"×"，表示 $x_{11} = 0$（即 x_{11} 为非基变量）。此时销地 B_1 所对应的运输方案安排完毕。

剩下的尚未安排的单元格中，单位运价最低的产–销对是 $A_3 \to B_2$（单位运价为 3）。因为产地 A_3 剩余的产量为 $30 - 20 = 10$，销地 B_2 尚未满足的需求为 20，因此从 A_3 到 B_2 最多运输 $x_{32} = \min(a_3 - 20, b_2) = 10$ 单位，我们在运输表 x_{32} 单元格中填入"10"。此时 A_3 的供应已经完全得到安排，我们在 x_{33} 对应的决策单元格中画"×"，表示 $x_{33} = 0$（即 x_{33} 为非基变量）。

剩下的两个尚未安排的单元格中，从销地 B_2 和 B_3 尚未满足的需求可以直观得到 $x_{12} = 10$，$x_{13} = 10$。填入这两个运输量值之后，所有的单元格都得以安排。

通过上述安排，我们给五个单元格安排了取值为正数的运输量，其余单元格取值为 0。该安排方案即对应运输规划的一个基可行解，其中取值为正数的五个决策变量为基变量。该方案对应的总运输成本为 210。

2. 西北角法

最小元素法需要判断当前的最低运费，西北角法则总是优先安排运输表中左上角（即西北角）所对应的单元格，操作起来更为方便，如表 4-4 所示。

在例 4-1 中，首先从西北角开始，我们安排 A_1 向 B_1 的运输量。由于 A_1 产量为 20，低于 B_1 销量，所以 x_{11} 单元格中填入 20，此时 A_1 的所有产量消耗完毕，划掉 A_1 所在行的其他决策单元格。接下来考虑剩下表格的西北角（即单元格 x_{21}）：因为 A_2 的供应量是 40，B_1 尚未满足的需求是 40，因此安排 $x_{21} = 40$，此时 A_2 的供应量消耗完毕，B_1 所有需求也得到满足。理论上，我们可以划掉 A_2 所在行和 B_1 所在列的所有其他尚未安排的单元格，但是这里我们只划掉 A_2 所在行的其他单元格（也可以只划掉 B_1 所在列的所有其他单元格）。接下来，考虑剩下表格的西北角（即单元格 x_{31}），我们发现其最大运输量为 0。剩下两个单元格 x_{32} 和 x_{33} 可以非常直观地确定其运输量分别为 20 和 10。

表 4-4　用西北角法寻找初始基可行解

产地 \ 销地	B_1	B_2	B_3	产量
A_1	20 [3]	× [5]	× [5]	20
A_2	40 [1]	× [3]	× [2]	40
A_3	0 [2]	20 [3]	10 [4]	30
销量	60	20	10	

至此，我们也得到了一个基可行解，其中标注数字的五个单元格对应于基变量，其他画“×”的为非基变量。该运输方案对应的总运输成本为 200，甚至低于通过最小元素法得到的方案。

值的一提的是，在确定了 $x_{21}=40$ 之后，如果同时划掉 A_2 所在行和 B_1 所在列的所有其他尚未安排的单元格，那么 x_{31} 所对应的单元格将被画“×”。这样，标注数字的将只有四个单元格了。为了能给出一个基可行解（此例中基变量 x_{31} 取值为 0），我们一次只在某行或者某列中画“×”。

3. *差值法*（Vogol *法*）

对比最小元素法和西北角法所对应的初始运输方案，可以看到，优先安排运价最低的产–销对并不一定能带来经济的结果。差值法（也称为 Vogol 法）的基本思路是：可以先计算出运输表中各行或者各列的最低运价和次低运价之间的差值（分别称为“行罚数”和“列罚数”），然后优先安排罚数最大的行或者列中单位运费最小的决策单元格。这是因为，如果不优先安排该单元格，那么在将运输量安排到同行或者同列的其他单元格时，将会带来很大的成本增量。和最小元素法一样，差值法也是一种启发式方法。

在例 4-1 中，我们可以在运输表的基础上增加一些行或者列来记录列罚数或者行罚数，如表 4-5 所示。

计算当前的行罚数和列罚数值。比如，产地 A_1 所在行的行罚数为 $5-3=2$，销地 B_1 所在列的列罚数为 $2-1=1$。在所有罚数中，取值最大的是 2，对应销地 B_3 所在列（也可以选择产地 A_1 所在行）。因此，优先安排 B_3 所在列中的决策单元格 x_{23}，其取值为 $\min(10,40)=10$，并在 x_{13} 和 x_{33} 所在决策单元格画“×”。

重新计算剩余单元格所对应的行罚数和列罚数。比如，产地 A_1 所在行的行罚数依然为 $5-3=2$，但是产地 A_2 所在行的行罚数变为 $3-1=2$。选择最大罚数所在的行 A_1，优先安排 x_{11}，填入数据 20，并在 x_{12} 中画“×”。

表 4-5 用差值法寻找初始基可行解

产地＼销地	B_1	B_2	B_3	产量	行罚数		
A_1	3 20	5 ×	5 ×	20	2	[2]	
A_2	1 30	3 ×	2 10	40	1	2	[2]
A_3	2 10	3 20	4 ×	30	1	1	1
销量	60	20	10				
列罚数	1 1 1	0 0 0	[2]				

重新计算剩余单元格所对应的行罚数和列罚数。选择最大罚数所在的行 A_2，优先安排 x_{21}，填入数据 30，并在 x_{22} 中画“×”。

剩下两个决策单元格 x_{31} 和 x_{32}，很显然，应该填入 10 和 20。

至此，我们也得到了一个基可行解，其中标注数字的五个单元格对应于基变量，其他画“×”的为非基变量。该运输方案对应的总运输成本为 190，低于前两种方法得到的方案。

正如例 4-1 所显示的，一般情况下，差值法往往能得到一个质量较好（即更接近最优运输方案）的初始运输方案。在上述三种方法中，从产地的供应量和销地的需求量考虑，在确定好某个决策单元格对应的运输量以后，需要划掉所在行或者所在列的其他尚未安排的决策单元格。通过这种方法，将刚好标注出 $m+n-1$ 个决策单元格（其中部分决策单元格取值可以为 0），对应于基可行解的基变量。

4.2.2 解的最优性检验

得到运输问题的初始基可行解之后，需要检验该解是否最优。和单纯形法一样，需要计算每个非基变量所对应的检验系数：只有当所有非基变量的检验系数均非负时，该运输方案才是最优的；否则可以通过方案调整进一步降低总运输成本。

从经济学含义的角度，检验系数对应于将某非基变量增加 1 单位时导致的目标函数的变化量。考虑运输表中划“×”的某决策单元格 x_{ij}：如果将 x_{ij} 的取值从 0 增加为 1，要保持所有等式约束依然成立，从产地 A_i 发出的量中，必须有某一个销地的接收量减少 1 单位，相应地，必须从某其他产地增加 1 单位运输量到该销地才能保证该销地的所有需求得到满足 …… 该方案将被不断调整下去，直到所有的产地的配送量和所有销地的需求量都满足等式约束为止。在该过程中，总运费的变动量即对应 x_{ij} 的检验系数。可以通过两种方法来计算检验系数。

1. 闭回路法

所谓闭回路，是从运输表上某个决策变量出发，沿着横向或纵向方向前进，依次经过其他决策单元格后回到出发点所构成的一个回路。

比如，在例 4-1 中，$x_{11} \rightarrow x_{12} \rightarrow x_{22} \rightarrow x_{21} \rightarrow x_{11}$ 即是一个最简单的闭回路。闭回路可以是一个简单的矩形，也可以是由水平和竖直边线组成的其他封闭多边形，如图 4-1 所示。

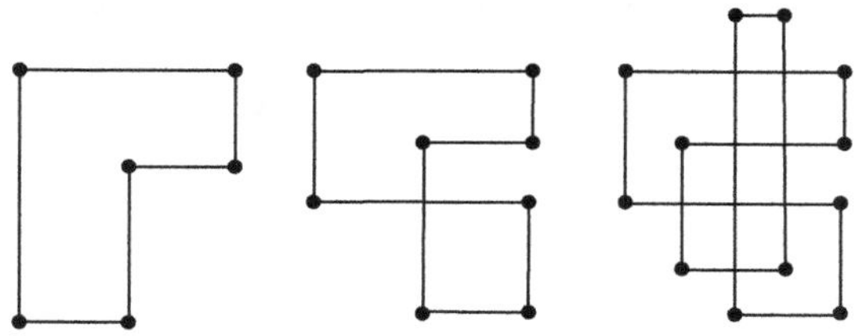

图 4-1　运输表中的闭回路

可以证明，位于闭回路上的一组决策变量，它们在运输规划问题中的列向量是线性相关的。因此，运输规划的任何一个基可行解中，对应的基变量不可能构成一个闭回路。这说明，在确定运输问题的基可行解时，除了要求基变量的个数为 $m+n-1$ 以外，还要求填数字的格不能构成闭回路。上面通过最小元素法、西北角法和差值法得到的初始基可行解都满足这些条件。

感兴趣的读者可以自行证明如下几个定理。

定理 4-1　*在利用最小元素法、西北角法和差值法得到的初始运输方案中，数字格都不包含闭回路。*

定理 4-2　*若 $X=(x_{ij})_{m\times n}$ 是运输规划的一个可行解，则它是基可行解的充分必要条件是：$(x_{ij})_{m\times n}$ 的正分量不包含任何闭回路。*

定理 4-3　*在利用最小元素法、西北角法和差值法得到的初始运输方案中，从任何划"×"的决策单元格出发，都能找到唯一一条由数值格组成的闭回路。*

例如，考虑表 4-2：从非基变量 x_{11} 出发，经 x_{12}，x_{32}，x_{31} 等三个标有数值的决策单元格，再回到 x_{11}，构成图 4-2 中唯一闭回路。

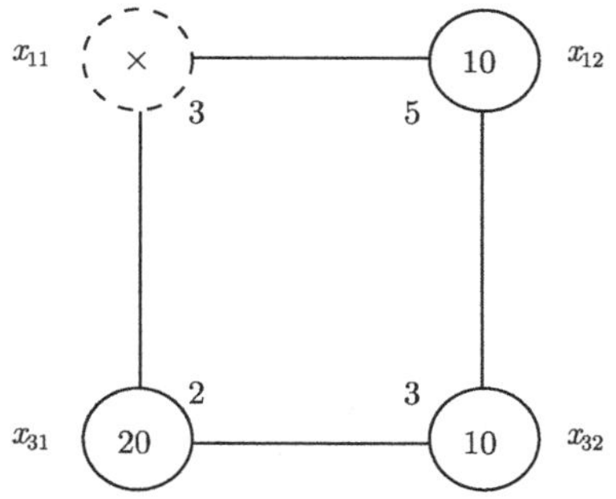

图 4-2　闭回路示例

考虑 x_{11} 由 0 变为 1 的情形，为了保持产销运输的平衡，需要把 x_{12} 降低 1 单位，x_{32} 增加 1 单位，x_{31} 降低 1 单位。在该变动过程中，总运输成本的变动量为：

$$\lambda_{11}=c_{11}-c_{12}+c_{32}-c_{31}=3-5+3-2=-1<0$$

λ_{11} 即对应于决策变量 x_{11} 的检验系数。因为 $\lambda_{11}=-1<0$，说明提高运量 x_{11} 能够进一步降低成本。因此，表 4-2 所对应的基可行解并非最优。

上述例子表明，要计算每一个非基变量的检验系数，只需找到该决策变量所对应的由数值格组成的闭回路；在该闭回路中，所有偶次拐点运价之和减去所有奇次拐点运价之和得到的数即为该非基变量的检验系数。只要存在一个非基变量的检验系数为负，就能够通过调整运输方案来进一步降低总成本。

2. 位势法

我们也可以从对偶解的视角来判断运输方案是否最优。考虑产销平衡运输规划问题的对偶问题：

$$(\text{D})\max\quad w=\sum_{i=1}^{m}a_iu_i+\sum_{j=1}^{n}b_jv_j$$
$$\text{s.t.}\quad u_i+v_j\leqslant c_{ij},\quad i=1,2,\cdots,m;\quad j=1,2,\cdots,n$$

其中 u_i 和 v_j 分别为对应于约束条件

$$\sum_{j=1}^{n}x_{ij}=a_i,\quad i=1,2,\cdots,m$$

和

$$\sum_{i=1}^{m}x_{ij}=b_j,\quad j=1,2,\cdots,n$$

的对偶变量，我们称之为对应于产地 A_i 和销地 B_j 的“位势”。值得注意的是，对偶变量的取值可正可负，因为它们对应于运输问题的等式约束。根据互补松弛性，我们知：

定理 4-4 设 $X=(x_{ij})_{m\times n}$ 是运输规划的一个可行解，$(u_1,u_2,\cdots,u_m,v_1,v_2,\cdots,v_n)$ 为对偶问题 (D) 的一个可行解。如果满足条件

$$x_{ij}\left(c_{ij}-u_i-v_j\right)=0,\quad i=1,2,\cdots,m,\quad j=1,2,\cdots,n$$

则 $X=(x_{ij})_{m\times n}$ 即为原运输规划的最优解，$(u_1,u_2,\cdots,u_m,v_1,v_2,\cdots,v_n)$ 即为其对偶问题的最优解。

如果当前运输表中给出的基可行解最优，则一定存在一组对偶解 $(u_1,u_2,\cdots,u_m,v_1,v_2,\cdots,v_n)$，同时满足：

(1) 对所有的基变量 x_{ij}，有 $u_i+v_j=c_{ij}$；

(2) 对所有的非基变量，有 $u_i+v_j\leqslant c_{ij}$。

因此，要检验基可行解的最优性，可以暂且认为当前解是最优的，即可以对所有基变量写出关于 u_i 和 v_j 的方程组。求解该方程组可以得到一组 $(u_1,u_2,\cdots,u_m,v_1,v_2,\cdots,v_n)$ 解（该解不唯一）。对每个非基变量 x_{ij}，计算 $\lambda_{ij}=c_{ij}-u_i-v_j$。如果 λ_{ij} 均大于或等于零，则说明最优性假设成立；若否，则说明当前解还可以进一步改善。

事实上，这里的 λ_{ij} 即为非基变量 x_{ij} 的检验系数。为了便于理解，可以考虑非基变量 x_{ij} 所对应的由数字格组成的唯一闭回路。我们以图 4-2 为例：

$$\lambda_{11}=c_{11}-u_1-v_1=c_{11}-(u_1+v_2)+(u_3+v_2)-(u_3+v_1)=c_{11}-c_{12}+c_{32}-c_{31}$$

其中用到了等式

$$u_1+v_2=c_{12}$$
$$u_3+v_2=c_{32}$$
$$u_3+v_1=c_{31}$$

λ_{ij} 正好等于闭回路中所有偶次拐点运价之和减去所有奇次拐点运价之和。所以，利用上述方法计算得到的 λ_{ij} 和利用闭回路法计算得到的检验系数是等价的。值得留意的是，利用 $(m+n-1)$ 个基变量构造出了关于 u_i 和 v_j 的 $(m+n-1)$ 个方程，但是其变量个数为 $(m+n)$，这意味着在计算 $(u_1, u_2, \cdots, u_m, v_1, v_2, \cdots, v_n)$ 时，会存在多组（其实是无穷多组）解。但是利用不同解计算得到的检验系数是相等的。也就是说，在利用该方法计算非基变量的检验系数时，$(u_1, u_2, \cdots, u_m, v_1, v_2, \cdots, v_n)$ 的绝对取值并不重要，我们关心的只是它们的相对大小（即相对位势）。

实际计算时，并不需要列出对偶变量满足的 $(m+n-1)$ 个方程，可以直接在运输表中增加一列（用来记录产地的位势 u_i）和一行（用来记录销地的位势 v_j），如表 4-6 所示：

表 4-6　利用位势法计算检验系数

产地＼销地	B_1		B_2		B_3		产量	u_i
A_1	×	3 [−1]	10	5	10	5	20	0
A_2	40	1	×	3 [1]	×	2 [0]	40	−3
A_3	20	2	10	3	×	4 [1]	30	−2
销量	60		20		10			
v_j	4		5		5			

从表中的任一基变量（如 x_{12}）出发，我们可以令其对应的产地（或销地）的位势为 0，直接得到其对应的销地（或产地）的位势为 $v_2 = c_{12} = 5$。然后考虑基变量 x_{32}，因为 $u_3 + v_2 = c_{32}$，可以直接算出 $u_3 = -2$。接下来考虑基变量 x_{31}，因为 $u_3 + v_1 = c_{31}$，可以直接算出 $v_1 = 4$。按照类似的思路依次考虑变量 x_{21} 和 x_{13}，可以给出对偶变量 $(u_1, u_2, u_3, v_1, v_2, v_3)$ 的一组完整解。

要计算非基变量（划"×"的决策变量）的检验系数，也可以在上述表格的基础上，直接代用公式 $\lambda_{ij} = c_{ij} - u_i - v_j$。比如，在表 4-6 中，$\lambda_{11} = 3 - 0 - 4 = -1$，$\lambda_{33} = 4 + 2 - 5 = 1$。由 $\lambda_{11} < 0$，可知当前运输方案并非最优，需要换基迭代。

4.2.3　通过换基迭代调整方案

如果判定当前的基可行解没有达到最优性条件，需要进行换基迭代。选择入基变量时，很显然，可以选择检验系数为负而且绝对值最大的变量作为入基变量（这是一条经验）。出基变量则只能在该入基变量所对应的由数值格组成的闭回路上确定。

还是考虑表 4-6 中的结果。已经计算出 $\lambda_{11} < 0$（其他检验系数均大于等于 0），因此 x_{11} 入基。从 x_{11} 出发，其对应的由数值格组成的唯一闭回路为 $x_{11} \rightarrow x_{12} \rightarrow x_{32} \rightarrow x_{31} \rightarrow x_{11}$。在该闭回路上，奇数拐点上当前运量的最小值为 $\theta = 10$，则意味着在增加 x_{11} 的过程中，为了保证其他所有变量的非负性，其最多能增加 10。如果 x_{11} 取值变为 10，则为了保持产销的运输平衡，所有奇数拐点上的运量将减少 10 单位，所有偶数拐点上的运量将增加 10 单位。通过上述调整，奇数拐点 x_{12} 的取值将下降为 0，因此 x_{12} 对应于

出基变量。通过调整运输方案（如表 4-7 所示），总成本的变动量为 $\theta_{\lambda_{11}} = -10$，即降低 10 单位的成本。

表 4-7　换基迭代之后的运输方案 (1)

产地 \ 销地	B_1	B_2	B_3	产量	u_i
A_1	3 10	5 × [1]	5 10	20	0
A_2	1 40	3 × [1]	2 × [−1]	40	−2
A_3	2 10	3 20	4 × [0]	30	−1
销量	60	20	10		
v_j	3	4	5		

利用位势法重新计算各产地和各销地的位势，并计算每个非基变量的检验系数（也可以直接利用闭回路法计算检验系数）。如表 4-7 所示，x_{23} 的检验系数小于 1，因此需要继续换基迭代。从 x_{23} 出发，其对应的由数值格组成的唯一闭回路为 $x_{23} \to x_{13} \to x_{11} \to x_{21} \to x_{23}$。在该闭回路上，奇数拐点上当前运量的最小值为 $\theta = 10$。因此，将该闭回路上所有奇数拐点上的运量减少 10 单位，所有偶数拐点上的运量增加 10 单位，得到的新结果如表 4-8 所示。相对上一步而言，总成本的变动量为 $\theta_{\lambda_{23}} = -10$，即降低 10 单位的成本。

表 4-8　换基迭代之后的运输方案 (2)

产地 \ 销地	B_1	B_2	B_3	产量	u_i
A_1	3 20	5 × [1]	5 × [1]	20	0
A_2	1 30	3 × [1]	2 10	40	−2
A_3	2 10	3 20	4 × [1]	30	−1
销量	60	20	10		
v_j	3	4	4		

计算检验系数，可以发现当前所有非基变量检验系数非负，因此达到最优，最优解对应的总成本为 190。

总结一下，换基迭代调整方案的步骤为：

① 对检验系数为负的非基变量 x_{ij}，找出其由数值格组成的闭回路；

② 在该闭回路上，计算运输调整量 $\theta = \min\{奇拐点处运输量\}$；

③ 方案调整：闭回路上所有奇拐点运量减 θ，所有偶拐点运量加 θ。

4.3　产销不平衡的运输问题

本节将进一步考虑产销不平衡的运输问题。对于产大于销或者销大于产的运输问题，都可以经过等价变化转换为产销平衡的运输问题。

4.3.1 产大于销的情形

对于产大于销的情形，可以在约束条件中引入 m 个松弛变量，记为 $x_{1(n+1)}, x_{2(n+1)}, \cdots, x_{m(n+1)}$，等价变形为

$$\min \quad z=\sum_{i=1}^{m}\sum_{j=1}^{n}c_{ij}x_{ij}$$

$$\text{s.t.}\begin{cases}\sum\limits_{j=1}^{n}x_{ij}+x_{i(n+1)}=a_i, \quad i=1,2,\cdots,m\\ \sum\limits_{i=1}^{m}x_{ij}=b_j, \quad j=1,2,\cdots,n\\ \sum\limits_{i=1}^{m}x_{i(n+1)}=\sum\limits_{i=1}^{m}a_i-\sum\limits_{j=1}^{n}b_j\\ x_{ij}\geqslant 0, \quad i=1,2,\cdots,m;\ j=1,2,\cdots,n+1\end{cases}$$

在上面的模型中，加入的约束

$$\sum_{i=1}^{m}x_{i(n+1)}=\sum_{i=1}^{m}a_i-\sum_{j=1}^{n}b_j$$

其实是一个冗余的约束。不难看出，上述模型可变形为一个产销平衡的运输规划模型，其中引入的松弛变量可以看作从各产地运往一个“虚拟”的销地 B_{n+1} 的数量，该销地对应的需求刚好等于产地过剩的总产能 $\sum\limits_{i=1}^{m}a_i-\sum\limits_{j=1}^{n}b_j$。此外，从任一产地运往该虚拟销地的单位运费为 0，因为松弛变量对应的目标函数系数为 0。

[例 4-2]（产大于销的运输问题） 考虑从 3 个工厂向 3 个商店配货的运输问题，各工厂的产能、各商店的需求以及单位配送成本如表 4-9 所示。请规划最优的物流配送方案。

表 4-9

	商店 1	商店 2	商店 3	产量
工厂 1	7	9	8	10 000
工厂 2	8	9	7	12 000
工厂 3	4	7	8	5 000
需求量	5 000	8 000	12 000	

解：该问题中，3 家工厂的总产量为 27 000，大于总需求 25 000，因此，是一个典型的产大于销的运输问题。可以在上述表格中添加一个虚拟的商店 4，其对应的单位运输成本均为 0，其需求量为 $27\,000-25\,000=2\,000$，如表 4-10 所示：

表 4-10

	商店 1	商店 2	商店 3	商店 4	产量
工厂 1	7	9	8	0	10 000
工厂 2	8	9	7	0	12 000
工厂 3	4	7	8	0	5 000
需求量	5 000	8 000	12 000	2 000	

利用表上作业法求解上述产销平衡的运输问题，即可得到原问题的最优物流配送方案。在最优运输方案中，对应于商店 4 的运输量 x_{14}、x_{24} 和 x_{34} 分别表示工厂 1、工厂 2 和工厂 3 闲置的产量。

4.3.2 销大于产的情形

对于销大于产的情形，同样可以在约束条件中引入 n 个松弛变量，记为 $x_{(m+1)1}, x_{(m+1)2}, \cdots, x_{(m+1)n}$，等价变形为

$$\min z = \sum_{i=1}^{m}\sum_{j=1}^{n} c_{ij}x_{ij}$$

$$\text{s.t.}\begin{cases}\displaystyle\sum_{j=1}^{n} x_{ij} = a_i, \quad i = 1, 2, \cdots, m \\ \displaystyle\sum_{i=1}^{m} x_{ij} + x_{(m+1)j} = b_j, \quad j = 1, 2, \cdots, n \\ \displaystyle\sum_{j=1}^{n} x_{(m+1)j} = \sum_{j=1}^{n} b_j - \sum_{i=1}^{m} a_i \\ x_{ij} \geqslant 0, \quad i = 1, 2, \cdots, m+1;\ j = 1, 2, \cdots, n\end{cases}$$

在上述模型中，加入的约束

$$\sum_{j=1}^{n} x_{(m+1)j} = \sum_{j=1}^{n} b_j - \sum_{i=1}^{m} a_i$$

也是一个冗余的约束。上述模型也是一个产销平衡的运输规划模型，其中引入的松弛变量可以看作从一个“虚拟”的产地 A_{m+1} 运往各销地的数量，该产地对应的产量刚好等于未能满足的总需求 $\sum\limits_{j=1}^{n} b_j - \sum\limits_{i=1}^{m} a_i$。此外，从该虚拟产地运往各销地的单位运费为 0，因为松弛变量对应的目标函数系数为 0。

[例 4-3]（销大于产的运输问题） 考虑从 3 个工厂向 3 个商店配货的运输问题，各工厂的产量、各商店的需求以及单位配送成本如表 4-11 所示。请规划最优的物流配送方案。

表 4-11

	商店 1	商店 2	商店 3	产量
工厂 1	7	9	8	8 000
工厂 2	8	9	7	10 000
工厂 3	4	7	8	5 000
需求量	5 000	8 000	12 000	

解：该问题中，3 家工厂的总产量为 23 000，小于总需求 25 000，因此，是一个典型的销大于产的运输问题。可以在上述表格中添加一个虚拟的工厂 4，其各商店对应的单位运输成本均为 0，其产量为 25 000 − 23 000 = 2 000，如表 4-12 所示。

利用表上作业法求解上述产销平衡的运输问题，即可得到原问题的最优物流配送方案。在最优运输方案中，对应于工厂 4 的运输量 x_{41}、x_{42} 和 x_{43} 分别表示最优安排下商店 1、商店 2 和商店 3 尚未满足的需求。

表　4-12

	商店 1	商店 2	商店 3	产量
工厂 1	7	9	8	8 000
工厂 2	8	9	7	10 000
工厂 3	4	7	8	5 000
工厂 4	0	0	0	2 000
需求量	5 000	8 000	12 000	

4.4　运输规划模型的应用

本节再探讨几个更为复杂的运输问题，我们通过变换，也能将它们等价转化为产销平衡的运输问题。

[例 4-4]（有限制的运输问题）　考虑如表 4-13 中销大于产的运输问题。因为交通限制，从工厂 1 不能运送货物至商店 3，从工厂 3 不能运输至商店 1。请规划最优的物流配送方案。

表　4-13

	商店 1	商店 2	商店 3	产量
工厂 1	7	9	/	10 000
工厂 2	8	9	7	12 000
工厂 3	/	7	8	5 000
需求量	5 000	8 000	12 000	

解：首先引入一个需求为 2 000 的虚拟商店 4，它所对应的各工厂单位运费均为 0。工厂 1 不能运送货物至商店 3，等价于从工厂 1 到商店 3 的单位运费无穷大，我们可以引入一个 M（表示足够大的数）来表示。类似地，工厂 3 到商店 1 的单位运费也是 M。得到的产销平衡运输问题如表 4-14 所示：

表　4-14

	商店 1	商店 2	商店 3	商店 4	产量
工厂 1	7	9	M	0	10 000
工厂 2	8	9	7	0	12 000
工厂 3	M	7	8	0	5 000
需求量	5 000	8 000	12 000	2 000	

[例 4-5]（产量可变的运输问题）　考虑如表 4-15 中的运输问题，其中三个销地的需求分别为 60、20 和 10；各产地到各销地的单位运费如表所示。在产品的供应端，因为受到一些客观条件的限制，产地 A_1 至少要发出 20 单位的产品，它最多能生产 40 单位；产地 A_2 要发出的产品刚好等于 40 单位；产地 A_3 至少要发出 20 单位的产品。请规划能满足所有销地需求的最优配送方案。

解：该问题中，总需求为 90，当 a_1 取最小值 20、a_2 取 40 时，产地 A_1 和 A_2 的运输量之和为 60，因此，产地 A_3 的最大产量为 30。如果产地 A_1 和 A_3 的运输量都取其最大值（分别为 40 和 30），总产量可以达到 110，大于总需求量 90。因此，我们应该增设一个虚拟销地 B_4，其对应的需求为 20。

表 4-15

	B_1	B_2	B_3	供应量
A_1	3	5	5	$20 \leqslant a_1 \leqslant 40$
A_2	1	3	2	$a_2 = 40$
A_3	2	3	4	$a_3 \geqslant 20$
需求	60	20	10	

对比该问题和本章介绍的产销平衡运输问题的不同之处，我们可以从如下方面进行设置。

(1) 可以将产地 A_1 拆分为两个产地，记为 A_1^1 和 A_1^2，它们各自的产量分别为 20 和 20。对于产地 A_1^1，其产量必须全部用完，因此不能从产地 A_1^1 运往虚拟销地 B_4，其对应的单位运费设为 M。对于产地 A_1^2，其产量可以运往虚拟销地 B_4，其对应的单位运费设为 0。

(2) 对于产地 A_2，其产量必须全部用完，因此不能从产地 A_2 运往虚拟销地 B_4，其对应的单位运费设为 M。

(3) 类似于 A_1，可以将产地 A_3 拆分为两个产地，记为 A_3^1 和 A_3^2，它们各自的产量分别为 20 和 10。对于产地 A_3^1，其产量必须全部用完，因此不能从产地 A_3^1 运往虚拟销地 B_4，其对应的单位运费设为 M。对于产地 A_3^2，其产量可以运往虚拟销地 B_4，其对应的单位运费设为 0。

变换之后的产销平衡运输表如表 4-16 所示：

表 4-16

	B_1	B_2	B_3	B_4	供应量
A_1^1	3	5	5	M	20
A_1^2	3	5	5	0	20
A_2	1	3	2	M	40
A_3^1	2	3	4	M	20
A_3^2	2	3	4	0	10
需求	60	20	10	20	

[例 4-6]（自来水调度） 考虑某城市的自来水调度系统。自来水来源于 3 个水厂，分别记为 A_1、A_2 和 A_3；需求划分为 4 个区域，分别记为 B_1、B_2、B_3 和 B_4。各水厂的产量固定，但是各个区域的需求具有一定的柔性。相关数据（包括单位运费）如表 4-17 所示，其中从 A_3 到 B_4 不具备运输条件。要求通过最优安排，在满足下列条件的基础上使得总运输成本最小：

- 所有水厂都用尽其最大产能；
- B_1 至少满足 30 单位的需求，最多满足 50 单位的需求；
- B_2 恰好满足 70 单位的需求；
- B_3 没有最低满足需求的限制，但是最多满足 30 单位的需求；

- B_4 至少满足 10 单位的需求，无最高需求的限制。

表 4-17

	B_1	B_2	B_3	B_4	产量
A_1	16	13	22	17	50
A_2	14	13	19	15	60
A_3	19	20	23	/	50
最低需求	30	70	0	10	
最高需求	50	70	30	无限	

解: 在该问题中，总产量为 160，总最低需求为 110。因此，虽然 B_4 无最高需求的限制，其能满足的最高需求是 60。在此种设置下，所有销地的最大总需求为 $50+70+30+60=210$，大于总产量 160，因此，可以引入一个虚拟的水厂 A_4，其对应的产能为 $210-160=50$。对比该问题和本章介绍的产销平衡运输问题的不同之处，我们可以从如下方面进行设置。

(1) A_3 到 B_4 不具备运输条件，等价于认为从 A_3 到 B_4 的单位运费是无穷大，我们可以引入一个 M 来表示。

(2) 对于销地 B_1，可以将其需求划分为两部分：必须满足的部分 30 和可以满足也可以不满足的需求 20。相应地，可以把销地 B_1 看作两个销地，记为 B_1^1 和 B_1^2，它们对应的需求分别为 30 和 20。其中 B_1^1 的需求是必须满足的，因此它的需求不能通过虚拟水厂 A_4 来满足，对应的单位运费设为 M；而 B_1^2 的需求是可以不被满足的（或部分满足的），其对应于虚拟水厂 A_4 的单位运费设为 0。

(3) B_2 的所有需求都必须通过实际水厂满足，因此对应于虚拟水厂 A_4 的单位运费设为 M。

(4) B_3 的所有需求都是可以不被满足的（或被部分满足的），其对应于虚拟水厂 A_4 的单位运费设为 0。

(5) 对于销地 B_4，也可以把它看作两个销地，记为 B_4^1 和 B_4^2，它们对应的需求分别为 10 和 50。其中 B_4^1 的需求是必须满足的，因此它的需求不能通过虚拟水厂 A_4 来满足，对应的单位运费设为 M；而 B_4^2 的需求是可以不被满足的（或被部分满足的），其对应于虚拟水厂 A_4 的单位运费设为 0。

通过上述设置后，得到的产销平衡运输表格如表 4-18 所示。利用表上作业法求解该问题，即可得到原始问题的最优运输方案。在该方案中，水厂 A_1、A_2 和 A_3 的产量都将被消耗完毕。

表 4-18

	B_1^1	B_1^2	B_2	B_3	B_4^1	B_4^2	产量
A_1	16	16	13	22	17	17	50
A_2	14	14	13	19	15	15	60
A_3	19	19	20	23	M	M	50
A_4	M	0	M	0	M	0	50
需求	30	20	70	30	10	50	

[例 4-7]（供应问题） 某企业与客户签订了未来一年的某大型设备的交付合同，合同规

定每季度末交付的设备数量，如表 4-19 所示。已知企业每季度的生产能力均为 20 台，但是考虑到物价和劳动力等因素，每季度的单位成本不同。因此，企业可以提前生产部分产品并留作库存，以满足未来的合同需求。已知每台设备每季度的库存成本为 1.5 千元。请问：在完成合同的前提下，企业应该如何安排生产和库存？

表 4-19

季度	交付量（台）	产能（台）	单位成本（千元）
1	12	20	$c_1 = 108$
2	15	20	$c_2 = 111$
3	20	20	$c_3 = 110$
4	18	20	$c_4 = 113$

解：设 x_{ij} 为第 i 季度生产、用于第 j 季度交货的设备台数（$i, j = 1, 2, 3, 4$），企业的目标函数如下：

$$\min \quad z = \sum_{i=1}^{4}\sum_{j=1}^{4} c_{ij}x_{ij}$$

其中 c_{ij} 表示该第 i 季度生产、用于第 j 季度交货的单位成本，其表达式为

$$c_{ij} = c_i + 1.5\,(j - i)$$

企业面临的约束条件包括三部分，如下：

- 各个季度的交付任务都必须得以满足，即

$$\begin{cases} x_{11} = 12 \\ x_{12} + x_{22} = 15 \\ x_{13} + x_{23} + x_{33} = 20 \\ x_{14} + x_{24} + x_{34} + x_{44} = 18 \end{cases}$$

- 各个季度的产能限制：

$$\begin{cases} x_{11} + x_{12} + x_{13} + x_{14} \leqslant 20 \\ x_{22} + x_{23} + x_{24} \leqslant 20 \\ x_{33} + x_{34} \leqslant 20 \\ x_{44} \leqslant 20 \end{cases}$$

- 非负性约束：

$$x_{ij} \geqslant 0, \quad i, j = 1, 2, 3, 4$$

该问题看似和运输规划无关，但是我们可以通过下列转化，将其等价于一个产销平衡的运输规划。首先，该问题中的总产量为 80（对应四个季度的总产能）、总需求为 65（对应四个季度交付的总设备数），因此，我们可以引入一个虚拟销地（B_5），其需求为 15，对应的单位运费均为 0。其次，任何季度生产的产品只能用于交付之后的合同需求，因此对任何 $i > j$ 的组合，必有 $x_{ij} = 0$，为了做到这一点，只需将所有 $i > j$ 的单位运费设为 $c_{ij} = M$ 即可。

通过上述设置后，得到的产销平衡运输表格如表 4-20 所示。利用表上作业法求解该运输规划，表中每行所对应的产地运往实际销地（不包括 B_5）的运量之和即为最优安排下该季度的产量决策。

表 4-20

	B_1	B_2	B_3	B_4	B_5	产量
A_1	108	109.5	111	112.5	0	20
A_2	M	111	112.5	114	0	20
A_3	M	M	110	111.5	0	20
A_4	M	M	M	113	0	20
需求	12	15	20	18	15	

4.5 用 LINGO 求解运输规划

虽然通过表上作业法可以极大地简化运输规划的求解过程，但是对于大规模（比如很多个产地和很多个销地的情形）的运输问题，表上作业法需要的计算代价也可能非常大。这时我们也可以采用计算机软件程序帮助求解。Microsoft Excel 求解运输规划问题的缺点在于需要做很多烦琐的设置与定义。建议可以采用另一种工具，即 LINGO（或者 LINDO）来求解运输规划问题。

[例 4-8] 求解表 4-21 所示的运输规划问题：

表 4-21

	B_1	B_2	B_3	B_4	B_5	B_6	B_7	B_8	产量
A_1	6	2	6	7	4	2	5	9	60
A_2	4	9	5	3	8	5	8	2	55
A_3	5	2	1	9	7	4	3	3	51
A_4	7	6	7	3	9	2	7	1	43
A_5	2	3	9	5	7	2	6	5	41
A_6	5	5	2	2	8	1	4	3	52
销量	35	37	22	32	41	32	43	38	

解：这是一个产大于销的运输问题。利用 LINGO 提供的一些内置函数和语言，可以非常便利地写出 LINGO 代码来求解上述运输问题。对应的代码如表 4-22 所示（对代码进行简单修改，就能求解任何数据的运输规划）。运行代码，得到的优化结果如图 4-3 所示。

表 4-22 LINGO 求解运输规划问题示例

```
model:
! A 6 Warehouse, 8 Customer
   Transportation Problem;
SETS:
   WAREHOUSE / WH1, WH2, WH3, WH4, WH5, WH6/    : CAPACITY;
   CUSTOMER   / C1, C2, C3, C4, C5, C6, C7, C8/ : DEMAND;
   ROUTES( WAREHOUSE, CUSTOMER) : COST, VOLUME;
ENDSETS
```

（续）

```
! The objective;
 [OBJ] MIN = @SUM( ROUTES: COST * VOLUME);

! The demand constraints;
 @FOR( CUSTOMER( J): [DEM]
  @SUM( WAREHOUSE( I): VOLUME( I, J)) >=
   DEMAND( J));

! The supply constraints;
 @FOR( WAREHOUSE( I): [SUP]
  @SUM( CUSTOMER( J): VOLUME( I, J)) <=
   CAPACITY( I));

! Here are the parameters;
DATA:
   CAPACITY =  60, 55, 51, 43, 41, 52;
   DEMAND =   35, 37, 22, 32, 41, 32, 43, 38;
   COST =    6,  2,  6,  7,  4,  2,  5,  9,
        4,  9,  5,  3,  8,  5,  8,  2,
        5,  2,  1,  9,  7,  4,  3,  3,
        7,  6,  7,  3,  9,  2,  7,  1,
        2,  3,  9,  5,  7,  2,  6,  5,
        5,  5,  2,  2,  8,  1,  4,  3;
ENDDATA
End
```

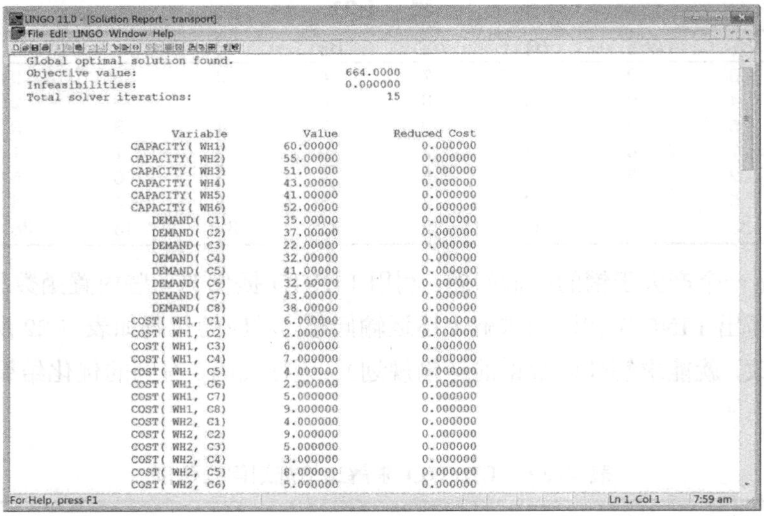

图 4-3　用 LINGO 求解运输规划的结果

本章习题

1. 在运输规划中，满足什么条件的可行解才是基可行解？请判断下面两个运输表中给出的初始运输方案是不是基可行解？为什么？

(1)

产地＼销地	B_1	B_2	B_3	B_4	产量
A_1	0	150			150
A_2			40	60	100
A_3	50				50
销量	50	150	40	60	

(2)

产地＼销地	B_1	B_2	B_3	B_4	B_5	产量
A_1	15			25		40
A_2		21	29			50
A_3			26		4	30
A_4	9	21				30
A_5				7	3	10
销量	24	42	55	32	7	

2. 下面给出了一个 3×4 运输问题的单位运费，请利用最小元素法和闭回路检验法求解该问题。

产地＼销地	B_1	B_2	B_3	B_4	产量
A_1	4	1	4	6	40
A_2	1	2	5	3	50
A_3	3	2	5	1	60
销量	30	35	35	50	

3. 下面给出了一个 3×4 运输问题的单位运费，请利用差值法和位势检验法求解该问题。

产地＼销地	B_1	B_2	B_3	B_4	产量
A_1	3	5	5	4	50
A_2	2	4	3	2	20
A_3	4	3	6	5	50
销量	40	30	20	50	

4. 某企业和一个大客户签订了为期半年的产品交货合同，产品的单位售价为 15 万元。合同规定的交付数量、企业每月的生产能力以及产品的单位生产成本如下表所示。如果生产出的产品当月不交货，每单位产品的库存成本为 0.2 万元。请问企业应如何安排生产，能在满足交付要求的前提下使得总成本最低？请采用两种方法建模，并利用 LINGO 求解。

月份	交付数量（件）	月生产能力（件）	单位生产成本（万元/件）
1	15	25	12.0
2	20	35	11.0
3	20	30	11.5
4	25	20	12.5
5	25	20	13.0
6	20	20	12.5

5. 下表给出了某运输问题及其初始可行解，请回答下列问题：

产地 \ 销地	B_1	B_2	B_3	B_4	产量
A_1	4	50 (1)	30 (5)	3	80
A_2	80 (2)	2	4	20 (3)	100
A_3	3	5	30 (6)	10 (3)	40
销量	80	50	60	30	

(1) 表中给出的解是否为最优解？请用位势法进行检验。如果不是最优解，请利用表上作业法进行计算。

(2) 在 (1) 的最优运输方案的基础上，若单位运费 c_{24} 由 3 变为 4，请问最优解是否发生变化？保持其他参数不变，请问单位运费 c_{24} 在什么范围内取值时，最优解保持不变？如何解释该变化范围？

(3) 从产地 A_2 运往任何一个销地的单位运费都增加 2，请问最优解是否发生变化？为什么？

(4) 从任何产地运往销地 B_2 的单位运费都增加 2，请问最优解是否发生变化？为什么？

(5) 写出该运输问题的对偶问题，并说明两个线性规划问题最优解的关系。请问对偶问题的最优解是否唯一？为什么？

C H A P T E R 5

第5章

目标规划

正如前面章节所介绍到的，线性规划是在满足给定要求的前提下，优化决策者的目标函数。虽然该优化思想比较简单和直观，但是线性规划也存在自身的局限性。比如，线性规划只能优化单一目标函数，但是在企业经营管理中往往会面临多个目标（如利润最大化，同时成本尽可能小，市场占有率尽可能高，环境污染尽可能少等）。如果一定要使用线性规划帮助优化，可能需要把部分“目标”以约束的形式来进行表述。然而这些“目标”之间往往是彼此冲突的，如果都以约束条件来进行表述，很可能出现可行域为空的情形。那么，在这种情形下，企业如何寻找最合适的方案呢？

为解决这一难题，本章介绍一种新的规划方法 —— 目标规划（Goal Programming）；它可以被用来解决存在多个彼此冲突的目标的问题，能够帮助决策者找到满意的解决方案。目标规划是查纳斯（A. Charnes）和库珀（W.W. Cooper）于 1961 年提出的一种优化方法，它很好地克服了线性规划单一目标的局限性。目标规划一经提出，便受到了业界和学界的广泛关注。1965 年，井尻雄士（Y. Ijiri）提出了目标优先级系数和权重系数的概念，并给出了适用于目标规划的单纯形法。李相文于 1972 年出版了世界首部目标规划专著 *Goal Programming for Decision Analyse*，总结了目标规划的理论方法和应用领域。自 20 世纪 60 年代以来，目标规划被广泛应用到了企业管理的方方面面，包括生产计划、投资计划、市场战略、人事管理、环境保护、土地利用等。

5.1 目标规划问题及其数学模型

我们先看几个简单的例子。

[例 5-1]（生产问题） 某私人工作坊长期经营两种产品（A 和 B），工作坊的核心资源是技术工人和设备。已知每年的人工工时和设备工时分别为 50 000 小时和 40 000 小时。两种产品对应的单位利润以及资源消耗量如表 5-1 所示。工作坊老板该如何规划今年的生产任务？

按照线性规划的基本思想，定义

$$x_1 = \text{产品 A 的生产数量}$$
$$x_2 = \text{产品 B 的生产数量}$$

表 5-1

	产品 A	产品 B	有效工时（小时）
人工工时	4	2	50 000
设备工时	2	4	40 000
单位利润（元）	10	8	

如果要追求总利润最大化，则对应的优化问题为

$$\max\ z = 10x_1 + 8x_2$$
$$\text{s.t.}\begin{cases} 4x_1 + 2x_2 \leqslant 50\ 000 \\ 2x_1 + 4x_2 \leqslant 40\ 000 \\ x_1, x_2 \geqslant 0 \end{cases}$$

利用单纯形法容易解出上述问题的最优解为 $X^* = (10\ 000, 5\ 000)$，对应的最优利润 $z^* = 14$ 万元。

上述资源配置模型虽然帮助工作坊老板计算出了今年的最优生产任务安排，但是在现实决策场景中，很少见到类似“实现总利润最大化”的决策目标。相反，企业在规划新年度的生产任务时，往往结合去年的经营状况提出今年的目标。比如，该私人工作坊去年实现了利润 9 万元，工作坊老板很可能提出今年利润突破 10 万元的目标（对应的利润增长率为 11.1%），而不是“利润最大化”。

如果工作坊老板设定的目标是利润突破 10 万元，也就是只要实现利润 10 万元就圆满地完成了新年度的经营目标。那么如何建立模型来准确刻画工作坊老板所面临的决策问题呢？

一种直观的应对方法是把这一目标当成约束来处理，即在上述问题中加入一条 $z \geqslant 100\ 000$ 的约束。对应的线性规划问题是：

$$\max\ z = 10x_1 + 8x_2$$
$$\text{s.t.}\begin{cases} 4x_1 + 2x_2 \leqslant 50\ 000 \\ 2x_1 + 4x_2 \leqslant 40\ 000 \\ 10x_1 + 8x_2 \geqslant 100\ 000 \\ x_1, x_2 \geqslant 0 \end{cases}$$

很显然，该问题的最优解依然是 $X^* = (10\ 000, 5\ 000)$。这样固然能很好地帮助工作坊实现 10 万元利润的目标，但是该决策结果和工作坊老板希望达到的状态并非完全一致。因为在工作坊老板看来，凡是能实现 10 万元利润目标的方案对他来说都是可以接受的，可以接受的方案显然不是唯一的。

这里我们可以通过目标规划的思想来重新建模。其基本思路为：我们可以引入两个新的变量（偏差变量），用来描述实际实现的利润和目标利润（10 万元）之间的偏差。设：

$$d^- = \text{生产安排下利润值不足 10 万元的部分}$$
$$d^+ = \text{生产安排下利润值超过 10 万元的部分}$$

按照定义，两个偏差变量均为非负（$d^+ \geqslant 0$，$d^- \geqslant 0$），同时，$d^+ \times d^- = 0$，即两个偏差变量中至少有一个为零。显然，能够实现的利润值加上负偏差变量 d^-，再减去正偏差变量 d^+，所得的结果应该恰为目标利润值。用等式来表示，即：

$$10x_1 + 8x_2 + d^- - d^+ = 100\ 000$$

重新思考工作坊老板“今年利润突破 10 万元”的目标，也就是在上述等式中，希望负偏差变量 d^- 等于零即可。因此，我们可以写出如下新的规划问题：

$$\min\ w = d^-$$
$$\text{s.t.}\begin{cases} 4x_1 + 2x_2 \leqslant 50\ 000 \\ 2x_1 + 4x_2 \leqslant 40\ 000 \\ 10x_1 + 8x_2 + d^- - d^+ = 100\ 000 \\ x_1, x_2, d^+, d^- \geqslant 0 \\ d^+ \cdot d^- = 0 \end{cases} \tag{5-1}$$

考虑到 d^- 的非负性，如果优化上述问题（具体方法下节介绍）得到的最优目标函数为 $w^* = 0$，那么其对应的生产安排能够实现工作坊老板利润突破 10 万元的目标。

区别于传统的线性规划模型，模型 (5-1) 中包含一对“互斥”的偏差变量（d^+ 和 d^-），它们中必有一个取值为零，同时，目标函数通过偏差变量的最小化形式来表示。我们把类似 (5-1) 的模型称为“目标规划”模型。

[例 5-2]（化肥生产） 一家化肥厂计划生产两种肥料（Ⅰ和Ⅱ），生产需要消耗原材料和设备工时。两种化肥产品消耗的原材料和设备工时以及对应的单位利润如表 5-2 所示。化肥厂当前可用于下个月的原材料库存为 1 200 吨，下个月的可用正常设备工时为 1 000 小时。但是，如有需要，化肥厂可以在一定程度上采购外地的原材料，也可以通过加班的方式来扩大设备可用工时。

表 5-2

	Ⅰ	Ⅱ	资源限制
原材料（吨）	2	1	1 200
设备（小时）	1	2	1 000
利润（元/吨）	600	1 000	

化肥厂决策层要安排下个月的生产。经过公司负责采购、市场和生产的副总讨论决定，化肥厂要实现如下四方面的目标（目标按照优先级别从高到低排列）。

① 当原材料价格上涨时，如果原材料短缺，需要高价购买，因此需要严格控制原材料的使用量；

② 在市场方面，市场调研表明化肥Ⅰ的需求在逐步萎缩，因此管理层决定化肥Ⅰ的产量不高于化肥Ⅱ的产量；

③ 为了提高设备的利用率，希望充分利用设备，但是尽量不要加班；

④ 实现 60 万元的目标利润。

相比例 5-1，例 5-2 明显更为复杂。首先，决策问题中包含了四方面的目标，而且目标之间的重要性并不相同。其次，根据各决策者提出的目标的描述来看，各目标也都有一定的“讨价还价”的余地。比如，在目标①中，“需要严格控制原材料的使用量”意味着实际使用的原材料是可以超过 1 200 吨的（超出的部分要通过采购来获得），只不过希望超出 1 200 吨的部分尽可能少而已；同样，在目标③中，“尽量不要加班”也意味着可以加班，即实际使用的设备工时可以超出 1 000 小时，只不过希望超出的部分尽可能少而已。

如果定义：

$$x_1 = \text{下个月化肥 I 的产量}$$
$$x_2 = \text{下个月化肥 II 的产量}$$

那么我们不能按照传统线性规划的思想，在模型中引入类似于

$$2x_1 + x_2 \leqslant 1\ 200$$
$$x_1 + 2x_2 \leqslant 1\ 000$$

的约束来表示原材料和设备工时的约束。类似例 5-1，我们可以引入偏差变量，建立目标规划模型来帮助化肥厂决策。除了化肥 I 和化肥 II 的产量决策以外，我们结合各级目标进一步定义如下偏差变量：

$d_1^- =$ 实际剩余的原材料

$d_1^+ =$ 实际超出的原材料

$d_2^- =$ 相对于化肥 II 的产量而言，化肥 I 不足的部分

$d_2^+ =$ 相对于化肥 II 的产量而言，化肥 I 超出的部分

$d_3^- =$ 实际剩余的设备工时

$d_3^+ =$ 实际超出的设备工时（即需要加班实现的设备工时）

$d_4^- =$ 相对于 60 万元的利润目标，实际利润不足的部分

$d_4^+ =$ 相对于 60 万元的利润目标，实际利润超出的部分

对目标①：原材料对应的平衡方程（称为“目标约束”）为

$$2x_1 + x_2 + d_1^- - d_1^+ = 1\ 200$$

要严格控制原材料的使用量，即希望超出的部分 d_1^+ 尽可能小（最好为 0），因此对应的目标为

$$\min\ w_1 = d_1^+$$

对目标②：两种化肥产品产量差值对应的目标约束为

$$x_1 - x_2 + d_2^- - d_2^+ = 0$$

要使得化肥 I 的产量不高于化肥 II，即希望超出的部分尽量为 0，对应的目标为

$$\min\ w_2 = d_2^+$$

对目标③：设备工时的目标约束为

$$x_1 + 2x_2 + d_3^- - d_3^+ = 1\ 000$$

如果要充分利用设备，意味着希望设备闲置的时间尽量为 0（即 d_3^- 为 0）；“尽量不要加班”意味着希望加班的时间也尽量为 0（即 d_3^+ 为 0）。因此，该目标对应的目标函数为：

$$\min w_3 = d_3^- + d_3^+$$

对目标④：利润的目标约束为

$$600x_1 + 1\ 000x_2 + d_4^- - d_4^+ = 600\ 000$$

要实现 60 万元的利润水平，即希望利润不足的部分尽量为 0，目标函数为

$$\min w_4 = d_4^-$$

将上述四方面的约束（均为目标约束）综合起来，即得到例 5-2 的完整目标规划模型，如下：

$$\begin{aligned}
\min \quad & w_1 = d_1^+ \\
\min \quad & w_2 = d_2^+ \\
\min \quad & w_3 = d_3^- + d_3^+ \\
\min \quad & w_4 = d_4^-
\end{aligned}$$

$$\text{s.t.} \begin{cases}
2x_1 + x_2 + d_1^- - d_1^+ = 1\ 200 \\
x_1 - x_2 + d_2^- - d_2^+ = 0 \\
x_1 + 2x_2 + d_3^- - d_3^+ = 1\ 000 \\
600x_1 + 1\ 000x_2 + d_4^- - d_4^+ = 600\ 000 \\
x_1, x_2, d_i^+, d_i^- \geqslant 0, i = 1,2,3,4 \\
d_i^+ \cdot d_i^- = 0,\ i = 1,2,3,4
\end{cases}$$

考虑四个目标之间的优先级关系，我们也可以将上述目标函数写为

$$\min \quad w = \left\{P_1 d_1^+, P_2 d_2^+, P_3\left(d_3^- + d_3^+\right), P_4 d_4^-\right\}$$

或者

$$\min \quad w = P_1 d_1^+ + P_2 d_2^+ + P_3\left(d_3^- + d_3^+\right) + P_4 d_4^-$$

[例 5-3]（设备组装线） 某组装工厂拥有一条 24 小时不间断工作的生产线，工人按照三班倒的方式上班。为了保证组装设备正常运转，工厂每天必须花费 1 小时的时间进行设备的预防性维护。因此，每周设备的可用工时只有 $23 \times 7 = 161$ 小时。已知每组装 1 单位的两种产品（A 和 B）各需要消耗 1 小时的设备工时。此外，产品组装还需要消耗人工工时（包括物料搬运、包装等）。已知每单位产品 A 需要消耗 1 小时人工工时，每单位产品 B 需要消耗 0.8 小时人工工时。正常情况下，每周的可用人工工时是 112 小时，如果需要，工厂可以通过加班来适当增加人工工时。

工厂预测下周产品 A 和 B 的需求分别为 80 和 100 单位。已知产品 A 每单位可获利 800 元，产品 B 每单位可获利 600 元。

为了安排下周的生产线任务，管理层设置了四个目标：

① 尽量避免工人闲置；

② 尽量满足两种产品的市场需求；

③ 如果需要可以让工人加班，但尽量不超过 40 小时；

④ 实现利润最大化。

解：设 x_1 和 x_2 分别表示产品 A 和产品 B 的产量决策。首先，因为每周设备的可用工时只能为 161 小时，这意味着 x_1 和 x_2 必须满足下面的约束条件：

$$x_1 + x_2 \leqslant 161$$

在上述条件之下，我们再依次考虑各个目标。结合各级目标的描述，进一步定义如下偏差变量：

d_1^- = 相对于正常人工工时，闲置的人工工时

d_1^+ = 相对于正常人工工时，需要加班的人工工时

d_2^- = 未能满足的产品 A 的需求

d_2^+ = 超额满足的产品 A 的需求

d_3^- = 未能满足的产品 B 的需求

d_3^+ = 超额满足的产品 B 的需求

d_4^- = 相对于 152 小时的人工工时，闲置的人工工时

d_4^+ = 相对于 152 小时的人工工时，还需要加班的人工工时

d_5^- = 相对于 M 的利润目标，实际利润不足的部分

d_5^+ = 相对于 M 的利润目标，实际利润超出的部分

对目标①：正常人工工时对应的目标约束为

$$x_1 + 0.8x_2 + d_1^- - d_1^+ = 112$$

为免工人闲置，即希望闲置的正常人工工时 d_1^- 尽可能小（最好为 0），因此对应的目标为

$$\min w_1 = d_1^-$$

对目标②：两种产品需求对应的目标约束为

$$x_1 + d_2^- - d_2^+ = 80$$

$$x_2 + d_3^- - d_3^+ = 100$$

要求尽量满足市场需求，即未能满足的部分（d_2^- 和 d_3^-）要尽可能小。这里考虑到两种产品的单位利润之比为 4 : 3，可以将目标写为

$$\min w_2 = 4d_2^- + 3d_3^-$$

对目标③：考虑到加班工时后，人工工时对应的目标约束为

$$x_1 + 0.8x_2 + d_4^- - d_4^+ = 152$$

要求加班获得的人工工时尽量不超过 40 小时，即希望相对于 152 小时的人工工时，还需要加班的人工工时（d_4^+）尽可能小，因此对应的目标为

$$\min w_3 = d_4^+$$

对目标④：我们可以设置一个足够大的利润上限（记为 M）作为目标利润水平，利润最大化即希望相对该利润目标不足的部分尽量小。目标约束为

$$800x_1 + 600x_2 + d_5^- - d_5^+ = M$$

对应的目标为

$$\min w_4 = d_5^-$$

将上述所有约束和目标综合起来，即得到例 5-3 的完整目标规划模型，如下：

$$\min w = P_1 d_1^- + P_2\left(4d_2^- + 3d_3^-\right) + P_3 d_4^+ + P_4 d_5^-$$

$$\text{s.t.}\begin{cases} x_1 + x_2 \leqslant 161 \\ x_1 + 0.8x_2 + d_1^- - d_1^+ = 112 \\ x_1 + d_2^- - d_2^+ = 80 \\ x_2 + d_3^- - d_3^+ = 100 \\ x_1 + 0.8x_2 + d_4^- - d_4^+ = 152 \\ 800x_1 + 600x_2 + d_5^- - d_5^+ = M \\ x_1, x_2, d_i^+, d_i^- \geqslant 0, i = 1,2,3,4,5 \\ d_i^+ \cdot d_i^- = 0, i = 1,2,3,4,5 \end{cases}$$

从上述三个例子可以看出，一般的目标规划模型可以描述为

$$\min\ w = \sum_{l=1}^{L} P_l\left(\sum_{i=1}^{K}(w_{li}^- d_{im}^- + w_{li}^+ d_{im}^+)\right)$$

$$\text{s.t.}\begin{cases} \displaystyle\sum_{j=1}^{n} a_{ij}x_j \leqslant (=,\geqslant)\, b_i, i = 1,2,\cdots,m & (A) \\ \displaystyle\sum_{j=1}^{n} a_{ij}x_j + d_i^- - d_i^+ = b_i, i = m+1, m+2, \cdots, m+K & (B) \\ x_j, d_i^-, d_i^+ \geqslant 0, j = 1,\cdots,n; i = m+1, m+2, \cdots, m+K & (C) \\ d_i^- \cdot d_i^+ = 0,\ i = m+1, m+2, \cdots, m+K & (D) \end{cases} \tag{5-2}$$

和线性规划一样，目标规划的一般模型也由目标函数和约束条件构成。但是，区别于线性规划的是，目标规划追求的是一个满意的解决方案，其特点体现在如下方面。

- 目标函数：目标规划的目标函数一般由偏差变量与相应的优先级系数构成。根据目标的不同要求和表述形式，主要有三种形式：

  (1) 要求恰好达到目标，即希望正偏差和负偏差变量的取值都为 0，目标函数可以写为

  $$\min \ w = f\left(d^- + d^+\right)$$

  (2) 要求超过目标，即希望负偏差变量取值为 0，目标函数可以写为

  $$\min \ w = f\left(d^-\right)$$

  (3) 要求不超过目标，即希望正偏差变量取值为 0，目标函数可以写为

  $$\min \ w = f\left(d^+\right)$$

如果优化得到的结果中，目标函数 w 取值为 0，则说明所有目标均得到满足；如果不为 0，则说明部分目标没能得到满足。

- 目标的优先级：在目标规划中，各目标之间的重要程度可能不尽相同。一般可以按照优先级别从高到低对各目标进行排序。为了便于表述，我们用 P_i 来表示目标 i 的优先级系数，即 $P_1 > P_2 > \cdots$。在决策的过程中，一般先考虑 P_i 对应的目标之后，再进一步考虑 P_{i+1} 对应的目标。在同一优先级的目标中，也可能包含若干个子目标，这些子目标的重要程度也可能不同，可以通过赋予一定的权重系数（w_{li}^- 和 w_{li}^+）来表示。
- 约束条件：目标规划中的约束条件分为硬约束和软约束。“硬约束”又称“绝对约束”，是可行解必须满足的约束，它具有最高的优先级别，比如模型 (5-2) 中的约束 (A)。“软约束”又称“目标约束”，是可以满足也可以不满足的条件（即有一定的“商量余地”，通常用“尽量”等术语来描述）。目标约束中，往往包含成对的偏差变量，通常用 d^- 和 d^+ 来表示。

5.2 目标规划的图解法

当目标规划模型中只有两个决策变量（除偏差变量）时，可以用图解法求解。在求解过程中，首先要保证满足所有的绝对约束，画出绝对约束的可行域，然后根据各目标优先级顺序，依次考虑各级目标。

目标规划的优化结果大体分为两种情形。其一是可以找到一个满足所有目标的满意域，该区域中的解都是目标规划的满意解。其二是找不到满足所有目标的解，这种情况下需要找到使得目标函数尽可能小的方案。

下面我们利用图解法分别求解例 5-1、例 5-2 和例 5-3。

首先考虑例 5-1：

$$
\min \ w = d^-
$$

$$
\text{s.t.}\begin{cases}
4x_1 + 2x_2 \leqslant 50\ 000 \\
2x_1 + 4x_2 \leqslant 40\ 000 \\
10x_1 + 8x_2 - d^+ + d^- = 100\ 000 \\
x_1, x_2, d^+, d^- \geqslant 0 \\
d^+ \cdot d^- = 0
\end{cases}
$$

优化求解过程如下：

(1) 在二维坐标系 (x_1, x_2) 中，画出满足两条硬约束所对应的区域，即可行域 $OABC$，如图 5-1 所示。

(2) 去掉目标约束 $10x_1 + 8x_2 - d^+ + d^- = 100\ 000$ 中的偏差变量，画出相应的直线 $10x_1 + 8x_2 = 100\ 000$，标记为直线 DE。

(3) 考虑目标函数，为了使负偏差 d^- 尽量小（理想情况是 $d^- = 0$），应该在直线 DE 的上方取值。因此，和上一步的可行域 $OABC$ 求交集，可知满足目标的区域为四边形 $ABDE$。

(4) 在四边形区域 $ABDE$ 中，任何一点均能实现决策者利润达到 10 万元的目标。因此，该问题的最优解即为区域 $ABDE$。不难求出，四个顶点的坐标分别为：$A(12\ 500,\ 0)$，$B(10\ 000,\ 5\ 000)$，$D(10\ 000/3,\ 25\ 000/3)$，$E(10\ 000,0)$。它们的任意凸组合即为该问题的最优解。在最优解下，对应的目标函数值为 $w^* = 0$。

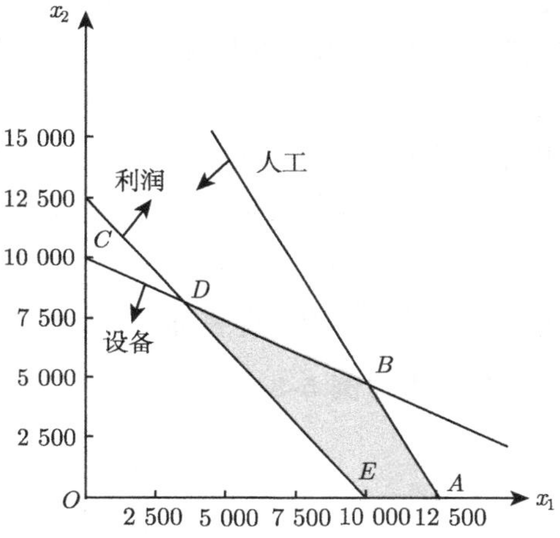

图 5-1　用图解法求解例 5-1

再考虑例 5-2：

$$
\min \ w = P_1 d_1^+ + P_2 d_2^+ + P_3 \left(d_3^- + d_3^+\right) + P_4 d_4^-
$$

$$
\text{s.t.}\begin{cases}
2x_1 + x_2 + d_1^- - d_1^+ = 1\ 200 \\
x_1 - x_2 + d_2^- - d_2^+ = 0 \\
x_1 + 2x_2 + d_3^- - d_3^+ = 1\ 000 \\
600x_1 + 1\ 000x_2 + d_4^- - d_4^+ = 600\ 000 \\
x_1, x_2, d_i^+, d_i^- \geqslant 0, i = 1, 2, 3, 4 \\
d_i^+ \cdot d_i^- = 0, i = 1, 2, 3, 4
\end{cases}
$$

优化求解过程如下。

(1) 在二维坐标系 (x_1, x_2) 中，首先考虑目标①，去掉目标约束 $2x_1 + x_2 + d_1^- - d_1^+ = 1\ 200$ 中的偏差变量，画出相应的直线 $2x_1 + x_2 = 1\ 200$，标记为直线 AB（如图 5-2 所示）。考虑目标①知，区域 OAB 的任一点能满足该目标。

(2) 考虑目标②，去掉目标约束 $x_1 - x_2 + d_2^- - d_2^+ = 0$ 中的偏差变量，画出相应的直

线 $x_1-x_2=0$，标记为直线 OC。在区域 OAB 中进一步考虑目标②知，区域 OBC 的任一点能满足该目标。

(3) 考虑目标③，去掉目标约束 $x_1+2x_2+d_3^- - d_3^+=1\ 000$ 中的偏差变量，画出相应的直线 $x_1+2x_2=1\ 000$，标记为直线 DE。在区域 OBC 中进一步考虑目标③知，线段 DE 上的任一点能满足该目标。

(4) 考虑目标④，去掉目标约束 $600x_1+1\ 000x_2+d_4^- - d_4^+=600\ 000$ 中的偏差变量，画出相应的直线 $600x_1+1\ 000x_2=600\ 000$，标记为直线 FG。只有位于直线 FG 上方的点才能满足利润 60 万元的目标。因此，线段 DE 上的任一点均不能满足目标④。直观上，线段 DE 上的端点 D 与直线 FG 的距离最小，意味着 D 点处对应的利润与目标 60 万元的差距最小。

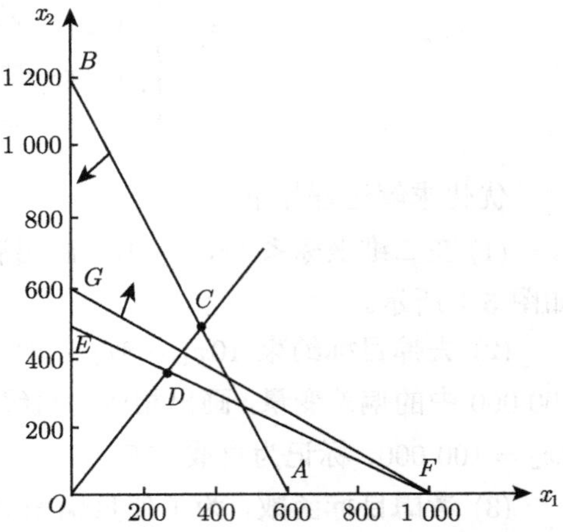

图 5-2 用图解法求解例 5-2

(5) 该问题的最优解对应于点 $D(1\ 000/3, 1\ 000/3)$。在最优解下，对应的目标函数值为 $w^*=\dfrac{200\ 000}{3}P_4$，即目标①、②和③能得到实现，但是目标④不能实现。

最后考虑例 5-3：

$$\min w = P_1 d_1^- + P_2\left(4d_2^- + 3d_3^-\right) + P_3 d_4^+ + P_4 d_5^-$$

$$\text{s.t.}\begin{cases} x_1+x_2 \leqslant 161 \\ x_1+0.8x_2+d_1^- - d_1^+ = 112 \\ x_1+d_2^- - d_2^+ = 80 \\ x_2+d_3^- - d_3^+ = 100 \\ x_1+0.8x_2+d_4^- - d_4^+ = 152 \\ 800x_1+600x_2+d_5^- - d_5^+ = M \\ x_1, x_2, d_i^+, d_i^- \geqslant 0, i=1,2,3,4,5 \\ d_i^+ \cdot d_i^- = 0,\ i=1,2,3,4,5 \end{cases}$$

优化求解过程如下：

(1) 在二维坐标系 (x_1, x_2) 中，首先画出满足硬约束所对应的区域，即可行域 OAB（如图 5-3 所示）。

(2) 考虑目标①，去掉目标约束 $x_1+0.8x_2+d_1^- - d_1^+=112$ 中的偏差变量，画出相应的直线 $x_1+0.8x_2=112$，标记为直线 CD。在可行域 OAB 的基础上考虑目标①知，区域 $ABDC$ 中的任一点能满足该目标。

(3) 考虑目标②，该目标包括两个子目标。

- 如果先考虑产品 A：去掉目标约束 $x_1 + d_2^- - d_2^+ = 80$ 中的偏差变量，画出相应的直线 $x_1 = 80$，标记为直线 EF。如果要保证产品 A 的需求尽可能得到满足，则应该在区域 $AFEC$ 中取值。接下来考虑产品 B：去掉目标约束 $x_2 + d_3^- - d_3^+ = 100$ 中的偏差变量，画出相应的直线 $x_2 = 100$，标记为直线 GH。很显然，在区域 $AFEC$ 中，任何点都不能实现产品 B 的需求完全得到满足的目标。在该区域中，点 $F(80, 81)$ 对应的生产方案能使得产品 B 尚未满足的需求最小；其对应的 $d_3^- = 19$，目标函数为 $57P_2$。
- 如果先考虑产品 B：在区域 $ABDC$ 中如果要尽可能满足产品 B 的需求，则应该在区域 $BDHG$ 中取值。同样，在该区域中，任何点都不能实现产品 A 的需求完全得到满足的目标。在该区域中，点 $G(61, 100)$ 对应的生产方案能使得产品 A 尚未满足的需求最小；其对应的 $d_2^- = 19$，目标函数为 $76P_2$。

对比上述两种方案，可知最佳的方案是取 F 点，因为它能使得目标②的函数值达到最小。

(4) 在 F 点的基础上进一步考虑目标③和目标④知，该问题的最优解即为 F 点。在 $X^* = (80, 81)$ 处，总共需要的人工工时是 144.8 小时，满足加班时间不超过 40 小时的目标，实现总利润 112 600 元。

在该例子中，并不存在一种能实现所有目标的方案，因此最终的目标函数值取值不为零。在求解的过程中，我们依然按照优先级别，从高到低依次考虑各个目标。事实上，在计算过程中，一旦决策者的满意解域缩小为一个点，那么不管后面还有多少个目标没有被考虑到，该点即为问题的最优解。因此，只要目标规划中硬约束所构成的区域非空，那么总是能找到该问题的一个最优解。

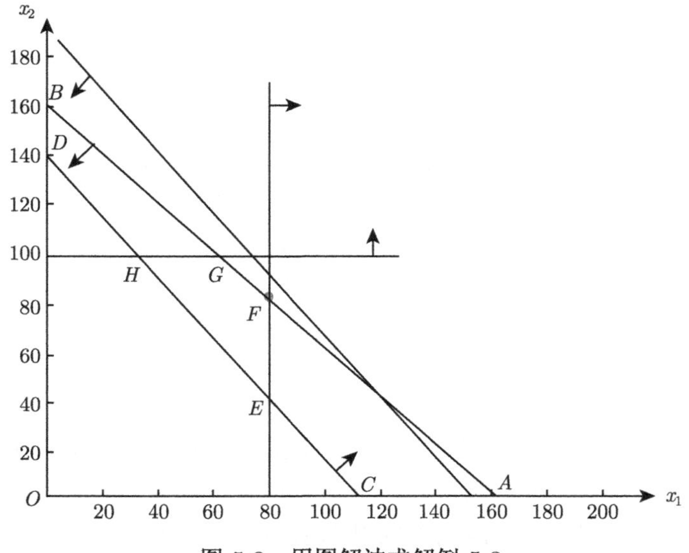

图 5-3 用图解法求解例 5-3

5.3 目标规划的单纯形法

虽然在建模思想上不同于线性规划，但在 (5-2) 所示的一般目标规划模型中，如果将目标的优先级 $P_1, P_2 \cdots$ 看作满足 $P_1 > P_2 > \cdots$ 的系数，模型 (5-2) 本质上依然是一个线性规划模型。唯一要注意的是，约束条件 $d_i^+ \cdot d_i^- = 0$ 并非线性约束。但是，通过简单分析可以发现，不考虑该约束的模型的最优解也必定满足该约束。因此我们同样可以利用单纯形法求解目标规划问题。

下面利用单纯形法求解例 5-2：

$$\min \ w = P_1 d_1^+ + P_2 d_2^+ + P_3 \left(d_3^- + d_3^+\right) + P_4 d_4^-$$

$$\text{s.t.} \begin{cases} 2x_1 + x_2 + d_1^- - d_1^+ = 1\ 200 \\ x_1 - x_2 + d_2^- - d_2^+ = 0 \\ x_1 + 2x_2 + d_3^- - d_3^+ = 1\ 000 \\ 600x_1 + 1\ 000x_2 + d_4^- - d_4^+ = 600\ 000 \\ x_1, x_2, d_i^+, d_i^- \geqslant 0,\ i = 1,2,3,4 \\ d_i^+ \cdot d_i^- = 0,\ i = 1,2,3,4 \end{cases}$$

该模型中，所有的约束条件已经为等式约束。如果将四个负偏差变量 $\left(d_1^-, d_2^-, d_3^-, d_4^-\right)$ 作为基变量，可以直接给出一个初始基可行解。它们所对应的初始单纯形表如表 5-3 所示。很显然，非基变量的检验系数将是优先级系数 P_1, P_2, P_3, P_4 的线性函数。因此，为了表述方便，可以用四行来记录检验系数。比如，变量 x_1 的检验系数为 $-P_3 - 600P_4$，只需在 P_3 对应的行上填入 -1，在 P_4 对应的行上填入 -600 即可。

表 5-3

	$c_j \rightarrow$		0	0	0	P_1	0	P_2	P_3	P_3	P_4	0
C_B	基	b	x_1	x_2	d_1^-	d_1^+	d_2^-	d_2^+	d_3^-	d_3^+	d_4^-	d_4^+
0	d_1^-	1 200	2	1	1	−1	0	0	0	0	0	0
0	d_2^-	0	1	−1	0	0	1	−1	0	0	0	0
P_3	d_3^-	1 000	1	[2]	0	0	0	0	1	−1	0	0
P_4	d_4^-	600 000	600	1 000	0	0	0	0	0	0	1	−1
		P_1	0	0	0	1	0	0	0	0	0	0
		P_2	0	0	0	0	0	1	0	0	0	0
		P_3	−1	−2	0	0	0	0	0	2	0	0
		P_4	−600	−1 000	0	0	0	0	0	0	0	1

因为目标函数是求最小，最优性条件下所有非基变量的检验系数应该非负。在上述初始单纯形表中，x_1 和 x_2 的检验系数为负，而且 x_2 的检验系数绝对值更大，因此选择 x_2 入基进行换基迭代，根据 θ 值最小的原则选择 d_3^- 为出基变量。按照正常的单纯形法，该问题后续迭代计算过程如表 5-4 所示。

最终单纯形表中的解即对应于图 5-2 中的 D 点。

表 5-4

	$c_j \rightarrow$		0	0	0	P_1	0	P_2	P_3	P_3	P_4	0
C_B	基	b	x_1	x_2	d_1^-	d_1^+	d_2^-	d_2^+	d_3^-	d_3^+	d_4^-	d_4^+
0	d_1^-	700	$\frac{3}{2}$	0	1	−1	0	0	$-\frac{1}{2}$	$\frac{1}{2}$	0	0
0	d_2^-	500	$\left[\frac{3}{2}\right]$	0	0	0	1	−1	$\frac{1}{2}$	$-\frac{1}{2}$	0	0
0	x_2	500	$\frac{1}{2}$	1	0	0	0	0	$\frac{1}{2}$	$-\frac{1}{2}$	0	0
P_4	d_4^-	100 000	100	0	0	0	0	0	−500	500	1	−1
		P_1	0	0	0	1	0	0	0	0	0	0
		P_2	0	0	0	0	0	1	0	0	0	0
		P_3	0	0	0	0	0	0	1	1	0	0
		P_4	−100	0	0	0	0	0	500	−500	0	1
0	d_1^-	200	0	0	1	−1	−1	1	−1	1	0	0
0	x_1	$\frac{1\,000}{3}$	1	0	0	0	$\frac{2}{3}$	$-\frac{2}{3}$	$\frac{1}{3}$	$-\frac{1}{3}$	0	0
0	x_2	$\frac{1\,000}{3}$	0	1	0	0	$-\frac{1}{3}$	$\frac{1}{3}$	$\frac{1}{3}$	$-\frac{1}{3}$	0	0
P_4	d_4^-	$\frac{200\,000}{3}$	0	0	0	0	$-\frac{200}{3}$	$\frac{200}{3}$	$-\frac{1\,600}{3}$	$\frac{1\,600}{3}$	1	−1
		P_1	0	0	0	1	0	0	0	0	0	0
		P_2	0	0	0	0	0	1	0	0	0	0
		P_3	0	0	0	0	0	0	1	1	0	0
		P_4	0	0	0	0	$\frac{200}{3}$	$-\frac{200}{3}$	$\frac{1\,600}{3}$	$-\frac{1\,600}{3}$	0	1

[例 5-4]（目标规划的单纯形法） 用单纯形法求解如下目标规划:

$$\min\ w = P_1 d_1^+ + P_2(d_2^- + d_2^+) + P_3 d_3^-$$

$$\text{s.t.}\begin{cases} 2x_1 + x_2 \leqslant 11 \\ x_1 - x_2 + d_1^- - d_1^+ = 0 \\ x_1 + 2x_2 + d_2^- - d_2^+ = 10 \\ 8x_1 + 10x_2 + d_3^- - d_3^+ = 56 \\ x_1, x_2, d_i^-, d_i^+ \geqslant 0, i = 1,2,3 \\ d_i^- \cdot d_i^+ = 0, i = 1,2,3 \end{cases}$$

解: 在硬约束中引入松弛变量，目标规划模型等价变换为

$$\min\ w = P_1 d_1^+ + P_2(d_2^- + d_2^+) + P_3 d_3^-$$

$$\text{s.t.}\begin{cases} 2x_1 + x_2 + x_3 = 11 \\ x_1 - x_2 + d_1^- - d_1^+ = 0 \\ x_1 + 2x_2 + d_2^- - d_2^+ = 10 \\ 8x_1 + 10x_2 + d_3^- - d_3^+ = 56 \\ x_1, x_2, x_3, d_i^-, d_i^+ \geqslant 0,\ i = 1,2,3 \\ d_i^- \cdot d_i^+ = 0, i = 1,2,3 \end{cases}$$

从初始基变量 $(x_3, d_1^-, d_2^-, d_3^-)$ 出发，构造初始单纯形表，并进行换基迭代，计算过程如表 5-5 所示。

表 5-5

$c_j \to$			0	0	0	0	P_1	P_2	P_2	P_3	0
C_B	基	b	x_1	x_2	x_3	d_1^-	d_1^+	d_2^-	d_2^+	d_3^-	d_3^+
0	x_3	11	2	1	1	0	0	0	0	0	0
0	d_1^-	0	1	−1	0	1	−1	0	0	0	0
P_2	d_2^-	10	1	[2]	0	0	0	1	−1	0	0
P_3	d_3^-	56	8	10	0	0	0	0	0	1	−1
		P_1	0	0	0	0	1	0	0	0	0
		P_2	−1	−2	0	0	0	0	2	0	0
		P_3	−8	−10	0	0	0	0	0	0	1
0	x_3	6	$\frac{3}{2}$	0	1	0	0	$-\frac{1}{2}$	$\frac{1}{2}$	0	0
0	d_1^-	5	$\frac{3}{2}$	0	0	1	−1	$\frac{1}{2}$	$-\frac{1}{2}$	0	0
0	x_2	5	$\frac{1}{2}$	1	0	0	0	$\frac{1}{2}$	$-\frac{1}{2}$	0	0
P_3	d_3^-	6	[3]	0	0	0	0	−5	5	1	−1
		P_1	0	0	0	0	1	0	0	0	0
		P_2	0	0	0	0	0	1	1	0	0
		P_3	−3	0	0	0	0	5	−5	0	1
0	x_3	3	0	0	1	0	0	2	−2	$-\frac{1}{2}$	$\frac{1}{2}$
0	d_1^-	2	0	0	0	1	−1	3	−3	$-\frac{1}{2}$	$\frac{1}{2}$
0	x_2	4	0	1	0	0	0	$\frac{4}{3}$	$-\frac{4}{3}$	$-\frac{1}{6}$	$\frac{1}{6}$
0	x_1	2	1	0	0	0	0	$-\frac{5}{3}$	$\frac{5}{3}$	$\frac{1}{3}$	$-\frac{1}{3}$
		P_1	0	0	0	0	1	0	0	0	0
		P_2	0	0	0	0	0	1	1	0	0
		P_3	0	0	0	0	0	0	0	1	0

上表中，所有非基变量的检验系数非负，因此已经找到问题的一个最优解 $X^* = (2, 4)$。在该解中，目标函数取值为 0，意味着所有目标都能实现。

不难看出，在上述最终单纯形表中，非基变量 d_3^+ 的检验系数也为 0。如果进一步将 d_3^+ 作为入基变量进行换基迭代，可以得到表 5-6 所示的单纯形表。

因此，又找到问题的另一个最优解 $X^* = \left(\frac{10}{3}, \frac{10}{3}\right)$；它对应的目标函数取值为 0。这意味着例 5-4 的最优解并非唯一的。用通项公式来表示，任一最优解可以表示为

$$\begin{pmatrix} x_1^* \\ x_2^* \end{pmatrix} = a\begin{pmatrix} 2 \\ 4 \end{pmatrix} + (1-a)\begin{pmatrix} \frac{10}{3} \\ \frac{10}{3} \end{pmatrix} = \begin{pmatrix} \frac{10}{3} - \frac{4}{3}a \\ \frac{10}{3} + \frac{2}{3}a \end{pmatrix},\quad 0 \leqslant a \leqslant 1$$

表 5-6

$c_j \to$			0	0	0	0	P_1	P_2	P_2	P_3	0
C_B	基	b	x_1	x_2	x_3	d_1^-	d_1^+	d_2^-	d_2^+	d_3^-	d_3^+
0	x_3	3	0	0	1	0	0	2	-3	$-\frac{1}{2}$	$\frac{1}{2}$
0	d_1^-	2	0	0	0	1	-1	3	-3	$-\frac{1}{2}$	$\left[\frac{1}{2}\right]$
0	x_2	4	0	1	0	0	0	$\frac{4}{3}$	$-\frac{4}{3}$	$-\frac{1}{6}$	$\frac{1}{6}$
0	x_1	2	1	0	0	0	0	$-\frac{5}{3}$	$\frac{5}{3}$	$\frac{1}{3}$	$-\frac{1}{3}$
		P_1	0	0	0	0	1	0	0	0	0
		P_2	0	0	0	0	0	1	1	0	0
		P_3	0	0	0	0	0	0	0	1	0
0	x_3	1	0	0	1	-1	1	-1	0	0	0
0	d_3^+	4	0	0	0	2	-2	6	-6	-1	1
0	x_2	$\frac{10}{3}$	0	1	0	$-\frac{1}{3}$	$\frac{1}{3}$	$\frac{1}{3}$	$-\frac{1}{3}$	0	0
0	x_1	$\frac{10}{3}$	1	0	0	$\frac{2}{3}$	$-\frac{2}{3}$	$\frac{1}{3}$	$-\frac{1}{3}$	0	0
		P_1	0	0	0	0	1	0	0	0	0
		P_2	0	0	0	0	0	1	1	0	0
		P_3	0	0	0	0	0	0	0	1	0

5.4 目标规划的管理应用

下面再看几个目标规划的应用例子。

[例 5-5]（制药厂生产安排） 某制药厂利用甲、乙两种原料生产 A、B 两种药品，相关数据如表 5-7 所示：

表 5-7

	A	B	原料上限（千克）
甲	2	3	100
乙	4	2	120
单位利润（千元）	6	4	

为了安排下个月的生产计划，管理层在讨论下列问题。

(1) 如果追求总利润最大化，应该采取怎样的生产方案？

(2) 如果原料甲可以想办法多供应 20 千克，利润能否达到 24 万元？

(3) 若 (2) 的目标达不到，管理层希望实现以下两个目标（优先级别从高到低）：

目标①：利润不低于 24 万元

目标②：两种原料消耗量尽量不要超过 120 千克

(4) 为了实施 (3) 中的方案，可能需要进行技术改造，增加原料的利用率以降低其单位消耗量。为了在不增加资源供应的前提下完成 (3) 的生产任务，如何设置原料的单位消耗目标？

解：(1) 设 x_1 和 x_2 分别为 A、B 两种药品的产量，其线性规划模型如下：

$$\max z = 6x_1 + 4x_2$$

$$\text{s.t.}\begin{cases} 2x_1 + 3x_2 \leqslant 100 \\ 4x_1 + 2x_2 \leqslant 120 \\ x_1, x_2 \geqslant 0 \end{cases}$$

利用单纯形法求解，最优解为 $(x_1^*, x_2^*) = (20, 20)$，对应的最优利润为 $z^* = 20$ 万元。

(2) 修改 (1) 中模型约束：

$$2x_1 + 3x_2 \leqslant 100 \rightarrow 2x_1 + 3x_2 \leqslant 120$$

重新求得最优解为 $(x_1^*, x_2^*) = (15, 30)$，对应的最优利润为 $z^* = 21$ 万元，因此达不到 24 万元的利润目标。当然，我们也可以在 (1) 的最终单纯形表的基础上做敏感性分析，判断原料甲的可用量增加 20 千克时的最优决策方案和最优利润。

(3) 建立如下目标规划模型：

$$\min w = P_1 d_1^- + P_2\left(d_2^+ + d_3^+\right)$$

$$\text{s.t.}\begin{cases} 6x_1 + 4x_2 + d_1^- - d_1^+ = 240 \\ 2x_1 + 3x_2 + d_2^- - d_2^+ = 120 \\ 4x_1 + 2x_2 + d_3^- - d_3^+ = 120 \\ x_1, x_2, d_i^-, d_i^+ \geqslant 0, i = 1, 2, 3 \\ d_i^- \cdot d_i^+ = 0, i = 1, 2, 3 \end{cases}$$

其中偏差变量含义如下：

d_1^- = 利润不足 24 万元的部分

d_1^+ = 利润超过 24 万元的部分

d_2^- = 原料甲消耗量不足 120 千克的部分

d_2^+ = 原料甲消耗量超过 120 千克的部分

d_3^- = 原料乙消耗量不足 120 千克的部分

d_3^+ = 原料乙消耗量超过 120 千克的部分

用单纯形法求解得最优解为 $(x_1^*, x_2^*) = (24, 24)$，即药品 A 与 B 各生产 24 单位。在该生产安排下，能获得利润 24 万元，原料甲的用量没有超出 120 千克，但是原料乙的用量超出上限 24 千克（即所需的原料乙为 144 千克）。

(4) 原始条件下原料乙只有 120 千克，如果要保持其用量不变，意味着必须用 120 千克的原料乙实现 144 千克的效益。因此，必须对两种药品的生产工艺进行技术改造。技术改造要实现的目标是：对每单位药品 A，其消耗的原料乙为 $4 \times 120 \div 144 = 3.33$（千克）；对每单位药品 B，其消耗的原料乙为 $2 \times 120 \div 144 = 1.67$（千克）。

[例 5-6]（机床制造） 某精密仪器厂制造 A、B、C 三种大型机床，它们都在同一生产线上进行制造、装配及检验。三种机床在生产过程中所消耗的时间分别为 5 小时/台、8 小时/台、12 小时/台。生产线每月正常运转时间是 170 小时。三种机床的单位利润分别是

A: 100（千元），B: 144（千元），C: 252（千元）

工厂管理层确定的经营目标（优先级从高到低排列）依次为

P_1：充分利用工时；

P_2：为满足主要客户的需求，A、B、C 的产量必须分别达到 5、5、8 台，并依产品单位工时的利润比例确定权数；

P_3：生产线的加班时间每月不宜超过 16 小时；

P_4：A、B、C 的月销售指标分别定为 10、12、10 台，并依其单位工时的利润比例确定权数；

P_5：尽量减少生产线的加班时间。

解：设 A、B 和 C 三种产品的月度产量分别为 x_1、x_2、x_3。容易算出三种产品单位工时的利润比例为 $\dfrac{100}{5} : \dfrac{144}{8} : \dfrac{252}{12} = 20 : 18 : 21$。依次考虑各个目标，定义如下偏差变量：

$$d_1^- = \text{工时使用少于 170 小时的部分}$$

$$d_1^+ = \text{工时使用多于 170 小时的部分}$$

$$d_2^- = \text{机床 A 产量少于 5 的部分}$$

$$d_2^+ = \text{机床 A 产量多于 5 的部分}$$

$$d_3^- = \text{机床 B 产量少于 5 的部分}$$

$$d_3^+ = \text{机床 B 产量多于 5 的部分}$$

$$d_4^- = \text{机床 C 产量少于 8 的部分}$$

$$d_4^+ = \text{机床 C 产量多于 8 的部分}$$

$$d_5^- = \text{工时使用少于 186 小时的部分}$$

$$d_5^+ = \text{工时使用多于 186 小时的部分}$$

$$d_6^- = \text{机床 A 产量少于 10 的部分}$$

$$d_6^+ = \text{机床 A 产量多于 10 的部分}$$

$$d_7^- = \text{机床 B 产量少于 12 的部分}$$

$$d_7^+ = \text{机床 B 产量多于 12 的部分}$$

$$d_8^- = \text{机床 C 产量少于 10 的部分}$$

$$d_8^+ = \text{机床 C 产量多于 10 的部分}$$

建立如下目标规划模型：

$$\min\ w = P_1 d_1^- + P_2\left(20d_2^- + 18d_3^- + 21d_4^-\right) + P_3 d_5^+ + P_4\left(20d_6^- + 18d_7^- + 21d_8^-\right) + P_5 d_1^+$$

$$\text{s.t.}\begin{cases} 5x_1 + 8x_2 + 12x_3 + d_1^- - d_1^+ = 170 \\ x_1 + d_2^- - d_2^+ = 5 \\ x_2 + d_3^- - d_3^+ = 5 \\ x_3 + d_4^- - d_4^+ = 8 \\ 5x_1 + 8x_2 + 12x_3 + d_5^- - d_5^+ = 186 \\ x_1 + d_6^- - d_6^+ = 10 \\ x_2 + d_7^- - d_7^+ = 12 \\ x_3 + d_8^- - d_8^+ = 10 \\ x_1, x_2, x_3 \geqslant 0\text{且为整数} \\ d_i^+, d_i^- \geqslant 0, d_i^+ \cdot d_i^- = 0, i = 1, 2, \cdots, 8 \end{cases}$$

值得注意的是，上述模型中各机床的产量必须是整数。含有整数约束的模型被称为整数规划模型，我们会在第 6 章中介绍整数规划的特点、求解和建模方法。

[例 5-7]（酒厂配方问题） 白酒厂生产的成品酒都是通过不同批次生产的基酒勾调出来的。设某酒厂用三种等级的基酒（Ⅰ、Ⅱ、Ⅲ）勾调成三种成品酒（A、B、C）。基酒的供应量受到严格限制，它们的日供应量分别为 3 500 千克、2 000 千克和 1 000 千克，供应价格分别为 18 元/千克、15 元/千克和 13 元/千克。三种成品酒的勾调要求及售价如表 5-8 所示。

表 5-8

成品酒	勾调要求	售价（元/千克）
A	Ⅲ不多于 10%，Ⅰ不少于 50%	160
B	Ⅲ不多于 70%，Ⅰ不少于 20%	150
C	Ⅲ不多于 50%，Ⅰ不少于 10%	140

酒厂厂长要安排成品酒的勾调计划。他确定了如下目标：

P_1：必须按规定比例调制混合酒；

P_2：获利最大；

P_3：成品酒 A 的产量至少为 2 000 千克。

解：设 A、B、C 三种成品酒的产量分别为 x_A、x_B、x_C，采购的三种基酒的用量分别为 z_1、z_2、z_3。为了便于建模，定义

$$y_{ij} = \text{用于产品}\,i\,(= \text{A}, \text{B}, \text{C})\ \text{的基酒}\,j\,(= 1, 2, 3)\ \text{的量}$$

引入如下偏差变量：

$$d_{A3}^- = \text{A 中 Ⅲ 少于 } 10\%\text{的部分}$$

$$d_{A3}^+ = \text{A 中 Ⅲ 多于 } 10\%\text{的部分}$$

$d_{A1}^{-}=$ A 中 I 少于 50% 的部分

$d_{A1}^{+}=$ A 中 I 多于 50% 的部分

$d_{B3}^{-}=$ B 中Ⅲ少于 70% 的部分

$d_{B3}^{+}=$ B 中Ⅲ多于 70% 的部分

$d_{B1}^{-}=$ B 中 I 少于 20% 的部分

$d_{B1}^{+}=$ B 中 I 多于 20% 的部分

$d_{C3}^{-}=$ C 中Ⅲ少于 50% 的部分

$d_{C3}^{+}=$ C 中Ⅲ多于 50% 的部分

$d_{C1}^{-}=$ C 中 I 少于 10% 的部分

$d_{C1}^{+}=$ C 中 I 多于 10% 的部分

$d_{1}^{-}=$ 利润少于目标利润 M 的部分

$d_{1}^{+}=$ 利润多于目标利润 M 的部分

$d_{2}^{-}=$ A 产量少于 2 000 千克的部分

$d_{2}^{+}=$ A 产量多于 2 000 千克的部分

该问题需要满足的硬约束如下（对应于产量决策平衡方程以及基酒限制）：

$$\begin{cases} x_i=y_{i1}+y_{i2}+y_{i3},\ i=A,B,C \\ z_j=y_{Aj}+y_{Bj}+y_{Cj},\ j=1,2,3 \\ y_{A1}+y_{B1}+y_{C1}\leqslant 3\ 500 \\ y_{A2}+y_{B2}+y_{C2}\leqslant 2\ 000 \\ y_{A3}+y_{B3}+y_{C3}\leqslant 1\ 000 \end{cases}$$

对目标 P_1，对应的目标函数及目标约束如下：

$$\min w_1=d_{A1}^{-}+d_{A3}^{+}+d_{B1}^{-}+d_{B3}^{+}+d_{C1}^{-}+d_{C3}^{+}$$

$$\text{s.t.}\begin{cases} y_{A1}+d_{A1}^{-}-d_{A1}^{+}=0.5x_A \\ y_{A3}+d_{A3}^{-}-d_{A3}^{+}=0.1x_A \\ y_{B1}+d_{B1}^{-}-d_{B1}^{+}=0.2x_B \\ y_{B3}+d_{B3}^{-}-d_{B3}^{+}=0.7x_B \\ y_{C1}+d_{C1}^{-}-d_{C1}^{+}=0.1x_C \\ y_{C3}+d_{C3}^{-}-d_{C3}^{+}=0.5x_C \end{cases}$$

对目标 P_2，设 M 为一个足够大的利润水平，把它作为利润目标，则对应的目标函数及目标约束如下：

$$\min w_2=d_1^{-}$$

$$\text{s.t.}\ \ 160x_A+150x_B+140x_C-18z_1-15z_2-13z_3+d_1^{-}-d_1^{+}=M$$

对目标 P_3，对应的目标函数及目标约束如下：

$$\min w_3 = d_2^-$$

$$\text{s.t.}\ \ x_A + d_2^- - d_2^+ = 2\ 000$$

综上，完整目标规划模型如下：

$$\min w = P_1\left(d_{A1}^- + d_{A3}^+ + d_{B1}^- + d_{B3}^+ + d_{C1}^- + d_{C3}^+\right) + P_2 d_1^- + P_3 d_2^-$$

$$\text{s.t.}\begin{cases} x_i = y_{i1} + y_{i2} + y_{i3}, i = A, B, C \\ z_j = y_{Aj} + y_{Bj} + y_{Cj}, j = 1, 2, 3 \\ y_{A1} + y_{B1} + y_{C1} \leqslant 3\ 500 \\ y_{A2} + y_{B2} + y_{C2} \leqslant 2\ 000 \\ y_{A3} + y_{B3} + y_{C3} \leqslant 1\ 000 \\ y_{A1} + d_{A1}^- - d_{A1}^+ = 0.5x_A \\ y_{A3} + d_{A3}^- - d_{A3}^+ = 0.1x_A \\ y_{B1} + d_{B1}^- - d_{B1}^+ = 0.2x_B \\ y_{B3} + d_{B3}^- - d_{B3}^+ = 0.7x_B \\ y_{C1} + d_{C1}^- - d_{C1}^+ = 0.1x_C \\ y_{C3} + d_{C3}^- - d_{C3}^+ = 0.5x_C \\ 160x_A + 150x_B + 140x_C - 18z_1 - 15z_2 - 13z_3 + d_1^- - d_1^+ = M \\ x_A + d_2^- - d_2^+ = 2\ 000 \\ x_i, y_{ij}, z_j \geqslant 0, i = A, B, C, j = 1, 2, 3 \\ d_{ij}^+, d_{ij}^- \geqslant 0, d_{ij}^+ \cdot d_{ij}^- = 0, i = A, B, C, j = 1, 3 \\ d_i^+, d_i^- \geqslant 0, d_i^+ \cdot d_i^- = 0, i = 1, 2 \end{cases}$$

[例 5-8]（多目标运输问题） 某运输问题的数据如表 5-9 所示，其中各产地的产量严格受限。

表 5-9

产地＼销地	B_1	B_2	B_3	产量
A_1	5	8	3	$a_1 = 100$
A_2	7	4	5	$a_2 = 40$
A_3	2	6	9	$a_3 = 40$
A_4	4	6	6	$a_4 = 120$
需求	$b_1 = 120$	$b_2 = 140$	$b_3 = 140$	

按照优先级别从高到低，决策者确定的目标为：

P_1：从每个产地运出所有的物资；

P_1：各销地得到的物资不少于其需求的一半；

P_2：销地 B_1 的需求全部得到满足；

P_2：从产地 A_4 到销地 B_2 的运输量尽可能少；

P_3：总运输费用最小。

试建立多目标规划模型帮助确定运输方案。

解：这是一个销大于产的运输问题。设 x_{ij} 为从产地 A_i 到销地 B_j 的运输量，$i=1,2,3,4,j=1,2,3$。为方便建模，记产地 A_i 到销地 B_j 的单位运价为 c_{ij}。定义以下偏差变量：

$d_{Ai}^-=$ 相对于产地 A_i 的最大产量，总运出量不足其产量的部分，$i=1,2,3,4$

$d_{Ai}^+=$ 相对于产地 A_i 的最大产量，总运出量超出其产量的部分，$i=1,2,3,4$

$d_{Bj}^-=$ 相对于销地 B_j 的一半需求，实际收货量不足的部分，$j=1,2,3$

$d_{Bj}^+=$ 相对于销地 B_j 的一半需求，实际收货量超出的部分，$j=1,2,3$

$d_1^-=$ 相对于销地 B_1 的需求，实际收货量不足的部分

$d_1^+=$ 相对于销地 B_1 的需求，实际收货量超出的部分

$d_2^-=$ 相对于运输量 0，从产地 A_4 到销地 B_2 的运输量不足的部分

$d_2^+=$ 相对于运输量 0，从产地 A_4 到销地 B_2 的运输量超出的部分

$d_3^-=$ 相对于最低运输成本 0 而言，总运费不足的部分

$d_3^+=$ 相对于最低运输成本 0 而言，总运费超出的部分

该问题的完整目标规划模型如下：

$$\min w=P_1\left(\sum_{i=1}^{4}d_{Ai}^-+\sum_{j=1}^{3}d_{Bj}^-\right)+P_2\left(d_1^-+d_2^+\right)+P_3d_3^+$$

$$\text{s.t.}\begin{cases}x_{i1}+x_{i2}+x_{i3}\leqslant a_i,i=1,2,3,4\\x_{i1}+x_{i2}+x_{i3}+d_{Ai}^--d_{Ai}^+=a_i,i=1,2,3,4\\x_{1j}+x_{2j}+x_{3j}+x_{4j}+d_{Bj}^--d_{Bj}^+=0.5b_j,j=1,2,3\\x_{11}+x_{21}+x_{31}+x_{41}+d_1^--d_1^+=b_1\\x_{42}+d_2^--d_2^+=0\\\sum_{i=1}^{4}\sum_{j=1}^{3}c_{ij}x_{ij}+d_3^--d_3^+=0\\x_{ij}\geqslant 0,i=1,2,3,4,j=1,2,3\\d_{Ai}^+,d_{Ai}^-\geqslant 0,d_{Ai}^+\cdot d_{Ai}^-=0,i=1,2,3,4\\d_{Bj}^+,d_{Bj}^-\geqslant 0,d_{Bj}^+\cdot d_{Bj}^-=0,j=1,2,3\\d_i^+,d_i^-\geqslant 0,d_i^+\cdot d_i^-=0,i=1,2,3\end{cases}$$

本章习题

1. 在建立目标规划模型时，如果采用以下表达式作为目标函数，请问其逻辑是否正确？为什么？

(A) $\max\{d^-+d^+\}$　　(B) $\max\ \{d^--d^+\}$

(C) $\min\ \{d^-+d^+\}$　　(D) $\min\{d^--d^+\}$

2. 用图解法解下列目标规划问题：

(A)
$$\min\ \left\{P_1 d_1^-, P_2\left(d_3^+ + 2d_2^+\right),\ P_3 d_1^+\right\}$$
$$\text{s.t.}\begin{cases} 2x_1 + x_2 + d_1^- - d_1^+ = 150 \\ x_1 + d_2^- - d_2^+ = 50 \\ x_2 + d_3^- - d_3^+ = 60 \\ x_1, x_2, d_i^-, d_i^+ \geqslant 0, d_i^+ \cdot d_i^- = 0\ \ (i = 1, 2, 3) \end{cases}$$

(B)
$$\min\ \{P_1(d_3^+ + d_4^+), P_2 d_1^+, P_3 d_2^-, P_4(d_3^- + 2d_4^-)\}$$
$$\text{s.t.}\begin{cases} x_1 + x_2 + d_1^- - d_1^+ = 40 \\ x_1 + x_2 + d_2^- - d_2^+ = 100 \\ x_1 + d_3^- - d_3^+ = 30 \\ x_2 + d_4^- - d_4^+ = 20 \\ x_1, x_2, d_i^-, d_i^+ \geqslant 0, d_i^+ \cdot d_i^- = 0(i = 1, 2, 3, 4) \end{cases}$$

3. 采用单纯形法求解下列目标规划问题：

$$\min\left\{P_1\left(d_1^- + d_1^+\right),\ P_2 d_2^-, P_3 d_3^-, P_4\left(2d_3^+ + 3d_2^+\right)\right\}$$
$$\text{s.t.}\begin{cases} x_1 + x_2 + d_1^- - d_1^+ = 800 \\ 5x_1 + d_2^- - d_2^+ = 2\ 500 \\ 3x_2 + d_3^- - d_3^+ = 1\ 400 \\ x_1, x_2, d_i^-, d_i^+ \geqslant 0, d_i^+ \cdot d_i^- = 0\ \ (i = 1, 2, 3) \end{cases}$$

若目标函数改变为

$$\min\left\{P_1 d_3^-, P_2\left(d_1^- + d_1^+\right),\ P_3 d_2^-, P_4\left(3d_3^+ + 2d_2^+\right)\right\}$$

请直接在最终单纯形表的基础上求解新问题的最优解。

4. 考虑某白酒作坊成品酒的勾调问题。三种基酒的日供应量和成本以及三种成品酒的勾调要求和售价如下表所示。

基酒	A	B	C	供应量（千克）	成本（元/千克）
Ⅰ	⩾ 50%	⩾ 30%	⩾ 20%	1 500	16
Ⅱ	⩾ 20%	⩾ 40%		2 000	13
Ⅲ		⩽ 40%	⩽ 50%	1 000	10
售价（元/千克）	50	45	45		

为了安排成品酒的生产方案，管理层按照优先级别从高到低设置了如下目标：

P_1：基酒Ⅰ是稀缺资源，超量使用需要高价购买，必须严格控制；

P_2：各成品酒中，基酒Ⅰ的含量直接决定了酒的品质，需要严格按照标准来勾调；

P_3：尽量用完基酒Ⅱ和基酒Ⅲ的供应量配额；

P_4：实现尽可能高的利润；

P_4：成品酒 C 的需求有萎缩迹象，其产量不超过 1 800 千克。

请建立该问题的目标规划模型。

5. 某公司决定利用闲置资金 5 000 万元购买为期一年的银行理财产品。备选理财产品有 4 个：A、B、C 和 D，其预期年化收益率分别为 5.0%、5.5%、5.8%和 5.7%。考虑到银行理财的风险，管理层决定将资金分散到 4 个产品上。经过对各个理财产品的深入分析，管理层按照优先级别从高到低确定了如下目标：

P_1：产品 A 至少投资 1 000 万元，虽然其预期收益率最低；

P_2：为了分散投资，每种理财产品的投资金额不超过总金额的 30%，不低于总金额的 15%；

P_3：产品 C 的投资金额不低于产品 B，也不低于产品 D；

P_4：期望投资回报最大化。

请建立该问题的目标规划模型。

6. 某公司生产三种产品（A、B 和 C），现在要制订今年第一季度的生产计划。具体来说，公司要确定每个月各生产多少产品。根据预测部门的分析，未来各月的产品需求如下表所示：

产品＼月份	1 月	2 月	3 月
A	400	500	600
B	500	450	500
C	500	450	400

已知每种产品生产所需要耗费的设备工时和人工工时如下表所示。表中也给出了在正常生产下每月的可用设备工时和可用人工工时，以及三种产品的单位利润。

	A	B	C	正常工时限额
设备工时（小时）	2	3	2	2 400
人工工时（小时）	3	2	4	3 000
单位利润（元）	100	120	110	

管理层按照优先级别从高到低确定了如下目标：

P_1：设备是公司的稀缺资源，尽量避免开工不足；

P_2：如有需要，可以要求工人加班，但是加班增加的人工工时不超过 400 小时；

P_3：尽量减少缺货；

P_4：受到仓库存储空间的限制，各月末尽量不要持有库存；

P_5：尽量多获利。

请建立该问题的目标规划模型。

C H A P T E R 6

第6章

整数规划

线性规划的一个重要假设是所有决策变量都在一个连续区间内取值。在该假设下，线性规划的可行域是凸集，其最优解一定在可行域的边界上取得。因此，连续性要求也是单纯形法的基本出发点。但是，在很多管理场景下，要求决策变量取连续值是不现实的。比如，很多生产规划场景下，产品的产量必须是整数（不能生产 0.4 件产品）；在涉及人力资源规划的问题中，安排的人数也必须是整数（不能雇用 0.8 个人）；在航空公司机票销售中，销售的座位数也只能取整数等。当规划问题的全部或者部分决策变量只能取离散点时，直接利用单纯形法很显然是失效的，此时需要引入新的算法来优化求解。本章介绍求解整数规划的理论与方法。

整数规划（Integer Programming）是指规划问题中的全部或者部分决策变量只能取整数点的规划问题。严格来说，整数规划既包括线性的整数规划，也包括非线性的整数规划。本章聚焦于线性整数规划的情形，其中目标函数和约束条件都为线性形式。整数规划也是运筹学的一个重要分支。20 世纪 50 年代，"线性规划之父"丹齐格首先发现可以使用 0-1 变量来刻画模型中的方案取舍、固定费用等因素。他与富尔克森（Fulkerson）和约翰逊（Johnson）对货郎担问题的研究衍生出了整数规划的重要求解方法 —— 分支定界法。戈莫里（Gomory）于 1958 年提出了割平面法（Cutting Plane Approach），它能用来求解纯整数规划问题。当问题的规模比较大时，整数规划求解所涉及的计算代价往往远大于线性规划，因此，很多整数问题被认为是 NP 难（Non-deterministic Polynomial Hard）问题。以前，这类 NP 难问题的解决思路是通过启发式方法来寻找满意解（而不是最优解）。随着计算机计算速度的提升，以前 NP 难整数规划问题的求解也变得越来越快，在很多领域（如金融投资、电子导航、物流配送等）也得到了广泛应用。

6.1 整数规划的数学模型

在线性规划模型中，当全部或者部分决策变量只能取整数点时，该线性规划模型即为整数规划。因此，整数规划往往分为以下两种类型：

- 纯整数规划：线性规划中所有决策变量都要求取整数点时对应的模型；
- 混合整数规划：线性规划中部分决策变量要求取整数点，部分决策变量可以在连续区间取值时对应的模型。

在很多管理问题中，如果决策者只能在两种方案中进行选择，为了方便建模，可以引入一个取值只能为 0 或者 1 的变量来表示。这类决策问题有时也被称为“0-1 规划”。

一般的整数规划数学模型如下：

$$
\max \text{ 或 } \min \ z = c_1x_1 + c_2x_2 + \cdots + c_nx_n
$$

$$
\text{s.t.}\begin{cases}
a_{11}x_1 + a_{12}x_2 + \cdots + a_{1n}x_n \leqslant (\text{或} =, \geqslant)\, b_1 \\
a_{21}x_1 + a_{22}x_2 + \cdots + a_{2n}x_n \leqslant (\text{或} =, \geqslant)\, b_2 \\
\qquad \cdots\cdots \\
a_{m1}x_1 + a_{m2}x_2 + \cdots + a_{mn}x_n \leqslant (\text{或} =, \geqslant)\, b_m \\
x_1, x_2, \cdots, x_n \geqslant 0 \\
x_1, x_2, \cdots, x_n \text{ 中部分或者全部为整数}
\end{cases} \tag{6-1}
$$

下面探讨几个不同类型整数规划的例子。

[**例 6-1**]（**快餐店服务员规划**） 考虑某 24 小时营业的快餐店的服务员规划问题。根据不同时间段顾客需求的不同，快餐店在不同时间段所需的服务员人数不同，相关数据如表 6-1 所示。已知每个员工每天连续工作 8 小时。请问：应该如何安排工作人员的工作，可在满足工作需要的前提下使得总人力成本最少？

表 6-1

班次	时间	所需人数
1	6:00~10:00	10
2	10:00~14:00	15
3	14:00~18:00	18
4	18:00~22:00	15
5	22:00~2:00	6
6	2:00~6:00	5

解：设 x_i 为第 $i\,(i=1,2,\cdots,6)$ 个班次初开始上班的服务员人数。优化的目标是服务人员总数最小，即

$$
\min \ w = x_1 + x_2 + x_3 + x_4 + x_5 + x_6
$$

因为每个服务员连续工作 8 小时（2 个班次），为了满足 6 个班次的人数要求，需满足如下约束

$$
\text{s.t.}\begin{cases}
\text{班次 1:} & x_6 + x_1 \geqslant 10 \\
\text{班次 2:} & x_1 + x_2 \geqslant 15 \\
\text{班次 3:} & x_2 + x_3 \geqslant 18 \\
\text{班次 4:} & x_3 + x_4 \geqslant 15 \\
\text{班次 5:} & x_4 + x_5 \geqslant 6 \\
\text{班次 6:} & x_5 + x_6 \geqslant 5 \\
\text{非负性:} & x_1, x_2, \cdots, x_6 \geqslant 0 \\
\text{整数性:} & x_1, x_2, \cdots, x_6 \text{为整数}
\end{cases}
$$

[例 6-2]（集装箱运货） 某跨国运营公司采用标准集装箱来装运货物。通常，一个 40 尺柜集装箱的内容积为 11.8 米×2.13米×2.18米，它能装载的配货毛重不超过 22 吨，体积不超过 54 立方米。在满足配重和体积的要求下，每个集装箱的运输成本为 3 000 元。已知公司需要运送的两种货物的相关数据如表6-2所示，请问该公司应该如何装载集装箱？

表 6-2

货物	体积（立方米/箱）	重量（公斤/箱）	利润（元/箱）
甲	5	2 000	2 000
乙	4	5 000	1 000
装运限制	54	22 000	

解：设 x_1 和 x_2 分别为在每个集装箱中装载的两种货物的箱数，整数规划模型如下：

$$\max\ z = 2\,000x_1 + 1\,000x_2 - 3\,000$$

$$\text{s.t.}\begin{cases} 5x_1 + 4x_2 \leqslant 54 \\ 2\,000x_1 + 5\,000x_2 \leqslant 22\,000 \\ x_1, x_2 \geqslant 0 \text{ 且为整数} \end{cases}$$

在例 6-1 和例 6-2 中，所有决策变量都只能取整数。因此，它们是典型的纯整数规划模型。在下面两个例子中，决策变量不仅只能取整数，而且只能取 0 或者 1，是典型的 0-1 整数规划模型。

[例 6-3]（背包问题） 很多户外运动爱好者经常组织去山区远足。为了达到锻炼身体的目的，他们往往轻装上阵，每人只背一个容积为 30 升的户外登山背包。同时，背包的负重不宜过大，否则会影响体力。假设每人设定的最大负重为 20 公斤。在远足准备过程中，携带哪些物品是摆在户外运动爱好者面前的一个难题。

可以携带的物品包括水壶、食品、帐篷、炊具等，各物品对应的重量、体积以及效用如表 6-3 所示。已知物品 11、12 和 13 是必带品。请问，在其他物品中，你会选择携带哪些物品（假设每种物品最多携带 1 单位）？

表 6-3

编号	物品	重量 (公斤)	体积 (升)	效用
1	水壶	1	2	20
2	手电	1.5	1	10
3	烧烤炉	2	3	20
4	方便面	1	3	15
5	五花肉	1	1	32
6	罐头	1	2	18
7	蔬菜	1.5	2.5	26
8	摄像机	3	2	30
9	冲锋衣	1.5	2	32
10	图书	1	1	30
11	套锅	2	3	20
12	气罐	2	4	25
13	帐篷	5	6	50

解：设 x_i 表示是否带物品 i，$i=1,2,\cdots,10$：

$$x_i=\begin{cases}1 & \text{如果携带物品}i\\0 & \text{如果不携带物品}i\end{cases}$$

追求总效用最大化的 0-1 规划模型如下：

$$\max\ z=20x_1+10x_2+20x_3+15x_4+32x_5+18x_6+26x_7+30x_8+32x_9+30x_{10}$$

$$\text{s.t.}\begin{cases}x_1+1.5x_2+2x_3+x_4+x_5+x_6+1.5x_7+3x_8+1.5x_9+x_{10}\leqslant 11\\2x_1+x_2+3x_3+3x_4+x_5+2x_6+2.5x_7+2x_8+2x_9+x_{10}\leqslant 17\\x_i=0\ \text{或}\ 1,\ i=1,2,\cdots,10\end{cases}$$

[**例 6-4**]（**消防站设置方案**）　某文化居住城包括 6 个社区，为了满足社区消防的需求，政府有关部门正在规划消防站的建设。由于受到预算限制，每个社区至多建设一个消防站。当某社区发生火情时，将安排距离该社区最近的消防站进行救援。建设消防站的基本要求是任何社区的火情都必须保证在 15 分钟内有消防车前来救援。已知各社区之间的消防车正常行驶时间如表 6-4 所示。请问，应该最少设置多少个消防站？

表　6-4

社区	1	2	3	4	5	6
1	0	10	16	28	27	20
2	10	0	24	32	17	10
3	16	24	0	12	27	21
4	28	32	12	0	15	25
5	27	17	27	15	0	14
6	20	10	21	25	14	0

解：设 x_i 表示是否在社区 i 建立消防站，$i=1,2,\cdots,6$：

$$x_i=\begin{cases}1 & \text{如果在社区}i\text{建立消防站}\\0 & \text{如果不在社区}i\text{建立消防站}\end{cases}$$

优化目标是建立的消防站数量最少，即

$$\min\ w=x_1+x_2+x_3+x_4+x_5+x_6$$

消防站的建立必须满足各个社区的消防需求。以社区 1 为例，如果社区 1 发生火情，必须在 15 分钟内有消防车能抵达社区 1，这意味着社区 1 和社区 2 中至少建设 1 个消防站（设立在 3、4、5、6 的消防站的消防车没法在 15 分钟内抵达社区 1），即

$$x_1+x_2\geqslant 1$$

类似地，考虑每一个社区的消防需求，可得该规划问题的约束条件如下：

$$\text{s.t.}\begin{cases} x_1 + x_2 \geqslant 1 \\ x_1 + x_2 + x_6 \geqslant 1 \\ x_3 + x_4 \geqslant 1 \\ x_3 + x_4 + x_5 \geqslant 1 \\ x_4 + x_5 + x_6 \geqslant 1 \\ x_2 + x_5 + x_6 \geqslant 1 \\ x_i = 0 \text{ 或 } 1,\ i = 1, 2, \cdots, 6 \end{cases}$$

容易解出最优解为 $x_2 = x_4 = 1$，$x_1 = x_3 = x_5 = x_6 = 0$，即应该在社区 2 和 4 设立消防站。

[例 6-5]（**仓库选址和运输问题**） 某公司在北京新开了四家连锁零售店（记为 B_1、B_2、B_3 和 B_4），每年预计的产品销量分别为 b_1、b_2、b_3 和 b_4。为了满足零售店的配送需求，公司打算建立两个配送中心。经过前期考察和协商，公司锁定了三个潜在的选址（记为 A_1、A_2 和 A_3）。如果在选址 i 处建立配送中心，需要投入的建设费用为 I_i，其最大配送容量限制为 a_i（按年计算）。因为受到交通路线的限制，部分选址向部分零售店不具备配送条件（如图 6-1 所示）。经过测算，从选址 A_i 到零售店 B_j 的单位运费是 c_{ij}。

请问，公司应当选择哪些地点建立配送中心，能够在满足各零售店需求的前提下，使总费用最小？

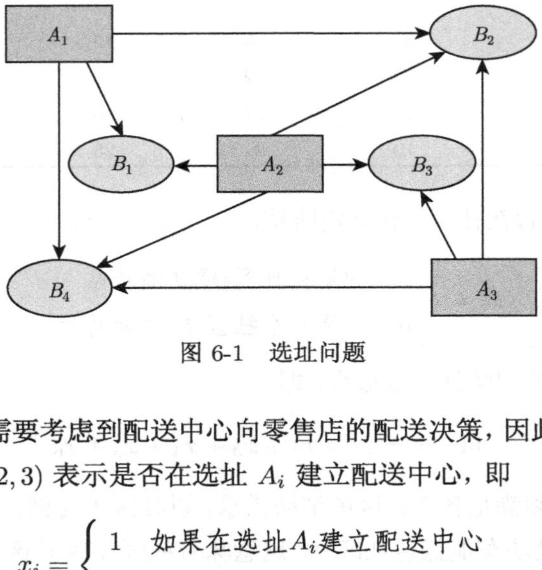

图 6-1 选址问题

解：决策选址时需要考虑到配送中心向零售店的配送决策，因此，包括两个维度的决策变量。设 $x_i\,(i = 1, 2, 3)$ 表示是否在选址 A_i 建立配送中心，即

$$x_i = \begin{cases} 1 & \text{如果在选址}A_i\text{建立配送中心} \\ 0 & \text{如果不在选址}A_i\text{建立配送中心} \end{cases}$$

同时，设

$$y_{ij} = \text{由配送中心}i\text{向零售店}j\text{的配送量},\ i = 1, 2, 3;\ j = 1, 2, 3, 4$$

优化目标是配送中心建设费用和运输费用之和最小：

$$\min\ w=\sum_{i=1}^{3}I_ix_i+\sum_{i=1}^{3}\sum_{j=1}^{4}c_{ij}y_{ij}$$

一共要建立 2 个配送中心，可以用如下约束来表示：

$$x_1+x_2+x_3=2$$

每个零售店的运货需求需要满足，因此配送量须满足下列条件：

$$\begin{aligned}&y_{11}+y_{21}=b_1\\&y_{12}+y_{22}+y_{32}=b_2\\&y_{23}+y_{33}=b_3\\&y_{14}+y_{24}+y_{34}=b_4\end{aligned}$$

此外，对任一配送中心，只有在建立该配送中心的前提下才能提供配送服务，因此有：

$$\begin{aligned}&y_{11}+y_{12}+y_{14}\leqslant a_1x_1\\&y_{21}+y_{22}+y_{23}+y_{24}\leqslant a_2x_2\\&y_{32}+y_{33}+y_{34}\leqslant a_3x_3\end{aligned}$$

最后，还需要加上如下非负和 0-1 约束：

$$y_{ij}\geqslant 0, i=1,2,3;\ j=1,2,3,4$$

$$x_i=0\ 或\ 1,\ i=1,2,3$$

在例 6-5 中，决策变量 x_i 只能取 0 或 1，而 y_{ij} 可取连续数。因此，它是一个混合整数规划模型。

相对线性规划，整数规划增加了部分变量取整数的约束，因此它的可行域是其松弛线性规划问题（即不考虑整数约束的规划问题）可行域的一个子集。特别是，该可行域并非凸集，这意味着我们并不能通过单纯形法，直接在可行域的顶点上进行换基迭代来求解整数规划问题。事实上，整数规划的求解难度远大于线性规划问题。关于整数规划的求解，通常有两个问题容易引起误解：

问题 1：为什么不求解整数规划对应的松弛线性规划问题，然后将其最优解四舍五入作为整数规划的最优解？

诚然，在有些情况下四舍五入是一个不错的方案。比如在很多生产问题中，理论上都要求决策变量取整数，对应的规划问题是整数规划。但是管理者往往不考虑整型约束来进行优化求解。图 6-2 表明（其中阴影部分对应松弛线性规划问题的可行域），采用四舍五入的方法得到的解可能离真正最优的整数解存在很大的差距，部分情形下，四舍五入得到的解甚至不是一个可行解。

问题 2：既然整数规划问题的可行解是一些离散的点（如图 6-2 所示），那么为什么不采用穷举法（也称枚举法，即比较所有离散点的目标函数值）来求解呢？

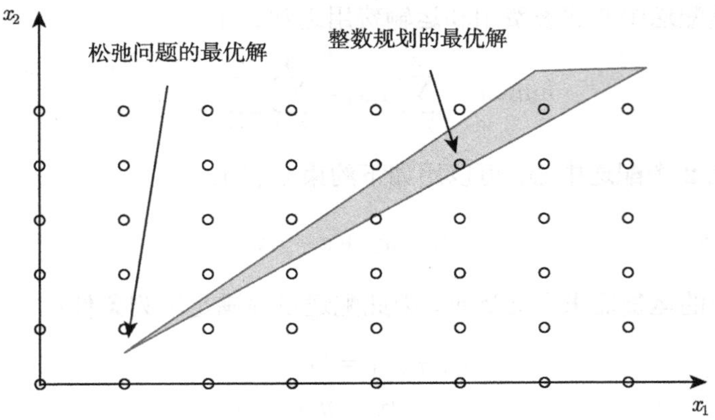

图 6-2　整数规划的解示意图

当问题的规模较小（决策变量个数不多，每个变量可取值范围较小）时，穷举法也可能是一个不错的求解方法。但是对于规模稍微大些的整数规划问题，穷举法的计算代价是相当大的。比如，对于有 50 个城市的货郎担问题，所有可能的旅行路线个数为 49!/2 个。如果采用最先进的计算机求解，可能也需要数年的时间才能穷举完所有可行路线。在商机转瞬即逝的商业环境下，决策者总是希望快速找到问题的最优解。因此，如何设计相应的算法来快速求解整数规划变得至关重要。

整数规划的常见求解方法包括割平面法和分支定界法，下面分别介绍其基本原理。

6.2　求解纯整数规划的割平面法

对于纯整数规划问题，戈莫里于 1958 年提出了割平面法（Cutting Plane Approach）。其基本思路是先求解整数规划模型对应的松弛线性规划问题。如果得到的最优解（记为 X^*）恰好满足整型约束，那么已经找到该整数规划问题的最优解；如果得到的最优解不能完全满足整型约束（即至少一个分量取值为非整数），那么可以在原问题的基础上加入一个新的约束重新计算。新加入的约束要同时满足两方面的要求：一是能“割”掉刚才计算出的最优解 X^*，二是保留可行域中的所有整数点。也就是说，通过割掉 X^* 附近的部分区域，把 X^* 附近的非整数点去掉（如图 6-3 所示）。通过这种方式，能够不断缩小可行域的范围，直到真正最优的整数解出现在可行域的边界上。

考虑以下纯整数规划问题：

$$\max \quad z=\sum_{i=1}^{n} c_i x_i$$

$$\text{s.t.}\begin{cases}\displaystyle\sum_{j=1}^{n} a_{ij}x_j \leqslant b_i,\ i=1,2,\cdots,m\\ x_j \geqslant 0\ \text{且为整数},\ j=1,2,\cdots,n\end{cases}$$

我们先不考虑整数约束，求解其对应的松弛线性规划问题。引入 m 个松弛变量之后，可以利用单纯形法进行求解。为了便于表述，记松弛问题的最优解为 $X^*=(x_1,x_2,\cdots,$

$x_m, x_{m+1}, \cdots, x_{m+n}$)，其中 $(x_1, x_2, \cdots, x_m)$ 是基变量，$(x_{m+1}, \cdots, x_{m+n})$ 是非基变量。记最终单纯形表对应的约束方程为

$$\begin{cases} x_1 = \bar{b}_1 - \bar{a}_{1(m+1)}x_{m+1} - \bar{a}_{1(m+2)}x_{m+2} - \cdots - \bar{a}_{1(m+n)}x_{m+n} \\ \qquad\cdots\cdots \\ x_m = \bar{b}_m - \bar{a}_{m(m+1)}x_{m+1} - \bar{a}_{m(m+2)}x_{m+2} - \cdots - \bar{a}_{m(m+n)}x_{m+n} \end{cases}$$

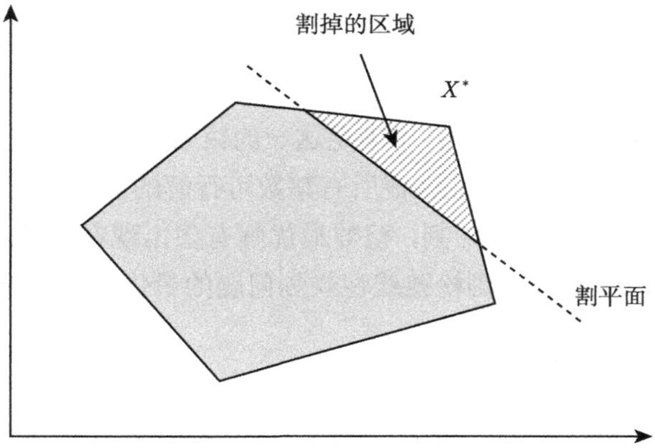

图 6-3 割平面法示意图

如果 X^* 不满足整型约束，考虑某个不为整数的 x_i 所对应的“诱导方程”：

$$x_i + \sum_{j=m+1}^{m+n} \bar{a}_{ij}x_j = \bar{b}_i \tag{6-2}$$

记 $\bar{b}_i$ 的整数部分为 $\tilde{b}_i$，小数部分为 β_i；记 $\bar{a}_{ij}$ 的整数部分为 $\tilde{a}_{ij}$，小数部分为 α_{ij}，即

$$\bar{b}_i = \tilde{b}_i + \beta_i, 0 < \beta_i < 1$$

$$\bar{a}_{ij} = \tilde{a}_{ij} + \alpha_{ij}, 0 \leqslant \alpha_{ij} < 1$$

诱导方程 (6-2) 即为

$$\beta_i - \sum_{j=m+1}^{m+n} \alpha_{ij}x_j = x_i - \tilde{b}_i + \sum_{j=m+1}^{m+n} \tilde{a}_{ij}x_j$$

考虑原整数规划问题的任一可行解（所有分量都为整数），它都满足上述方程。在该方程中，等式右边一定为整数，等式左边一定小于 1。因此，我们可知这一整数点一定满足

$$\beta_i - \sum_{j=m+1}^{m+n} \alpha_{ij}x_j \leqslant 0$$

或

$$x_i - \tilde{b}_i + \sum_{j=m+1}^{m+n} \tilde{a}_{ij}x_j \leqslant 0$$

于是，在原整数规划的基础上，我们加入下面的新约束：

$$\beta_i - \sum_{j=m+1}^{m+n} \alpha_{ij} x_j + s_i = 0, s_i \geqslant 0, \text{取整数}$$

或

$$x_i - \tilde{b}_i + \sum_{j=m+1}^{m+n} \tilde{a}_{ij} x_j + s_i = 0, s_i \geqslant 0, \text{取整数}$$

这一新增约束即为“割平面”约束。正如上面分析的，原始问题的任一整数可行解都满足该约束，因此该割平面的加入并不会“割”掉任一整数可行解。同时，刚才计算得到的松弛线性规划问题的最优解 X^* 并不满足这一约束条件，因此 X^* 及其周围的一个小区域被割掉了。通过这种方法，能在保留所有整数可行解的前提下，使得松弛线性规划问题的可行域越来越小。通过不断切割，整数最优解有望出现在松弛线性规划问题的可行域边界上。一旦出现在边界上，则松弛线性规划问题的最优解即为整数最优解。

考虑下面两个例子。

[例 6-6]（割平面法） 用割平面法求解下面的纯整数规划问题：

$$\max\ z = x_1 + x_2$$

$$\text{s.t.}\begin{cases} -x_1 + x_2 \leqslant 1 \\ 3x_1 + x_2 \leqslant 4 \\ x_1, x_2 \geqslant 0 \text{ 且为整数} \end{cases}$$

解：首先求解其松弛线性规划问题。引入松弛变量，得到的标准型如下：

$$\max\ z = x_1 + x_2$$

$$\text{s.t.}\begin{cases} -x_1 + x_2 + x_3 = 1 \\ 3x_1 + x_2 + x_4 = 4 \\ x_1, x_2, x_3, x_4 \geqslant 0 \end{cases}$$

用单纯形表求解过程如表 6-5 所示。

由表 6-5 可知，松弛规划问题的最优解 $x^* = \left(\frac{3}{4}, \frac{7}{4}, 0, 0\right)$ 显然不满足整型约束。选取一个非整数分量 x_1，其诱导方程为

$$x_1 - \frac{1}{4}x_3 + \frac{1}{4}x_4 = \frac{3}{4}$$

等价变换为

$$\frac{3}{4} - \frac{3}{4}x_3 - \frac{1}{4}x_4 = x_1 - x_3$$

由此可写出割平面约束为

$$\frac{3}{4} - \frac{3}{4}x_3 - \frac{1}{4}x_4 + x_5 = 0$$

表 6-5

$c_j \rightarrow$			1	1	0	0
C_B	基	b	x_1	x_2	x_3	x_4
0	x_3	1	−1	1	1	0
0	x_4	4	[3]	1	0	1
			1	1	0	0
0	x_3	$\frac{7}{3}$	0	$\left[\frac{4}{3}\right]$	1	$\frac{1}{3}$
1	x_1	$\frac{4}{3}$	1	$\frac{1}{3}$	0	$\frac{1}{3}$
			0	$\frac{2}{3}$	0	$-\frac{1}{3}$
1	x_2	$\frac{7}{4}$	0	1	$\frac{3}{4}$	$\frac{1}{4}$
1	x_1	$\frac{3}{4}$	1	0	$-\frac{1}{4}$	$\frac{1}{4}$
			0	0	$-\frac{1}{2}$	$-\frac{1}{2}$

在最终单纯形表的基础上加入新约束，基变量由 2 个变为 3 个，采用对偶单纯形法继续求解，如表 6-6 所示：

表 6-6

$c_j \rightarrow$			1	1	0	0	0
C_B	基	b	x_1	x_2	x_3	x_4	x_5
1	x_2	$\frac{7}{4}$	0	1	$\frac{3}{4}$	$\frac{1}{4}$	0
1	x_1	$\frac{3}{4}$	1	0	$-\frac{1}{4}$	$\frac{1}{4}$	0
0	x_5	$-\frac{3}{4}$	0	0	$\left[-\frac{3}{4}\right]$	$-\frac{1}{4}$	1
			0	0	$-\frac{1}{2}$	$-\frac{1}{2}$	0
1	x_2	1	0	1	0	0	1
1	x_1	1	1	0	0	$\frac{1}{3}$	$-\frac{1}{3}$
0	x_3	1	0	0	1	$\frac{1}{3}$	$-\frac{4}{3}$
			0	0	0	$-\frac{1}{3}$	$-\frac{2}{3}$

上述松弛规划问题的最优解 $x^* = (1, 1, 1, 0, 0)$ 所有分量均为整数。因此，它即为原整数规划问题的最优解。

以上利用割平面法求解过程如图 6-4 所示。原问题对应的松弛规划问题的可行域如图 6-4 中的区域 $OABC$ 所示，其中顶点 $B\left(\frac{3}{4}, \frac{7}{4}\right)$ 是最优解。加入的割平面约束等价于

$$\frac{3}{4} - \frac{3}{4}(1 + x_1 - x_2) - \frac{1}{4}(4 - 3x_1 - x_2) \leqslant 0$$

即：

$$x_2 \leqslant 1$$

因此，加入该约束后“割”掉了图中阴影部分区域。在剩下的可行域中求解松弛线性规划问题，最优解为 $D(1,1)$ 点，它即是原问题中满足整型约束的最优解。

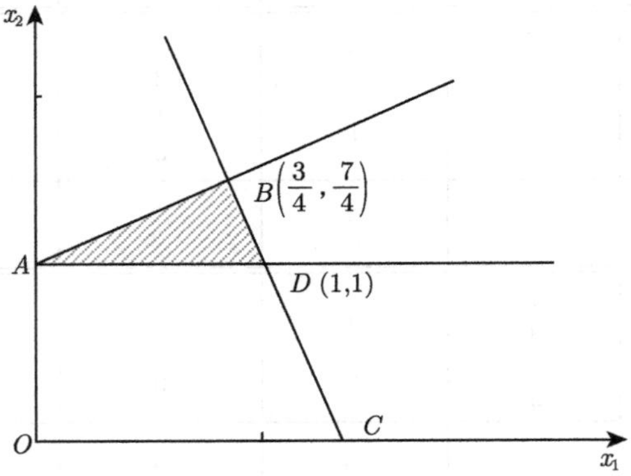

图 6-4 用割平面法求解例 6-6

在上述计算中，我们以非整数分量 x_1 对应的诱导方程为出发点建立割平面。也可以以另一个非整数分量 x_2 对应的诱导方程来建立割平面。诱导方程

$$x_2 + \frac{3}{4}x_3 + \frac{1}{4}x_4 = \frac{7}{4}$$

等价于

$$\frac{3}{4} - \frac{3}{4}x_3 - \frac{1}{4}x_4 = x_2 - 1$$

其对应的割平面约束依然为

$$\frac{3}{4} - \frac{3}{4}x_3 - \frac{1}{4}x_4 \leqslant 0$$

因此，从不同基变量的诱导方程出发，可能构造出同一个割平面。

[例 6-7]（割平面法） 用割平面法求解下面的纯整数规划问题：

$$\max\ z = 5x_1 - x_2$$

$$\text{s.t.}\begin{cases} 3x_1 - 2x_2 \leqslant 6 \\ 5x_1 + 4x_2 \geqslant 20 \\ 2x_1 + x_2 \leqslant 10 \\ x_1, x_2 \geqslant 0 \text{ 且为整数} \end{cases}$$

解：引入松弛变量、剩余变量和人工变量，原问题对应的松弛线性规划问题为

$$\max\ z = 5x_1 - x_2 - Mx_6$$

$$\text{s.t.}\begin{cases} 3x_1 - 2x_2 + x_3 = 6 \\ 5x_1 + 4x_2 - x_4 + x_6 = 20 \\ 2x_1 + x_2 + x_5 = 10 \\ x_1, x_2, x_3, x_4, x_5, x_6 \geqslant 0 \end{cases}$$

利用单纯形表优化松弛问题见表 6-7。

表 6-7

$c_j \to$			5	-1	0	0	0	-M
C_B	基	b	x_1	x_2	x_3	x_4	x_5	x_6
0	x_3	6	[3]	-2	1	0	0	0
$-M$	x_6	20	5	4	0	-1	0	1
0	x_5	10	2	1	0	0	1	0
			$5+5M$	$-1+4M$	0	$-M$	0	0
5	x_1	2	1	$-\frac{2}{3}$	$\frac{1}{3}$	0	0	0
$-M$	x_6	10	0	$\left[\frac{22}{3}\right]$	$-\frac{5}{3}$	-1	0	1
0	x_5	6	0	$\frac{7}{3}$	$-\frac{2}{3}$	0	1	0
			0	$\frac{7}{3}+\frac{22}{3}M$	$-\frac{5}{3}-\frac{5}{3}M$	$-M$	0	0
5	x_1	$\frac{32}{11}$	1	0	$\frac{2}{11}$	$-\frac{1}{11}$	0	/
-1	x_2	$\frac{15}{11}$	0	1	$-\frac{5}{22}$	$-\frac{3}{22}$	0	/
0	x_5	$\frac{31}{11}$	0	0	$-\frac{3}{22}$	$\left[\frac{7}{22}\right]$	1	/
			0	0	$-\frac{25}{22}$	$\frac{7}{22}$	0	/
5	x_1	$\frac{26}{7}$	1	0	$\frac{1}{7}$	0	$\frac{2}{7}$	/
-1	x_2	$\frac{18}{7}$	0	1	$-\frac{2}{7}$	0	$\frac{3}{7}$	/
0	x_4	$\frac{62}{7}$	0	0	$-\frac{3}{7}$	1	$\frac{22}{7}$	/
			0	0	-1	0	-1	/

上述松弛规划问题的最优解 $(x_1^*, x_2^*) = \left(\frac{26}{7}, \frac{18}{7}\right)$ 显然不满足整型约束。选取一个非整数分量 x_1，其诱导方程为

$$x_1 + \frac{1}{7}x_3 + \frac{2}{7}x_5 = \frac{26}{7}$$

等价变换为

$$\frac{5}{7} - \frac{1}{7}x_3 - \frac{2}{7}x_5 = x_1 - 3$$

由此可写出割平面约束为

$$\frac{5}{7} - \frac{1}{7}x_3 - \frac{2}{7}x_5 + x_7 = 0$$

在上述最终单纯形表中加入该割平面，利用对偶单纯形法继续换基迭代计算，如表 6-8 所示。上述松弛规划问题的最优解 $(x_1^*, x_2^*) = \left(3, \frac{3}{2}\right)$ 依然不满足整型约束。选取非整数分量 x_2，其诱导方程为

$$x_2 - \frac{1}{2}x_3 = \frac{3}{2}$$

等价变换为

$$\frac{1}{2} - \frac{1}{2}x_3 = x_2 - x_3 - 1$$

由此可写出割平面约束为

$$\frac{1}{2} - \frac{1}{2}x_3 + x_8 = 0$$

表 6-8

$c_j \to$			5	−1	0	0	0	0
C_B	基	b	x_1	x_2	x_3	x_4	x_5	x_7
5	x_1	$\frac{26}{7}$	1	0	$\frac{1}{7}$	0	$\frac{2}{7}$	0
−1	x_2	$\frac{18}{7}$	0	1	$-\frac{2}{7}$	0	$\frac{3}{7}$	0
0	x_4	$\frac{62}{7}$	0	0	$-\frac{3}{7}$	1	$\frac{22}{7}$	0
0	x_7	$-\frac{5}{7}$	0	0	$-\frac{1}{7}$	0	$\left[-\frac{2}{7}\right]$	1
			0	0	−1	0	−1	0
5	x_1	3	1	0	0	0	0	1
−1	x_2	$\frac{3}{2}$	0	1	$-\frac{1}{2}$	0	0	0
0	x_4	1	0	0	−2	1	0	11
0	x_5	$\frac{5}{2}$	0	0	$\frac{1}{2}$	0	1	$-\frac{7}{2}$
			0	0	$-\frac{1}{2}$	0	0	−5

在上述最终单纯形表中加入该割平面，利用对偶单纯形法继续换基迭代计算见表 6-9：

表 6-9

$c_j \to$			5	−1	0	0	0	0	0
C_B	基	b	x_1	x_2	x_3	x_4	x_5	x_7	x_8
5	x_1	3	1	0	0	0	0	1	0
−1	x_2	$\frac{3}{2}$	0	1	$-\frac{1}{2}$	0	0	0	0
0	x_4	1	0	0	−2	1	0	11	0
0	x_5	$\frac{5}{2}$	0	0	$\frac{1}{2}$	0	1	$-\frac{7}{2}$	0
0	x_8	$-\frac{1}{2}$	0	0	$\left[-\frac{1}{2}\right]$	0	0	0	1
			0	0	$-\frac{1}{2}$	0	0	−5	0
5	x_1	3	1	0	0	0	0	1	0
−1	x_2	2	0	1	0	0	0	0	−1
0	x_4	3	0	0	0	1	0	11	−4
0	x_5	2	0	0	0	0	1	$-\frac{7}{2}$	1
0	x_3	1	0	0	1	0	0	0	−2
			0	0	0	0	0	−5	−1

上述松弛规划问题的最优解 $(x_1^*, x_2^*) = (3, 2)$ 已经满足整型约束。因此，它即为原整数规划问题的最优解，该解对应的目标函数值为 $z^* = 13$。

正如例 6-7 所示，虽然割平面法能在松弛线性规划问题的单纯形表上不断引入新的割平面进行迭代求解，但其收敛速度有时比较慢。同时，该方法最大的缺陷是只适合纯整数规划的问题，对于混合整数规划，它是失效的。

6.3 分支定界法

分支定界法是最常用的整数规划求解算法，其基本思想也是切割对应的松弛规划问题的可行域。不同于割平面法的是，它切割的是可行域的内部（而不是外部）。具体来说，在求解松弛规划问题的过程中，选择不满足整型约束的某个变量，将问题分割为两个子问题，然后分别求解。该分割过程不断进行下去，直到某个子问题的最优解满足整型约束，而且能判定为最优为止。如果将计算过程用图示画出来，可以整理为一棵从上到下的二叉树，每个子问题对应该二叉树中的一个分支。特别是，为了尽量避免不必要的计算，计算过程中要不断更新原问题中最优目标函数值的下界（或上界），从而“剪掉”一些非最优的分支（即“剪枝”）。因此，该方法被形象地称为“分支定界法”（Branch and Bound Method）。

考虑整数规划问题 (A) 及其对应的松弛线性规划问题 (B)：

$$
\text{(A)}\quad \begin{aligned} &\max\ z = CX \\ &\begin{cases} AX = b \\ X \geqslant 0 \\ (x_1, x_2, \cdots, x_k)\ \text{为整数} \end{cases} \end{aligned}
\qquad\qquad
\text{(B)}\quad \begin{aligned} &\max\ z = CX \\ &\begin{cases} AX = b \\ X \geqslant 0 \end{cases} \end{aligned}
$$

根据分支定界法的思路，我们先利用单纯形法等方法求解松弛问题 (B)。如果其最优解已经满足 $(x_1, x_2 \cdots, x_k)$ 为整数的约束，则该解即为原整数规划的最优解。否则，选取解中一个非整数分量 x_i，假设 x_i 的取值位于两个相邻整数 b_i 和 $b_i + 1$ 之间，将问题 (B) 划分成两个子问题 (B_1) 和 (B_2)：

$$
(\mathrm{B}_1)\quad \begin{aligned} &\max\ z = CX \\ &\begin{cases} AX = b \\ x_i \geqslant b_i + 1 \\ X \geqslant 0 \end{cases} \end{aligned}
\qquad
(\mathrm{B}_2)\quad \begin{aligned} &\max\ z = CX \\ &\begin{cases} AX = b \\ x_i \leqslant b_i \\ X \geqslant 0 \end{cases} \end{aligned}
$$

如图 6-5 所示，上述划分过程相当于在松弛问题可行域中割掉了 $b_i < x_i < b_i + 1$ 的区域。通过这种分割方法，可能使得处于可行域内部的整数规划的最优解逐渐出现在某个子域的边界上。在 (B) 最终单纯形表的基础上添加约束，分别求解子问题 (B_1) 和 (B_2)。如果子问题 (B_1) 或 (B_2) 的最优解满足整型约束，则它们有可能是原问题的最优解（需要进行比较判断）。否则，需要将 (B_1) 或 (B_2) 按照同样的方法继续进行分支，直到找到问题的最优整数解。

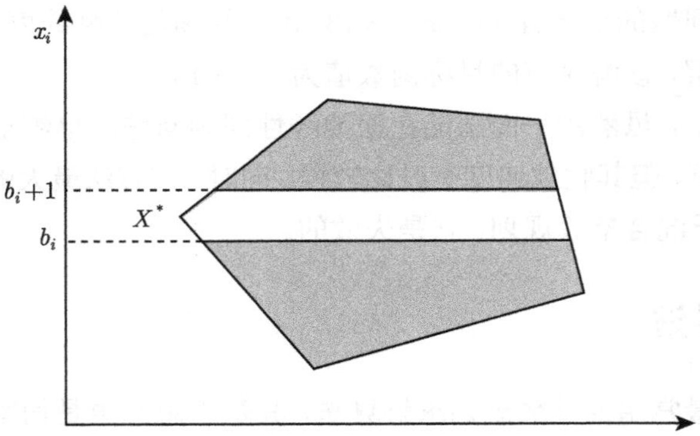

图 6-5　分支定界法示意图

利用分支定界法求解下面的例子。

[例 6-8]（分支定界法）　采用分支定界法求解下列整数规划问题：

$$\max\ z = x_1 + x_2$$
$$\text{s.t.}\begin{cases} 6x_1 + 2x_2 \leqslant 17 \\ 5x_1 + 9x_2 \leqslant 44 \\ x_1, x_2\ \text{为整数} \end{cases}$$

解：记原问题对应的松弛线性规划问题为 (B)，其最优解为 $(x_1^*, x_2^*) = (1.477, 4.068)$，目标函数值 $z_0 = 5.545$，显然不满足整型约束。因此，围绕 x_1 分支，两个子问题记为 (B_1) 和 (B_2)，如图 6-6 所示。

(1) 求解子问题 (B_1)，其最优解为 $(x_1^*, x_2^*) = (1.000, 4.333)$，目标函数值 $z_1 = 5.333$。分量 x_2^* 不满足整型约束，因此，继续将问题划分为两个子问题 (B_3) 和 (B_4)。

① 求解子问题 (B_3)，其最优解为 $(x_1^*, x_2^*) = (1.000, 4.000)$，目标函数值 $z_3 = 5.000$。该解满足整型约束，因此是一个潜在的最优整数解。这里的目标函数值 $z_3 = 5.000$ 就构成了原问题目标函数值的一个下界，意味着任何分支如果计算得到的最优目标函数值小于 $z_3 = 5.000$，那么没有必要进一步分支计算，因为该分支得到的任何后续整数解对应的目标函数值都不会超过 $z_3 = 5.000$。

② 求解子问题 (B_4)，发现其可行域为空集，因此该分支不可能是最优解。

(2) 求解子问题 (B_2)，其最优解为 $(x_1^*, x_2^*) = (2.000, 2.500)$，目标函数值 $z_2 = 4.500$。由于 $z_2 < z_3$，尽管该最优解还没有达到整型要求，但也不用进一步分支计算了。

综合上述过程可知，子问题 (B_3) 得到的最优解即为原整数规划问题的最优解。

分支定界法的一般步骤如下：

① 先求解原整数规划问题 (A) 的松弛规划问题 (B)。

② (B) 的最优解分三种情形：

(a) 如果 (B) 无可行解，则问题 (A) 无可行解；

(b) 如果 (B) 的最优解符合问题 (A) 的整型约束，则停，已经找到问题的最优解；

(c) 如果 (B) 的最优解不符合问题 (A) 的整数约束，则转到步骤③。

③ 估算原问题的某整数解，记其对应的目标函数值 z_0 作为下界。

④ 选取问题 (B) 最优解中不符合整数条件的分量 x_j（设其整数部分为 b_j）进行分支，构造 (B) 的后续子问题 (C) 和 (D)。其中 (C) 是在问题 (B) 的基础上增加约束 $x_j \leqslant b_j$，(D) 则是在问题 (B) 的基础上增加约束 $x_j \geqslant b_j + 1$。

⑤ 分别求解子问题 (C) 和 (D)，同样分三种情形：

(a) 如果 (C) 或 (D) 无可行解，则剪枝；

(b) 如果 (C) 或 (D) 对应的目标值 $\leqslant z_0$，则剪枝；

(c) 如果 (C) 或 (D) 对应的目标值 $> z_0$，进一步考虑其解是否满足整型约束：

- 如果解为整数解，则更新下界，令 $z_0 = z_C$ 或 $z_0 = z_D$；
- 如果解为非整数解，则在 (C) 或 (D) 的基础上继续步骤 ④。

⑥ 如果全部剪枝完，则停。

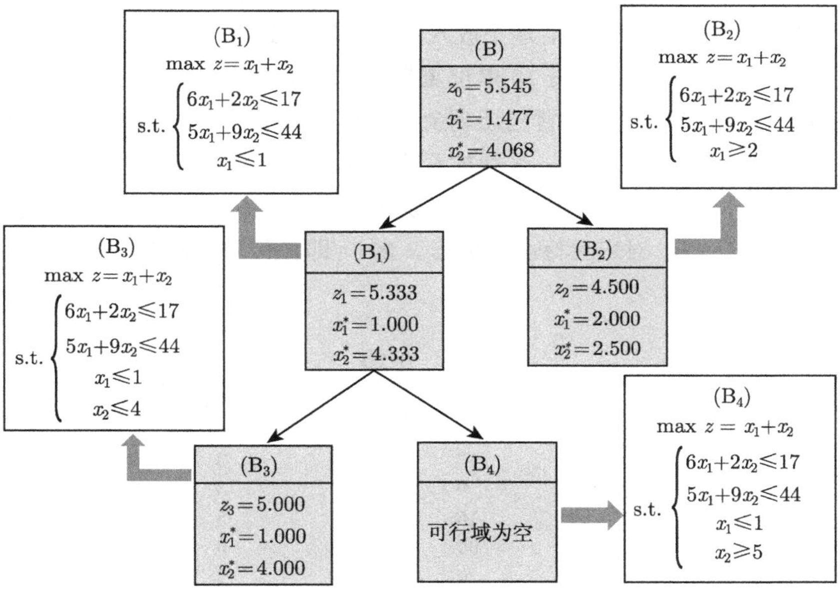

图 6-6 用分支定界法求解例 6-8

分支定界法具有简单、灵活、速度快等特点，可适用于任何模型。对于不满足整型约束的解，在选择分支变量时，可以优先选择系数绝对值最大的变量，因为它对目标函数的影响最为显著。也可以根据经验，对各整数变量的重要性进行排序，优先选择重要性最高的变量进行分支。

在求解各个子问题时，也可以按照一定的准则对计算次序进行排序，以尽量减少不必要的计算。通常，选择下一个优先计算的分支节点有两种准则：深探法和广探法。深探法是优先计算层级最深的子问题，它的优势在于能尽快找到一个整数解，但是整数解的质量可能不高。广探法则是优先计算使当前目标函数值取最大的子问题，其优点在于找到的整数解质量高，但是可能计算速度比较慢。两个选择准则各有优劣，操作中可以根据实际情况进行选择。

[例 6-9]（分支定界法） 用分支定界法求解下面的背包问题：

$$\max\ z = 12x_1 + 12x_2 + 9x_3 + 15x_4 + 90x_5 + 26x_6 + 112x_7$$
$$\text{s.t.}\begin{cases} 3x_1 + 4x_2 + 3x_3 + 3x_4 + 15x_5 + 13x_6 + 16x_7 \leqslant 35 \\ x_j = 0 \text{ 或 } 1,\ j = 1, 2, \cdots, 7 \end{cases}$$

解：原问题对应的松弛规划问题 (B) 为

$$\max\ z = 12x_1 + 12x_2 + 9x_3 + 15x_4 + 90x_5 + 26x_6 + 112x_7$$
$$\text{s.t.}\begin{cases} 3x_1 + 4x_2 + 3x_3 + 3x_4 + 15x_5 + 13x_6 + 16x_7 \leqslant 35 \\ 0 \leqslant x_j \leqslant 1,\ j = 1, 2, \cdots, 7 \end{cases}$$

如果不考虑整型约束，直观上（也可以严格证明），要使得总效用最大化，应该优先在背包中放置单位重量效用最大的物品。因此，我们可以按照单位重量效用从高到低对物品进行排序（如表 6-10 所示），逐个放入物品，直到放入的物品总重量达到 35 单位为止。比如，首先放置物品 7，占用 16 单位重量以后，背包还剩余 19 单位容量；继续放置物品 5，占用 15 单位重量以后，背包还剩余 4 单位容量；继续放置物品 4，占用 3 单位重量以后，背包还剩余 1 单位容量；继续放置物品 1，其重量为 3 单位，因此只能放入 1/3 单位的物品 1。于是，我们可知松弛规划问题 (B) 的最优解为：$x_7 = x_5 = x_4 = 1$，$x_1 = 1/3$，$x_2 = x_3 = x_6 = 0$，对应目标函数值 $z = 221$，即任何整数解对应的目标函数值都不可能超过 221。

表 6-10

序号	重量	效用	效用（每单位重量）	排序
1	3	12	4	④
2	4	12	3	
3	3	9	3	
4	3	15	5	③
5	15	90	6	②
6	13	26	2	
7	16	112	7	①

上述解很显然不满足整型约束，因此，对分量 x_1 进行分支：一个分支 (B_1) 增加的约束为 $x_1 = 1$，另一个分支 (B_2) 增加的约束为 $x_1 = 0$。按照类似的物品放置准则分别求解两个分支子问题，对应的计算过程如图 6-7 所示。按照广探法（优先计算当前目标函数值最大的分支），各子问题的计算次序如下：

$$(B) \to (B_1) \to (B_2) \to (B_3) \to (B_4) \to (B_5) \to (B_6) \to (B_7) \to (B_8) \to (B_9) \to (B_{10})$$

从图中不难判断，子问题 (B_7) 找到的整数解即为原背包问题的最优解，应该在背包中放置物品 4、5 和 7，所产生的总效用为 217。

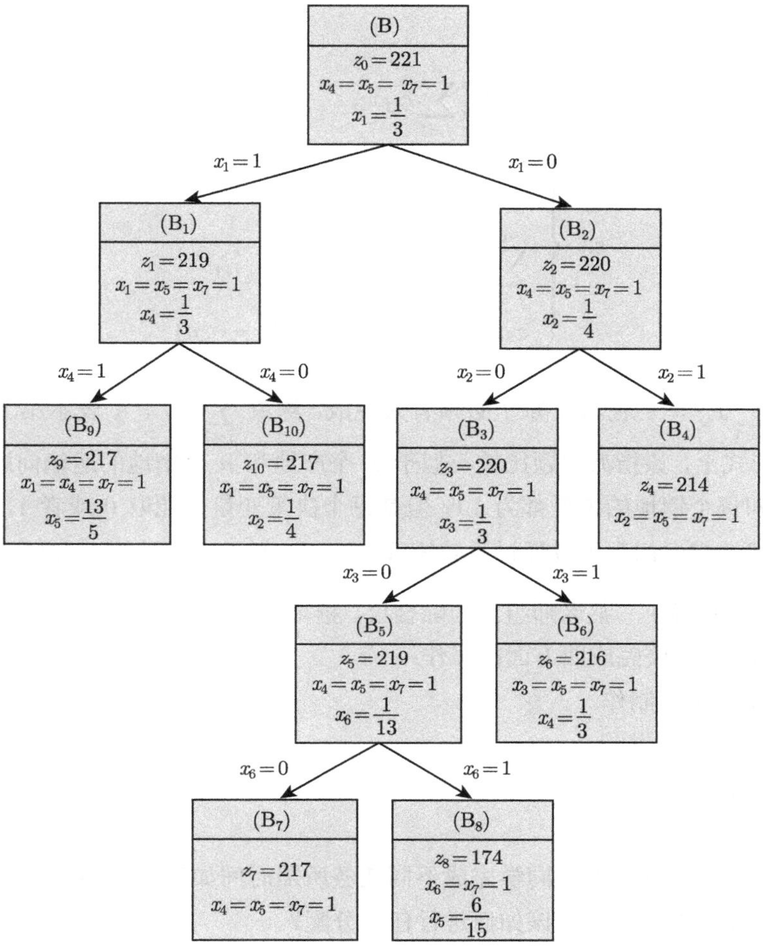

图 6-7 用分支定界法求解背包问题

6.4 指派问题

本节介绍一类特殊的 0-1 规划问题，即指派问题。现实中，“知人善任”是一门十分重要的学问。团队中每个成员都有自己擅长和不擅长的事情，如何将合适的工作或任务安排给合适的人去完成，是管理者经常面临的问题。好的安排可以提高整体工作效率，节约成本。如何进行工作或任务安排来实现系统目标最优，即为“指派问题”。

考虑如下标准形式的指派问题：现有 n 个人和 n 项任务，安排第 i 人完成第 j 项任务对应的费用为 c_{ij}。如果每项任务都必须有人来完成，每个人必须有事情做，请问如何安排任务，能实现 n 项任务的总费用最小？

该指派问题可以通过 0-1 规划来进行建模。设 x_{ij} 表示是否将任务 j 分配给第 i 人 $(i,j=1,2,\cdots,n)$：

$$x_{ij}=\begin{cases}1 & \text{如果将任务}j\text{分配给第}i\text{人}\\0 & \text{如果不将任务}j\text{分配给第}i\text{人}\end{cases}$$

则指派问题对应的模型如下：

$$\min\ z=\sum_{i=1}^{n}\sum_{j=1}^{n}c_{ij}x_{ij}$$

$$\text{s.t.}\begin{cases}\sum\limits_{i=1}^{n}x_{ij}=1\,(j=1,2,\cdots,n)\\ \sum\limits_{j=1}^{n}x_{ij}=1\,(i=1,2,\cdots,n)\\ x_{ij}=0\ \text{或}\ 1\,(i,j=1,2,\cdots,n)\end{cases}$$

其中，约束 $\sum\limits_{i=1}^{n}x_{ij}=1$ 表示任务 j 必须有人完成，约束 $\sum\limits_{j=1}^{n}x_{ij}=1$ 表示第 i 人必须完成一项任务。形式上，该指派问题比较类似于 n 个产地和 n 个销地的运输问题（其中每个产地的产量和每个销地的销量都为 1），但是每个决策变量只能取 0 或者 1。

标准形式的指派问题可以通过系数矩阵 $\boldsymbol{C}=(c_{ij})_{n\times n}$ 进行刻画，如例 6-10。

[例 6-10]（指派问题） 某老师组织国际会议，招募了四名同学（小赵、小钱、小孙和小李）做后勤服务，需要完成四方面的工作：

- 会议论文集的制作
- 与会者联络工作
- 会议材料的准备
- 会议注册报名

通过对同学的了解，不同同学完成不同任务所需时间如表 6-11 所示。请问：如果要求每个同学完成一项任务，应该如何进行任务分配？

表 6-11

志愿者	完成各项任务所需的时间（小时）				报酬
	论文集制作	与会者联络	材料准备	注册报名	（元/小时）
小赵	35	41	27	40	14
小钱	47	45	32	51	12
小孙	39	46	36	43	13
小李	32	51	25	46	15

解：考虑每个志愿者的单位时间报酬，该指派问题对应的系数矩阵为

$$\boldsymbol{C}=\begin{pmatrix}490&574&378&560\\564&540&384&612\\507&598&468&559\\480&765&375&690\end{pmatrix}$$

其中，c_{ij} 对应于将任务 j 分配给第 i 人的成本。设 x_{ij} 为是否将任务 j 分配给第 i 人的决策变量，对应的 0-1 规划模型为：

$$\min\ z = \sum_{i=1}^{4}\sum_{j=1}^{4} c_{ij}x_{ij}$$

$$\text{s.t.} \begin{cases} \sum_{i=1}^{4} x_{ij} = 1\ (j = 1, 2, 3, 4) \\ \sum_{j=1}^{4} x_{ij} = 1\ (i = 1, 2, 3, 4) \\ x_{ij} = 0 \text{ 或 } 1\ (i, j = 1, 2, 3, 4) \end{cases}$$

现在考虑如下情形：负责老师刚刚了解到小赵同学是学校的特困生，因此决定给小赵同学多发 200 元的劳务补助。即无论将哪项任务分配给小赵，对应的成本都增加 200 元。于是，指派问题的系数矩阵变为

$$\hat{\boldsymbol{C}} = \boldsymbol{C} + \begin{pmatrix} 200 & 200 & 200 & 200 \\ 0 & 0 & 0 & 0 \\ 0 & 0 & 0 & 0 \\ 0 & 0 & 0 & 0 \end{pmatrix}$$

该新指派问题的可行域和原问题完全相同，但是目标函数发生了变化：

$$\hat{z} = \sum_{i=1}^{4}\sum_{j=1}^{4} \hat{c}_{ij}x_{ij} = \sum_{i=1}^{4}\sum_{j=1}^{4} c_{ij}x_{ij} + \sum_{j=1}^{4} 200x_{1j} = 200 + \sum_{i=1}^{4}\sum_{j=1}^{4} c_{ij}x_{ij}$$

新问题的目标函数值在原目标函数值基础上增加了一个常数 200。因此，给小赵同学多发 200 元劳务补助并不会影响到任务的最优指派。

上述例子说明，指派问题的系数矩阵中，如果某一行（或者某几行）的元素都增加或减少一个相同的常数，指派问题的最优方案保持不变。类似地，如果某一列（或者某几列）的元素都增加或减少一个相同的常数，指派问题的最优方案也保持不变。根据这一性质，可以开发一个有效的求解指派问题的算法 —— 匈牙利法。

匈牙利法，也叫康尼格法，是哈罗德 · 库恩（Harold W. Kuhn）于 1955 年在匈牙利数学家康尼格（D. Konig）的研究的基础上提出的一个算法。其基本思想是通过对系数矩阵进行等价变换（保持该系数矩阵所有元素非负），让矩阵的行或者列中都出现一些取值为 0 的数（简称“零元”）。如果能找到既不在同一行也不在同一列的 n 个零元，则它们对应的指派方案即是最优的（因为对应的总成本为 0）；否则，继续对系数矩阵进行调整。

具体步骤如下：

① 对系数矩阵 $\boldsymbol{C}$，每行减去该行中的最小值，每列减去该列中的最小值，直到每行和每列都出现零元。

② 在调整后的系数矩阵上尽可能多地圈出既不在同一行也不在同一列的独立零元。如果满足这一要求的零元个数刚好等于 n，则令零元所在位置对应的决策变量值为 1，其余为 0，即找出了问题的最优解。

③ 如果圈出的最大独立零元个数小于 n，则在矩阵中选择尽量少的行或者列来覆盖所有的零元。在未被覆盖的元素中找出其取值最小的元素（记为 k）。把未被完全

覆盖的行和列中所有元素都减去 k。这样，在未被覆盖的元素中一定会出现至少一个零元，同时会使得已被覆盖的元素中出现负值。为了消除负元素，只需要对它们所在的列或者行都加上 k。

④ 返回步骤 ②，继续迭代。

[例 6-11]（**匈牙利法**） 用匈牙利法求解下列指派问题：

$$\boldsymbol{C}=\begin{pmatrix} 2 & 10 & 3 & 7 \\ 15 & 4 & 14 & 8 \\ 13 & 14 & 16 & 11 \\ 4 & 7 & 13 & 9 \end{pmatrix}$$

解：将矩阵 $\boldsymbol{C}$ 中每行减去行内的最小元素值，等价变换为如下指派问题：

$$\boldsymbol{C}_1=\begin{pmatrix} 0 & 8 & 1 & 5 \\ 11 & 0 & 10 & 4 \\ 2 & 3 & 5 & 0 \\ 0 & 3 & 9 & 5 \end{pmatrix}$$

第三列中并没有出现零元，因此，将第三列所有元素均减去列内最小元素值 1，等价变换为如下指派问题：

$$\boldsymbol{C}_2=\begin{pmatrix} 0 & 8 & [0] & 5 \\ 11 & [0] & 9 & 4 \\ 2 & 3 & 4 & [0] \\ [0] & 3 & 8 & 5 \end{pmatrix}$$

在矩阵 $\boldsymbol{C}_2$ 的基础上，圈出既不在同一行也不在同一列的零元，如矩阵中的“[0]”所示。可以看到，已经找出了 4 个既不在同一行，也不在同一列的零元。因此，对于系数矩阵 $\boldsymbol{C}_2$ 对应的指派问题，已经找到了一种方案能实现总成本为 0。根据 $\boldsymbol{C}_2$ 和 $\boldsymbol{C}$ 的最优解的等价性知，原问题的最优解为 $x_{13}^*=x_{22}^*=x_{34}^*=x_{41}^*=1$，对应的最优总成本为 22。

[例 6-12]（**匈牙利法**） 政府现有 5 个项目，分别安排给 5 个建筑公司承担。用 A_1,A_2,A_3,A_4,A_5 代表 5 个建筑公司，B_1,B_2,B_3,B_4,B_5 代表五个项目，其对应成本矩阵如下。求能使总费用最小的指派方案。

$$\boldsymbol{C}=\begin{matrix} \\ A_1 \\ A_2 \\ A_3 \\ A_4 \\ A_5 \end{matrix}\begin{matrix} \begin{matrix} B_1 & B_2 & B_3 & B_4 & B_5 \end{matrix} \\ \begin{pmatrix} 4 & 8 & 7 & 15 & 12 \\ 7 & 9 & 17 & 14 & 10 \\ 6 & 9 & 12 & 8 & 7 \\ 6 & 7 & 14 & 6 & 10 \\ 6 & 9 & 12 & 10 & 6 \end{pmatrix} \end{matrix}$$

解：将矩阵 C 中每行减去行内的最小元素值，等价变换为如下指派问题：

$$C_1=\begin{pmatrix}0&4&3&11&8\\0&2&10&7&3\\0&3&6&2&1\\0&1&8&0&4\\0&3&6&4&0\end{pmatrix}$$

将第二列和第三列所有元素均减去列内最小元素值，等价变换为如下指派问题：

$$C_2=\begin{pmatrix}0&3&0&11&8\\0&1&7&7&3\\0&2&3&2&1\\0&0&5&0&4\\0&2&3&4&0\end{pmatrix}$$

在矩阵 C_2 的基础上，圈出既不在同一行也不在同一列的零元，如下矩阵中的“[0]”所示。最多找到 4 个独立零元。划掉零元的最小覆盖（可以找出 4 行或列，覆盖所有的零元）：

$$C_2=\begin{pmatrix}0&3&[0]&11&8\\0&1&7&7&3\\[0]&2&3&2&1\\0&[0]&5&0&4\\0&2&3&4&[0]\end{pmatrix}$$

未被覆盖的元素中，最小值为 1，因此将第二、四列所有元素都减去 1，等价变换为如下指派问题：

$$C_3=\begin{pmatrix}0&2&0&10&8\\0&0&7&6&3\\0&1&3&1&1\\0&-1&5&-1&4\\0&1&3&3&0\end{pmatrix}$$

矩阵 C_3 中出现了负数，因此将第四行所有元素都增加 1，等价变换为如下指派问题：

$$C_4=\begin{pmatrix}0&2&[0]&10&8\\0&[0]&7&6&3\\[0]&1&3&1&1\\1&0&6&[0]&5\\0&1&3&3&[0]\end{pmatrix}$$

在 C_4 的基础上圈出既不在同一行也不在同一列的最大零元，发现独立零元个数刚好为 5。因此，已经找到问题的最优解。对应的最优指派方案如下：

$$A_1\Rightarrow B_3,\ A_2\Rightarrow B_2,\ A_3\Rightarrow B_1,\ A_4\Rightarrow B_4,\ A_5\Rightarrow B_5$$

在该安排方案下，最小总成本为 34。

有时，指派问题的目标函数是要实现总收益的最大化。不妨设对应的收益系数矩阵为 $\boldsymbol{B}=(b_{ij})_{n\times n}$。设 m 为系数矩阵 $\boldsymbol{B}$ 中的最大元素。不难看出，可以将该指派问题等价变换为如下求总成本最小化的指派问题：

$$\boldsymbol{C}=\begin{pmatrix} m-b_{11} & m-b_{12} & \cdots & m-b_{1n} \\ m-b_{21} & m-b_{22} & \cdots & m-b_{2n} \\ \vdots & \vdots & & \vdots \\ m-b_{n1} & m-b_{n2} & \cdots & m-b_{nn} \end{pmatrix}$$

在标准形式的指派问题中，人数和任务数刚好相等，一人一事。但是很多情形下可能出现人数和任务数不等的情形，甚至可能一人能做多项任务，一个任务可以由多人完成。对于这些非标准形式的指派问题，如果进行适当的等价变换，也可以转换为标准形式。

[例 6-13]（非标准形式的指派问题） 有 A_1,A_2,A_3 3 家建筑公司承担 5 个项目 B_1,B_2,B_3,B_4,B_5。对应的承建成本如下矩阵所示。现在，允许每家公司承建一个或者两个项目。要求所有项目都能得以承建。请安排总费用最小的方案。

$$\boldsymbol{C}=\begin{array}{c} \\ A_1 \\ A_2 \\ A_3 \end{array}\begin{array}{c} \begin{matrix} B_1 & B_2 & B_3 & B_4 & B_5 \end{matrix} \\ \begin{pmatrix} 4 & 8 & 7 & 15 & 12 \\ 7 & 9 & 17 & 14 & 10 \\ 6 & 9 & 12 & 8 & 7 \end{pmatrix} \end{array}$$

解： 因为每家建筑公司可以承建一个或两个项目，可以对每家建筑公司“克隆”一个副本（记为 A_1',A_2',A_3'）。各建筑公司及其克隆副本承建各项目对应的成本结构完全相同。这样，总共有 6 家建筑公司，但是只有 5 个项目。因此，可以引入一个虚拟的项目 B_6，每家公司承建项目 B_6 对应的成本均为 0。于是，我们可以得到如下标准形式的指派问题：

$$\boldsymbol{C}=\begin{array}{c} \\ A_1 \\ A_2 \\ A_3 \\ A_1' \\ A_2' \\ A_3' \end{array}\begin{array}{c} \begin{matrix} B_1 & B_2 & B_3 & B_4 & B_5 & B_6 \end{matrix} \\ \begin{pmatrix} 4 & 8 & 7 & 15 & 12 & 0 \\ 7 & 9 & 17 & 14 & 10 & 0 \\ 6 & 9 & 12 & 8 & 7 & 0 \\ 4 & 8 & 7 & 15 & 12 & 0 \\ 7 & 9 & 17 & 14 & 10 & 0 \\ 6 & 9 & 12 & 8 & 7 & 0 \end{pmatrix} \end{array}$$

利用匈牙利法求解，得费用最小的安排为

$$A_1 \Rightarrow B_1B_3$$

$$A_2 \Rightarrow B_2$$

$$A_3 \Rightarrow B_4B_5$$

对应的最小总费用为 35。

6.5　用 Excel 求解整数规划

对于中等规模的整数规划问题，采用 Excel 规划求解是一种不错的手段。用 Excel 求解整数规划和求解线性规划的操作步骤基本相同。在定义规划问题时，只需要将相应的变量定义为整数取值即可。具体来说，可以通过添加约束（如图 6-8 所示），指定某些决策单元格取值类型为“int”。对于 0-1 整型变量，可以从下拉框中选择“bin”，用来指定为“二进制”变量。

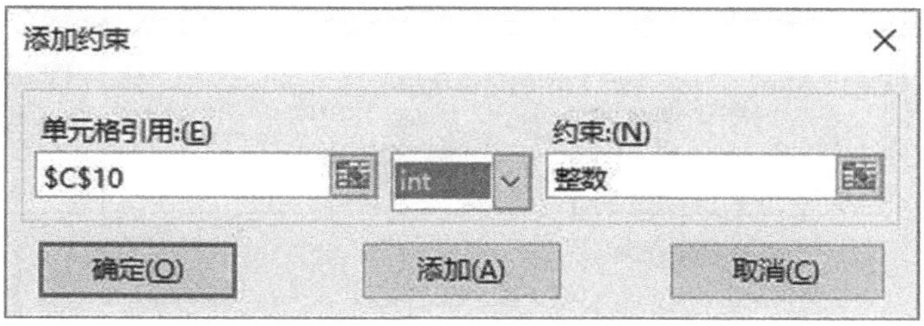

图 6-8　Excel 整数规划求解中设置整型约束

正如本章所介绍的，整数规划的求解算法多数是基于单纯形算法扩展得到的。因此，整数规划的计算代价往往显著大于线性规划问题的计算代价。对于一些中等偏上规模的整数规划，求其最优解可能需要花费较长的时间。当决策者对解的精度要求不高时，可以通过设置所要求的解的精度来缩短计算时间。具体来说，在“规划求解参数”设置对话框中，单击“选项”按钮，可以对“整数最优性 (%)”进行设置，它指定了允许出现的误差范围（如图 6-9 所示）。一般，允许的误差越大，则计算速度越快，但是得到的解的质量也可能越差。

比如，利用 Excel 求解下列纯整数规划问题：

$$\max\ z = 62x_1 + 84x_2 + 103x_3 + 125x_4$$

$$\text{s.t.}\begin{cases} 4x_1 + 7x_2 + 9x_3 + 11x_4 \leqslant 270 \\ x_1 + x_2 + 2x_3 + 2x_4 \leqslant 60 \\ x_1 \leqslant 8 \\ x_2 \leqslant 17 \\ x_3 \leqslant 11 \\ x_4 \leqslant 15 \\ x_i \geqslant 0 \text{ 且为整数},\ i = 1,2,3,4 \end{cases}$$

设置不同的允许误差，分别求解，Excel 找到的最优解及其目标函数值如表 6-12 所示。不难看出，允许的相对误差值越小，找到的解的质量越高。在实际应用中，有时设置过小的允许误差可能导致计算量过大。因此，允许误差的设定要在计算精度（解的质量）与计算代价之间进行平衡。

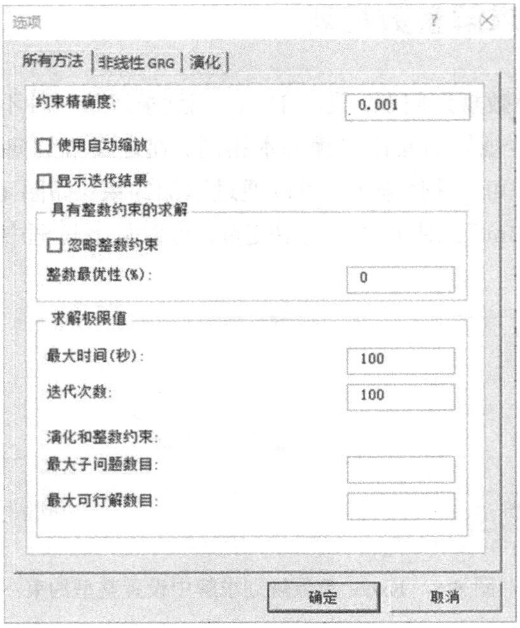

图 6-9　Excel 整数规划求解中的选项设置

表 6-12　不同误差得到的最优整数解

整数最优性	x_1	x_2	x_3	x_4	目标函数值
0%	8	17	1	10	3 277
1%	8	17	7	5	3 270
2%	8	17	9	3	3 226
3%	8	17	10	2	3 204
4%	8	17	11	1	3 182
5%	8	17	11	1	3 182

最后，值得一提的是，因为整数规划的部分变量只能取离散值，因此 Excel 规划求解结果中并没有敏感性报告，而只有运算结果报告，如图 6-10 所示。

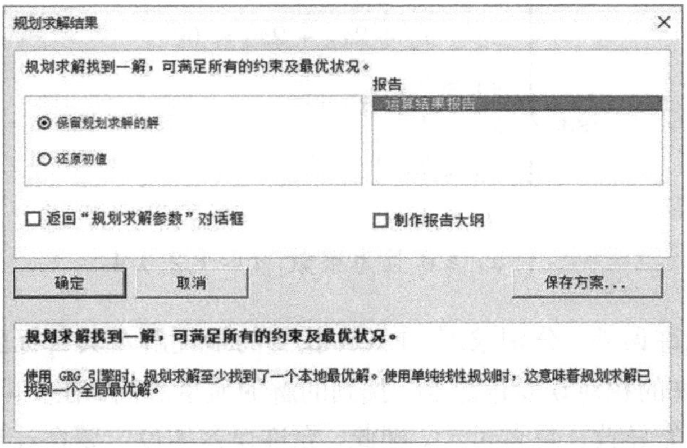

图 6-10　Excel 整数规划求解结果

6.6　整数规划的管理应用

很多管理问题（特别是涉及多个层面决策的问题）中，可以考虑引入 0-1 整数变量来方便问题的建模。对于 0-1 变量，在建模时可以结合具体问题情景采用合适的技巧。比如：

- 0-1 变量可以表示决策之间的逻辑关系。如果决策 i 必须以决策 j 的结果为前提，模型中可以采用类似 $x_i \leqslant x_j$ 的方式来表示该关系。该约束表明，如果 $x_j = 0$，那么 x_i 的取值只能为 0。
- 0-1 变量可以描述彼此互斥的选择关系。如果要从多种方案中只选一个方案，可以加入类似 $\sum_j x_j = 1$ 的约束来表示。

[例 6-14]（建设投资） 某创业公司的主营业务是利用生物技术将秸秆原料生产为鱼饵料。随着公司的发展，创业者考虑向河北和辽宁扩张市场。公司要决定是否在这两个省都建立生产基地，同时也要考虑是否在两个省建立分销中心。但是建立分销中心的先决条件是公司必须在该省建立生产基地。管理层决定最多只建设一个分销中心。已知公司目前可用来在河北和辽宁扩张的资金为 1 000 万元。

经过一系列周全的核算，管理层总结出在河北和辽宁投资建设生产基地和分销中心所需的资金以及对应的未来价值（净现值）如表 6-13 所示。请帮助公司制定在两省的扩张决策。

表　6-13

决策问题	净现值（万元）	所需资金（万元）
在河北省建生产基地	800	500
在辽宁省建生产基地	500	400
在河北省建分销中心	600	350
在辽宁省建分销中心	400	200

解： 创业公司面临着两个决策问题：是否在河北省和辽宁省建立生产基地？是否在河北省和辽宁省建立分销中心？定义它们对应的 0-1 变量如表 6-14 所示：

表　6-14

$x_1 =$	1	在河北省建生产基地
	0	不在河北省建生产基地
$x_2 =$	1	在辽宁省建生产基地
	0	不在辽宁省建生产基地
$y_1 =$	1	在河北省建分销中心
	0	不在河北省建分销中心
$y_2 =$	1	在辽宁省建分销中心
	0	不在辽宁省建分销中心

创业公司的目标是最大化投资的净现值，即

$$\max z = 800x_1 + 500x_2 + 600y_1 + 400y_2$$

公司可用的总建设资金为 1 000 万元，因此：

$$500x_1+400x_2+350y_1+200y_2\leqslant 1\ 000$$

只有建设生产基地，才能建设分销中心，因此

$$y_1\leqslant x_1$$
$$y_2\leqslant x_2$$

最多只建设一个分销中心，即 y_1 和 y_2 之间是互斥的关系，表示为

$$y_1+y_2\leqslant 1$$

加上需要满足的 0-1 约束之后，该问题的完整规划模型如下：

$$\max z=800x_1+500x_2+600y_1+400y_2$$

$$\text{s.t.}\begin{cases}500x_1+400x_2+350y_1+200y_2\leqslant 1\ 000\\ y_1\leqslant x_1\\ y_2\leqslant x_2\\ y_1+y_2\leqslant 1\\ x_i,y_i=0\text{ 或 }1,\ i=1,2\end{cases}$$

利用 Excel 求解，得到如图 6-11 所示结果。最优安排下，应该只在河北省建立生产基地和分销中心。

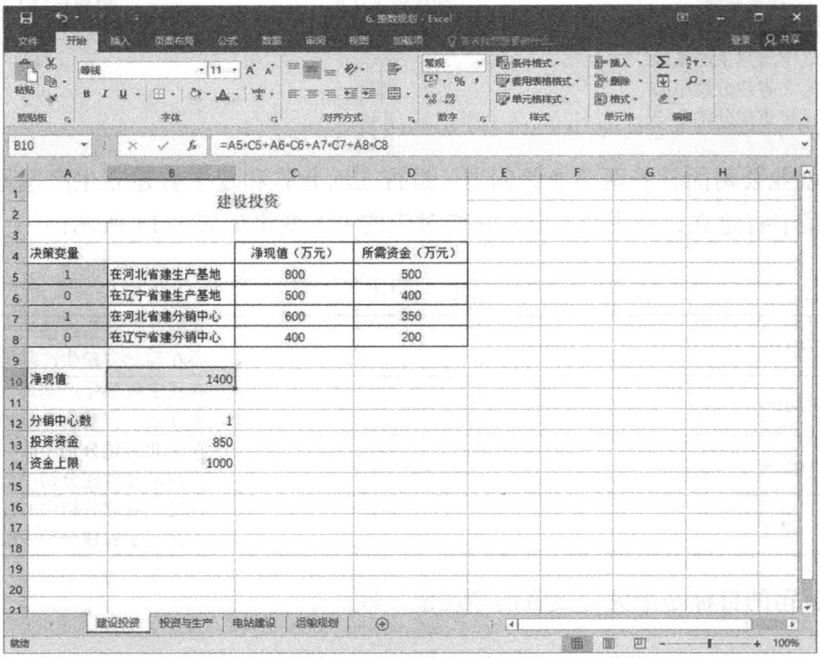

图 6-11 Excel 求解结果（例 6-14）

[例 6-15]（投资建厂与生产决策） 为应对市场格局的变化，某公司打算在一个新城市建设工厂并生产产品。已知公司的产品线包括四种产品，生产每种产品都需要投入一大笔固定费用（用于建立生产线），不同产品的边际利润也存在较大差异，相关数据如表 6-15 所示（单位：元）。

表 6-15

	产品 1	产品 2	产品 3	产品 4
固定成本	20 000	40 000	30 000	30 000
边际利润	70	60	90	80

生产各种产品都需要消耗一定的人工工时、原材料资源，并占用相应的设备加工工时。公司在未来一年中可用的三种资源以及生产各种产品的边际资源消耗量如表 6-16 所示：

表 6-16

	产品 1	产品 2	产品 3	产品 4	可用资源
人工工时（小时）	7	3	6	4	10 000
原材料资源（件）	4	2	3	5	8 000
设备加工工时（小时）	2	3	2	1	4 000

如果公司的人工工时和原材料资源有剩余，还可以用来生产两种副产品；它们每单位所需的资源投入和边际利润如表 6-17 所示：

表 6-17

副产品	人工工时	原材料	边际利润
副产品 1	2	3	15
副产品 2	3	1	10

此外，出于公司长远发展的考虑，管理层打算最多只投产四种产品中的三种，而且只有在投产产品 1 或 2 的基础上，才可以投产产品 3。请问该公司应该如何决策？

解：设 y_i 表示是否投产产品 $i\,(i=1,2,3,4)$：

$$y_i=\begin{cases}1 & \text{如果投产产品}i\\ 0 & \text{如果不投产产品}i\end{cases}$$

同时，设

$$x_i = \text{产品 } i \text{ 的生产数量},\ i=1,2,3,4$$
$$x_{4+i} = \text{副产品 } i \text{ 的生产数量},\ i=1,2$$

公司的目标是总利润（即产品利润减去投资成本）最大化：

$$\begin{aligned}\max\ z =& 70x_1+60x_2+90x_3+80x_4+15x_5+10x_6\\ &-20\ 000y_1-40\ 000y_2-30\ 000y_3-30\ 000y_4\end{aligned}$$

约束条件包括如下方面。

(1) 总人工工时的约束：

$$7x_1+3x_2+6x_3+4x_4+2x_5+3x_6\leqslant 10\ 000$$

(2) 原材料资源的约束：

$$4x_1 + 2x_2 + 3x_3 + 5x_4 + 3x_5 + x_6 \leqslant 8\ 000$$

(3) 设备工时的约束：

$$2x_1 + 3x_2 + 2x_3 + x_4 \leqslant 4\ 000$$

(4) 最多只投产三种产品的约束：

$$y_1 + y_2 + y_3 + y_4 \leqslant 3$$

(5) 只有投产产品 1 或 2，才能投产产品 3：

$$y_3 \leqslant y_1 + y_2$$

(6) 只有投产了产品 $i\,(=1,2,3,4)$，才能生产产品。因此，当且仅当 $y_i = 1$ 时，相应的 x_i 才能取正值；也就是，如果 $y_i = 0$，则必有 $x_i = 0$。为了表示该逻辑关系，可以引入一个充分大的数 M，利用如下约束条件来表示：

$$x_i \leqslant My_i,\ i = 1,2,3,4$$

(7) 最后，还需要加上非负和 0-1 约束：

$$x_i \geqslant 0 \text{ 且为整数},\ i = 1,2,3,4,5,6$$

$$y_i = 0 \text{ 或 } 1,\ i = 1,2,3,4$$

利用 Excel 求解，得到如图 6-12 所示结果。最优安排下，应该只投产产品 2 和产品 3，对应的产量分别为 334 和 1 499，能够实现总利润 84 980。

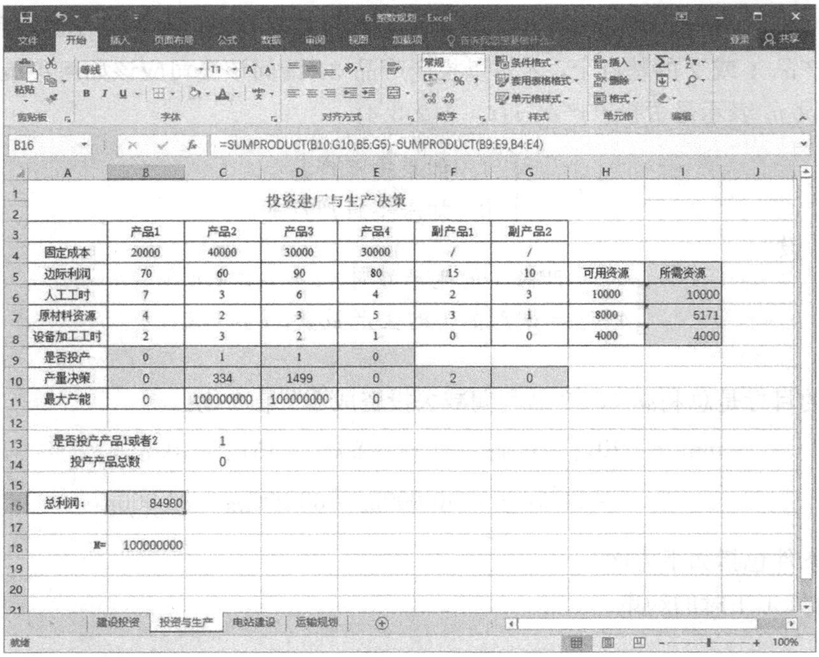

B16 =SUMPRODUCT(B10:G10,B5:G5)-SUMPRODUCT(B9:E9,B4:E4)

投资建厂与生产决策

	产品1	产品2	产品3	产品4	副产品1	副产品2		
固定成本	20000	40000	30000	30000	/	/		
边际利润	70	60	90	80	15	10	可用资源	所需资源
人工工时	7	3	6	4	2	3	10000	10000
原材料资源	4	2	3	5	3	1	8000	5171
设备加工工时	2	3	2	1	0	0	4000	4000
是否投产	0	1	1	0				
产量决策	0	334	1499	0	2	0		
最大产能	0	100000000	100000000	0				

是否投产产品1或者2	1
投产产品总数	0
总利润:	84980
M=	100000000

图 6-12　Excel 求解结果（例 6-15）

[例 6-16]（电站建设）　某电力公司预测明年用电需求将达到 100 亿度，并且未来 5 年内每年增加用电量 25 亿度。电力公司现发电能力为 70 亿度，为了满足未来不断增长的用电需求，需要建设新的电站。已知可供建设的新电站共有 4 个，它们对应的发电能力、建设投资费用以及年运行费用（一旦建设电站，不管其发电量是多少，都会发生该运行费用）如表 6-18 所示。

表　6-18

	发电能力（亿度）	投资（百万元）	年运行费用（百万元）
电站 1	$CAP_1 = 70$	$I_1 = 200$	$c_1 = 20$
电站 2	$CAP_2 = 50$	$I_2 = 160$	$c_2 = 18$
电站 3	$CAP_3 = 60$	$I_3 = 180$	$c_3 = 13$
电站 4	$CAP_4 = 40$	$I_4 = 140$	$c_4 = 10$

请在满足未来 5 年电力需求的前提下，帮助电力公司规划电站的建设。

解：该问题的决策涉及三个方面：是否建设各个电站？如果建设，什么时候建？建了之后发电量是多少？为了便于建模，定义 y_{it} 为在第 t 年是否建设电站 i 的决策变量（$t = 1,2,3,4,5$，$i = 1,2,3,4$）：

$$y_{it} = \begin{cases} 1 & \text{如果在第 } t \text{ 年建设电站 } i \\ 0 & \text{如果在第 } t \text{ 年不建设电站 } i \end{cases}$$

定义

$$x_{it} = \text{电站 } i \text{ 在第 } t \text{ 年的发电量，} t = 1,2,3,4,5;\ i = 1,2,3,4$$

该问题的目标是要使得总成本最小化。成本包括三部分：

- 投资建设成本：只要建设电站，就会发生相应的投资建设成本。
- 运行费用：如果在第 t 年建设某电站，则在后续的 $(6-t)$ 年里都要发生相应的运行费用。
- 发电量成本：很显然，每年的总发电量刚好等于用电需求，如果每亿度电的成本是一个常量，那么发电量总成本也是一个常量，不影响该问题的最优决策。因此，在目标函数中可以不考虑该项成本。

因此，目标函数为

$$\min z = \sum_{i=1}^{4} \left\{ I_i \sum_{t=1}^{5} y_{it} + c_i \sum_{t=1}^{5} (6-t)\, y_{it} \right\}$$

约束条件包括如下方面。

(1) 每年发电量需要满足需求：

$$\sum_{i=1}^{4} x_{it} + 70 \geqslant 100 + 25\,(t-1),\ t = 1,2,3,4,5$$

(2) 每个电站只有建设了才能发电，即

$$x_{it} \leqslant CAP_i \sum_{k=1}^{t} y_{ik},\ i=1,2,3,4;\ t=1,2,3,4,5$$

(3) 每个电站最多只能建设一次，即

$$\sum_{t=1}^{5} y_{it} \leqslant 1,\ i=1,2,3,4$$

(4) 最后还要加上非负约束和整数约束：

$$x_{it} \geqslant 0,\ y_{it}=0 \text{ 或 } 1,\ i=1,2,3,4;\ t=1,2,3,4,5$$

利用 Excel 求解，得到如图 6-13 所示结果。最优安排下，应该在第 1 年建设电站 3，在第 3 年建设电站 1。它们建设之后每年的发电量如图中数据所示。

图 6-13　Excel 求解结果（例 6-16）

[例 6-17]（物流运输规划）　某公司要向海外客户交付一批订单，订单中包含 3 种工业产品（A、B、C），每种产品的数量、单位重量和体积如表 6-19 所示。

表　6-19

	数量（件）	重量（公斤/件）	体积（立方米/件）	单位空运成本（元/件）
产品 A	400	45	0.12	20
产品 B	300	50	0.15	30
产品 C	320	38	0.10	15

公司可以租用 40 尺柜的集装箱，并采用海运方式来运输产品。已知每个集装箱的运输费用是 3 000 元，集装箱里货物的重量和体积需要满足航运公司的要求。一般来说，一个 40 尺柜集装箱的内容积为 11.8 米 ×2.13 米 ×2.18 米，它能装载的配货毛重不超过 22 吨，体积不超过 54 立方米。

除了海运，公司还可以通过空运的方式运输产品。空运的单价相对贵一些，各种产品的单位空运成本如上表最后一列所示。

请问：该公司应该如何安排物流配送，能实现总运输成本最低？

解：因为有两种运输方式，设

$$x_i = \text{通过海运运输产品 } i \text{ 的数量}, \ i = \mathrm{A,B,C}$$

$$y_i = \text{通过空运运输产品 } i \text{ 的数量}, \ i = \mathrm{A,B,C}$$

$$w = \text{海运的集装箱数}$$

目标函数是最小化总运输成本：

$$\min \ z = 3\ 000w + 20y_{\mathrm{A}} + 30y_{\mathrm{B}} + 15y_{\mathrm{C}}$$

约束条件包括如下方面。

(1) 集装箱装载的货物的重量和体积限制：

$$45x_{\mathrm{A}} + 50x_{\mathrm{B}} + 38x_{\mathrm{C}} \leqslant 22\ 000w$$

$$0.12x_{\mathrm{A}} + 0.15x_{\mathrm{B}} + 0.10x_{\mathrm{C}} \leqslant 54w$$

(2) 三种产品运输总量的要求：

$$x_{\mathrm{A}} + y_{\mathrm{A}} = 400$$

$$x_{\mathrm{B}} + y_{\mathrm{B}} = 300$$

$$x_{\mathrm{C}} + y_{\mathrm{C}} = 320$$

(3) 最后还要加上非负约束和整数约束：

$$x_i, y_i, w \geqslant 0 \text{ 且为整数}, \ i = A, B, C$$

利用 Excel 求解，得到如图 6-14 所示结果。最优安排下，应该租用两个集装箱进行海运。除了将 170 件产品 C 空运以外，其他产品都通过集装箱运输，总运输成本为 8 550 元。

[例 6-18]（**服务中心设置问题**） 某跨国公司为了更好地为全球客户提供服务，拟在 5 个候选城市 $B_j \ (j = 1, 2, 3, 4, 5)$ 设立 2~3 个服务中心，为 6 个主要国家 $A_i \ (i = 1, 2, 3, 4, 5, 6)$ 的顾客提供服务。已知国家 A_i 的潜在顾客需求为 D_i，不同城市服务中心的固定运营成本和服务能力不同，如表 6-20 所示。

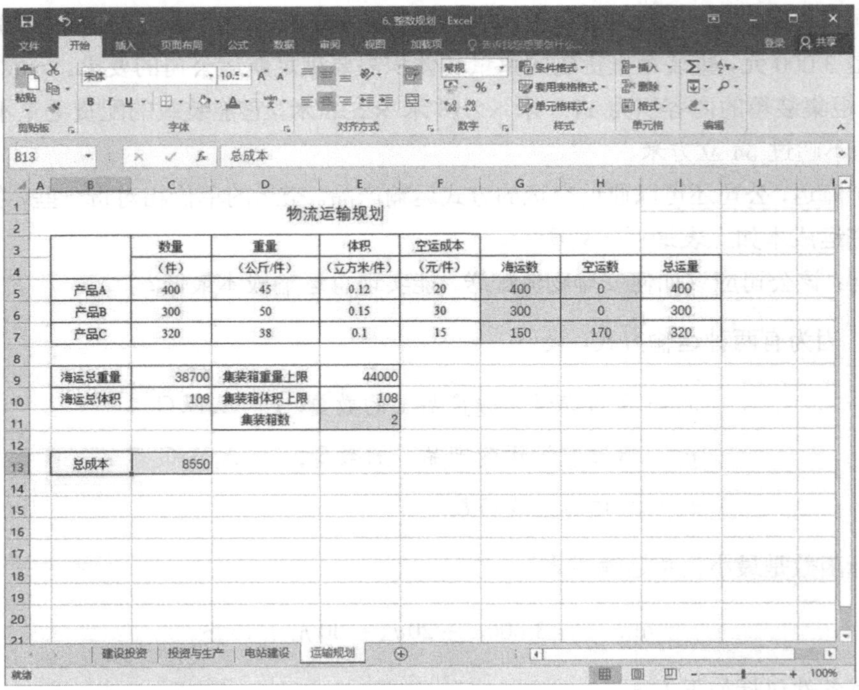

图 6-14　Excel 求解结果（例 6-17）

表　6-20

国家	服务中心候选城市					顾客需求
	B_1	B_2	B_3	B_4	B_5	
A_1	(t_{11}, c_{11})	(t_{12}, c_{12})	(t_{13}, c_{13})	(t_{14}, c_{14})	(t_{15}, c_{15})	D_1
A_2	(t_{21}, c_{21})	(t_{22}, c_{22})	(t_{23}, c_{23})	(t_{24}, c_{24})	(t_{25}, c_{25})	D_2
A_3	$\cdots$	$\cdots$	$\cdots$	$\cdots$	$\cdots$	D_3
A_4	$\cdots$	$\cdots$	$\cdots$	$\cdots$	$\cdots$	D_4
A_5	$\cdots$	$\cdots$	$\cdots$	$\cdots$	$\cdots$	D_5
A_6	(t_{61}, c_{61})	(t_{62}, c_{62})	(t_{63}, c_{63})	(t_{64}, c_{64})	(t_{65}, c_{65})	D_6
固定运营成本	h_1	h_2	h_3	h_4	h_5	
服务能力	CAP_1	CAP_2	CAP_3	CAP_4	CAP_5	

设立服务中心以后，这些服务中心将为不同国家的顾客提供服务。考虑到人力成本、文化等方面的差异，不同服务中心为不同国家的顾客提供服务的成本和效率都不尽相同。已知服务中心 B_j 为国家 A_i 的顾客提供服务的单位成本为 c_{ij}，其平均服务时间是 t_{ij}。

通过设置服务中心，公司希望在满足下列条件的前提下优化总成本：

- 国家 A_i 的平均顾客服务时间不超过 T_i，$i = 1, 2, \cdots, 6$
- 所有国家的平均顾客服务时间不超过 T

请帮助公司配置最优的服务中心方案。

解： 该问题的决策变量包括两个维度：是否在候选城市建立服务中心，以及如何安排服务中心，为不同的国家顾客提供服务。设 y_j 表示是否在城市 $B_j\ (j = 1, 2, 3, 4, 5)$ 建立服务中心：

$$y_j = \begin{cases} 1 & \text{如果在城市}B_j\text{建立服务中心} \\ 0 & \text{如果不在城市}B_j\text{建立服务中心} \end{cases}$$

设

$$x_{ij} = \text{国家}A_i\text{的需求中安排给服务中心}B_j\text{的百分比}$$

公司的总成本由两部分组成：服务中心的固定运营成本和可变服务成本，即

$$\min\ z = \sum_{i=1}^{6}\sum_{j=1}^{5}(c_{ij}D_i x_{ij}) + \sum_{j=1}^{5}(h_j y_j)$$

需要满足的约束包括：

(1) 各个国家的平均顾客服务时间的上限：

$$\sum_{j=1}^{5} x_{ij}t_{ij} \leqslant T_i,\ i = 1, 2, \cdots, 6$$

(2) 所有国家平均顾客服务时间的上限：

$$\sum_{i=1}^{6}\left(D_i \sum_{j=1}^{5} x_{ij}t_{ij}\right) \leqslant T\sum_{i=1}^{6} D_i$$

(3) 每个服务中心服务能力的约束：

$$\sum_{i=1}^{6} x_{ij}D_i \leqslant y_j \times CAP_j,\ j = 1, 2, 3, 4, 5$$

(4) 每个国家的需求都能得到满足：

$$\sum_{j=1}^{5} x_{ij} = 1,\ i = 1, 2, \cdots, 6$$

(5) 只有在城市 B_j 建立服务中心的前提下才能为客户提供服务：

$$x_{ij} \leqslant y_j,\ i = 1, 2, \cdots, 6;\ j = 1, 2, 3, 4, 5$$

(6) 建立 2~3 个服务中心：

$$2 \leqslant \sum_{j=1}^{5} y_j \leqslant 3$$

(7) 非负和整数约束：

$$0 \leqslant x_{ij} \leqslant 1,\ y_j = 0\ \text{或}\ 1,\ i = 1, 2, \cdots, 6;\ j = 1, 2, 3, 4, 5$$

在类似于例 6-18 的问题中，只有建设服务中心才能为顾客提供服务的逻辑约束是不可或缺的。如果漏掉这个约束，最终得到的解很可能是根本不符合管理逻辑的。

本章习题

1. 用割平面法求解下列整数规划问题。

(1)
$$\max z = 2x_1 + x_2$$
$$\text{s.t.}\begin{cases} x_1 + x_2 \leqslant 7 \\ -x_1 + x_2 \leqslant 3 \\ 6x_1 + 2x_2 \leqslant 27 \\ x_1, x_2 \geqslant 0 \text{ 且为整数} \end{cases}$$

(2)
$$\min z = x_1 + x_2$$
$$\text{s.t.}\begin{cases} 3x_1 + 2x_2 \geqslant 9 \\ 2x_1 + x_2 \geqslant 5 \\ x_1 + 2x_2 \geqslant 8 \\ x_1, x_2 \geqslant 0 \text{ 且为整数} \end{cases}$$

2. 用分支定界法求解下列整数规划问题。

(1)
$$\max z = x_1 + 2x_2 + 3x_3$$
$$\text{s.t.}\begin{cases} x_1 + x_2 + x_3 \leqslant 12 \\ -x_1 + x_2 - x_3 \leqslant 5 \\ 6x_1 + 2x_2 + 3x_3 \leqslant 16 \\ x_1, x_2, x_3 \geqslant 0 \\ x_2, x_3 \text{ 为整数} \end{cases}$$

(2)
$$\min z = 3x_1 + x_2 + 2x_3$$
$$\text{s.t.}\begin{cases} 3x_1 + 2x_2 + x_3 \geqslant 9 \\ 2x_1 + x_2 + 2x_3 \geqslant 7 \\ x_1 + 2x_2 - x_3 \geqslant 10 \\ x_1, x_2, x_3 \geqslant 0 \\ x_2, x_3 \text{ 为整数} \end{cases}$$

3. 请简要回答下列问题：

(1) 能否利用割平面法求解混合整数规划问题？为什么？

(2) 在分支定界法中，“定界”的作用是什么？

(3) 为什么在利用 Excel 求解整数规划时没有敏感性报告？

4. 用匈牙利法求解如下系数矩阵的指派问题。

(1) 最小化指派问题：

$$\boldsymbol{C} = \begin{pmatrix} 8 & 4 & 3 & 11 \\ 7 & 5 & 12 & 11 \\ 5 & 9 & 14 & 6 \\ 13 & 10 & 9 & 12 \end{pmatrix}$$

(2) 最大化指派问题：

$$\boldsymbol{C} = \begin{pmatrix} 3 & 7 & 12 & 6 & 5 \\ 7 & 5 & 14 & 7 & 5 \\ 3 & 6 & 9 & 2 & 4 \\ 5 & 10 & 8 & 9 & 9 \\ 9 & 5 & 9 & 10 & 2 \end{pmatrix}$$

5. 请采用你认为合适的方法求解下列问题：

$$\max z = x_1 + 2x_2 + 5x_3$$
$$\text{s.t.}\begin{cases} |-x_1 + 10x_2 - 3x_3| \geqslant 15 \\ 2x_1 + x_2 + x_3 \leqslant 10 \\ x_1, x_2, x_3 \geqslant 0 \text{ 且为整数} \end{cases}$$

6. 老赵有 100 万元用于投资，现在有两类投资机会：一类风险较低同时预期回报率不高，另一类风险较高同时预期回报较高。已知每类投资机会中都包括 5 个投资产品。如果要购买投资产品，不管购买多少份额，都需要交纳一项门槛费用（即固定费用）。每种产品的预期回报率和购买门槛费用如下表所示。

低风险类			高风险类		
产品	预期回报	门槛费用	产品	预期回报	门槛费用
A_1	3.5%	无	B_1	5.5%	2 000
A_2	3.75%	1 000	B_2	6.0%	2 500
A_3	4.0%	1 500	B_3	5.0%	1 800
A_4	3.8%	1 200	B_4	7.0%	3 000
A_5	3.8%	1 200	B_5	7.5%	3 000

通过权衡各投资机会的风险，老赵给自己设定了如下投资准则：

- 低风险类产品的投资金额不低于 60%。
- 投资的总产品数不超过 5 个，其中高风险类的不超过 2 个。
- 在高风险类产品中，单个产品投资金额不超过 30 万元；在低风险类产品中，单个产品投资金额不超过 40 万元。
- 如果投资产品 A_3，则必须同时投资产品 A_1。
- 只有在投资产品 B_2 或 B_4 的前提下，才能投资产品 B_5。
- 只有同时投资产品 A_4 和 B_4，才考虑投资产品 B_2。

请问老赵应该如何建立投资组合，才能使得总预期回报最大？请构建该问题的规划模型，并利用 Excel 求解。

7. 要从甲、乙、丙、丁、戊五人中挑选四人去完成四项任务。根据各人的特长，他们完成各项任务对应的时间（小时）如下表所示。

任务	甲	乙	丙	丁	戊
1	20	18	22	15	6
2	18	16	18	5	12
3	25	15	17	6	14
4	22	10	16	10	8

任务分配需要满足下列要求：

- 每项任务只能有一人单独完成，而且每人最多承担一项任务。
- 必须保证丙分配到一项任务。
- 出于个人原因，丁不愿意承担第 2 项任务。
- 戊只愿意承担第 2 或者第 3 项任务。

请问如何进行任务安排，能在满足上述要求的前提下使得总花费时间最短？请建立模型，并求解。

8. 考虑运筹学中的经典货郎担问题：某商贩从某一城市出发，去其他城市推销商品，然后返回原城市。记所有城市的集合为 $S=\{1,2,\cdots,n\}$，已知城市 i 和城市 j 的距离为 d_{ij}。商贩希望每个城市均能到达，并且每个城市只到达一次。请问：商贩应该选择一条怎样的旅行路径，能使得总行程最短？请建立该问题的规划模型。

9. 考虑高校的教务排课系统，已知每个学期有若干老师开课（一名老师可能开设多于一门课程），需要对老师的开课时间和开课地点进行安排。为了避免出现上课时间和上课地点的冲突，请结合你的理解定义该排课问题，并建立模型帮助排课。

10. 某医药公司每天给 m 家医院配送药品，已知医院 A_i 的药品配送需求是 D_i。公司有 n 种不同规格的货车（假设数量足够多），货车 j 的单次运货能力为 CAP_j，产生的固定运输费用为 C_j，$j=1,2,\cdots,n$。请建立整数规划模型，帮助医药公司规划药品配送。

CHAPTER 7

第7章

博弈论基础

现代商业环境中，企业的管理决策往往受到其他企业（如供应链中的上下游企业、竞争对手等）决策的影响。比如：原材料生产商在制定其销售价格时，需要考虑到下游客户需求对价格的反应；一家航空公司在调整机票价格时，需要考虑到其他航空公司对同一航线航班价格的调整；一家公司在决定今年的产量时，需要考虑到主要竞争对手可能应对的产量决策等。决策过程如果建立在深入分析对手决策的基础上，势必能帮助企业在激烈的竞争中以智取胜。中国古代田忌赛马的故事就是一个很好的例子：当企业所拥有的资源处于劣势时，通过运筹帷幄是有可能取得不错的结果的。

研究上述具有对抗或者竞争现象的优化理论和方法称为“博弈论”或“对策论”（Game Theory）。它是运筹学的一个重要分支，是研究处于竞争态势的各方是否存在最合理的行动方案，以及如何找到合理行动方案的数学理论和方法。1928 年，冯 · 诺依曼 (von Neumann) 证明了博弈论的基本原理，从而宣告了博弈论的正式诞生。1944 年，冯 · 诺依曼和奥斯卡 · 摩根斯坦（Oskar Morgenstern）出版了划时代的巨著《博弈论与经济行为》，将二人博弈推广到多人博弈的情形，并将博弈论系统地应用于经济领域，从而奠定了这一学科的基础和理论体系。1950~1951 年，约翰 · 福布斯 · 纳什（John Forbes Nash Jr）利用不动点定理证明了均衡点的存在，为博弈论的一般化奠定了坚实的基础。他提出的“纳什均衡”的概念在非合作博弈理论中发挥了核心作用，为博弈论广泛应用于经济学、管理学、社会学、政治学、军事学等领域奠定了坚实的基础。由于他与另外两位数学家（约翰 · C. 海萨尼和莱因哈德 · 泽尔腾）在非合作博弈的均衡分析理论方面做出了开创性的贡献，对博弈论和经济学产生了重大影响，纳什于 1994 年获得诺贝尔经济学奖。从 1994 年诺贝尔经济学奖授予 3 位博弈论专家开始，共有 7 届诺贝尔经济学奖获得者的主要学术贡献都与博弈论相关。

博弈论不仅可以帮助企业在激烈的竞争环境中理性地制定决策，还可以帮助我们分析现实生活中的很多经济现象。比如，在当前错综复杂的国际形势下，国家与国家之间在政治、军事、经济等领域的竞争空前激烈，博弈论可以帮助我们分析中美贸易战中的关税政策，分析军事行动方案等。在企业层面上，博弈论可以帮助分析价格战、广告战、短缺博弈、拍卖出价等现象。在个人层面上，博弈论可以帮助分析股票交易、商品抢购等现象。

7.1 博弈的基本概念

博弈现象在我们生活中几乎无处不在。很多休闲娱乐活动，比如下棋、打牌、体育比赛、桌游狼人杀等，都包含着人与人（或者人与计算机）之间的竞争和对抗。在这些竞争中，任何一方在制定自己的决策时，都需要考虑到对方可能的应对策略及其对自己的影响。比如中国象棋的高手在每走一步时，甚至会考虑到之后五步双方的交互决策。我们先看几个经典的博弈情境。

1. 囚徒困境

囚徒困境是博弈论中耳熟能详的一个例子，它用一种特别的方式讲述了警察与小偷的故事。假设有两个小偷（甲和乙）联合作案，私闯民宅后被警察抓住，但是警察没有足够的证据指控二人有偷窃罪，除非嫌疑人自己坦白。于是，警察采取了一种策略，即分开甲和乙，分别审讯。审讯中警察向两名嫌疑人都提供了两个选择：坦白认罪或者死不认罪。

- 如果两名嫌疑人都认罪并互相检举，那么证据确凿，二人都被判监 7 年。
- 如果嫌疑人甲（或乙）认罪并检举对方，而对方死不认罪，则警方可以对乙（或甲）以妨碍公务罪加刑 2 年，共判监 9 年。根据“坦白从宽”的原则，坦白者因检举有功而被减刑 7 年，从而立即释放。
- 如果嫌疑人甲和乙都死不认罪，则警方因证据不足，不能判两人有偷窃罪，但可以以私闯民宅的罪名将两人各判监 1 年。

每个嫌疑人都面临着是否坦白的抉择，每种抉择的后果（即被判监几年）还取决于另一名嫌疑人的抉择。因此，在没有共谋的情况下，嫌疑人甲和乙之间面临着一个两难的博弈困境。他们之间的博弈结果可以用表 7-1 来进行描述，其中每个单元格的数字对应于不同态势（即甲乙双方的选择）下两人的代价。

表 7-1

甲 \ 乙	坦白认罪	死不认罪
坦白认罪	(7, 7)	(0, 9)
死不认罪	(9, 0)	(1, 1)

根据 7.4 节的分析方法，不难得到“坦白认罪”是任一犯罪嫌疑人的占优战略，即为了使得自己受到的惩罚最小，理性的犯罪嫌疑人都会选择坦白认罪，从而各将面临 7 年的牢狱之灾。当然，在该问题中，如果双方都选择“死不认罪”，很显然能得到一个对双方都更有利的结果。那么，是否可以通过设计合适的“契约”（即甲乙嫌疑人事先达成某种共识）来达到该“双赢”的效果？

2. 智猪博弈

“智猪博弈”是纳什于 1950 年提出的一个博弈情境，其描述的问题如下。假设猪圈里有一头大猪、一头小猪，猪圈的一头有猪食槽，另一头安装着控制猪食供应的按钮。只有按下按钮，才会有 10 单位的猪食掉进猪食槽，但是按钮需要付出 2 单位的成本。两头猪的进食能力存在差异，同时，各自能吃到多少猪食取决于它们谁先到达食槽：

- 若大猪先到达食槽边，大猪能吃到 9 单位的猪食，而小猪只能吃到 1 单位猪食；
- 若大小猪同时到达食槽边，大猪能吃到 7 单位的猪食，而小猪能吃到 3 单位猪食；
- 若小猪先到达食槽边，大猪能吃到 6 单位的猪食，而小猪能吃到 4 单位猪食。

作为一头聪明的小猪，它会选择去按供食的按钮，还是选择等待大猪去按按钮？

在该问题中，大猪和小猪都面临着是否按按钮的抉择。如果两者都选择等待，则双方都吃不到任何食物。考虑到按按钮所需要花费的代价，同样可以用表 7-2 来描述不同态势下双方的收益值：

表　7-2

大猪 \ 小猪	行动	等待
行动	(5, 1)	(4, 4)
等待	(9, −1)	(0, 0)

和囚徒困境问题一样，该问题本质上是一个双矩阵对策（也称二人有限非零和对策）。如果大猪和小猪都是理性的、聪明的，它们最终的均衡结果是大猪去按按钮、小猪等待，双方都获得 4 单位的收益。

这里的大猪对应于现实中实力雄厚的企业，小猪则对应于一些实力不足的小企业。每个企业在经营过程中都会付出努力去开拓某些新市场，或者投入巨额资金研发新的产品。但是很多小企业往往等待大企业培育好市场，或者研发出来产品之后再跟进。智猪博弈结果很好地解释了小企业这一“搭便车”现象的合理性。

3. *美女的硬币*

在高铁站候车时，一位陌生美女主动过来和你搭讪，并提出和你一起玩个游戏。游戏的规则如下：你和美女各拿出一枚硬币，各自亮出硬币的一面（或正或反）。

- 如果双方亮出的都是正面，那么美女给你 3 元；
- 如果双方亮出的都是反面，那么美女给你 1 元；
- 如果是其他情形，你要支付给美女 2 元。

你认为这个游戏公平吗？你是否会接受美女的搭讪并参与这个游戏？

如果参与这个游戏，你和美女都各自有两个选择：要么亮出正面，要么亮出反面。类似于前面两个例子，可以通过表 7-3 来描述不同态势下双方的损益值：

表　7-3

你 \ 美女	正面	反面
正面	(3, −3)	(−2, 2)
反面	(−2, 2)	(1, −1)

可以看出，对任何可能的结果组合，你和美女的收益之和均为零，因为你的所得即为美女的所失，你的所失即为美女的所得。这样的博弈被称为“零和博弈”。通过 7.2 节的学习，可知该问题并没有纯策略意义下的均衡解；相反，均衡情况下两名玩家都会以一定的概率选择亮出正面或者反面。具体均衡结果是：双方都应该选择以 $\frac{3}{8}$ 的概率亮出正面，以 $\frac{5}{8}$ 的概率亮出反面。在该均衡策略下，双方的损益值都需要靠运气来决定，但是平均意义（即期望意义）下，你的期望收益是 $-\frac{1}{8}$ 元，而美女的期望收益是 $\frac{1}{8}$ 元。因此，游戏规则决定了该游戏其实是非公平的。

综合以上例子，博弈问题往往存在一些共性的要素。

(1) 局中人：博弈中彼此对抗或竞争的决策主体即为局中人。局中人可以是个人，也可以是利益一致的集体。博弈可以发生在彼此竞争的两个局中人之间，也可以发生在多个局中人之间（比如彼此痛恨的三个枪手通过决斗来解决纷争）。各局中人在考虑对方决策而制定自身决策的过程中，决策准则与自己的风险态度、对问题的理解等因素息息相关。在一般的博弈分析中，一个普遍采用的前提假设是局中人是理性的，他们不存在侥幸心理，不会把自己的决策结果建立在希望对方“犯错”上。

(2) 策略：局中人可以选择的一个行动方案称为其策略，比如囚徒困境中两个嫌疑人可以选择是否认罪。每个局中人的策略集中至少包括两个策略。有些博弈中，局中人的策略集只包含有限个可选行动方案；有些博弈中，局中人的策略集可以包含无限多个行动方案。

(3) 局势：博弈中每个局中人选择一个特定的策略即构成一个局势或态势，该局势决定了局中人各自的收益或者损失。

(4) 赢得函数（或损失函数）：每个局势下，每个局中人都对应一个赢得或者损失函数值，它们可以用来判断不同策略的优劣关系。如果一个局中人的所得即为另一个局中人的所失，那么他们的赢得函数之和总是为零（或者是一个常数），此时的赢得函数是“零和”的，若否，则是“非零和”的。每个局中人关心的都是自身赢得值的最大化或者损失值的最小化。

博弈问题有很多种类别，包括：

- 按照局中人的个数，可以分为二人对策和多人对策。
- 按照赢得函数代数和是否为零，可分为零和对策和非零和对策。
- 按照策略集中策略的个数，可分为有限对策和无限对策。
- 按照是否允许局中人合作，可分为合作对策和非合作对策。
- 按照对策进行的次数，可分为单次博弈和重复博弈等。

常见的博弈可以按照赢得函数是否零和以及策略集是否有限进行划分，分为 4 种常见的博弈（如表 7-4 所示）：

- 二人有限零和对策（即矩阵对策）。

- 二人有限非零和对策（即双矩阵对策）。
- 二人无限零和对策。
- 二人无限非零和对策。

表 7-4　博弈的分类

策略集	赢得函数	
	零和	非零和
有限	二人有限零和对策（矩阵对策）	二人有限非零和对策
无限	二人无限零和对策	二人无限非零和对策

在博弈分析中，除了局中人的理性假设以外，一般还假设博弈中所有的参数信息对博弈的双方或者多方都是透明的。我们要分析局中人在考虑到其他局中人决策的基础之上，如何选择对自己最有利的方案，即分析博弈的均衡解。

7.2　矩阵对策

首先探讨一类最简单的博弈，即二人有限零和对策。记局中人 I 的策略集为 $S_1 = \{\alpha_1, \alpha_2, \cdots, \alpha_m\}$，局中人 II 的策略集为 $S_2 = \{\beta_1, \beta_2, \cdots, \beta_m\}$，局中人 I 的赢得函数可以通过一个矩阵来表示：

$$\boldsymbol{A} = \begin{pmatrix} a_{11} & a_{12} & \cdots & a_{1n} \\ a_{21} & a_{22} & \cdots & a_{2n} \\ \vdots & \vdots & & \vdots \\ a_{m1} & a_{m2} & \cdots & a_{mn} \end{pmatrix}$$

其中，a_{ij} 对应于局中人 I 采用策略 α_i、局中人 II 采用策略 β_j 时局中人 I 的赢得值。很显然，a_{ij} 也对应于局中人 II 在局势 (α_i, β_j) 下的损失值。因此，矩阵 $\boldsymbol{A}$ 刻画了局中人 II 的支付函数。我们也称该二人有限零和对策为一个“矩阵对策”，记为 $\boldsymbol{G} = (\boldsymbol{S}_1, \boldsymbol{S}_2; \boldsymbol{A})$。

7.2.1　纯策略意义下的均衡解

[例 7-1]（矩阵对策）　考虑矩阵对策 $\boldsymbol{G} = (\boldsymbol{S}_1, \boldsymbol{S}_2; \boldsymbol{A})$，其中

$$\boldsymbol{A} = \begin{pmatrix} -7 & 1 & -5 \\ 5 & 2 & 3 \\ 7 & -2 & -9 \\ -4 & 0 & 8 \end{pmatrix}$$

下面分析局中人 I 的策略选择。从矩阵 $\boldsymbol{A}$ 中不难看出，局中人 I 的最大可能获利是 8，该赢得值对应于局势 (α_4, β_3) 。也就是说，当局中人 II 选择 β_3 时，局中人 I 通过选择 α_4 能实现 8 单位的收益。但是，局中人 I 的如意算盘能够实现吗？

- 如果“聪明的”局中人 II 预见到局中人 I 选择 α_4，则他一定不会选择 β_3；相反，他会选择 β_1，从而使得局中人 I 蒙受 4 单位的损失。
- 如果“聪明的”局中人 I 预见到局中人 II 选择 β_1，他也不会坚持 α_4 了；相反，他会选择 α_3 来应对，从而实现 7 单位的收益。

- 进一步地，如果局中人 II 预见到局中人 I 选择 α_3，则他选择 β_3 来应对，相应地，局中人 I 又会选择 α_4 来应对……

继续上述推理过程，不难发现局中人 I 和 II 之间的决策过程会陷入一种无限循环的状态。在该循环中，任何一个局势都不是双方能同时接受的。因此，它们都不是该矩阵对策的均衡解。

既然局中人 I 不存在侥幸心理，他选择任何一个策略时，都应该预见到对方一定会选择使得局中人 I 的赢得值最小的策略（即使得局中人 II 赢得值最大的策略）。因此，对应于策略 α_i，局中人 I 的"理性赢得值"应该为 $\min\limits_j a_{ij}$，即策略 α_i 所对应的矩阵行的最小值。为了选择对自己最有利的策略，局中人 I 应该选择"理性赢得值"最大的策略。局中人 I 的策略应该是

$$i^* = \arg\ \max_i \{\min_j a_{ij}\} \tag{7-1}$$

类似地，从局中人 II 的角度，对应于策略 β_j，局中人 II 的"理性损失值"应该为 $\max\limits_i a_{ij}$，即策略 β_j 所对应的矩阵列的最大值。为了选择对自己最有利的策略，局中人 II 应该选择"理性损失值"最小的策略。局中人 II 的策略应该是

$$j^* = \arg\ \min_j \{\max_i a_{ij}\} \tag{7-2}$$

根据上述思路，我们从局中人 I 和局中人 II 的视角分别计算其应该采取的策略，不难发现，在局势 (α_2, β_2) 下，局中人 I 对应的理性赢得值为 2，局中人对应的理性损失值也为 2（a_{22} 是矩阵 $\boldsymbol{A}$ 中所在行的最小值，也是所在列的最大值）：

$$\begin{array}{rc}
 & \begin{array}{c} \min \end{array} \\
\boldsymbol{A} = & \begin{pmatrix} -7 & 1 & -5 \\ 5 & 2 & 3 \\ 7 & -2 & -9 \\ -4 & 0 & 8 \end{pmatrix} \begin{array}{c} -7 \\ [2] \\ -9 \\ -4 \end{array} \\
\max & \begin{array}{ccc} 7 & [2] & 8 \end{array}
\end{array}$$

(α_2, β_2) 是两个局中人都能接受的一个局势（即他们不再变更自己的策略选择），我们称该局势即为矩阵对策 A 的均衡解。在该对策中，理性的局中人 I 应该选择策略 α_2，理性的局中人 II 应该选择策略 β_2。最终，局中人 I 赢得 2，局中人 II 损失 2。

定义 7-1（纯策略均衡） 考虑矩阵对策 $\boldsymbol{G} = (\boldsymbol{S}_1, \boldsymbol{S}_2; \boldsymbol{A})$，其中 $\boldsymbol{S}_1 = \{\alpha_1, \alpha_2, \cdots, \alpha_m\}$，$\boldsymbol{S}_2 = \{\beta_1, \beta_2, \cdots, \beta_n\}$。如果

$$V_G = \max_i \left\{\min_j a_{ij}\right\} = \min_j \left\{\max_i a_{ij}\right\} \tag{7-3}$$

则称 V_G 为矩阵对策 $\boldsymbol{A}$ 的值，对应的局势为纯策略意义下的均衡解。

在例 7-1 中，局势 (α_2, β_2) 即为纯策略意义下的均衡解，但是并非所有的矩阵对策都存在纯策略意义下的均衡解。下面的定理给出了矩阵对策存在纯策略意义下均衡解的充分必要条件。

定理 7-1（纯策略均衡） 矩阵对策 $\boldsymbol{G}=(\boldsymbol{S}_1,\boldsymbol{S}_2;\boldsymbol{A})$ 存在纯策略意义下均衡解的充要条件是：存在局势 $(\alpha_{i^*},\beta_{j^*})$，使得对任意 $i=1,2,\cdots,m$ 和 $j=1,2,\cdots n$，总有

$$a_{ij^*}\leqslant a_{i^*j^*}\leqslant a_{i^*j} \tag{7-4}$$

证明：①先证必要性：由于 $\boldsymbol{G}=(\boldsymbol{S}_1,\boldsymbol{S}_2;\boldsymbol{A})$ 存在纯策略意义下的均衡解，则存在满足 (7-3) 式的对策值，记其对应的局势为 $(\alpha_{i^*},\beta_{j^*})$。

- 由 $a_{i^*j^*}=\min\limits_j\left\{\max\limits_i a_{ij}\right\}$ 可知，$a_{i^*j^*}=\max\limits_i a_{ij^*}\geqslant a_{ij^*},\forall i$；
- 由 $a_{i^*j^*}=\max\limits_i\left\{\min\limits_j a_{ij}\right\}$ 可知，$a_{i^*j^*}=\min\limits_j a_{i^*j}\leqslant a_{i^*j},\forall j$。

因此，不等式 (7-4) 成立。

②再证充分性：假设局势 $(\alpha_{i^*},\beta_{j^*})$ 满足不等式 (7-4)。

- 由 $a_{ij^*}\leqslant a_{i^*j^*}$ 可知，$a_{i^*j^*}=\max\limits_i a_{ij^*}\geqslant\min\limits_j\left\{\max\limits_i a_{ij}\right\}$。
- 由 $a_{i^*j^*}\leqslant a_{i^*j}$ 可知，$a_{i^*j^*}=\min\limits_j a_{i^*j}\leqslant\max\limits_i\left\{\min\limits_j a_{ij}\right\}$。

综合知

$$\min_j\left\{\max_i a_{ij}\right\}\leqslant a_{i^*j^*}\leqslant\max_i\left\{\min_j a_{ij}\right\}$$

对任何一个矩阵 $\boldsymbol{A}$，均有

$$\max_i\left\{\min_j a_{ij}\right\}\leqslant\min_j\left\{\max_i a_{ij}\right\}$$

因此，必有

$$\min_j\left\{\max_i a_{ij}\right\}=a_{i^*j^*}=\max_i\left\{\min_j a_{ij}\right\}$$

即矩阵对策存在纯策略意义下均衡解，特别是有 $a_{i^*j^*}=V_G$。

满足式 (7-4) 的点 $a_{i^*j^*}$ 即为矩阵的鞍点，它是所在行的最小值，同时也是所在列的最大值，是同时能被局中人 I 和局中人 II 接受的赢得（或损失）值。因此，$a_{i^*j^*}$ 对应于矩阵对策在均衡意义下的对策值。

[例 7-2]（矩阵对策） 考虑矩阵对策 $\boldsymbol{G}=(\boldsymbol{S}_1,\boldsymbol{S}_2;\boldsymbol{A})$，其中

$$\boldsymbol{A}=\begin{pmatrix}12&10&20&10\\6&8&12&1\\8&6&15&6\\10&7&10&5\end{pmatrix}$$

从局中人 I 的角度，不难求得

$$\max_i\left\{\min_j a_{ij}\right\}=10$$

从局中人 II 的角度，不难求得

$$\min_j\left\{\max_i a_{ij}\right\}=10$$

$$
\boldsymbol{A}=\begin{pmatrix} 12 & [10] & 20 & [10] \\ 6 & 8 & 12 & 1 \\ 8 & 6 & 15 & 6 \\ 10 & 7 & 10 & 5 \end{pmatrix}\begin{matrix} \min \\ 10 \\ 1 \\ 6 \\ 5 \end{matrix}
$$
$$
\begin{matrix} \max & 12 & 10 & 20 & 10 \end{matrix}
$$

可知，该矩阵对策存在纯策略意义下的均衡解。然而，不同于例 7-1 的是，该均衡解并不是唯一的。如上面矩阵所示，均衡态势中，局中人 I 会选择纯策略 α_1，而局中人 II 或选择纯策略 β_2 或 β_4。局中人 II 选择 β_2 或 β_4 对博弈双方的损益值是无差异的。

因此，矩阵对策在纯策略意义下的均衡解有可能不是唯一的。

7.2.2 混合策略意义下的均衡解

在矩阵对策 $\boldsymbol{G}=(\boldsymbol{S}_1,\boldsymbol{S}_2;\boldsymbol{A})$ 中，局中人 I 的最小赢得值为

$$v_1=\max_i\left\{\min_j a_{ij}\right\}$$

局中人 II 的最大损失值为

$$v_2=\min_j\left\{\max_i a_{ij}\right\}$$

可以证明，局中人 I 的最小赢得值不会超过局中人 II 的最大损失值，即 $v_1\leqslant v_2$。定义 7-1 表明，当 $v_1=v_2$ 时，矩阵对策存在纯策略意义下的均衡解，但是也可能出现 $v_1<v_2$ 的情形。比如，考虑局中人 I 的赢得矩阵

$$\boldsymbol{A}=\begin{pmatrix} 1 & 10 \\ 5 & 2 \end{pmatrix}$$

不难得到

$$2=v_1<v_2=5$$

即矩阵 $\boldsymbol{A}$ 中不存在鞍点。因此，不存在任何一个纯局势是双方都能接受的。要分析该对策的均衡解，需要从混合策略的角度进行分析。

所谓“混合策略”，即对策中的局中人分别以一定的概率选择各个纯策略，其定义如下。

定义 7-2（矩阵对策的混合扩充） 考虑矩阵对策 $\boldsymbol{G}=(\boldsymbol{S}_1,\boldsymbol{S}_2;\boldsymbol{A})$，其中 $\boldsymbol{S}_1=\{\alpha_1,\alpha_2,\cdots,\alpha_m\}$，$\boldsymbol{S}_2=\{\beta_1,\beta_2,\cdots,\beta_n\}$。记

$$\boldsymbol{S}_1^*=\left\{X=(x_1,x_2,\cdots,x_m)\middle|x_i\geqslant 0,\sum_{i=1}^m x_i=1\right\}$$

$$\boldsymbol{S}_2^*=\left\{Y=(y_1,y_2,\cdots,y_n)\middle|y_j\geqslant 0,\sum_{j=1}^n y_j=1\right\}$$

则称 S_1^* 和 S_2^* 分别为局中人 I 和 II 的混合策略集。对任意 $X \in S_1^*$，$Y \in S_2^*$，称 (X,Y) 为一个混合局势。$X \in S_1^*$（或 $Y \in S_2^*$）表示局中人 I（或 II）选择各个纯策略的概率分布，即局中人 I 以 x_i 的概率选择纯策略 α_i，局中人 II 以 y_j 的概率选择纯策略 β_j。因为每个局中人都以一定的概率选择各个纯策略，他们对应的赢得或损失函数值将是一个随机数。局中人 I 的期望赢得函数（或局中人 II 的期望损失函数）记为

$$E(X,Y) = \boldsymbol{XAY}^{\mathrm{T}} = \sum_{i=1}^{m}\sum_{j=1}^{n} a_{ij}x_iy_j \tag{7-5}$$

我们称 $\boldsymbol{G}^* = (\boldsymbol{S}_1^*, \boldsymbol{S}_2^*; \boldsymbol{E})$ 为矩阵对策 $\boldsymbol{G}$ 的“混合扩充”。

矩阵对策 G 在混合意义下的均衡解即对应于两个局中人都能接受的概率分布 X 和 Y。显然，一个纯策略也可以看作一个混合策略，其对应的混合扩充中，取某一纯策略的概率为 1，取其他纯策略的概率为 0。

定义 7-3（混合策略均衡） 设 $\boldsymbol{G}^* = (\boldsymbol{S}_1^*, \boldsymbol{S}_2^*; \boldsymbol{E})$ 是矩阵对策 $\boldsymbol{G} = (\boldsymbol{S}_1, \boldsymbol{S}_2; \boldsymbol{A})$ 的混合扩充。如果

$$V_G = \max_{X\in S_1^*}\left\{\min_{Y\in S_2^*} E(X,Y)\right\} = \min_{Y\in S_2^*}\left\{\max_{X\in S_1^*} E(X,Y)\right\} \tag{7-6}$$

则称 V_G 为对策 $\boldsymbol{G}$ 的值，对应的混合局势 (X^*,Y^*) 为对策在混合策略意义下的均衡解。

类似于定理 7-1，矩阵对策混合意义下均衡解的充分必要条件如下（其证明方法与定理 7-1 基本类似，请读者自行完成）：

定理 7-2（混合策略均衡） *矩阵对策 $\boldsymbol{G} = (\boldsymbol{S}_1, \boldsymbol{S}_2; \boldsymbol{A})$ 在混合策略意义的均衡解为 (X^*,Y^*) 的充要条件是：对任意 $X \in \boldsymbol{S}_1^*$ 和 $Y \in \boldsymbol{S}_2^*$，有*

$$E(X,Y^*) \leqslant E(X^*,Y^*) \leqslant E(X^*,Y) \tag{7-7}$$

对局中人 I 的赢得矩阵为

$$\boldsymbol{A} = \begin{pmatrix} 1 & 10 \\ 5 & 2 \end{pmatrix}$$

的矩阵对策，设 $\boldsymbol{X} = (x_1,x_2)$ 和 $\boldsymbol{Y} = (y_1,y_2)$ 分别为局中人 I 和局中人 II 的混合策略，则

$$S_1^* = \{\boldsymbol{X} = (x_1,x_2)\,|x_1,x_2 \geqslant 0, x_1+x_2=1\}$$

$$S_2^* = \{\boldsymbol{Y} = (y_1,y_2)\,|y_1,y_2 \geqslant 0, y_1+y_2=1\}$$

局中人 I 的期望赢得函数为

$$\begin{aligned} E(X,Y) &= x_1y_1 + 10x_1y_2 + 5x_2y_1 + 2x_2y_2 \\ &= x_1y_1 + 10x_1(1-y_1) + 5(1-x_1)y_1 + 2(1-x_1)(1-y_1) \\ &= -12\left(x_1 - \frac{1}{4}\right)\left(y_1 - \frac{2}{3}\right) + 4 \end{aligned}$$

因此，取

$$X^* = \left(\frac{1}{4}, \frac{3}{4}\right), \ Y^* = \left(\frac{2}{3}, \frac{1}{3}\right)$$

则有

$$4 = E(X, Y^*) \leqslant E(X^*, Y^*) = 4 \leqslant E(X^*, Y) = 4$$

因此，根据定义 7-3 知，(X^*, Y^*) 即为矩阵对策在混合策略意义下的均衡解，即均衡情况下，局中人 I 以 $\frac{1}{4}$ 的概率选择纯策略 α_1，以 $\frac{3}{4}$ 的概率选择纯策略 α_2；局中人 II 以 $\frac{2}{3}$ 的概率选择纯策略 β_1，以 $\frac{1}{3}$ 的概率选择纯策略 β_2。局中人 I 可以获得的期望赢得值 (或局中人 II 的期望损失值) 为 4。

记

$$E(i, Y) = \sum_{j=1}^{n} a_{ij} y_j, \ i = 1, 2, \cdots, m$$

$$E(X, j) = \sum_{i=1}^{m} a_{ij} x_i, \ j = 1, 2, \cdots, n$$

则 $E(i, Y)$ 对应于局中人 I 取纯策略 α_i（即 $x_i = 1$）时的期望赢得值，$E(X, j)$ 对应于局中人 II 取纯策略 β_j（即 $y_j = 1$）时的期望损失值。于是有

$$E(X, Y) = \sum_{i=1}^{m} \sum_{j=1}^{n} a_{ij} x_i y_j = \sum_{i=1}^{m} x_i E(i, Y) = \sum_{j=1}^{n} y_j E(X, j)$$

根据上述符号定义，可以给出定理 7-2 的另一等价表述，如下：

定理 7-3（混合策略均衡） (X^*, Y^*) 是矩阵对策 $\boldsymbol{G} = (\boldsymbol{S}_1, \boldsymbol{S}_2; \boldsymbol{A})$ 在混合策略意义下的均衡解的充要条件是：对任意 $i = 1, 2, \cdots, m$ 和 $j = 1, 2, \cdots, n$，有

$$E(i, Y^*) \leqslant E(X^*, Y^*) \leqslant E(X^*, j) \tag{7-8}$$

证明：①先证必要性。如果 (X^*, Y^*) 是矩阵对策 $\boldsymbol{G} = (\boldsymbol{S}_1, \boldsymbol{S}_2; \boldsymbol{A})$ 在混合策略意义下的均衡解，则由定理 7-2 知，不等式 (7-7) 对任意 (X, Y) 均成立。取 $X = (0, \cdots 1, 0, \cdots 0)$ 和 $Y = (0, \cdots 1, 0, \cdots 0)$，其中 $x_i = 1$ 和 $y_j = 1$，即得不等式 (7-8)。

②再证充分性。已知不等式 (7-8) 成立，则对任意 (X, Y)，有

$$E(X, Y^*) = \sum_{i=1}^{m} x_i E(i, Y^*) \leqslant \sum_{i=1}^{m} x_i E(X^*, Y^*) = E(X^*, Y^*)$$

$$E(X^*, Y) = \sum_{j=1}^{n} y_j E(X^*, j) \geqslant \sum_{j=1}^{n} y_j E(X^*, Y^*) = E(X^*, Y^*)$$

因此有

$$E(X, Y^*) \leqslant E(X^*, Y^*) \leqslant E(X^*, Y)$$

即式 (7-7) 成立，从而 (X^*, Y^*) 是矩阵对策 $\boldsymbol{G} = (\boldsymbol{S}_1, \boldsymbol{S}_2; \boldsymbol{A})$ 在混合策略意义下的均衡解。

定理 7-3 说明，要验证一个局势是否为矩阵对策的均衡解，只需要验证不等式 (7-8) 是否满足即可。相对于定理 7-2，该条件得到了极大的简化。

基于上述原理，下面介绍两种常见的混合策略均衡解的求解方法：图解法和代数法。

7.2.3 矩阵对策的图解法

当矩阵对策的某一局中人只有两个策略可供选择时，可以采用图解法求解均衡。下面结合两个例子来介绍其求解过程。

[例 7-3]（矩阵对策图解法） 考虑矩阵对策 $\boldsymbol{G} = (S_1, S_2; \boldsymbol{A})$，其中

$$\boldsymbol{A} = \begin{pmatrix} 2 & 4 & 3 \\ 3 & 2 & 5 \end{pmatrix}$$

不难发现，该问题不存在纯策略意义下的均衡解。这里局中人 I 只有两个策略，因此可以记局中人 I 的混合策略为 $\boldsymbol{X} = (x, 1-x)$，局中人 II 的混合策略为 $\boldsymbol{Y} = (y_1, y_2, y_3)$。考虑局中人 I 的赢得函数：

- 当局中人 II 选择策略 β_1 时，局中人 I 的期望赢得为 $E(X,1) = 2x + 3(1-x) = 3 - x$；
- 当局中人 II 选择策略 β_2 时，局中人 I 的期望赢得为 $E(X,2) = 4x + 2(1-x) = 2 + 2x$；
- 当局中人 II 选择策略 β_3 时，局中人 I 的期望赢得为 $E(X,3) = 3x + 5(1-x) = 5 - 2x$。

在所有信息透明以及局中人理性的假设下，对于局中人 I 选择的任何策略 $X = (x, 1-x)$，他知道局中人 II 都会选择相应的策略使得局中人 I 的期望赢得最小。因此，对应于策略 $X = (x, 1-x)$，局中人 I 的期望赢得函数为

$$\begin{aligned} F(x) &= \min_{Y \in S_2^*} \{y_1 E(X,1) + y_2 E(X,2) + y_3 E(X,3)\} \\ &= \min(E(X,1), E(X,2), E(X,3)) = \min \begin{cases} 3 - x \\ 2 + 2x \\ 5 - 2x \end{cases} \end{aligned}$$

局中人 I 的目标是使得自身的期望赢得最大，因此他对应的优化问题为

$$\max_{0 \leqslant x \leqslant 1} F(x) = \max_{0 \leqslant x \leqslant 1} \left(\min \begin{cases} 3 - x \\ 2 + 2x \\ 5 - 2x \end{cases} \right)$$

为求解该优化问题，可以在二维空间中画出 [0, 1] 之间三条直线 $E(X,1)$，$E(X,2)$ 和 $E(X,3)$，如图 7-1a 所示。不难看出，赢得函数 $F(x)$ 是分段连续的，它取决于 x 的不

同取值。$F(x)$ 对应于图中的折线 $A-B-C$。很显然，B 点对应于该折线的最大值。通过求解方程 $E(X,1)=E(X,2)$ 可得 B 点横坐标 $x^*=\dfrac{1}{3}$，因此局中人 I 的最优策略为 $X^*=\left(\dfrac{1}{3},\dfrac{2}{3}\right)$。

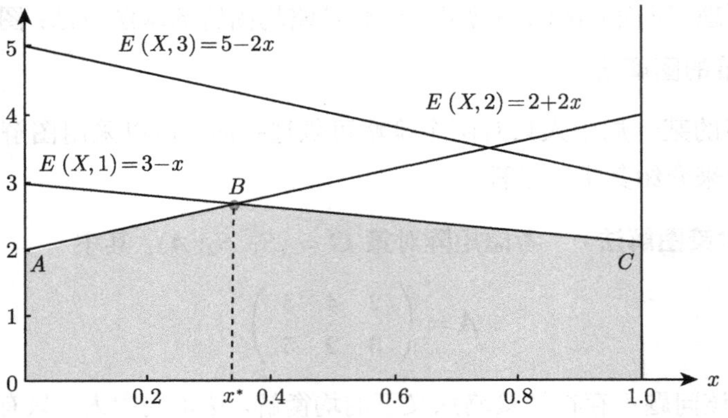

a) 局中人I的期望赢得函数

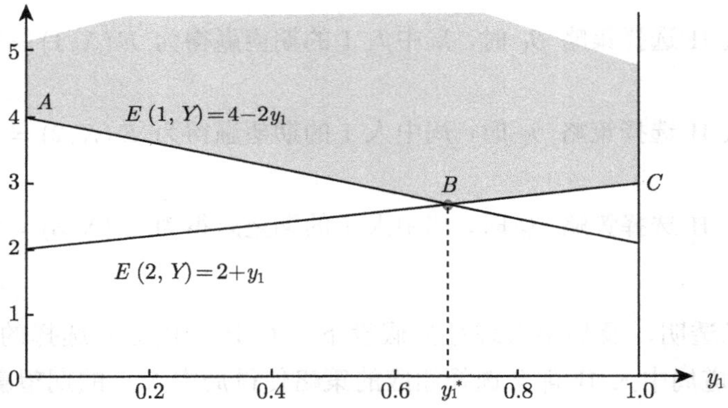

b) 局中人II的期望损失函数

图 7-1　用图解法求解例 7-3

下面分析局中人 II 的最优决策。从图 7-1a 不难有 $E(X^*,3)>E(X^*,1)$，而且 $E(X^*,3)>E(X^*,2)$，这意味着局中人 II 肯定不会选择纯策略 β_3。当局中人 I 选择 X^* 时，局中人 II 选择 β_1 或 β_2 总能带来更小的期望损失，因此 $y_3^*=0$。下面考虑局中人 II 的损失函数：

- 当局中人 I 选择策略 α_1 时，局中人 II 的期望损失为 $E(1,Y)=2y_1+4(1-y_1)=4-2y_1$；
- 当局中人 I 选择策略 α_2 时，局中人 II 的期望损失为 $E(2,Y)=3y_1+2(1-y_1)=2+y_1$。

在所有信息透明以及局中人理性的假设下，对于局中人 II 选择的任何策略 $\boldsymbol{Y}=$

$(y_1,1-y_1,0)$，他知道局中人 I 都会选择相应的策略使得局中人 II 的期望损失最大。因此，对应于策略 $\boldsymbol{Y}=(y_1,1-y_1,0)$，局中人 II 的期望损失函数为

$$\begin{aligned} H(y_1) &= \max_{0\leqslant x\leqslant 1}\{xE(1,Y)+(1-x)E(2,Y)\} \\ &= \max(E(1,Y),E(2,Y)) = \max\left\{\begin{array}{c} 4-2y_1 \\ 2+y_1 \end{array}\right. \end{aligned}$$

局中人 II 的目标是使得自身的期望损失最小，因此他对应的优化问题为

$$\min_{0\leqslant y_1\leqslant 1} H(y_1) = \min_{0\leqslant y_1\leqslant 1}\left(\max\left\{\begin{array}{c} 4-2y_1 \\ 2+y_1 \end{array}\right)\right.$$

同样，可以在二维坐标系中画出局中人 II 的期望损失函数 $H(y_1)$ 它对应于图 7-1b 中的折线 $A-B-C$。函数 $H(y_1)$ 的最小值在 B 点处获得。求解方程 $E(1,Y)=E(2,Y)$ 可得 $y_1^*=\dfrac{2}{3}$，因此局中人 II 的最优策略为 $Y^*=\left(\dfrac{2}{3},\dfrac{1}{3},0\right)$。

均衡局势 (X^*,Y^*) 所对应的对策的值为

$$V_G = E(X^*,1) = E(X^*,2) = E(1,Y^*) = E(2,Y^*) = \frac{8}{3}$$

[**例 7-4**]（**矩阵对策的图解法**） 考虑矩阵对策 $\boldsymbol{G}=(\boldsymbol{S}_1,\boldsymbol{S}_2;\boldsymbol{A})$，其中

$$\boldsymbol{A}=\begin{pmatrix} 0 & 4 \\ 3 & 3 \\ 4 & 2 \end{pmatrix}$$

该问题也不存在纯策略意义下的均衡解。记局中人 II 的混合策略为 $\boldsymbol{Y}=(y,1-y)$，局中人 I 的混合策略为 $\boldsymbol{X}=(x_1,x_2,x_3)$。考虑局中人 II 的损失函数：

- 当局中人 I 选择策略 α_1 时，局中人 II 的期望损失为 $E(1,Y)=0y+4(1-y)=4-4y$；
- 当局中人 I 选择策略 α_2 时，局中人 II 的期望损失为 $E(2,Y)=3y+3(1-y)=3$；
- 当局中人 I 选择策略 α_3 时，局中人 II 的期望损失为 $E(3,Y)=4y+2(1-y)=2+2y$。

在所有信息透明以及局中人理性的假设下，对于局中人 II 选择的任何策略 $Y=(y,1-y)$，他知道局中人 I 都会选择相应的策略使得局中人 II 的期望损失最大。因此，对应于策略 $Y=(y,1-y)$，局中人 II 的期望损失函数为

$$\begin{aligned} H(y) &= \max_{X\in S_1^*}\{x_1E(1,Y)+x_2E(2,Y)+x_3E(3,Y)\} \\ &= \max(E(1,Y),E(2,Y),E(3,Y)) = \max\left\{\begin{array}{c} 4-4y \\ 3 \\ 2+2y \end{array}\right. \end{aligned}$$

局中人 II 的目标是使得自身的期望损失最小，因此他对应的优化问题为

$$\min_{0\leqslant y\leqslant 1} H(y) = \min_{0\leqslant y\leqslant 1}\left(\max\begin{cases}4-4y\\3\\2+2y\end{cases}\right)$$

为求解该优化问题，可以在二维坐标系中画出 [0, 1] 之间三条直线 $E(1,Y)$、$E(2,Y)$ 和 $E(3,Y)$，如图 7-2 所示。不难看出，损失函数 $H(y)$ 是分段连续的，它取决于 y 的不同取值。$H(y)$ 对应于图中的折线 $A-B-C-D$。很显然，线段 BC 中的任一点都对应于该折线的最小值。通过求解方程 $E(1,Y)=E(2,Y)$ 可得 B 点横坐标 $\hat{y}^*=\dfrac{1}{4}$，通过求解方程 $E(3,Y)=E(2,Y)$ 可得 C 点横坐标 $\bar{y}^*=\dfrac{1}{2}$。因此局中人 II 的最优策略为 $Y^*=(y^*,1-y^*)$，其中 $0.25\leqslant y^*\leqslant 0.5$。

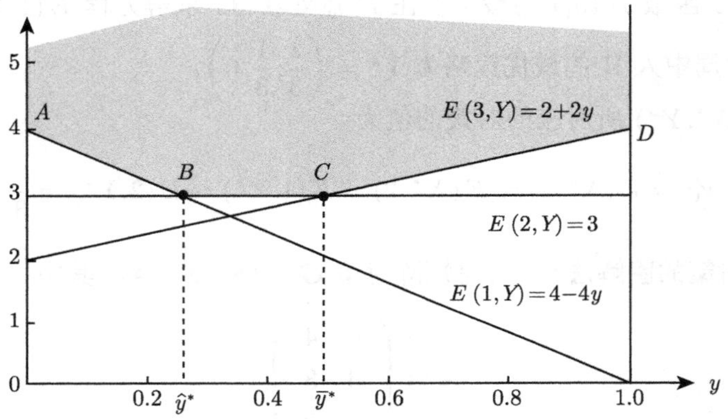

图 7-2　例 7-4 中局中人 II 的期望损失函数

下面分析局中人 I 的最优决策。从图 7-2 中不难看出，对任意 $0.25\leqslant y^*\leqslant 0.5$，均有 $E(2,Y^*)\geqslant E(1,Y^*)$，而且 $E(2,Y^*)\geqslant E(3,Y^*)$，这意味着局中人 I 肯定不会选择纯策略 α_1 或者 α_3，因为当局中人 II 选择 Y^* 时，局中人 I 选择 α_1 或 α_3 带来的期望赢得总是不高于 α_2。因此局中人 I 应该总是选择纯策略 α_2，即局中人 I 的最优策略为 $X^*=(0,1,0)$。

在均衡局势 (X^*,Y^*) 下，对策值（即局中人 I 的期望赢得或局中人 II 的期望损失）为

$$V_G=E(2,Y^*)=3$$

例 7-4 表明，当矩阵对策不存在纯策略意义下的均衡解时，仍可能某一局中人会选择采用纯策略。

7.2.4　矩阵对策的代数解法

正如 7.2.3 节所示，图解法只适用于 $2\times n$ 或者 $m\times 2$ 的矩阵对策。当矩阵 $\boldsymbol{A}$ 的行数与列数都比较大时怎么计算对策的均衡解？为了通过代数方法求得矩阵对策的均衡解，我们先给出如下定理：

定理 7-4　(X^*, Y^*) 是矩阵对策 $\boldsymbol{G}=(\boldsymbol{S}_1,\boldsymbol{S}_2;\boldsymbol{A})$ 在混合策略意义下均衡解的充要条件是：存在数 V，使得 (X^*, Y^*) 分别是如下不等式组 (D_1) 和 (D_2) 的解，并且 $V=V_G$。

$$(D_1)\begin{cases}\displaystyle\sum_{i=1}^{m}a_{ij}x_i \geqslant V\,(j=1,2,\cdots,n)\\ \displaystyle\sum_{i=1}^{m}x_i=1\\ x_i\geqslant 0\,(i=1,2,\cdots,m)\end{cases}\qquad (D_2)\begin{cases}\displaystyle\sum_{j=1}^{n}a_{ij}y_j \leqslant V\,(i=1,2,\cdots,m)\\ \displaystyle\sum_{j=1}^{n}y_j=1\\ y_j\geqslant 0\,(j=1,2,\cdots,n)\end{cases}$$

证明：①先证必要性。若 (X^*, Y^*) 是矩阵对策 $\boldsymbol{G}=(\boldsymbol{S}_1,\boldsymbol{S}_2;\boldsymbol{A})$ 在混合策略意义下的均衡解，则根据定义必有

$$E(X,Y^*)\leqslant E(X^*,Y^*)\leqslant E(X^*,Y)，且 \sum_{i=1}^{m}x_i=\sum_{j=1}^{n}y_j=1。$$

于是，

$$E(i,Y^*)=\sum_{j=1}^{n}a_{ij}y_j^*\leqslant E(X^*,Y^*)=V_G,\ \forall i=1,2,\cdots,m$$

$$E(X^*,j)=\sum_{i=1}^{m}a_{ij}x_i^*\geqslant E(X^*,Y^*)=V_G,\ \forall j=1,2,\cdots,n$$

因此，存在 $V=V_G$，使得 (X^*, Y^*) 分别是不等式组 (D_1) 和 (D_2) 的解。

②再证充分性。若 (X^*, Y^*) 分别是不等式组 (D_1) 和 (D_2) 的解，并且 $V=V_G$，则有

$$E(i,Y^*)=\sum_{j=1}^{n}a_{ij}y_j^*\leqslant V,\ \forall i=1,2,\cdots,m$$

$$E(X^*,j)=\sum_{i=1}^{m}a_{ij}x_i^*\geqslant V,\ \forall j=1,2,\cdots,n$$

于是，

$$E(i,Y^*)\leqslant E(X^*,Y^*)\leqslant E(X^*,j)$$

由定理 7-3 知，(X^*, Y^*) 是矩阵对策 $\boldsymbol{G}=(\boldsymbol{S}_1,\boldsymbol{S}_2;\boldsymbol{A})$ 在混合策略意义下的均衡解。

定理 7-2、7-3 和 7-4 表明，当某个混合局势 (X^*, Y^*) 满足给定条件时，就可以断定该局势是矩阵对策的均衡解。但是，是否任何矩阵对策一定存在混合策略下的均衡解呢？如下定理表明，该问题的答案是肯定的。

定理 7-5（混合策略均衡解的存在性）　任一矩阵对策 $\boldsymbol{G}=(\boldsymbol{S}_1,\boldsymbol{S}_2;\boldsymbol{A})$ 一定存在混合意义下的均衡解。

证明：考虑两个线性规划问题

$$(P)\qquad \max\ v$$

$$\text{s.t.}\begin{cases}\sum_{i=1}^{m}a_{ij}x_i \geqslant v\,(j=1,2,\cdots,n)\\ \sum_{i=1}^{m}x_i=1\\ x_i\geqslant 0\,(i=1,2,\cdots,m)\end{cases}$$

和

$$(D)\qquad \min\ w$$

$$\text{s.t.}\begin{cases}\sum_{j=1}^{n}a_{ij}y_j \leqslant w\,(i=1,2,\cdots,m)\\ \sum_{j=1}^{n}y_j=1\\ y_j\geqslant 0\,(j=1,2,\cdots,n)\end{cases}$$

不难验证，规划问题 (P) 和 (D) 是两个互为对偶的线性规划问题，而且两个问题的可行域均为非空。根据线性规划对偶理论可知，两个问题均存在有界最优解，记为 (X^*,v^*) 和 (Y^*,w^*)，并且两者的最优目标函数值相等，即 $v^*=w^*:=V$：

$$\sum_{i=1}^{m}a_{ij}x_i^*=V=\sum_{j=1}^{n}a_{ij}y_j^*$$

进一步知

$$V=\sum_{i=1}^{m}\sum_{j=1}^{n}a_{ij}x_i^*y_j^*=E(X^*,Y^*)$$

于是，存在数 V，使得 (X^*,Y^*) 分别是如下不等式组 (D_1) 和 (D_2) 的解，而且 $V=V_G$。

$$(D_1)\begin{cases}\sum_{i=1}^{m}a_{ij}x_i\geqslant V\,(j=1,2,\cdots,n)\\ \sum_{i=1}^{m}x_i=1\\ x_i\geqslant 0\,(i=1,2,\cdots,m)\end{cases}\qquad (D_2)\begin{cases}\sum_{j=1}^{n}a_{ij}y_j\leqslant V\,(i=1,2,\cdots,m)\\ \sum_{j=1}^{n}y_j=1\\ y_j\geqslant 0\,(j=1,2,\cdots,n)\end{cases}$$

根据定理 7-4 知，(X^*,Y^*) 是矩阵对策 $\boldsymbol{G}=(\boldsymbol{S}_1,\boldsymbol{S}_2;\boldsymbol{A})$ 在混合策略意义下的均衡解。

定理 7-5 不仅表明任何矩阵对策都存在混合意义下的均衡解，而且提供了一种寻找均衡解的方法，即均衡解实际上对应于一组互为对偶的线性规划问题的最优解。根据对偶理论，局中人 I 和局中人 II 的混合策略也满足相应的互补松弛性，如下定理所示。

定理 7-6（混合策略的互补松弛性） 若 (X^*,Y^*) 是矩阵对策 $\boldsymbol{G}=(\boldsymbol{S}_1,\boldsymbol{S}_2;\boldsymbol{A})$ 在混合策略意义下的均衡解，且 V 是 G 的值，则有

(1) 若 $x_i^*>0$，则 $\sum_j a_{ij}y_j^*=V$；

(2) 若 $y_j^*>0$，则 $\sum\limits_i a_{ij}x_i^*=V$；

(3) 若 $\sum\limits_j a_{ij}y_j^*<V$，则 $x_i^*=0$；

(4) 若 $\sum\limits_i a_{ij}x_i^*>V$，则 $y_j^*=0$。

证明： 因为

$$V=\max_{X\in S_1^*}E(X,Y^*)$$

所以，对 $\forall i=1,2,\cdots,m$：

$$V-\sum_{j=1}^{n}a_{ij}y_j^*=V=\max_{X\in S_1^*}E(X,Y^*)-E(i,Y^*)\geqslant 0$$

又因为

$$\sum_{i=1}^{m}x_i^*\left(V-\sum_{j=1}^{n}a_{ij}y_j^*\right)=V-\sum_{i=1}^{m}\sum_{j=1}^{n}a_{ij}x_i^*y_j^*=0$$

所以，对 $\forall i=1,2,\cdots,m$，必有

$$x_i^*\left(V-\sum_{j=1}^{n}a_{ij}y_j^*\right)=0$$

因此，若 $x_i^*>0$，则必有 $\sum_j a_{ij}y_j^*=V$；若 $\sum_j a_{ij}y_j^*<V$，则必有 $x_i^*=0$，即 (1) 和 (3) 得证。同理可证 (2) 和 (4)。

利用混合策略的互补松弛性，有时可以极大地简化计算过程。比如在例 7-3 中，通过图解法已经求出局中人 I 的最优策略为 $(x_1^*,x_2^*)=\left(\dfrac{1}{3},\dfrac{2}{3}\right)$，局中人 II 的策略中一定有 $y_3^*=0$。之后，根据互补松弛性，我们知 (y_1^*,y_2^*) 一定满足：

$$\begin{cases}2y_1^*+4y_2^*=V\\3y_1^*+2y_2^*=V\end{cases}$$

因此，求解如下联立方程组，即可计算出局中人 II 的最优策略：

$$\begin{cases}2y_1^*+4y_2^*=3y_1^*+2y_2^*\\y_1^*+y_2^*=1\end{cases}$$

该联立方程组的解为 $(y_1^*,y_2^*)=\left(\dfrac{2}{3},\dfrac{1}{3}\right)$，这和利用图解法得到的结果是完全一致的。

[例 7-5]（2×2 矩阵对策） 考虑 2×2 的矩阵对策 $\boldsymbol{G}=(\boldsymbol{S}_1,\boldsymbol{S}_2;\boldsymbol{A})$，其中

$$A=\begin{pmatrix}a_{11}&a_{12}\\a_{21}&a_{22}\end{pmatrix}$$

如果它不存在纯策略意义下的均衡解，不难知均衡解中一定有 $X^*=(x_1^*,x_2^*)>0$，同时，$Y^*=(y_1^*,y_2^*)>0$。根据互补松弛性，我们知它们分别满足如下方程组：

$$\begin{cases} a_{11}x_1^* + a_{21}x_2^* = V \\ a_{12}x_1^* + a_{22}x_2^* = V \\ x_1^* + x_2^* = 1 \end{cases}$$

和

$$\begin{cases} a_{11}y_1^* + a_{12}y_2^* = V \\ a_{21}y_1^* + a_{22}y_2^* = V \\ y_1^* + y_2^* = 1 \end{cases}$$

求解可得

$$\begin{cases} x_1^* = \dfrac{a_{22} - a_{21}}{a_{11} + a_{22} - a_{12} - a_{21}} \\ x_2^* = \dfrac{a_{11} - a_{12}}{a_{11} + a_{22} - a_{12} - a_{21}} \\ y_1^* = \dfrac{a_{22} - a_{12}}{a_{11} + a_{22} - a_{12} - a_{21}} \\ y_2^* = \dfrac{a_{11} - a_{21}}{a_{11} + a_{22} - a_{12} - a_{21}} \\ V = \dfrac{a_{11}a_{22} - a_{21}a_{12}}{a_{11} + a_{22} - a_{12} - a_{21}} \end{cases}$$

比如，对于矩阵对策

$$\boldsymbol{A} = \begin{pmatrix} 4 & 3 \\ 0 & 4 \end{pmatrix}$$

因为它没有鞍点，对策不存在纯策略意义下的均衡解。套用上述公式，直接可以得到

$$\begin{cases} 4x_1 + 0x_2 = V \\ 3x_1 + 4x_2 = V \\ x_1 + x_2 = 1 \\ 4y_1 + 3y_2 = V \\ 0y_1 + 4y_2 = V \\ y_1 + y_2 = 1 \end{cases} \Rightarrow \begin{cases} x_1^* = 4/5 \\ x_2^* = 1/5 \\ y_1^* = 1/5 \\ y_2^* = 4/5 \\ V = 16/5 \end{cases}$$

[例 7-6]（石头剪刀布） 甲和乙玩石头、剪刀、布的游戏，获胜者赢 1 元，平局则不输不赢。请分析他们的均衡策略。

解： 甲和乙各有三种策略可供选择，不同局势下甲的赢得矩阵如表 7-5 所示。

表 7-5　石头、剪刀、布游戏的赢得矩阵

甲 \ 乙	石头	剪刀	布	min
石头	0	1	−1	−1
剪刀	−1	0	1	−1
布	1	−1	0	−1
max	1	1	1	

很显然，该对策不存在纯策略意义下的均衡解，因此需要考虑混合策略。设甲选择石头、剪刀和布的概率分别为 x_1、x_2、x_3，乙选择石头、剪刀和布的概率分别为 y_1、y_2、y_3。

先考虑甲的决策问题，设其期望收益为 v，则根据定理 7-5 知，甲所面临的优化问题是：

$$\max\ v$$

$$\text{s.t.}\begin{cases}-x_2+x_3\geqslant v\\ x_1-x_3\geqslant v\\ -x_1+x_2\geqslant v\\ x_1+x_2+x_3=1\\ x_1,x_2,x_3\geqslant 0\end{cases}$$

前三条约束的含义为：无论对方出石头、剪刀还是布，甲都要保证自己的期望收益不少于 v。该规划问题的最优解为 $X^*=\left(\frac{1}{3},\frac{1}{3},\frac{1}{3}\right)$，对应的目标函数值为 $v^*=0$。

再考虑乙的决策问题，设其损失为 w。根据定理 7-5 知，乙所面临的优化问题是：

$$\min\ w$$

$$\text{s.t.}\begin{cases}y_2-y_3\leqslant w\\ -y_1+y_3\leqslant w\\ y_1-y_2\leqslant w\\ y_1+y_2+y_3=1\\ y_1,y_2,y_3\geqslant 0\end{cases}$$

前三条约束的含义为：无论对方出石头、剪刀还是布，乙都要保证自己的期望损失不多于 w。该规划问题的最优解为 $Y^*=\left(\frac{1}{3},\frac{1}{3},\frac{1}{3}\right)$，对应的目标函数值为 $w^*=0$。

因此，在石头、剪刀、布的游戏中，两个玩家的最优策略都应该是等概率地选择石头、剪刀或者布。期望意义下，每个玩家的收益或者损失都为 0。

[例 7-7]（田忌赛马）　上次赛马失败后，齐王意识到了自己战败的原因在于事先公开了自己赛马的次序，他决定再次和田忌赛马，一雪前耻。请分析田忌和齐王的均衡策略。

解：田忌和齐王各有上、中、下三匹马，虽然田忌的马总体不如齐王的，但是其上马优于齐王的中马和下马，中马优于齐王的下马。田忌和齐王都各有 6 种出马次序（对应 6 个策略）：（上中下）、（上下中）、（中上下）、（中下上）、（下上中）、（下中上）。在不同策略组合（局势）下，田忌的赢得矩阵如表 7-6 所示：

表 7-6　田忌赛马的赢得矩阵

田忌 \ 齐王	上中下	上下中	中上下	中下上	下上中	下中上
上中下	−3	−1	−1	1	−1	−1
上下中	−1	−3	1	−1	−1	−1
中上下	−1	−1	−3	−1	−1	1
中下上	−1	−1	−1	−3	1	−1
下上中	1	−1	−1	−1	−3	−1
下中上	−1	1	−1	−1	−1	−3

该比赛不存在纯策略意义下的均衡解，因此需要考虑混合策略。设田忌和齐王选择各个出马次序的概率分别为 x_i 和 y_j，$i, j = 1, 2, \cdots, 6$。

田忌的决策问题为：

$$\max\ v$$
$$\text{s.t.}\begin{cases} -3x_1 - x_2 - x_3 - x_4 + x_5 - x_6 \geqslant v \\ -x_1 - 3x_2 - x_3 - x_4 - x_5 + x_6 \geqslant v \\ -x_1 + x_2 - 3x_3 - x_4 - x_5 - x_6 \geqslant v \\ x_1 - x_2 - x_3 - 3x_4 - x_5 - x_6 \geqslant v \\ -x_1 - x_2 - x_3 + x_4 - 3x_5 - x_6 \geqslant v \\ -x_1 - x_2 + x_3 - x_4 - x_5 - 3x_6 \geqslant v \\ x_1 + x_2 + x_3 + x_4 + x_5 + x_6 = 1 \\ x_i \geqslant 0,\ i = 1, 2, \cdots, 6 \end{cases}$$

其最优解为 $X^* = \left(\frac{1}{6}, \frac{1}{6}, \frac{1}{6}, \frac{1}{6}, \frac{1}{6}, \frac{1}{6}\right)$，对应的目标函数值为 $v^* = -1$。

齐王的决策问题为：

$$\min\ w$$
$$\text{s.t.}\begin{cases} -3y_1 - y_2 - y_3 + y_4 - y_5 - y_6 \leqslant w \\ -y_1 - 3y_2 + y_3 - y_4 - y_5 - y_6 \leqslant w \\ -y_1 - y_2 - 3y_3 - y_4 - y_5 + y_6 \leqslant w \\ -y_1 - y_2 - y_3 - 3y_4 + y_5 - y_6 \leqslant w \\ y_1 - y_2 - y_3 - y_4 - 3y_5 - y_6 \leqslant w \\ -y_1 + y_2 - y_3 - y_4 - y_5 - 3y_6 \leqslant w \\ y_1 + y_2 + y_3 + y_4 + y_5 + y_6 = 1 \\ y_j \geqslant 0,\ j = 1, 2, \cdots, 6 \end{cases}$$

其最优解为 $Y^* = \left(\frac{1}{6}, \frac{1}{6}, \frac{1}{6}, \frac{1}{6}, \frac{1}{6}, \frac{1}{6}\right)$，对应的目标函数值为 $w^* = -1$。

因此，田忌和齐王都应该以 $\frac{1}{6}$ 的概率选择各个出马次序。在该均衡策略下，田忌在期望意义下会损失一局（因为其马的质量不如齐王）。进一步分析可知，齐王获胜的概率为 $\frac{5}{6}$，而田忌只有 $\frac{1}{6}$ 的可能性获胜。

继续分析田忌赛马的例子，假设表 7-6 中的赢得函数值对应于每种结局下双方需要支付或者获得的赌金。比如，每获胜一局，战败方需向对方支付 1 000 两黄金。现考虑如下情形：齐王为了表现自己的大度，提出无论赛马的结果如何，都赐予田忌 1 000 两黄金。此时，田忌的赢得矩阵将变为

$$\boldsymbol{A}=\begin{pmatrix} -2 & 0 & 0 & 2 & 0 & 0 \\ 0 & -2 & 2 & 0 & 0 & 0 \\ 0 & 0 & -2 & 0 & 0 & 2 \\ 0 & 0 & 0 & -2 & 2 & 0 \\ 2 & 0 & 0 & 0 & -2 & 0 \\ 0 & 2 & 0 & 0 & 0 & -2 \end{pmatrix}$$

即相对表 7-6 中的赢得矩阵而言，矩阵中每个元素都增加了一个固定常数值 1。为了求解该问题，需要重新建立田忌和齐王的线性规划模型。如果从另一个角度思考该问题，等价于齐王先支付给田忌 1 000 两黄金，然后双方按照以前的规则进行赛马。因此，新的矩阵对策对应的均衡策略应该和原来一样。事实上，如下定理表明，矩阵对策中，赢得矩阵的每个元素都加上一个常数时，不会改变对策的混合策略均衡。

定理 7-7 考虑两个矩阵对策 $\boldsymbol{G}_1=\{\boldsymbol{S}_1,\boldsymbol{S}_2;\boldsymbol{A}_1\}$，$\boldsymbol{G}_2=\{\boldsymbol{S}_1,\boldsymbol{S}_2;\boldsymbol{A}_2\}$，其中 $\boldsymbol{A}_1=(a_{ij})_{m\times n}$，$\boldsymbol{A}_2=(a_{ij}+d)_{m\times n}$，$d$ 为一任意常数，则有：

(1) $\boldsymbol{G}_1$ 与 $\boldsymbol{G}_2$ 的混合策略均衡相同；

(2) $V_2=V_1+d$，其中 V_1 和 V_2 分别对应 $\boldsymbol{G}_1$ 和 $\boldsymbol{G}_2$ 的值。

证明：对任意混合策略 (X,Y)，有

$$\begin{aligned} E_2(X,Y) &:= \boldsymbol{X}\boldsymbol{A}_2\boldsymbol{Y}^{\mathrm{T}}=\sum_{i=1}^{m}\sum_{j=1}^{n}(a_{ij}+d)\,x_iy_j \\ &= d+\sum_{i=1}^{m}\sum_{j=1}^{n}a_{ij}x_iy_j=d+\boldsymbol{X}\boldsymbol{A}_1\boldsymbol{Y}^{\mathrm{T}}=d+E_1(X,Y) \end{aligned}$$

(1) 设 (X^*,Y^*) 为矩阵对策 $\boldsymbol{G}_1$ 混合意义下的均衡解，根据定理 7-2 知

$$E_1(X,Y^*)\leqslant E_1(X^*,Y^*)\leqslant E_1(X^*,Y)$$

同理，有

$$E_2(X,Y^*)\leqslant E_2(X^*,Y^*)\leqslant E_2(X^*,Y)$$

因此，(X^*,Y^*) 也为矩阵对策 $\boldsymbol{G}_2$ 混合意义下的均衡解。

(2) 根据定义 7-2 知

$$V_2=\max_{X\in S_1^*}\left\{\min_{Y\in S_2^*}E_2(X,Y)\right\}=\max_{X\in S_1^*}\left\{\min_{Y\in S_2^*}(d+E_1(X,Y))\right\}=d+V_1$$

证毕。

定理 7-8 考虑两个矩阵对策 $\boldsymbol{G}_1=\{\boldsymbol{S}_1,\boldsymbol{S}_2;\boldsymbol{A}\}$，$\boldsymbol{G}_2=\{\boldsymbol{S}_1,\boldsymbol{S}_2;t\boldsymbol{A}\}$，其中 $t>0$ 为任意常数，则有：

(1) $\boldsymbol{G}_1$ 与 $\boldsymbol{G}_2$ 的混合策略均衡相同；

(2) $V_2=tV_1$ ，其中 V_1 和 V_2 分别对应 $\boldsymbol{G}_1$ 和 $\boldsymbol{G}_2$ 的值。

证明：对任意混合策略 (X,Y)，有

$$E_2(X,Y) := X(tA)Y^{\mathrm{T}} = t\left(XAY^{\mathrm{T}}\right) = tE_1(X,Y)$$

(1) 设 (X^*,Y^*) 为矩阵对策 $\boldsymbol{G}_1$ 混合意义下的均衡解，根据定理 7-2 知

$$E_1(X,Y^*) \leqslant E_1(X^*,Y^*) \leqslant E_1(X^*,Y)$$

同理，有

$$E_2(X,Y^*) \leqslant E_2(X^*,Y^*) \leqslant E_2(X^*,Y)$$

因此，(X^*,Y^*) 也为矩阵对策 $\boldsymbol{G}_2$ 混合意义下的均衡解。

(2) 根据定义 7-2 知

$$V_2 = \max_{X\in S_1^*}\left\{\min_{Y\in S_2^*} E_2(X,Y)\right\} = \max_{X\in S_1^*}\left\{\min_{Y\in S_2^*} tE_1(X,Y)\right\} = tV_1$$

证毕。

根据定理 7-7 和定理 7-8，可以在求解均衡之前先对矩阵进行等价变换。比如，通过将矩阵中所有元素增加同一常数值，使得所有元素值为正（或者非负）。当所有赢得函数值均为正数时，该矩阵对策的值一定为正数。基于这一特点，还可以对互为对偶的线性规划问题进行一定的简化。

先考虑局中人 I 的决策问题：

$$\begin{aligned}(P)\quad & \max\ v\\ \text{s.t.} & \begin{cases}\sum\limits_{i=1}^{m} a_{ij}x_i \geqslant v\,(j=1,2,\cdots,n)\\ \sum\limits_{i=1}^{m} x_i = 1\\ x_i \geqslant 0\,(i=1,2,\cdots,m)\end{cases}\end{aligned} \tag{7-9}$$

在 $v>0$ 的前提下，可以做变量替换，令

$$x_i' = \frac{x_i}{v},\quad i=1,2,\cdots,m$$

则可得

$$v = \frac{1}{\sum\limits_{i=1}^{m} x_i'}$$

因此，目标函数求 v 最大化等价于求 $\sum\limits_{i=1}^{m} x_i'$ 最小化。于是，优化问题 (7-9) 等价变换为

$$\begin{aligned}\left(\hat{P}\right)\quad & \min \sum_{i=1}^{m} x_i'\\ \text{s.t.} & \begin{cases}\sum\limits_{i=1}^{m} a_{ij}x_i' \geqslant 1\,(j=1,2,\cdots,n)\\ x_i' \geqslant 0\,(i=1,2,\cdots,m)\end{cases}\end{aligned} \tag{7-10}$$

类似地，对局中人 II 的决策问题：

$$
(D)\quad \min\ w
$$
$$
\text{s.t.}\begin{cases}\sum_{j=1}^{n} a_{ij}y_j \leqslant w\,(i=1,2,\cdots,m)\\ \sum_{j=1}^{n} y_j = 1\\ y_j \geqslant 0\,(j=1,2,\cdots,n)\end{cases} \tag{7-11}
$$

在 $w>0$ 的前提下，也可以做变量替换，令

$$
y_j' = \frac{y_j}{w},\ j=1,2,\cdots,n
$$

则式 (7-11) 等价变换为

$$
\left(\hat{D}\right)\quad \max\sum_{j=1}^{n} y_j'
$$
$$
\text{s.t.}\begin{cases}\sum_{j=1}^{n} a_{ij}y_j' \leqslant 1\,(i=1,2,\cdots,m)\\ y_j' \geqslant 0\,(j=1,2,\cdots,n)\end{cases} \tag{7-12}
$$

因此，我们可以先求解问题 $\left(\hat{P}\right)$ 和 $\left(\hat{D}\right)$，然后再反算原问题的混合策略均衡及对策值。

[**例 7-8**] 利用代数法求解矩阵对策 $\boldsymbol{G}=(\boldsymbol{S}_1,\boldsymbol{S}_2;\boldsymbol{A})$ 的均衡解，其中

$$
\boldsymbol{A}=\begin{pmatrix}-2 & -1 & -3\\ -3 & -2 & -1\\ -1 & -3 & -2\end{pmatrix}
$$

解：由于赢得矩阵 $\boldsymbol{A}$ 各元素均为负数，将所有元素增加 4，变为

$$
\hat{\boldsymbol{A}} = \boldsymbol{A}+4=\begin{pmatrix}2 & 3 & 1\\ 1 & 2 & 3\\ 3 & 1 & 2\end{pmatrix}
$$

对矩阵 $\hat{\boldsymbol{A}}$，先求解下列规划问题：

$$
\min(x_1'+x_2'+x_3')
$$
$$
(P)\begin{cases}2x_1'+x_2'+3x_3' \geqslant 1\\ 3x_1'+2x_2'+x_3' \geqslant 1\\ x_1'+3x_2'+2x_3' \geqslant 1\\ x_1',x_2',x_3' \geqslant 0\end{cases}
$$

$$
\max(y_1'+y_2'+y_3')
$$
$$
(D)\begin{cases}2y_1'+3y_2'+y_3' \leqslant 1\\ y_1'+2y_2'+3y_3' \leqslant 1\\ 3y_1'+y_2'+2y_3' \leqslant 1\\ y_1',y_2',y_3' \geqslant 0\end{cases}
$$

解得 $X'=\left(\frac{1}{6},\frac{1}{6},\frac{1}{6}\right)$，$Y'=\left(\frac{1}{6},\frac{1}{6},\frac{1}{6}\right)$，矩阵对策 $\hat{\boldsymbol{A}}$ 的值为

$$\hat{V}=\frac{1}{x_1'+x_2'+x_3'}=\frac{1}{y_1'+y_2'+y_3'}=2$$

因此，利用公式

$$X=X'/\sum_{i=1}^{m}x_i',\quad Y=Y'/\sum_{j=1}^{n}y_j'$$

即可得原矩阵对策的混合策略均衡为

$$X^*=\left(\frac{1}{3},\frac{1}{3},\frac{1}{3}\right),\quad Y^*=\left(\frac{1}{3},\frac{1}{3},\frac{1}{3}\right)$$

矩阵对策的值为 $\hat{V}-4=-2$。

[例 7-9] 利用代数法求解矩阵对策 $\boldsymbol{G}=(\boldsymbol{S}_1,\boldsymbol{S}_2;\boldsymbol{A})$，其中

$$\boldsymbol{A}=\begin{matrix}\alpha_1\\\alpha_2\\\alpha_3\\\alpha_4\\\alpha_5\\\ \end{matrix}\begin{matrix}\begin{pmatrix}3&2&0&3&0\\5&0&2&5&9\\7&3&9&5&9\\4&6&8&7&4\\6&0&8&8&3\end{pmatrix}\\\begin{matrix}\beta_1&\beta_2&\beta_3&\beta_4&\beta_5\end{matrix}\end{matrix}$$

解：在该矩阵对策中，局中人 I 和 II 都有 5 个纯策略可供选择。在采用任何方法求解该矩阵对策前不妨观察一下矩阵 $\boldsymbol{A}$，其第 3 行所有元素值都不小于第 1 行和第 2 行，这意味着无论局中人 II 采取何种策略（纯策略或混合策略），局中人 I 选择纯策略 α_3 都优于纯策略 α_1 和 α_2。因此，理性的局中人 I 应该永远不会选择纯策略 α_1 和 α_2，即 $x_1^*=x_2^*=0$。我们称纯策略 α_3 优超于纯策略 α_1 和 α_2。于是，可以将矩阵 $\boldsymbol{A}$ 的前两行划去，化简之后的矩阵为

$$\boldsymbol{A}_1=\begin{matrix}\alpha_3\\\alpha_4\\\alpha_5\\\ \end{matrix}\begin{matrix}\begin{pmatrix}7&3&9&5&9\\4&6&8&7&4\\6&0&8&8&3\end{pmatrix}\\\begin{matrix}\beta_1&\beta_2&\beta_3&\beta_4&\beta_5\end{matrix}\end{matrix}$$

观察矩阵 $\boldsymbol{A}_1$：第 3 列和第 4 列所有元素都大于第 2 列对应的元素，这意味着无论局中人 I 采取何种策略（纯策略或混合策略），局中人 II 选择纯策略 β_2 都优于纯策略 β_3 和 β_4。因此，理性的局中人 II 应该永远不会选择纯策略 β_3 和 β_4，即 $y_3^*=y_4^*=0$。于是，可以将矩阵 $\boldsymbol{A}_1$ 的第 3 列和第 4 列划去，化简之后的矩阵为

$$\boldsymbol{A}_2=\begin{matrix}\alpha_3\\\alpha_4\\\alpha_5\\\ \end{matrix}\begin{matrix}\begin{pmatrix}7&3&9\\4&6&4\\6&0&3\end{pmatrix}\\\begin{matrix}\beta_1&\beta_2&\beta_5\end{matrix}\end{matrix}$$

在矩阵 $\boldsymbol{A}_2$ 中，第 1 行的所有元素都大于第 3 行对应的元素，因此，对局中人 I 而言，策略 α_3 优超于策略 α_5，可以将 α_5 所在的行划掉。继续观察局中人 II 的损失函数，发现策略 β_1 优超于策略 β_5，因此也可以将 β_5 所在的列划掉。最终剩下的矩阵 $\boldsymbol{A}_3$ 为

$$\boldsymbol{A}_3 = \begin{array}{c} \alpha_3 \\ \alpha_4 \\ \\ \end{array} \begin{array}{c} \begin{pmatrix} 7 & 3 \\ 4 & 6 \end{pmatrix} \\ \beta_1 \quad \beta_2 \end{array}$$

至此，我们将一个 5×5 的矩阵对策等价变换为了一个 2×2 的矩阵对策，其中局中人 I 只剩下策略 α_3 和 α_4，局中人 II 只剩下策略 β_1 和 β_2。因此，原矩阵对策中的均衡策略形式必定为 $X^* = (0,0,x_3,x_4,0)$, $Y^* = (y_1,y_2,0,0,0)$。利用代数法可以非常容易地求出该对策的混合策略均衡为 $X^* = \left(0,0,\dfrac{1}{3},\dfrac{2}{3},0\right)$, $Y^* = \left(\dfrac{1}{2},\dfrac{1}{2},0,0,0\right)$；矩阵对策的值为 5。

例 7-9 中用到了优超准则，其定义如下：

定义 7-4（优超准则） 考虑矩阵对策 $\boldsymbol{G} = (\boldsymbol{S}_1, \boldsymbol{S}_2; \boldsymbol{A})$，其中 $\boldsymbol{S}_1 = \{\alpha_1, \alpha_2, \cdots, \alpha_m\}$，$\boldsymbol{S}_2 = \{\beta_1, \beta_2, \cdots, \beta_n\}$，$\boldsymbol{A} = (a_{ij})_{m \times n}$：

- 如果对任意 $j = 1, 2, \cdots, n$，都有 $a_{rj} \geqslant a_{kj}$，则称局中人 I 的纯策略 α_r 优超于纯策略 α_k，此时从策略集 $\boldsymbol{S}_1$ 中删除纯策略 α_k 不会影响矩阵对策的均衡结果。
- 如果对任意 $i = 1, 2, \cdots, m$，都有 $a_{ir} \leqslant a_{ik}$，则称局中人 II 的纯策略 β_r 优超于纯策略 β_k，此时从策略集 $\boldsymbol{S}_2$ 中删除纯策略 β_k 不会影响矩阵对策的均衡结果。

对于一些复杂的矩阵对策，利用优超准则，可以对复杂的矩阵对策进行化简，从而避免一些不必要的计算代价。

最后，对于一个一般的矩阵对策 $\boldsymbol{G} = (\boldsymbol{S}_1, \boldsymbol{S}_2; \boldsymbol{A})$，其均衡策略的求解步骤总结如下。

(1) 检查矩阵 $\boldsymbol{A}$ 是否存在鞍点。如果有，则直接找出矩阵对策在纯策略意义下的均衡解，若无，转步骤 (2)。

(2) 利用优超准则，对矩阵 $\boldsymbol{A}$ 进行化简，记化简后的矩阵为 $\boldsymbol{A}_1$。

(3) 如果 $\boldsymbol{A}_1$ 的元素存在负数，选择适当的正数 d，使得 $\boldsymbol{A}_2 = \boldsymbol{A}_1 + d$ 的各元素为正。

(4) 基于矩阵 $\boldsymbol{A}_2$，分别建立 (7-9) 式和 (7-11) 式对应的线性规划模型并求解，记得到的结果为 (X', Y')。

(5) 计算

$$\hat{V} = \frac{1}{\sum\limits_{i=1}^{m} x'_i} = \frac{1}{\sum\limits_{j=1}^{n} y'_j}$$

$$X^* = \hat{V}X', \quad Y^* = \hat{V}Y'$$

则 (X^*, Y^*) 记为原矩阵对策的混合策略均衡解，$\hat{V} - d$ 即为对策值。

7.3 双矩阵对策

在零和对策中，一方所得即为另一方所失；如果任何局势下两个局中人的赢得函数值之和为一个常数，该对策本质上就是一个零和博弈。在很多情境（如囚徒困境、智猪博弈）中，两个局中人的赢得函数值之和并非为一个常数。如果局中人可供选择的策略都为有限个，他们所面临的是一个二人有限非零和对策。这时，需要通过两个矩阵分别表示两个局中人的赢得函数，因此也称为“双矩阵对策”。

考虑双矩阵对策 $\boldsymbol{G}=\{\boldsymbol{S}_1,\boldsymbol{S}_2;(\boldsymbol{A},\boldsymbol{B})\}$，其中 $\boldsymbol{S}_1=\{\alpha_1,\alpha_2,\cdots,\alpha_m\}$ 和 $\boldsymbol{S}_2=\{\beta_1,\beta_2,\cdots,\beta_n\}$ 分别为局中人 I 和 II 的策略集，$\boldsymbol{A}=(a_{ij})_{m\times n}$ 和 $\boldsymbol{B}=(b_{ij})_{m\times n}$ 分别为局中人 I 和 II 的赢得矩阵。要研究该对策的均衡解（也包括纯策略意义下的均衡解和混合意义下的均衡解），可以采用类似二人有限零和对策的分析思路，不同的是局中人 I 和 II 分别关注的是其各自的赢得矩阵。

考虑 7.1 节的囚徒困境，甲和乙的损失矩阵分别如下：

$$\boldsymbol{A}=\begin{pmatrix}7 & 0\\ 9 & 1\end{pmatrix},\quad \boldsymbol{B}=\begin{pmatrix}7 & 9\\ 0 & 1\end{pmatrix}$$

可以采用类似于二人有限零和对策的分析思路来探讨囚徒困境的均衡，即每个局中人在考虑自己的策略选择时，都不抱有侥幸心理，他认为对方一定会选择对对方最有利的策略。对嫌疑人甲来说：

- 如果他选择坦白认罪，乙一定会选择坦白认罪（因为乙坦白认罪的判刑 7 年优于死不认罪对应的 9 年），于是，甲对应的刑罚也是 7 年；
- 如果他选择死不认罪，乙一定会选择坦白认罪（因为乙坦白认罪将被无罪释放，优于死不认罪对应的 1 年），于是，甲对应的刑罚是 9 年。

通过对比上述两种策略对应的结果，理性的甲一定选择坦白认罪，对应的乙也坦白认罪。因此，双方博弈的均衡结果是都坦白认罪，各被判监 7 年。

也可以从另一个思路来分析该问题的均衡。还是考虑甲的策略选择：

- 如果他认为乙会选择坦白认罪，则甲一定选择坦白认罪（因为甲坦白认罪的判刑 7 年优于死不认罪对应的 9 年）；
- 如果他认为乙会选择死不认罪，则甲也一定选择坦白认罪（因为甲坦白认罪将被无罪释放，优于死不认罪对应的 1 年）。

因此，无论乙是否坦白认罪，理性的甲都应该选择坦白认罪，同理，乙的最佳策略也是坦白认罪。于是，双方博弈的结果是都坦白认罪（即囚徒困境中存在纯策略意义下的均衡解），他们各被判监 7 年。

可以看出，采用上述两种分析思路得到的均衡结果是完全相同的。我们可以在表 7-7 中通过标注的方式来直接判断双矩阵对策的均衡解。具体步骤如下：

(1) 先看局中人 I（甲）的损失函数，在矩阵 $\boldsymbol{A}$ 的每一列中，在元素值最小的数字下标注下划线（如果是赢得矩阵，则在元素值最大的数字下标注下划线）；

(2) 再看局中人 II（乙）的损失函数，在矩阵 $\boldsymbol{B}$ 的每一行中，在元素值最小的数字下标注下划线（如果是赢得矩阵，则在元素值最大的数字下标注下划线）。

(3) 如果表中某格的两个数字都被标注下划线，则该数字所在格对应的局势即为纯策略意义下的均衡解。

表 7-7 囚徒困境的均衡解

甲 \ 乙	坦白认罪	死不认罪
坦白认罪	($\underline{7}$, $\underline{7}$)	($\underline{0}$, 9)
死不认罪	(9, $\underline{0}$)	(1, 1)

采用类似的标注法分析智猪博弈问题，标注结果如表 7-8 所示。值得注意的是，表 7-5 的数字对应于大猪和小猪的赢得值，因此标注时选择的是矩阵的行或列的最大值。可以看出，大猪行动（去按按钮）、小猪等待（“搭便车”）是智猪博弈的均衡解。在该例子中，虽然小猪存在劣势，但是最终获得的净收益和大猪一样多。

表 7-8 智猪博弈的均衡解

大猪 \ 小猪	行动	等待
行动	(5, 1)	($\underline{4}$, $\underline{4}$)
等待	($\underline{9}$, −1)	(0, $\underline{0}$)

囚徒困境和智猪博弈中都只有一个纯策略意义下的均衡解，有时双矩阵对策也可能出现纯策略意义下的均衡解非唯一，或者不存在纯策略意义下均衡解的情形，如例 7-10 和例 7-11 所示。

[例 7-10]（约会危机） 一对男女朋友要确定如何度过周末，现有两个选择：要么去看电影，要么去看足球比赛。男生更喜欢看足球，女生则更喜欢看电影，但如果两人做出了不同的选择，不管是电影还是足球都变得索然无味。已知两人在不同选择下对应的效用值如表 7-9 所示。请分析他们在非合作情形下的均衡策略。

表 7-9

男生 \ 女生	看电影	看足球
看电影	($\underline{1}$, $\underline{5}$)	(0, 0)
看足球	(0, 0)	($\underline{4}$, $\underline{1}$)

解： 二人的决策也构成了一个双矩阵对策，利用标注法分析男生和女生的策略，如表 7-9 所示。可以看出，在他们彼此不沟通（即不合作）的情形下，两人都提出去看电影

和两人都提出去看足球都是该问题在纯策略意义下的均衡解。但是，双方究竟选择哪一个均衡是没法确定的。

[例 7-11] 考察表 7-10 中的双矩阵对策：

表 7-10

甲 \ 乙	β_1	β_2
α_1	$(\underline{0}, 0)$	$(2, \underline{1})$
α_2	$(-2, \underline{-1})$	$(\underline{3}, -2)$

解：利用标注法分别分析甲和乙的策略，如表 7-10 所示，没有任何数字格里的两个数字都被标注下划线。因此，该问题没有纯策略意义下的均衡解。此时需要进一步探讨混合意义下的均衡解。

定义 7-5（**纳什均衡**） 考虑双矩阵对策 $\boldsymbol{G} = (\boldsymbol{S}_1, \boldsymbol{S}_2; (\boldsymbol{A}, \boldsymbol{B}))$，其中 $\boldsymbol{S}_1 = \{\alpha_1, \alpha_2, \cdots, \alpha_m\}$，$\boldsymbol{S}_2 = \{\beta_1, \beta_2, \cdots, \beta_n\}$。记

$$\boldsymbol{S}_1^* = \left\{ X = (x_1, x_2, \cdots, x_m) \middle| x_i \geqslant 0, \sum_{i=1}^{m} x_i = 1 \right\}$$

$$\boldsymbol{S}_2^* = \left\{ Y = (y_1, y_2, \cdots, y_n) \middle| y_j \geqslant 0, \sum_{j=1}^{n} y_j = 1 \right\}$$

为局中人 I 和 II 的混合策略集。记

$$E_A(X, Y) = \boldsymbol{XAY}^{\mathrm{T}}, \quad E_B(X, Y) = \boldsymbol{XBY}^{\mathrm{T}}$$

分别为局势 (X, Y) 下局中人 I 和局中人 II 的期望赢得函数。

如果混合局势 $(X^*, Y^*) \in (S_1^*, S_2^*)$ 满足：对任意 $(X, Y) \in (S_1^*, S_2^*)$，有

$$E_A(X^*, Y^*) \geqslant E_A(X, Y^*)，\text{而且} E_B(X^*, Y^*) \geqslant E_B(X^*, Y) \tag{7-13}$$

则称 (X^*, Y^*) 是双矩阵对策 G 的纳什均衡（或“平衡局势”）。

很显然，零和对策可以看作是非零和对策的一个特例。对于 $A + B = 0$ 的情形，我们知

$$E_A(X, Y) = -E_B(X, Y)$$

于是，纳什均衡的条件 (7-13) 退化为不等式 (7-7)，即

$$E_A(X, Y^*) \leqslant E_A(X^*, Y^*) \leqslant E_A(X^*, Y)$$

对 $A + B \neq 0$ 的情形，定义

$$E_A(i, Y) = \sum_{j=1}^{n} a_{ij} y_j, \ i = 1, 2, \cdots, m$$

$$E_B(X,j)=\sum_{i=1}^{m}b_{ij}x_i,\ j=1,2,\cdots,n$$

则 $E_A(i,Y)$ 对应于局中人 I 取纯策略 α_i（即 $x_i=1$）时的期望赢得值，$E_B(X,j)$ 对应于局中人 II 取纯策略 β_j（即 $y_j=1$）时的期望赢得值。于是，

$$E_A(X,Y)=\sum_{i=1}^{m}\sum_{j=1}^{n}a_{ij}x_iy_j=\sum_{i=1}^{m}x_iE_A(i,Y)$$

$$E_B(X,Y)=\sum_{j=1}^{n}\sum_{i=1}^{m}b_{ij}x_iy_j=\sum_{j=1}^{n}y_jE_B(X,j)$$

类似于定理 7-3，我们可以给出双矩阵对策纳什均衡的等价判定条件，如下定理所示。

定理 7-9（**纳什均衡**） 考虑双矩阵对策 $\boldsymbol{G}=(\boldsymbol{S}_1,\boldsymbol{S}_2;(\boldsymbol{A},\boldsymbol{B}))$，其中 $\boldsymbol{S}_1=\{\alpha_1,\alpha_2,\cdots,\alpha_m\}$，$\boldsymbol{S}_2=\{\beta_1,\beta_2,\cdots,\beta_n\}$。$(X^*,Y^*)$ 是矩阵对策 G 在混合策略意义下均衡解的充要条件是：对任意 $i=1,2,\cdots,m$ 和 $j=1,2,\cdots,n$，有

$$E_A(X^*,Y^*)\geqslant E_A(i,Y^*),\quad 且\ E_B(X^*,Y^*)\geqslant E_B(X^*,j)$$

定理 7-9 的证明过程类似定理 7-3，有兴趣的读者可以自行完成。也可以证明，任何双矩阵对策至少存在一个纳什均衡（注意，纳什均衡并不一定是唯一的）。我们考察一下 2×2 的双矩阵对策，其中

$$\boldsymbol{A}=\begin{pmatrix}a_{11}&a_{12}\\a_{21}&a_{22}\end{pmatrix},\quad \boldsymbol{B}=\begin{pmatrix}b_{11}&b_{12}\\b_{21}&b_{22}\end{pmatrix}$$

设局中人 I 的混合策略为 $X=(x,1-x)$，局中人 II 的混合策略为 $Y=(y,1-y)$。那么，混合局势 (X,Y) 是对策的纳什均衡的充分必要条件为

$$E_A(X,Y)\geqslant E_A(1,Y) \tag{7-14}$$

$$E_A(X,Y)\geqslant E_A(2,Y) \tag{7-15}$$

$$E_B(X,Y)\geqslant E_B(X,1) \tag{7-16}$$

$$E_B(X,Y)\geqslant E_B(X,2) \tag{7-17}$$

通过代数计算不难发现，不等式 (7-14) 和 (7-15) 等价于

$$\begin{cases}(\Phi y-\phi)(1-x)\leqslant 0\\(\Phi y-\phi)x\geqslant 0\end{cases}$$

其中，$\Phi=a_{11}+a_{22}-a_{12}-a_{21}$，$\phi=a_{22}-a_{12}$。于是，有以下可能情形：

- 当 $\Phi=0$，$\phi=0$ 时，必有 $0\leqslant x\leqslant 1$，$0\leqslant y\leqslant 1$；

- 当 $\Phi=0$，$\phi>0$ 时，必有 $x=0$，$0\leqslant y\leqslant 1$；
- 当 $\Phi=0$，$\phi<0$ 时，必有 $x=1$，$0\leqslant y\leqslant 1$；
- 当 $\Phi\neq 0$ 时，必有

$$\begin{cases} x=0 & \text{如果 } y\leqslant \phi/\Phi \\ 0\leqslant x\leqslant 1 & \text{如果 } y=\phi/\Phi \\ x=1 & \text{如果 } y\geqslant \phi/\Phi \end{cases} \tag{7-18}$$

类似地，不等式 (7-16) 和 (7-17) 等价于

$$\begin{cases} (\Psi x-\varphi)(1-y)\leqslant 0 \\ (\Psi x-\varphi)\,y\geqslant 0 \end{cases}$$

其中，$\Psi=b_{11}+b_{22}-b_{12}-b_{21}$，$\varphi=b_{22}-b_{21}$。于是，有以下可能情形：

- 当 $\Psi=0$，$\varphi=0$ 时，必有 $0\leqslant x\leqslant 1$，$0\leqslant y\leqslant 1$；
- 当 $\Psi=0$，$\varphi>0$ 时，必有 $0\leqslant x\leqslant 1$，$y=0$；
- 当 $\Psi=0$，$\varphi<0$ 时，必有 $0\leqslant x\leqslant 1$，$y=1$；
- 当 $\Psi\neq 0$ 时，必有

$$\begin{cases} y=0 & \text{如果 } x\leqslant \varphi/\Psi \\ 0\leqslant y\leqslant 1 & \text{如果 } x=\varphi/\Psi \\ y=1 & \text{如果 } x\geqslant \varphi/\Psi \end{cases} \tag{7-19}$$

考察例 7-11，不难得到：

(1) $\Phi=3\neq 0,\phi=1>0$，因此从局中人 I（甲）的角度来看，其混合策略取决于局中人 II（乙）采取的策略。特别是，式 (7-18) 表明 x 是关于 y 的分段函数，如图 7-3 中的实线 (I) 所示。

(2) $\Psi=-2\neq 0,\varphi=-1<0$，因此从局中人 II（乙）的角度来看，其混合策略取决于局中人 I（甲）采取的策略。式 (7-19) 表明 y 是关于 x 的分段函数，如图 7-3 中的虚线 (II) 所示。

可以直观地看出，同时满足式 (7-18) 和式 (7-19) 的混合策略有三个，分别对应图 7-3 中折线 (I) 和 (II) 的三个交点 A、B 和 C，其对应的

$$(x,y)=(0,0),\left(\frac{1}{2},\frac{1}{3}\right),(1,1)$$

这说明，在非合作情形下，甲和乙的双矩阵对策存在三个纳什均衡。由

$$E_A(X,Y)=3xy-x-5y+3$$

$$E_B(X,Y)=-2xy+3x+y-2$$

可得

$$\text{纳什均衡点}A\text{处}: E_A\left((0,1),(0,1)\right)=3,\quad E_B\left((0,1),(0,1)\right)=-2$$

$$\text{纳什均衡点}B\text{处}: E_A\left(\left(\frac{1}{2},\frac{1}{2}\right),\left(\frac{1}{3},\frac{2}{3}\right)\right)=\frac{4}{3},\quad E_B\left(\left(\frac{1}{2},\frac{1}{2}\right),\left(\frac{1}{3},\frac{2}{3}\right)\right)=-\frac{1}{2}$$

$$\text{纳什均衡点}C\text{处}: E_A\left((1,0),(1,0)\right)=0,\quad E_B\left((1,0),(1,0)\right)=0$$

因此，不存在任何纳什均衡点，它对两个局中人的期望赢得都优于其他纳什均衡点。比如，相对纳什均衡点 B 而言：如果选择 A 点所对应的混合策略，甲的期望赢得有提升，但是乙的期望赢得降低了；如果选择 C 点所对应的混合策略，乙的期望赢得有提升，但是甲的期望赢得降低了。

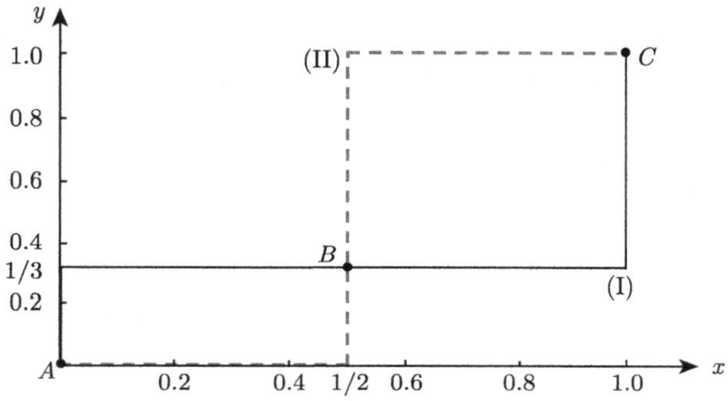

图 7-3　双矩阵对策的纳什均衡（例 7-11）

采用类似的思路我们分析例 7-10，不难得到：

(1) $\Phi=5\neq 0$，$\phi=4>0$，因此从男生的角度，知其混合策略取决于女生采取的策略，如图 7– 4 中的实线 (I) 所示。

(2) $\Psi=6\neq 0$，$\varphi=1>0$，因此从女生的角度，知其混合策略取决于男生采取的策略，如图 7-4 中的虚线 (II) 所示。

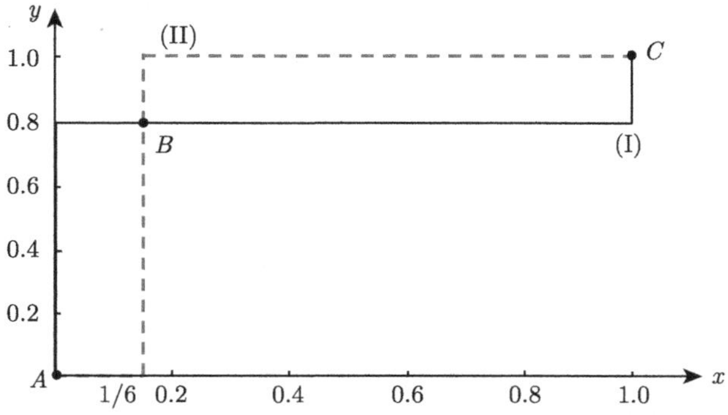

图 7-4　双矩阵对策的纳什均衡（例 7-10）

可以直观地看出，同时满足式 (7-18) 和式 (7-19) 的混合策略有三个，分别对应图 7-4 中折线 (I) 和 (II) 的三个交点 A、B 和 C，其对应的

$$(x, y) = (0, 0), \left(\frac{1}{6}, \frac{4}{5}\right), (1, 1)$$

因此，除了男生和女生都提出去看电影（对应点 C）和两人都提出去看足球（对应点 A）以外，该问题中还存在另一个纳什均衡点，即男生以 $\frac{1}{6}$ 的概率提出去看电影，以 5/6 的概率提出去看足球；女生以 $\frac{4}{5}$ 的概率提出去看电影，以 $\frac{1}{5}$ 的概率提出去看足球。同样，在双方不沟通（即非合作）的前提下，具体会选择哪个均衡策略是没法确定的。

最后，我们分析囚徒困境，将原问题中的损失函数（判监年数）通过乘以 -1 转换为赢得函数，不难得到：

(1) $\Phi = 1 \neq 0$，$\phi = -1 < 0$，因此纳什均衡中 $y \geqslant \phi/\Phi$ 恒成立，对应的 $x = 1$；

(2) $\Psi = 1 \neq 0$，$\varphi = -1 < 0$，因此纳什均衡中 $x \geqslant \varphi/\Psi$ 恒成立，对应的 $y = 1$。

于是，两个犯罪嫌疑人都会以 100% 的概率选择坦白认罪，即双方的混合均衡退化为纯策略意义下的均衡解，这和前面的分析是完全一致的。

7.4 二人无限非零和对策

当对策中至少一方的可选方案数为无穷多个时，就不能通过矩阵来描述局中人的赢得函数了。本节我们介绍经济学和管理学中几个典型的二人无限非零和对策，并探讨其均衡解的求解思路。

[例 7-12]（古诺模型） 古诺模型又称古诺双寡头模型 (Cournot Duopoly Model) 或双寡头模型 (Duopoly Model)，它是法国经济学家安东尼 • 奥古斯丁 • 古诺于 1838 年提出的，是纳什均衡最早的应用之一。假设一个市场上有 A、B 两个厂商生产和销售相同的产品，它们的单位生产成本分别为 c_1 和 c_2。产品在市场上的价格取决于两个厂商的总产量 Q：

$$p(Q) = a - bQ$$

其中参数 a 和 b 均为正数。因此，总产量越高，产品的市场价格越低。假设所有参数信息对于厂商 A 和厂商 B 都是透明的，两个厂商都希望自身利润最大化。请问它们应该如何确定自己的产量决策？

设

$$q_1 = \text{厂商A的产量决策}$$

$$q_2 = \text{厂商B的产量决策}$$

于是，产品的市场价格为

$$p = a - b(q_1 + q_2)$$

很显然，两个厂商的利润不仅取决于自己的产量决策，也取决于对方的产量决策。因此，它们的利润函数分别为

$$R_1(q_1, q_2) = q_1[a - b(q_1 + q_2)] - c_1 q_1$$

$$R_2(q_1, q_2) = q_2[a - b(q_1 + q_2)] - c_2 q_2$$

类似于二人有限零和对策的分析思路，我们可以分别在给定对方决策的前提下，考察两个厂商的最优产量决策。

对厂商 A 来说，如果其认为厂商 B 的产量为 q_2，就要优化利润函数 $R_1(q_1,q_2)$。很显然，$R_1(q_1,q_2)$ 是一个关于 q_1 的开口向下的抛物线，其最优产量决策可以通过一阶条件计算得到（结果对应于抛物线的对称轴）。令

$$\frac{\partial R_1(q_1,q_2)}{\partial q_1}=a-bq_2-2bq_1-c_1=0$$

得

$$q_1(q_2)=\frac{a-c_1}{2b}-\frac{q_2}{2} \tag{7-20}$$

对厂商 B 来说，如果其认为厂商 A 的产量为 q_1，就要优化利润函数 $R_2(q_1,q_2)$。$R_2(q_1,q_2)$ 也是一个关于 q_2 的开口向下的抛物线，其最优产量决策可以通过一阶条件计算得到。令

$$\frac{\partial R_2(q_1,q_2)}{\partial q_2}=a-bq_1-2bq_2-c_2=0$$

得

$$q_2(q_1)=\frac{a-c_2}{2b}-\frac{q_1}{2} \tag{7-21}$$

式 (7-20) 和式 (7-21) 给出了厂商 A 和 B 的最优产量决策函数；它们刻画了一方局中人采取某决策时，对方应该采用的最佳应对策略，因此也被称为“最佳反应曲线”（Best Response Curve）。不难看出，如果厂商 A（或 B）提高产量，那么厂商 B（或 A）应该相应地降低其产量。图 7-5 中画出了两个厂商的最佳反应曲线，根据纳什均衡的定义，可知两条最佳反应曲线的交点 A 即为唯一的纳什均衡点。

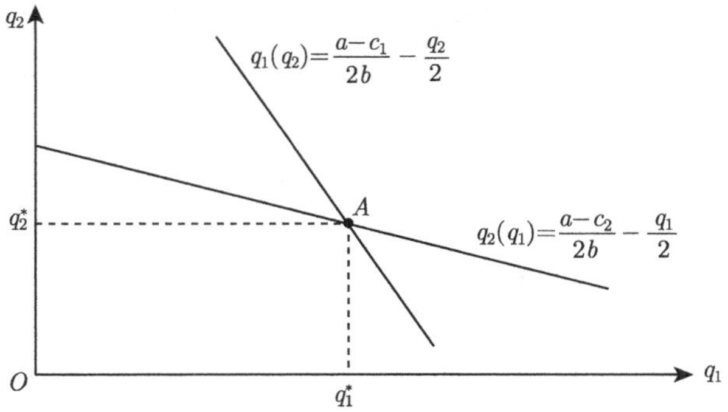

图 7-5　古诺模型中的最佳反应曲线

通过联立方程 (7-19) 和 (7-20)，不难计算得出纳什均衡点对应的产量决策为

$$q_1^*=\frac{a+c_2-2c_1}{3b},q_2^*=\frac{a+c_1-2c_2}{3b}$$

要解释这一纳什均衡点的经济含义，我们可以考虑如下参数取值的情形：$c_1=c_2=0$、$a=100$、$b=1$。图 7-6 中给出了两条最佳反应曲线。从厂商 A 出发，如果其认为 B

不生产（即 $q_2=0$），那么 A 的最优产量应为 $q_1^*=50$，如图中点 $A_1\,(50,0)$ 所示。如果厂商 A 的产量设置为 50，那么厂商 B 从自己的利益出发，应该选择产量 $q_2^*=25$，如图中点 $A_2\,(50,25)$ 所示。接下来，如果厂商 B 的产量设置为 25，那么厂商 A 应该选择产量 $q_1^*=37.5$，如图中点 $A_3\,(37.5,25)$ 所示。进一步，如果厂商 A 的产量设置为 37.5，那么厂商 B 应该选择产量 $q_2^*=31.25$，如图中点 $A_4\,(37.5,31.25)$ 所示……该过程不断进行下去，体现为两个厂商的决策在图 7-6 中构成一个点序列 $A_1\to A_2\to A_3\to\cdots\to A_n$，可以直观地看出当该推理过程进行足够多次时，将逐渐靠近，并最终收敛到纳什均衡点 A，即

$$\lim_{n\to\infty}A_n=A$$

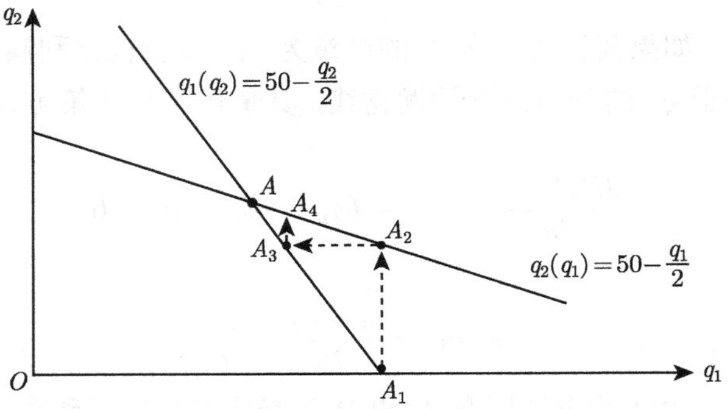

图 7-6　古诺模型中的纳什均衡

类似地，从厂商 B 出发，也可以构建一个点序列，它们最终收敛到纳什均衡点 A。因此，A 点所对应的产量决策即为两个厂商在均衡状态下应该选择的产量。

值得注意的是，即使两个局中人最佳反应曲线的交点是唯一的，该交点也并不一定是收敛的。比如，在图 7-7 所示的两条最佳反应曲线中，从任一点出发，双方进行交互式决策，图 7-7a 中将进入一种无限循环状态，图 7-7b 将进入一种发散状态。两种情形下，双

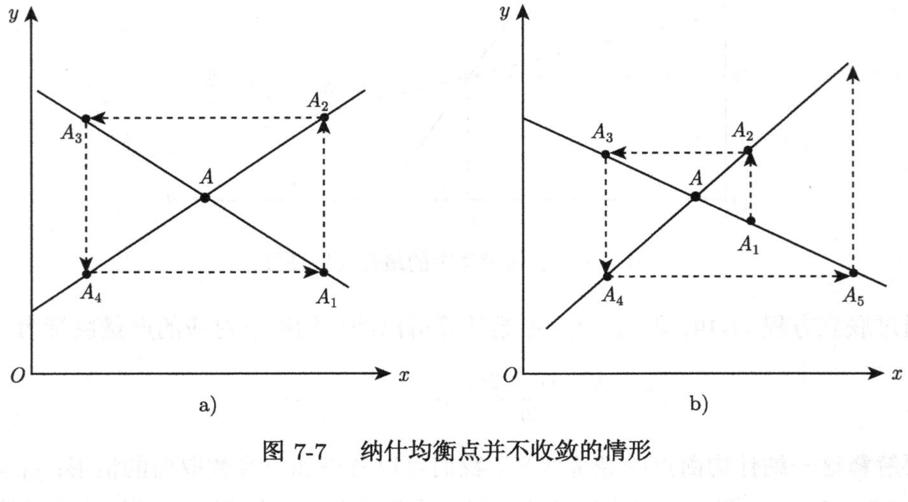

图 7-7　纳什均衡点并不收敛的情形

方的交互式决策都不会收敛到纳什均衡点 A。因此，只有当最佳反应曲线满足一定的性质时（有兴趣的读者可以参阅博弈论的相关研究），纳什均衡点才是能真正被实现的均衡方案。

[例 7-13]（定价博弈） 假设一个市场上有 A、B 两个生产商，它们生产和销售两种功能相似的替代性产品，单位生产成本分别为 c_1 和 c_2。两个生产商都需要为自己的产品进行定价。因为产品之间的替代性，市场需求同时取决于两种产品的价格：

$$D_1(p_1,p_2)=a_1-b_1p_1+\phi p_2$$

$$D_2(p_1,p_2)=a_2-b_2p_2+\phi p_1$$

其中 p_1 和 p_2 分别为生产商 A 和 B 的产品定价，其他所有参数均为正数。上述需求函数表明，当生产商 A（或 B）提高自己的价格时，会导致自己的需求降低，但是对方的需求增加。参数 ϕ 体现了需求在两种产品之间的转移关系。

两个生产商各自的利润函数如下：

$$\begin{aligned}R_i(p_1,p_2)&=D_i(p_1,p_2)(p_i-c_i)\\&=(a_i-b_ip_i+\phi p_{3-i})(p_i-c_i)\,,\ i=1,2\end{aligned}$$

显然，该利润函数是关于 p_i 的抛物线（开口向下），因此通过求解如下一阶条件方程：

$$\frac{\partial R_i(p_1,p_2)}{\partial p_i}=a_i-b_ip_i+\phi p_{3-i}-b_i(p_i-c_i)=0$$

可得

$$p_i(p_{3-i})=\frac{a_i+b_ic_i}{2b_i}+\frac{\phi}{2b_i}p_{3-i},\ i=1,2$$

可见，当某一生产商提高其产品定价时，另一方也会跟随着涨价。根据两条最佳反应曲线，可以联立计算得纳什均衡点（唯一）为

$$\begin{cases}p_1^*=\dfrac{2a_1+2c_1b_1+\phi c_2}{4b_1b_2-\phi^2}b_2+\dfrac{\phi a_2}{4b_1b_2-\phi^2}\\[2ex] p_2^*=\dfrac{2a_2+2c_2b_2+\phi c_1}{4b_1b_2-\phi^2}b_1+\dfrac{\phi a_1}{4b_1b_2-\phi^2}\end{cases}$$

同样，只有当该模型中的参数满足一定的条件时，该纳什均衡点才是能真正被实现的均衡方案。

7.5 Stackelberg 博弈

在前面介绍的博弈情境中，两个局中人都是在没有信息沟通（即非合作）的前提下，各自从自身利益出发同时给出策略的选择。在一些管理情境中，局中人并不一定同时给出自己的策略选择；相反，某个局中人先给出自己的抉择，然后对方再制定自己的决策。

当博弈中局中人制定决策存在先后次序关系时，对应的博弈称为序贯博弈、主从博弈或者 Stackelberg 博弈。

在 Stackelberg 博弈中，先制定决策的一方称为博弈的领导者（Game Leader）；在观察到领导者的决策以后再制定决策的一方称为博弈的跟随者（Game Follower）。很显然，博弈领导者在制定决策时，需要考虑到自己的决策对对方的影响，因为跟随者的决策也会直接影响到领导者的利益得失。

[例 7-14]（Stackelberg 产量博弈） 假设一个市场上有 A、B 两个厂商生产和销售相同的产品，它们的单位生产成本分别为 c_1 和 c_2。产品在市场上的价格取决于两个厂商的总产量 Q，则有

$$p(Q) = a - bQ$$

其中参数 a 和 b 均为正数。已知厂商 A 处于"领导地位"，它先公布自己的产量决策 q_1，厂商 B 在观察到 A 的产量决策以后，再确定自己的生产产量 q_2。请问两个厂商应该分别生产多少产品？

解：为了分析 Stackelberg 博弈的均衡解，往往需要采用和决策事件相反的次序依次分析各个局中人的决策。我们先看厂商 B，当它观察到厂商 A 的产量 q_1 以后，厂商 B 的利润函数为

$$R_2(q_2|q_1) = q_2[a - b(q_1 + q_2) - c_2]$$

和古诺模型一样，$R_2(q_2|q_1)$ 是一条关于 q_2 的开口向下的抛物线，其最优产量决策为

$$q_2(q_1) = \frac{a - c_2}{2b} - \frac{q_1}{2}$$

该最优产量决策和古诺模型中厂商 B 的最佳反应曲线完全等价。

下面再考虑厂商 A 的产量决策。在信息透明的假设下，厂商 A 知道，自己的任何决策 q_1 都会导致厂商 B 采用 $q_2(q_1)$ 的产量。因此，对应于产量决策 q_1，产品的定价为

$$p = a - b\left(\frac{a - c_2}{2b} + \frac{q_1}{2}\right)$$

于是，厂商 A 的利润函数为

$$R_1(q_1) = q_1\left[a - b\left(\frac{a - c_2}{2b} + \frac{q_1}{2}\right) - c_1\right]$$

$R_1(q_1)$ 也是一条关于 q_1 的开口向下的抛物线，其最优产量决策可以通过求解一阶条件

$$R_1'(q_1) = \frac{a + c_2}{2} - c_1 - bq_1 = 0$$

可得

$$q_1^* = \frac{a + c_2 - 2c_1}{2b}$$

将厂商 A 的最优产量决策代入 $q_2(q_1)$，可知厂商 B 的最优产量决策为

$$q_2^* = \frac{a-3c_2+2c_1}{4b}$$

对比例 7-14 和例 7-12 的结果不难看出，Stackelberg 博弈和纳什博弈的结果是存在较大差异的。比如，对于参数对称的情形（$c_1=c_2=c$，$b=1$），厂商产量博弈的古诺模型和 Stackelberg 博弈模型的结果如表 7-11 所示。不难看出，在 Stackelberg 模型中，通过占据“领导”地位，厂商 A 能获得先发优势。相对于古诺模型的均衡结果而言，厂商 A 能够提高其产量，从而获得更高的利润（相应地，厂商 B 的利润降低）。但是，从系统的角度看，两个厂商的利润总和在 Stackelberg 模型下低于古诺模型。

表 7-11 古诺模型和 Stackelberg 模型结果的对比

	古诺模型	Stackelberg 模型
厂商 A 的产量	$\frac{a-c}{3}$	$\frac{a-c}{2}$
厂商 B 的产量	$\frac{a-c}{3}$	$\frac{a-c}{4}$
市场价格	$\frac{a+2c}{3}$	$\frac{a+3c}{4}$
厂商 A 的利润	$\frac{(a-c)^2}{9}$	$\frac{(a-c)^2}{8}$
厂商 B 的利润	$\frac{(a-c)^2}{9}$	$\frac{(a-c)^2}{16}$
利润总和	$\frac{2(a-c)^2}{9}$	$\frac{3(a-c)^2}{16}$

当然，处于 Stackelberg 博弈领导地位的局中人并不一定总能发挥出“先发优势”；相反，有些情境下，“后发优势”是更为有利的。齐王赛马就是一个很好的例子：虽然齐王拥有更好的赛马资源，但是作为博弈的领导者，他先公布自己的出马次序，导致最终战败。

[例 7-15]（Stackelberg 定价博弈） 假设一个市场上有 A、B 两个生产商，它们生产和销售两种功能相似的替代性产品，单位生产成本分别为 c_1 和 c_2。两个生产商都需要为自己的产品进行定价。因为产品之间的替代性，两种产品的市场需求都同时取决于两种产品的价格：

$$D_1(p_1,p_2) = a_1 - b_1p_1 + \phi p_2$$

$$D_2(p_1,p_2) = a_2 - b_2p_2 + \phi p_1$$

其中 p_1 和 p_2 分别为生产商 A 和 B 的产品定价，其他所有参数均为正数。已知生产商 A 处于“领导地位”，它先公布自己的定价决策 p_1，生产商 B 在观察到 A 的定价以后，再确定自己的定价 p_2。请问两个生产商应该如何定价？

解：我们采用逆向次序探讨两个生产商的决策。对生产商 B，在观察到生产商 A 的定价 p_1 的前提下，优化其目标函数

$$R_2(p_2|p_1) = (a_2 - b_2p_2 + \phi p_1)(p_2 - c_2)$$

生产商 B 的最优定价为

$$p_2(p_1)=\frac{a_2+b_2c_2}{2b_2}+\frac{\phi}{2b_2}p_1$$

考虑到生产商 B 的应对定价策略，生产商 A 优化其利润函数

$$R_1(p_1)=\left(a_1-b_1p_1+\phi\left(\frac{a_2+b_2c_2}{2b_2}+\frac{\phi}{2b_2}p_1\right)\right)(p_1-c_1)$$

生产商 A 的最优定价为

$$p_1^*=\frac{c_1}{2}+\frac{2a_1b_2+(a_2+b_2c_2)\phi}{4b_1b_2-2\phi^2}$$

代入 $p_2(p_1)$ 即得生产商 B 的最优定价为

$$p_2^*=\frac{a_2+b_2c_2}{2b_2}+\frac{\phi}{2b_2}\left(\frac{c_1}{2}+\frac{2a_1b_2+(a_2+b_2c_2)\phi}{4b_1b_2-2\phi^2}\right)$$

7.6 合作博弈

重新思考囚徒困境，两个嫌疑人从自身利益出发，最终都会选择坦白认罪，从而各受 7 年的牢狱之灾。很显然，对两人都更好的一个局势是双方都死不认罪，即都只需要坐监 1 年。但是我们知道，在双方只顾自己利益、不合作的背景下，理性的嫌疑人不会坚持死不认罪。

在现实商业场景中，一个企业在和竞争对手或者供应链上下游交互决策的过程中，每个局中人优化的都是自身的利益，可能导致整个系统的绩效非常差。如果博弈的双方能够意识到这一点，采取合适的合作策略，则有可能使得整体的绩效得到进一步的优化，从而各自的利益都能得以提升。下面我们简单探讨合作博弈的基本思想。

[例 7-16]（产品定价问题） 再次考虑例 7-13，其中两个生产商的单位生产成本为 $c_1=c_2=1$，需求随产品定价的函数关系如下：

$$D_1(p_1,p_2)=13-2p_1+p_2$$
$$D_2(p_1,p_2)=13-2p_2+p_1$$

两个生产商的利润函数分别为

$$R_1(p_1,p_2)=(13-2p_1+p_2)(p_1-1)$$
$$R_2(p_1,p_2)=(13-2p_2+p_1)(p_2-1)$$

其纳什均衡定价为

$$(p_1^*,p_2^*)=(5,5)$$

对应地，两个生产商的最优利润分别为

$$(R_1^*,R_2^*)=(32,32)$$

现考虑如下情形：两家生产商意识到彼此竞争是不利的，它们想提升整体的绩效。如果站在整体绩效的视角，系统的总利润函数为

$$\begin{aligned}\pi(p_1,p_2) &= R_1(p_1,p_2)+R_2(p_1,p_2)\\&= -2p_1^2-2p_2^2+2p_1p_2+14p_1+14p_2-26\end{aligned}$$

这是一个开口向下的抛物面，存在唯一的极大值。分别对 p_1 和 p_2 求偏导并求解一阶条件：

$$\begin{cases}\dfrac{\partial\pi(p_1,p_2)}{\partial p_1}=14-4p_1+2p_2=0\\[2ex]\dfrac{\partial\pi(p_1,p_2)}{\partial p_2}=14-4p_2+2p_1=0\end{cases}$$

解得 $p_1^*=p_2^*=7$。在该定价方案下，双方的利润均为 36，大于在非合作情形下的利润值。也就是说，生产商 A 和 B 如果都提价 2 单位，能使得各自的绩效都提升 4 单位。图 7-8 给出了生产商 A 和 B 的纳什均衡以及系统最优下的最优决策点。

意识到提价能改善彼此业绩之后，生产商 A 和 B 口头约定双方都将价格提升到 7。但在实际执行中，两个生产商会坚守约定并将自己的价格定为 7 吗？此时，每个生产商都面临着是否守约的两难抉择，最终结果有四种可能。

- 如果双方都守约，则定价均为 7，各自实现利润 36。
- 如果双方都不守约，则会选择纳什均衡定价 $(p_1^*,p_2^*)=(5,5)$，各自实现利润 32。
- 如果生产商 B 守约，但是生产商 A 要小聪明不守约，则聪明的生产商 A 会选择其最优反应曲线上的定价 $p_1=5.5$，因为在该定价决策下它的利润最高为 40.5，但是生产商 B 只能获得利润 27。
- 如果生产商 A 守约，但是生产商 B 要小聪明不守约，同样，生产商 B 会选择定价 $p_2=5.5$，从而获得利润 40.5，但是生产商 A 只能获得利润 27。

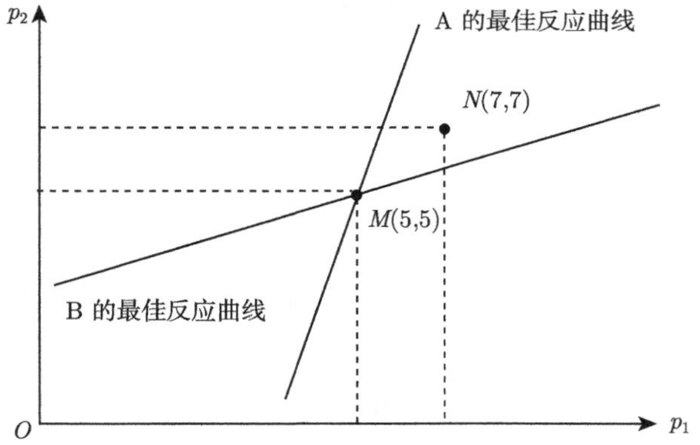

图 7-8　系统利润最优下的定价决策

因此，在对方守约的前提下，某一生产商如果违约，能够达到“损人利己”的结果。要分析两个生产商是否守约，可以构建一个双矩阵对策，其对应的赢得矩阵如表 7-12

所示：

表 7-12

生产商 A \ 生产商 B	守约	违约
守约	(36, 36)	(27, 40.5)
违约	(40.5, 27)	(32, 32)

通过分析不难发现，该二人有限非零和对策的均衡结果是生产商 A 和生产商 B 都选择违约。从而，双方都选择彼此竞争下的纳什均衡策略。也就是说，虽然双方都知道守约能带来“双赢”的局面，但是理性的生产商最终并不会选择守约。因此，口头的约定是没有任何效果的。究其原因，是因为任何一家企业违约的成本都为 0。试考虑如下约定：如果有企业违约，则违约的一方需要向对方支付 4.5。在该“契约”下，决定是否守约的双矩阵对策变为表 7-13：

表 7-13

生产商 A \ 生产商 B	守约	违约
守约	(36, 36)	(31.5, 36)
违约	(36, 31.5)	(32, 32)

通过分析不难发现，该二人有限非零和对策的均衡结果是生产商 A 和生产商 B 都选择违约或守约。虽然不能保证双方都一定守约，但是相对于没有任何违约成本而言，该契约是一个改进。如果双方协商的契约中约定的违约成本更高一些，有可能导致博弈均衡为双方都守约。比如，考虑违约成本为 6 的情形，双矩阵对策变为表 7-14：

表 7-14

生产商 A \ 生产商 B	守约	违约
守约	(36, 36)	(33, 34.5)
违约	(34.5, 33)	(32, 32)

很显然，博弈均衡的结果是双方都自觉地选择守约，从而各自实现 36 单位的利润。该例子说明：在竞争的环境下，局中人采取合适的契约机制，有可能改进彼此的决策，从而实现“双赢”或“多赢”的局面。在经济学和管理科学领域，很多学者对机制设计问题开展过较多的研究。比如，在一个供应链中，供应链上下游企业（如生产商和销售商）的决策遵从一个 Stackelberg 博弈。通过采纳合适的契约机制（如收益共享契约、成本分担契约、回购契约等），有可能使得企业在优化自身利益的过程中令整体供应链的绩效也达到最优（即供应链实现“协调”），从而各自的利益都能得到提升。有兴趣的读者可以查阅运营管理和供应链管理的相关图书或者学术论文。

本章习题

1. 考虑经典的“二指莫拉问题”：甲、乙二人游戏，每人出一个或两个手指，同时猜测对方所出的手指数并说出来。如果双方都猜对或者双方都猜错，则双方都不得分。如果只有一个人猜测正确，则猜错的一方需要向猜对的一方支付，支付的金额等于二人所出手指数之和。

(1) 请构建对策模型，并分析甲和乙的均衡策略。

(2) 如果游戏规则发生变化：只要一方猜对，他都能获得相应的得分，得分值等于二人所出手指数之和。请构建对策模型，并分析甲和乙的均衡策略。规则变化对甲和乙的策略有无影响？为什么？

2. 利用图解法求解矩阵对策，其中赢得矩阵分别如下：

$$\boldsymbol{A}_1=\begin{pmatrix}6&7&3&4\\5&3&8&4\end{pmatrix}\quad \boldsymbol{A}_2=\begin{pmatrix}2&5\\-1&6\\3&2\end{pmatrix}$$

3. 利用代数方法求解矩阵对策，其中赢得矩阵分别如下：

$$\boldsymbol{A}_1=\begin{pmatrix}8&3&4&2\\7&5&6&4\\2&6&6&5\\6&5&4&4\end{pmatrix}\quad \boldsymbol{A}_2=\begin{pmatrix}2&0&4&3\\-2&3&1&4\\1&2&-1&3\end{pmatrix}$$

4. 某电竞游戏中，玩家可以和电脑对抗。已知玩家可以构建自己的炮弹组合，用来攻击电脑构建的飞机。已知可供建设的炮弹有两种型号（A_1 和 A_2），电脑可以建设的飞机有四种型号（B_1、B_2、B_3 和 B_4），不同炮弹攻击不同机型击毁的概率不一样，如下表所示。请问：作为一个玩家，你会如何构建你的炮弹组合？

炮弹 \ 飞机	B_1	B_2	B_3	B_4
A_1	0.5	0.9	0.6	0.2
A_2	0.7	0.3	0.7	0.5

5. 某行业只有甲、乙两个企业，它们生产同一种产品，竞争十分激烈。两个企业都想通过营销来提升自己的市场销售份额。甲企业目前考虑策略措施有：(1) 降低产品价格；(2) 提高产品质量；(3) 利用新媒体营销产品。乙企业目前考虑的措施有：(1) 找流量明星代言产品；(2) 提高售后服务水平；(3) 提高产品质量。已知不同局势下两个企业的市场占有率（单位：%）变动情况如下表所示（表中正数为企业甲增加的市场占有份额，负数为企业甲减少的市场占有份额）。请问：从自身市场份额的考虑出发，两个企业应该采用怎样的策略？

企业甲 \ 企业乙	明星代言	提升售后	提高质量
产品降价	−5	4	1
提升质量	−10	3	0
新媒体营销	8	2	5

6. 一对夫妇要决定今年春节去哪里过年，夫妇双方都倾向于回自己的老家。已知两人在不同选择下对应的效用值如下表所示。请分析他们在非合作情形下的均衡策略。

丈夫 \ 妻子	回娘家	回婆家
回娘家	(2, 5)	(−2, −2)
回婆家	(1, 1)	(5, 2)

7. 假设一个市场上有 A、B 两个生产商，它们生产和销售两种功能互补的产品，单位生产成本分别为 c_1 和 c_2。两个生产商都需要为自己的产品进行定价。因为产品之间的互补性，两种产品的市场需求都同时取决于两种产品的价格：

$$D_1(p_1,p_2)=1\ 000-2p_1-0.5p_2$$

$$D_2(p_1,p_2)=800-3p_2-0.5p_1$$

其中 p_1 和 p_2 分别为生产商 A 和 B 的产品定价。请分析两个生产商的定价均衡。

8. 两家彼此竞争的生产商 A 和 B 都在制订明年的营销计划；他们需要确定明年的营销努力水平。记 c_1 和 c_2 分别为两家生产商的单位生产成本，p_1 和 p_2 分别为两种产品的单位售价。设 e_1 和 e_2 分别为两家生产商的营销努力水平，它们对应的营销努力费用随努力水平 e 的函数关系均服从如下形式：

$$C(e)=e^2$$

已知两家生产商通过营销努力所能获得的市场需求分别为

$$D_1(e_1,e_2)=a_1+b_1e_1-\phi e_2$$

$$D_2(e_1,e_2)=a_2+b_2e_2-\phi e_1$$

(1) 请构建 Nash 博弈模型，分析两个生产商最优营销努力水平决策。

(2) 如果生产商 A 是 Stackelberg 博弈的领导者，请分析两个生产商的最优营销努力水平决策。

9. 在 Stackelberg 博弈中，处于领导地位的局中人是否一定有先发优势？处于跟随地位的局中人是否一定有后发劣势？请举例说明。

10. 考虑一个由生产商、销售商和顾客组成的三级供应链系统。已知生产商的单位生产成本为 c，它要确定自己的产品批发价格 w。对于销售商而言，他知道自己的零售定价直接影响到市场需求。已知市场需求函数随零售价格的关系如下：

$$D(p)=ap^{-k}$$

其中，参数 k 表示市场需求随价格的敏感性系数，$k > 1$。请构建 Stackelberg 博弈模型，分析生产商和销售商的最优决策，并探讨能实现供应链协调的契约机制。

11. 考虑 7.1 节提出的囚徒困境问题，请问两个嫌疑人之间是否可以通过设计合适的机制来实现双赢的局面？

CHAPTER 8

第8章

决策分析与决策树

在很多现实决策场景中，选择某个方案并不一定能带来一个确定的结果。比如，超市批发了一批水果进行销售，有可能当天全部销售完毕，也可能剩余部分水果。某公司设计了一款新产品并安装了一条生产线进行批量生产，结果有可能大赚，也可能亏损。某网红主播通过抖音带货，有可能形成一款爆款产品，也可能销售不及预期。那么在不确定（随机）的环境下，组织或个体决策者应该如何选择他认为最合适的方案？本章在介绍不确定环境下决策准则的基础上，借助决策树模型帮助决策者进行决策。

8.1 不确定环境下的决策

顾名思义，所谓“决策”，是指依据客观条件，在有限时间内做出符合主观要求的决定。因此，当某一行动方案带来的后果不能完全被断定时，需要对决策的各个要素做出理性与系统的分析。一般来说，在进行决策分析时应考虑以下几个方面：

(1) 所有备选的方案，即可供决策者采纳的方案，它们构成了决策者的方案集；有些决策情境下方案集是有限的（比如收购或不收购），有些情境下则是无限的（比如订货量）。

(2) 所有可能“行动结果”的信息，即采取每一个行动可能导致的结果，包括可准确度量的收益或损失等客观后果，也包括公众评价、生活质量、信誉等主观后果。

(3) 对各种后果出现可能性的估计，即有多大概率会出现某种结果。有些决策场景下可能出现后果的概率可以通过一些客观的数据进行估计，比如快消品的销量可以通过历史销售记录进行概率估计。有些决策场景下可能并不具备客观数据，只能结合决策者或者专业人士的主观判断来进行，比如世界杯中要预测比赛结果，不同人结合自身的经验会得出不同的结果。

(4) 决策准则，即用来对备选方案进行排序的准则。有些决策问题中，可能的行动结果体现在多个维度（如企业利润、社会责任），对待同一个决策场景不同的决策者可能决策的准则是不一样的。比如，有些决策者比较注重短期的绩效，而其他决策者更为注重长期绩效而宁愿牺牲部分短期的绩效等。通常，不同的决策准则会导致不同的决策结果。

决策分析要实现的目标是：根据客观条件，在权衡所有可能行动结果的基础上，在备选方案集中找出一个使得决策者收益最大或损失最小的方案。

现实商业环境中，很多决策问题是比较复杂的。复杂决策问题的难点来自以下几个方面。

- 问题本身的复杂性：有些决策问题要考虑的环节（包括不同的对象、目标、手段、影响等）过多，导致问题的范围往往难以界定（例如机场或港口的调度）。
- 问题固有的不确定性：决策问题的不确定性可能来自多个维度，包括宏观层面（如技术环境、政治环境、经济环境、军事环境等的不确定性）、竞争层面（竞争对手可能采取的行动）、供应链层面（如供应商供应的不可靠性）、公司内部（如生产产能）、顾客层面（市场的不确定性），这极大地增加了决策问题的难度。
- 多目标性：多数决策问题要考虑的目标是多维的，而且多目标之间可能是彼此冲突的。比如，要扩大市场份额，可能要牺牲短期利润；要追求经济效益最大化，可能牺牲生态环境；要追求金融市场中的高回报，可能需要承担更大的风险等。
- 随意性：多数决策问题没有一个标准的最优解决方案，因为不同决策者对问题的定义是不一致的，决策准则也是不一致的。随着时间的推移和环境的变化，同一决策者对同一问题的定义也可能是不一样的。有时为了避免因为个人理解偏差带来的后果，会采用群决策的方法，此时如何综合群体中不同专家的看法也是一件没有标准答案的事情。

所以，我们需要对复杂决策问题面临的各个要素进行系统、深入的分析。人们借助决策分析的目的是期望做出“最好”的决策，从而产生“最优”的后果。这里的“最优后果”并不等同于“幸运后果”。以股票投资为例，某大型公募基金通过自己研制的量化交易策略获得了 8% 的年收益率，而某具有“敢死队”操作风格的私募基金在同期的收益率高达 200%。这是否意味着私募基金经理采用的策略优于公募基金经理呢？显然未必。因为两个基金经理对待风险的态度和决策准则是完全不同的，前者把风险控制放在首位，而后者愿意冒极大的风险去争取超额的回报。当面临决策结果的不确定性时，最优决策下，也可能出现“幸运”或“不幸运”的后果。因此，决策分析只帮助决策者清楚地理解所面临的问题，而不能改进决策者的“运气”。

试考虑下面的例子。

[例 8-1]（批发量决策）　某花店老板专注于批发并销售新鲜玫瑰花。每支玫瑰花的批发价格是 5 元，零售价格 10 元。因为玫瑰花保鲜成本高，每天临近傍晚时如果还有玫瑰花剩余，花店老板会以极低的价格销售给路人，通常每支玫瑰花的处理价格是 1 元钱（称为“残值”）。请问花店每天应该批发多少支玫瑰花？

很显然，花店老板会非常在意花店经营的经济效益，即每天能获得多大的利润。简单分析可知，每销售 1 支玫瑰能获利 5 元，但是如果打烊时存在玫瑰积压，每支损失 4 元。究竟每天批发多少支玫瑰呢？当然要看每天玫瑰花的需求究竟是多少。假设花店老板是一个有心人，他记录了开业以来每天的玫瑰销售情况。记录表明生意最好的时候每天能销售 100 支玫瑰，但有时生意极差（比如碰到雨雪天气），只有 10 人来购买玫瑰。因此，过往玫瑰花的销售量总是介于 10 到 100 之间，但是没法确切知道哪一天的具体需求究竟是多少。

设 X 为玫瑰花的批发量，很显然 X 应该位于 10~100 之间。给定任何一个批发量决策，花店老板当天能获得利润还取决于需求的情况。如果实际实现的需求记为 D，那么利润函数可以写为

$$R(X,D)=10\times\min(X,D)+\max(X-D,0)-5X$$

其中，$\min(X,D)$ 是实际销售量，$\max(X-D,0)$ 表示当天剩余并需要处理的玫瑰花支数。因此，任何批发量决策 X 都会面临着 $X+1$ 个不同的利润结果（当实际需求 $D\geqslant X$ 时实现的需求是相等的）。我们可以用一个类似表 8-1 的表格来描述利润函数 $R(X,D)$ 的取值，其中每一行对应着不同的决策 X，每一列对应着不同的市场需求 D。

表 8-1　不同批发量决策和需求下的利润函数表 $R(X,D)$

批发量 X	需求 D												
	10	11	12	13	14	15	⋯	95	96	97	98	99	100
10	50	50	50	50	50	50	⋯	50	50	50	50	50	50
11	46	55	55	55	55	55	⋯	55	55	55	55	55	55
12	42	51	60	60	60	60	⋯	60	60	60	60	60	60
13	38	47	56	65	65	65	⋯	65	65	65	65	65	65
14	34	43	52	61	70	70	⋯	70	70	70	70	70	70
15	30	39	48	57	66	75	⋯	75	75	75	75	75	75
⋮	⋮	⋮	⋮	⋮	⋮	⋮		⋮	⋮	⋮	⋮	⋮	⋮
95	−290	−281	−272	−263	−254	−245	⋯	475	475	475	475	475	475
96	−294	−285	−276	−267	−258	−249	⋯	471	480	480	480	480	480
97	−298	−289	−280	−271	−262	−253	⋯	467	476	485	485	485	485
98	−302	−293	−284	−275	−266	−257	⋯	463	472	481	490	490	490
99	−306	−297	−288	−279	−270	−261	⋯	459	468	477	486	495	495
100	−310	−301	−292	−283	−274	−265	⋯	455	464	473	482	491	500

表 8-1 表明，批发量越大，那么可能出现结果的波动性也越大。比如，如果为了尽可能满足每天的所有需求采取最大的批发量 $X=100$，那么最差情形下亏损 400 元（对应需求为零），最幸运情形下获利 500 元（对应需求为 100）。如何结合上述数据来选择一个“最好”的批发量决策？这里没有一个标准的答案，完全取决于花店老板经营花店的“价值观”以及他个人的特征。通常情况下，结合花店老板的性格和人生态度等因素，可以有不同的决策准则。

1. 悲观准则（或最大–最小准则）

虽然一个行动结果可能会出现多种不同的后果，但是有些人相对悲观，凡事只考虑最差的结果。在花店的例子中，任何批发量决策 X，所对应的最差可能结果对应于需求

$D=10$ 的情形，其具体取值为

$$R(X,10)=10\times\min(X,10)+\max(X-10,0)-5X=90-4X$$

它对应于每一决策行所对应的利润的最小值。显然，批发量越高，则上述利润函数越低。因此，一个理性的“悲观主义者”会选择一个使得 $R(X,10)$ 最大的方案，即 $X=10$，它对应的“悲观”利润值为 50。在寻找这一最优解的过程中，我们是先寻找每一决策行的最小值，然后计算最小值中的最大值，因此悲观准则也称为“最大–最小准则”。

不难看出，按照悲观准则找出的最优方案是一个最稳妥的方案，或者最保守的方案。即不管市场最终的需求是多少，花店老板只获得 50 元的利润。很显然，在该方案下，决策者由于过于保守，可能会错失较大的利润（比如当实际需求大于 10 时，多批发玫瑰还能获得更大的利润）。

2. 乐观准则（或最大–最大准则）

与极端悲观的人不同，有些决策者非常乐观，凡事只考虑最好的结果。在花店的例子中，任何批发量决策 X，所对应的最好可能结果对应于需求 $D=100$ 的情形，其具体取值为

$$R(X,100)=10\times\min(X,100)+\max(X-100,0)-5X=5X$$

它对应于每一决策行所对应的利润的最大值。显然，批发量越高，则上述利润函数越高。因此，一个理性的“乐观主义者”会选择一个使得 $R(X,100)$ 最大的方案，即 $X=100$，它对应的最“乐观”利润值为 500 元。在寻找这一最优解的过程中，我们是先寻找每一决策行的最大值，然后计算最大值中的最大值，因此乐观准则也称为“最大–最大准则”。

不难看出，按照乐观准则找出的最优方案是一个风险最大的方案。虽然花店老板看到的是最乐观情形下能获得 500 元的利润，但是也可能遭受一个巨额的亏损（即亏损 310 元）。因此，在该方案下，决策者由于过于乐观，可能会蒙受较大的损失。

3. 折中准则

有人认为，盲目悲观或者盲目乐观都过于极端，最好做一个折中的人，即凡事既考虑到可能最好的一面，也考虑到可能最差的一面，在乐观和悲观之间进行一个折中。如果用 $\theta\in[0,1]$ 表示折中系数（对应于乐观的系数），那么该决策者追求的是在最差情形和最好情形之间的加权平均。在花店的例子中，假设花店老板的折中系数为 θ，那么他追求的折中目标为

$$\theta\times R(X,100)+(1-\theta)\times R(X,10)=90(1-\theta)+(9\theta-4)X$$

很显然，折中目标的最优值取决于折中系数 θ 的大小：当 $\theta>4/9$ 时，上述函数是批发量 X 的增函数，应该选择批发量 $X=100$；反之，上述函数是批发量 X 的减函数，应该选择批发量 $X=10$。在这个例子中，因为利润函数是 X 的线性函数，导致折中准则得到的结果要么退化为乐观情形，要么退化为悲观情形。但是在一般的决策问题中，折中准则得到的最优决策不一定等同于乐观或悲观准则的情形。

4. 最小机会损失准则（或最小遗憾准则）

有些决策者做任何决策的目标是要使得自己的遗憾最小。如果决策者有先见之明，能未卜先知未来的结果，那么他总是能采取真正最优的决策并获得真正最佳的结果。以该最佳结果作为基准，各决策和各可能后果下对应的结果的差值即为决策者的遗憾值（或后悔值）。比如，某股民“踏空”了一波行情导致没有挣到 10% 的利润（即如果昨天买入了某股票，今天就能享受到一个涨停板），虽然从账面上该股民并没有损失一分钱，但是他可能为昨天的没买入操作懊悔不已。

在花店的例子中，如果花店老板能有先见之明知道明天的需求为 D，那么他一定会选择批发 D 支玫瑰，从而获得 $5D$ 的利润。但是，因为花店老板批发的是 X 支玫瑰，导致他实际的利润只有 $R(X,D)$，因此它少挣的利润（即遗憾值）为

$$
\begin{aligned}
H(X,D) &= 5D - R(X,D) \\
&= 5D - 10\times\min(X,D) - \max(X-D,0) + 5X \\
&= 5(D-X) + 9\times\max(X-D,0)
\end{aligned}
$$

同样，我们可以利用一个表格（表 8-2）来描述不同批发量决策和不同需求下的遗憾值函数。对应每一个批发量决策，它所对应的最大遗憾值为对应行的遗憾函数的最大值。如果要追求遗憾值最小，那么应该在上述最大遗憾值中求最小即可。根据该遗憾值最小原则，可以求出花店老板应该批发 $X=60$ 支玫瑰花，对应的最大遗憾值为 200 元（此最大遗憾值对应于实际需求为 10 的情形：如果花店老板有先见之明，应该批发 10 支，从而实现利润 50 元，但是实际亏损了 150 元）。

表 8-2　不同批发量决策和需求下的遗憾函数表 $H(X,D)$

批发量 X	需求 D												
	10	11	12	13	14	15	⋯	95	96	97	98	99	100
10	0	5	10	15	20	25	⋯	425	430	435	440	445	450
11	4	0	5	10	15	20	⋯	420	425	430	435	440	445
12	8	4	0	5	10	15	⋯	415	420	425	430	435	440
13	12	8	4	0	5	10	⋯	410	415	420	425	430	435
14	16	12	8	4	0	5	⋯	405	410	415	420	425	430
15	20	16	12	8	4	0	⋯	400	405	410	415	420	425
⋮	⋮	⋮	⋮	⋮	⋮	⋮		⋮	⋮	⋮	⋮	⋮	⋮
95	340	336	332	328	324	320	⋯	0	5	10	15	20	25
96	344	340	336	332	328	324	⋯	4	0	5	10	15	20
97	348	344	340	336	332	328	⋯	8	4	0	5	10	15
98	352	348	344	340	336	332	⋯	12	8	4	0	5	10
99	356	352	348	344	340	336	⋯	16	12	8	4	0	5
100	360	356	352	348	344	340	⋯	20	16	12	8	4	0

5. 最大期望值准则

上述决策准则虽然是基于可能的后果进行分析得到的，但是存在一个明显缺陷，即没有考虑到每个决策可能出现的所有结果的概率分布。比如，如果需求等于 10 的可能性小到可以忽略不计，那么悲观决策得到的结果可能是非常糟糕的（因为肯定会错失赚钱的机会）；同样，如果需求等于 100 的可能性小到可以忽略不计，那么乐观决策得到的结果可能是非常糟糕的（因为批发 100 支玫瑰花肯定多了）。如果花店老板能对历史销售数据做更为细致的统计，无疑能利用更多的信息制定更好的决策。

假设花店老板统计了过去一年每一种可能销量所出现的频次，发现在 10~100 的可能销量中，每个销量 d 出现的频率为 p_d，那么批发量决策 X 所对应的加权平均利润为

$$\pi(X)=\sum_{d=10}^{100} p_d R(X,d)$$

最大期望值准则追求的目标是寻找使得加权平均利润（或期望利润）最大的批发量。比如，如果花店老板发现市场需求小于 30 的可能性几乎为零，但是需求为 30、31、···、100 的可能性都一样，为 1/71。不难计算得到，期望利润最大的批发量应该为 $X=69$，此时 $\pi(69)=249.7$。

因此，对于同一决策问题，不同决策准则得到的最优决策可能是不一样的。在现实管理决策问题中，最常用的是最大或最小期望值准则，如追求期望利润的最大化或期望成本的最小化等。我们一般把追求期望值最大或最小的决策者认为是风险中性的，因为他们决策时并不关心可能出现的结果对应的风险（体现为方差）。

8.2 决策树模型

有些情境下决策者面临着多阶段的决策问题。比如，某同学毕业找工作，拿到一个 offer 之后要确定是否接受该 offer。如果接受，则意味着要放弃后面可能出现的更好的工作机会；如果拒绝并等待下一个公司的结果，那么拿到新的 offer（该 offer 甚至可能不及第一个 offer）后同样要再次决定是否接受。如何将多个存在时间差异的决策所面临的信息呈现出来，并帮助决策者进行系统的决策分析？本节介绍一个特别实用的工具 —— 决策树（Decision Tree）。

试想，有人提出跟你玩一个游戏，游戏规则如下。对方拿出一个硬币并投掷一次，如果硬币正面朝上，那么对方向你支付 100 元；如果硬币反面朝上，那么你向对方支付 80 元。请问，你是否愿意参与该游戏？要对是否参与的决策问题进行分析，我们可以将游戏所包含的相关信息整理成一棵树状的结构，如图 8-1 所示。

图 8-1 就是一棵简单的决策树。在树的最左端，节点 A（用方框表示）处描述了决策者的所有备选决策。在上面的决策分枝中，决策者不参与游戏；在下面的决策分枝中，决策者参与游戏。如果选择不参与游戏，则不赚也不赔，因此对应的后果中的损益值为 0；如果参与游戏，则游戏的可能后果包括两个：正面朝上或反面朝上。我们用节点 B（用圆

圈表示）来描述所有可能的后果，相应地，不同后果给决策者带来的损益值是不同的，分别为 100 元和 −80 元。

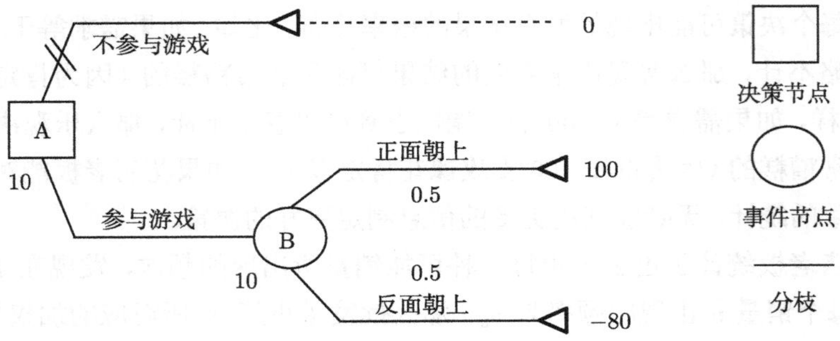

图 8-1 硬币游戏决策树

不难看出，一个决策树的基本构成元素主要有三种：

- 决策节点（Decision Node），用方框表示
- 事件节点（Event Node），用圆圈表示
- 分枝（Branch），用直线表示

正如 8.1 节所介绍的，决策者是否参与该硬币游戏跟决策者的个人偏好和决策准则息息相关。如果玩家是乐观的、悲观的、折中的，或者追求后悔值最小，那么可以分别得到不同的“最优”决策。为了更好地决策，可能还需要进一步去了解投掷硬币以后正面或反面朝上的可能性是多少。比如，如果该硬币是一个普通的硬币，那么理论上两种可能结果的可能性均为 1/2，但是该硬币很可能是一个魔术硬币，那么正面朝上的可能性就不一定是 1/2 了。假设这里的硬币是普通的，那么我们可以把事件节点 B 的两个分枝出现的概率分别标注在对应的分枝线上。考虑玩家是风险中性的情形，他的决策准则是期望收益（期望值，Expected Value）最大化。在决策树中，我们可以分别计算每个决策所对应的期望收益值。很显然，事件节点 B 的期望收益值为

$$EV\,(\mathrm{B}) = 100 \times 0.5 - 80 \times 0.5 = 10$$

即如果玩家参与游戏，他的期望收益值为 10 元。该期望值大于不参与游戏对应的 0 元期望收益。因此，在决策节点 A 处，应该选择“参与游戏”。参与游戏所能得到的期望收益为

$$EV\,(\mathrm{A}) = \max\,(0, EV\,(\mathrm{B})) = 10$$

相应地，我们在次优方案“不参与游戏”对应的分枝上画上删除线，如图 8-1 所示。

上述简单例子描述了我们利用决策树进行决策分析的一般过程。按照时间发展的次序，我们从左到右依次画出决策树，然后从右到左依次计算每个节点（包括事件节点和决策节点）所对应的期望值，并做出决策选择。

在画决策树时要注意如下准则：

- 从左到右决策树描述的决策节点和事件节点之间的逻辑关系要和决策次序一致；
- 每个决策节点出发的分枝是完备的，要列出所有的备选方案；
- 每个事件节点出发的分枝是完备的，要列出所有的可能后果（所有分枝对应的概率之和为 1），同时各分枝是互斥的，不能有交集。
- 决策树中的每个最终分枝都有一个数值与之相对应，描述了该最终分枝对应的收益或损失值。

[例 8-2]（暑期工作） 小高是清华大学经济管理学院 GMBA 的学生，2018 年 9 月份入学交了一大笔学费。小高打算趁着研究生一年级暑假（共三个月时间）去找份工作挣点生活费。春节刚过，小高开始计划暑期工作的事情了。

虽然已经离职，小高和以前的老板（Bill）还保持着频繁的联系。Bill 非常欣赏小高的学习精神，非常支持小高暑期去找份临时工作。Bill 主动提出，如果小高愿意，可以参与 Bill 在 6 月份即将启动的一个项目，公司可以提供每月 1.8 万元的工资。根据人力资源部门的相关安排，小高必须在 2 月底签订实习合同。

小高认为参与 Bill 的项目确实是一个不错的选择，但是他也有点犹豫。如果有更好的机会，他也愿意去其他企业看看，为将来毕业后找工作打下基础。春节期间一个朋友介绍他认识了某知名保险公司的高管 Tom。小高对该保险公司的精算部门很有兴趣。Tom 也提出过欢迎小高在暑期去该精算部门实习一段时间，而且实习工资还不错，每月 3 万元。但是 Tom 也提到，能否去公司实习有一定的不确定性，取决于人力资源部门的安排，公司最晚将在 3 月中旬答复暑期是否能去实习。小高根据自己的判断，认为自己只有五成把握能拿到暑期工作机会。

如果小高没有拿到保险公司的 offer，就只能去参加职业发展中心每年 3 月底举办的校园实习招聘会了。在校园招聘会中能否找到一份满意的实习工作就具有更大的不确定性了。根据职业发展中心的统计数据，以往有 20%的学生根本找不到实习工作。在找到工作的 80%的学生中，有 20%的学生能拿到 3.5 万元的月薪，30%的学生能拿到 2 万元的月薪，剩余 30%的学生能拿到 1 万元的月薪。

请问，小高应该如何决策？

要帮助小高分析他所面临的决策问题，我们可以采用决策树工具。首先，小高第一次要决策的是是否要接受 Bill 的 offer（2 月底）；然后 3 月中旬要决定是否去保险公司工作（如果对方提供机会的话）。我们绘制出小高的决策树如图 8-2 所示（单位：万元）。

图 8-2 中的决策树很好地反映了小高所需要做决策的次序。首先，在决策节点 A 要决策是否接受 Bill 的 offer：如果接受，能获得 1.8 万元的实习工资；如果拒绝，则等待保险公司的 offer。在事件节点 B：如果保险公司给 offer，小高可以选择接受（决策节点 C），也可以选择拒绝；如果保险公司不给 offer，或者小高决定拒绝保险公司的 offer，那么他只能参加学校招聘会。

要求解上述决策树，我们可以从右往左依次计算每个节点对应的期望值。首先，事件节点 D 和 E 是一样的，其期望值可以通过加权平均计算得 $EV\,(\mathrm{D}) = EV\,(\mathrm{E}) = 1.6$ 万元。然后看决策节点 C，很显然，在 C 点应该选择接受 offer，对应的期望值为 $EV\,(\mathrm{C}) = \max\,(EV\,(\mathrm{D})\,, 3.0) = 3.0$ 万元。下一步考虑事件节点 B，其期望值为 $EV\,(\mathrm{B}) = 0.5EV\,(\mathrm{C}) + 0.5EV\,(\mathrm{E}) = 2.3$ 万元。最后考察决策节点 A，很显然，应拒绝 Bill 的 offer，同时，其对应的期望值 $EV\,(\mathrm{A}) = \max\,(1.8, EV\,(\mathrm{B})) = 2.3$ 万元。

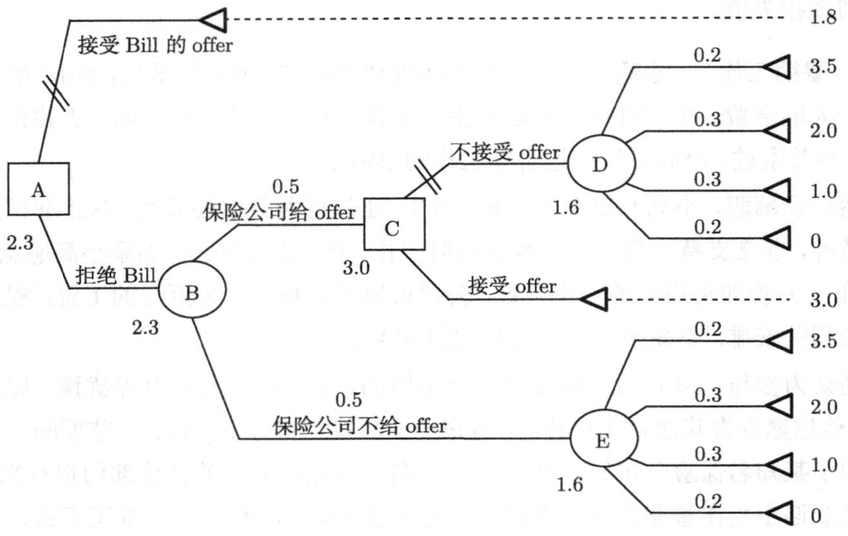

图 8-2　小高暑期工作的决策树

在决策树中，通过剪掉次优的方案，我们可知小高的决策路径是：在 2 月底时拒绝前任老板 Bill 的 offer，等待保险公司的结果；如果保险公司提供工作机会，则去保险公司，否则就参加校园招聘会。在上述最优决策路径下，小高的期望工资是 2.3 万元。当然，小高实际能够获得的工资一定不会刚好等于 2.3 万元。事实上，小高最终能拿到的工资有 5 种可能结果，它们对应的可能性如表 8-3 所示：

表 8-3　小高最优决策路径下可能得到的工资及对应的概率

	可能得到的工资	对应的概率
接受保险公司的 offer	3.0	0.50
参加校园招聘会	3.5	0.10
	2.0	0.15
	1.0	0.15
	0	0.10

不难计算，上述可能结果对应的离散概率分别对应的标准差为 1.088 万元。这一标准差反映出了小高的决策所对应的风险水平。一般来说，给定期望值后，标准差越大，则说明该决策的风险越高。我们可以借用统计中的“变异系数”（Coefficient of Variation）来度量风险的大小：

$$\text{变异系数} = \frac{\text{标准差}}{\text{期望值}} = \frac{1.088}{2.3} = 0.473$$

变异系数越大，意味着决策所面临的风险越高。

如上，在期望值最大化决策准则下，我们已经帮助小高找到了最优的决策方案。那么小高一定会拒绝 Bill，并等待保险公司的 offer 吗？这时还需要对结果进行进一步的分析。试想一下，如果小高对保险公司是否给 offer 的判断出错了会怎么样？如果小高认为自己属于班上同学中的佼佼者，按照职业发展中心提供的统计数据来度量参加校园招聘的可能结果不合适怎么办？如果参加校园招聘，还可能要花费很多时间和精力，这是否也应该考虑到决策的模型中去？如果考虑这些因素，上面给出的最优决策依然会是最优的决策吗？

这时还需要对决策结果进行一定的敏感性分析。比如，我们考虑小高的一个主观概率估计值（即保险公司能提供 offer 的概率，记为 $\alpha \in [0,1]$）的变动是否会对最优决策带来影响。根据决策树的求解规则，当且仅当事件节点 B 的期望值大于 1.8 时，小高应该在 2 月底拒绝掉 Bill 的 offer，其对应的条件为

$$EV\,(\mathrm{B}) = 3\alpha + 1.6\,(1-\alpha) \geqslant 1.8$$

即 $\alpha \geqslant 14.28\%$。这一数据值很低，这说明即便小高对保险公司提供 offer 的可能性估计不那么乐观，也不会改变他的最优决策。事实上，当 α 取临界值 14.28%时，在决策节点 A 处，接受或者拒绝 Bill 的 offer 对小高是无差异的。

小高还可以进一步分析一下如果他参加校园招聘可能会得到怎样的结果。既然他认为自己的能力高于一般的同学，那么他可能有比较大的把握认为自己能通过校园招聘找到一份工资高的工作。因此，他需要对事件节点 D 和 E 对应的概率值进行调整。类似地，我们也可以分析这些概率值在什么范围内变化时，不会影响到小高的决策。

总之，如果很多参数的敏感性分析都表明，当参数在较大范围内变化时并不会改变决策树的最优决策，则说明该决策是相对“稳健”的。相反，如果某些参数（特别是主观估计出来的参数）的微小变动就会造成不同的最优决策选择，则说明需要慎重对待决策结果。此时决策者可能需要开展更多细致的分析，想办法更准确地估计参数的取值。

8.3　信息的价值

我们先看下面的例子。

[例 8-3]（新产品投产问题）　某智能手机公司的研发团队新设计了一款新手机。相对市面上已有的手机产品而言，该新款手机在外观和部分功能上有较大的不同。目前有一家公司提出愿意花 150 万元的费用购买该设计方案。公司高层决策委员会现在要决定是出售设计还是自行投产。虽然研发该款产品已经花费了公司近 200 万的费用，如果要投产，还需要投入更多的资金用于磨具设计和生产线建设。已知为了实现规模经济，生产的批量至少得达到 10 万台。

公司决策委员会不同成员对该新款手机的看法存在很大的分歧。有人认为这款手机

很好地抓住了细分市场的需求，有望成为一个爆款；有人则对这款手机持有悲观的态度，他们认为这款手机只是有点“花哨”，没有实质性的创新，没法和已有同类产品进行竞争。在由 10 名高管组成的决策委员会中，只有 3 名成员对该产品持有乐观态度，其他 7 名成员则持有悲观态度。

如果按照最低批量 10 万台进行测算，项目负责人也对产品的前景进行了一些测算。如果出现悲观的情形，市场不及预期，那么该投产项目将会导致公司蒙受 1 000 万元的亏损；如果出现乐观的情形，那么该项目将能帮助公司实现盈利 2 800 万元。

结合上述信息，公司是应该自行投产该项目，还是应该直接出售设计方案？

我们可以绘制决策树来描述管理层所面临的决策问题，如图 8-3 所示（单位：万元）。因为 10 名高管中有 30%的成员对产品的前景充满信心，可以认为市场强劲（如果投产）的概率是 30%，市场疲软的概率是 70%。

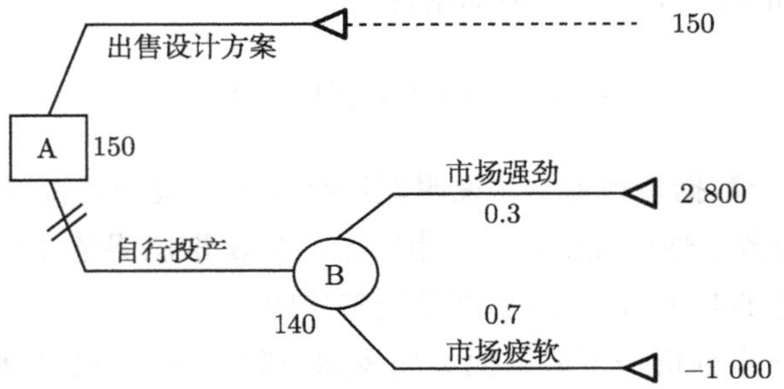

图 8-3　新产品投产的决策树（I）

通过从右往左计算每个节点的期望值，不难得出在决策节点 A，应该选择出售设计方案，因为它所对应的收益 150 万元高于自行投产的期望收益 140 万元。那么，该项目的最终决策者一定会选择直接出售设计方案吗？细心的读者如果做一个简单的敏感性分析就会发现，基于上述决策树的决策结果，放弃自行生产有可能是一个非常糟糕的决策。因为出售设计方案和自行投产所对应的期望收益非常接近，这意味着出售设计方案并不是一个“稳健”的决策。比如，设市场强劲的概率为 $\alpha \in [0,1]$，那么当

$$EV(\mathrm{B}) = 2\,800\alpha - 1\,000(1-\alpha) \geqslant 150$$

即 $\alpha \geqslant 30.26\%$时，自行投产就优于出售设计方案了。也就是说，根据 30%的成员对产品前景充满信心，就武断地认为市场强劲的概率为 30%很可能是不准确的。如果该概率估计稍微发生一些变化，就可能导致最优方案发生翻天覆地的变化。

因此，为了真正做出一个可靠的决策，目前已有的信息是不太够的。最重要的是，未来市场强劲或者疲软的可能性究竟有多大？直观上，公司能否付出一些努力，更深入地考察产品的真实前景？现实中，一个普遍采用的做法是开展更为细致的市场调研，从而了解潜在消费者对该产品的购买意愿。做市场调研可以求助于专业的调研公司来进行，但是做市场调研又会带来新的问题：

- 一是调研是需要花成本的，特别是如果调研之后公司依然决定出售设计方案，那意味着公司又白白浪费了更多的资金；
- 二是调研可能是不准的。从统计的角度，调研公司有可能会犯错，反而给出错误的误导性结论。

假设公司联络了一家市场调研公司。经过谈判，调研公司报价 200 万元。为了考察该调研公司的报告质量，公司也做了一些背景调查。调查表明该市场调查公司曾经也给其他客户做过类似的很多调研项目，但是调研结果并非百分之百准确，体现在：

- 后来事实证明市场疲软的项目中，调研公司有 10% 的可能性给出市场强劲的建议；
- 后来事实证明市场强劲的项目中，调研公司有 20% 的可能性给出市场疲软的建议。

那么，公司是否应该聘请该家调研公司开展深入的市场调研？如果是，公司应该如何根据调研公司的调研结果（调研结果会反馈市场是强劲还是疲软的结论）进行决策？

考虑到是否进行市场调研这一备选方案，公司面临的决策问题依然可以通过一个决策树来进行描述，如图 8-4 所示。相对于图 8-3 而言，决策节点 A 多了一个“市场调研”的决策分枝。事件节点 C 对应于调研公司可能给出的调研结果（我们用“肯定”和“否定”来表示），其中肯定表示市场调研公司的结论是“未来市场是强劲的”，否定表示市场调研公司的结论是“未来市场是疲软的”。在决策节点 D 和 E，公司依然要结合调查公司的结论做出是否自行投产的决策。值得注意的是，在节点 C 所对应的所有终端结果中，相对图 8-3 的结果，都要扣除 200 万元的调研成本。

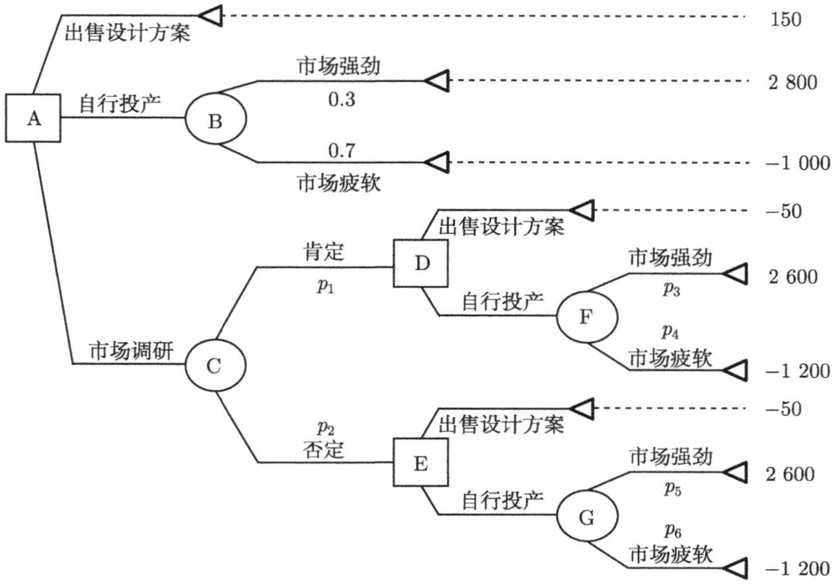

图 8-4 新产品投产的决策树 (II)

要结合决策树 8-4 制定决策，还缺少几个关键的数据，即事件节点 C、F 和 G 所对应的分枝出现的概率 $p_1,p_2,\cdots,p_6$ 分别为多少？其中，p_1 和 p_2 对应于调研公司给出肯定和否定结果的概率；p_3 和 p_4 对应于在调研公司给出肯定结果的前提下，公司认为市场需求是强劲和疲软的概率；p_5 和 p_6 对应于在调研公司给出否定结果的前提下，公司认为市场需求是强劲和疲软的概率。

我们可以借助概率论的相关知识来计算出 $p_1,p_2,\cdots,p_6$，从而完成决策树的绘制。我们用几个符号来定义相应的事件，记

$$S=\text{市场是强劲的}$$
$$W=\text{市场是疲软的}$$
$$P=\text{调研结果肯定}$$
$$N=\text{调研结果否定}$$

根据已有的信息，我们知道

$$P(S)=0.3,\quad P(W)=0.7$$

表示在没有调研信息的前提下，认为市场强劲和疲软的概率分别为 0.3 和 0.7。从市场调研公司的角度，我们也知道下面的条件概率：

$$P(P|W)=0.1, P(N|W)=0.9$$
$$P(N|S)=0.2, P(P|S)=0.8$$

根据贝叶斯全概率公式，我们可知：

$$\begin{aligned} p_1=P(P)&=P(P\cap W)+P(P\cap S)\\ &=P(W)P(P|W)+P(S)(P|S)\\ &=0.7\times 0.1+0.3\times 0.8=0.31 \end{aligned}$$

因此，$p_2=1-p_1=0.69$。根据条件概率公式：

$$p_3=P(S|P)=\frac{P(S\cap P)}{P(P)}=\frac{P(S)P(P|S)}{p_1}=\frac{0.3\times 0.8}{0.31}=0.774\ 2$$

$$p_4=P(W|P)=\frac{P(W\cap P)}{P(P)}=\frac{P(W)P(P|W)}{p_1}=\frac{0.7\times 0.1}{0.31}=0.225\ 8$$

$$p_5=P(S|N)=\frac{P(S\cap N)}{P(N)}=\frac{P(S)P(N|S)}{p_2}=\frac{0.3\times 0.2}{0.69}=0.087$$

$$p_6=P(W|N)=\frac{P(W\cap N)}{P(N)}=\frac{P(W)P(N|W)}{p_2}=\frac{0.7\times 0.9}{0.69}=0.913$$

条件概率值 p_3,p_4,p_5,p_6 表明，根据市场调研公司给出的结果，公司将会“修正”对未来市场的估计。在没有调研信息的时候，公司根据高管的意见，粗略地认为市场强劲的

概率为 30%。但是有了调研信息，并且调研公司认为市场确实强劲时，公司会将市场强劲的概率提升为 77.42%；相反，如果调研公司认为市场疲软，公司会将市场强劲的概率降低到 8.7%。在概率论中，我们将 30% 称为“先验概率”，而将 p_3, p_4, p_5, p_6 称为“后验概率”。很显然，后验概率因为考虑了“专家”的经验和知识，是相对更为准确的对市场的估计。

将上述概率值填入图 8-4 所示的决策树，就能从右往左依次计算每个节点的期望值，如图 8-5 所示。可以非常直观地看出，在决策节点 A，应该选择进行市场调研。然后根据调研公司的结果来决策是否自行投产。具体来说，如果调研公司给出肯定的结论，就选择自行投产；如果调研公司给出否定的结论，就选择出售设计方案。

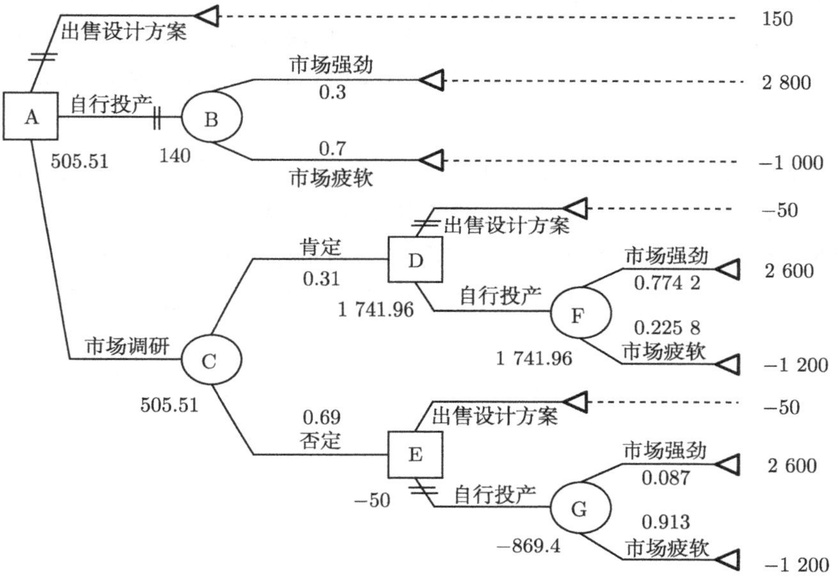

图 8-5 新产品投产的决策树 (II)

图 8-5 的结果表明，选择市场调研之后，决策节点的期望值从原来的 150 万元上升为 505.51 万元了。之所以调研之后能提升决策结果的期望值，是因为公司通过调研获取了更多关于市场的信息，从而帮助公司提升了决策。那么，市场调研的价值有多大？这里涉及调研信息的价值。

对智能手机公司而言，由于调研信息的获得增加的期望收益为 $505.51 - 150 = 355.51$（万元）。对市场调研公司而言，它也获得了 200 万元的收入。因此，调研信息的价值用货币来度量应该是 $355.51 + 200 = 555.51$（万元），它也对应于智能手机公司愿意为市场调研支付的最高价格（如果调查公司的报价超过 555.51 万元，那么公司决策的结果应该是直接出售设计方案）。事实上，要计算调研信息的价值，还有一种方法是假设调研公司提供的是无偿服务，那么事件节点 C 对应的期望值相对 150 万元的增量即是其价值。值得留意的是，调研公司收取的费用并不会影响到决策节点 D 和 E 的最优决策。

8.4 用 TreePlan 求解决策树

正如 8.3 节的例子所示，当决策问题比较复杂（如决策方案过多、决策阶段过多、事件可能结果过多）时，绘制一棵复杂的决策树并进行求解是一件比较烦琐的事情。可喜的是，我们可以直接借助一些现有的小软件工具来帮助方便地绘制决策树并自动求解。

一个典型的工具是 TreePlan。TreePlan 是一种构建决策树很方便的 Excel 插件，可以绘制比较规范的决策树，并可以自动计算结果。TreePlan 被编制在一个名为 TreePlan.xla 的文件中，从网上下载到本地计算机后，可以通过 Microsoft Excel 的“加载宏”功能加载到 Excel 中，然后就可以直接调用其功能模块求解决策树了。

以 Excel 2016 为例，要加载 TreePlan 插件，可以选择“文件”中的“选项”——“加载项”，单击“转到”按钮，通过单击“浏览”按钮，将保存的 TreePlan.xla 文件选中即可。加载完成后，在 Excel 的“加载项”菜单中会出现“Decision Tree”按钮，这就可以来绘制决策树了。

在绘制决策树的过程中，可以分别单击该“Decision Tree”按钮，将相应的 Excel 单元格定义为决策节点、事件节点。完成决策树的所有分枝以后，在所有终端分枝的右侧填入对应的损益值，在所有事件节点上方输入对应的概率值，TreePlan 就可以自动计算每个节点的期望值了。图 8-6 和图 8-7 分别给出了利用 TreePlan 绘制的小高的暑期工作决

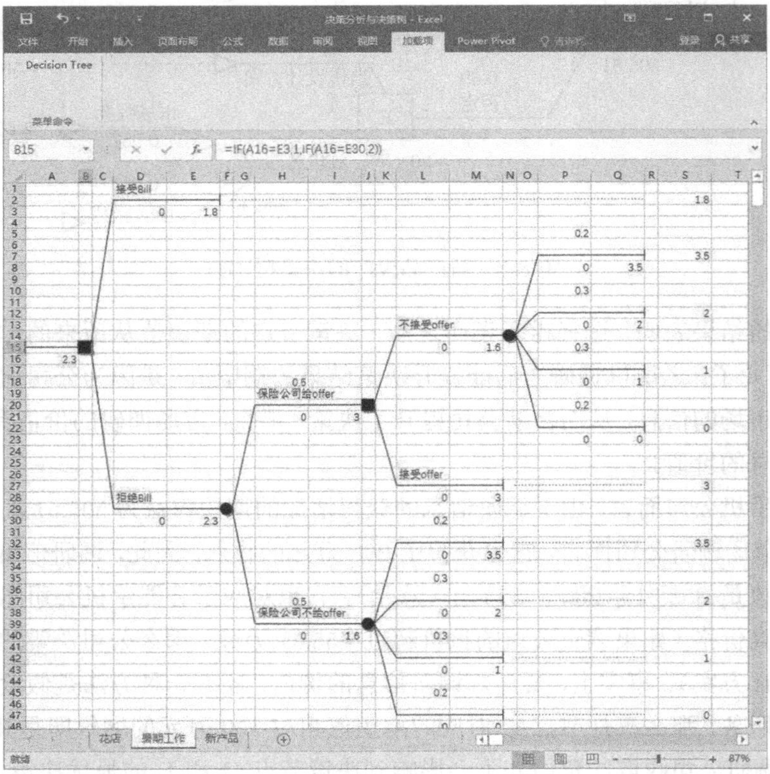

图 8-6 利用 TreePlan 求解小高的暑期工作决策树

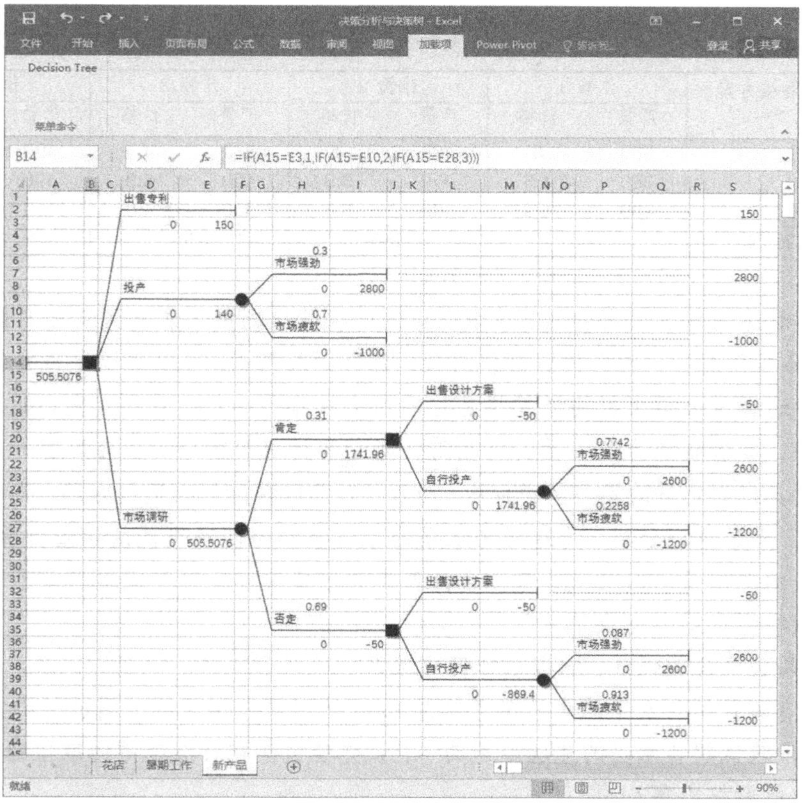

图 8-7　利用 TreePlan 求解新产品投产决策树

策树和新产品投产的决策树。用 TreePlan 绘制决策树不仅规范、简单，更重要的是方便进行参数的敏感性分析。比如，通过改变单元格的数据（如例 8-2 中保险公司能提供 offer 的概率），能快速地进行参数的敏感性分析。对于有些追求指标最小化的决策树问题，只需要在 TreePlan 的“Options”选项中选择“Minimize (costs)”决策规则即可。

正如 TreePlan 的“Options”选项显示的，TreePlan 不仅可以用来自动求解决策准则为期望值最大或最小（即决策者是风险中性）的决策问题，还可以求解决策者风险非中性的问题（决策者采用指数效用函数的情形）。我们将在下一章学习基于效用理论的决策分析。

本章习题

1. 近几年气候变化无常，农产品产量和价格的波动越来越厉害，给农民的生产经营活动带来很大的风险。转眼又到冬天了，老王该为明年的农产品种植做计划了。他家里有 10 亩[㊀] 地，现在需要确定明年种植四种农作物中的哪一种。对于每一种种植方案，老王已经对每亩地的投入（包括种子、化肥等）和不同天气状况下的产量和价格进行了估计，

㊀ 1 亩 = 666.67 平方米。

如下表所示（产量单位：公斤，价格单位：元/公斤）。

种植方案 / 天气	作物 1		作物 2		作物 3		作物 4	
	产量	价格	产量	价格	产量	价格	产量	价格
干旱	350	5	400	4	380	4.5	400	4.0
温和	380	4.8	450	3.9	400	4.2	500	3.5
潮湿	400	4.2	480	3.8	450	4.0	550	3.0
生产投入（元/亩）	200		180		150		100	

请问你会建议老王种植哪种作物？试说明不同的决策准则如何影响到老王的最优决策。

2. 某公司开发了一种新的计算机芯片，公司如果愿意，可以用于制造并销售个人电脑。另一种选择是公司可以将计算机芯片的所有权作价 1 500 万元卖出。如果公司选择制造计算机，其盈利能力取决于公司在第一年销售计算机的能力。公司有一个能够保证 10 000 台计算机销售量的零售渠道；另一方面，如果这种计算机适销对路，公司可以卖出 100 000 台。为了进行分析，将这两种水平的销售量作为两种可能的销售计算机的状态。建立生产线的费用是 600 万元，每一台计算机的销售价格和可变成本之差为 600 元。请建立决策树模型帮助公司决策：

(1) 如果公司比较保守，它应该如何决策？

(2) 假定两种销售水平的先验概率都是 0.5，使用最大期望值准则进行决策。

(3) 假设较低销售水平的先验概率为 α，该先验概率在什么范围内取值时，公司应该选择将芯片所有权出售？

(4) 假设管理层考虑选择一家咨询公司进行市场调研，咨询公司的报价为 100 万元。根据以往的调研结果，管理层发现，当市场销售水平较高的时候，调研结果为市场情况好的概率是 2/3，不好的概率是 1/3；而当市场销售水平较低的时候，调研结果为市场情况好的概率是 1/3，不好的概率是 2/3。请问聘请该家咨询公司进行市场调研是否划算？

(5) 对 (4) 中的决策结果的风险特征进行分析。

3. Tom 购买彩票中奖得到了 20 万元，他要决定如何处置这笔收入。若 Tom 将这笔钱存进银行，则一年后可以获益 0.4 万元。此外，Tom 还可以选择某个投资项目，需要的投入恰好为 20 万元。若该投资项目运行成功，则一年后 Tom 可以获得 3 万元的投资利润；若运行失败，则 Tom 会亏损 2 万元。Tom 估计该项目运行成功和失败的概率均为 0.5。

(1) 如果 Tom 是风险中性的，那么他应如何决策？

(2) 为了更好地决策，Tom 打算请金融界的朋友 Mike 帮助做一些研究，来评估投资项目的前景。Mike 通过调研会给出一个明确的投资建议。在过去的类似情况中，若项目运行成功，Mike 预测准确的概率为 60%；若项目运行失败，Mike 预测准确的概率为 80%。请画出 Tom 面临问题的决策树，并进行求解。

(3) 根据 (2) 中决策树的结果，Tom 最多愿意给 Mike 多少钱作为报酬？

C H A P T E R 9

第9章

效用理论

正如第 8 章所介绍的，在很多具有不确定性的商业环境下，管理者决策有可能带来不同的结果。现实中一种常见的决策准则是优化可能结果的期望值，体现为期望成本最小、期望收益最大、期望利润最大、期望市场占有率最高等。这一决策准则背后隐含的经济学假设是决策者是风险中性的，他并不在意决策结果可能出现的波动情况。然而，期望值最优决策下，决策者可能面临着巨大的风险。现实中决策者结合自身的情况，不一定会选择期望值最优的方案；相反，部分决策者会更倾向于选择相对稳妥，但是期望值并不一定最优的方案，也有些决策者会倾向于选择风险更大的方案以争取更高的回报。在本章，我们将介绍效用理论，来帮助决策者制定不确定环境下的决策。

9.1 什么是效用

在商业环境中，管理者关心的诸如营收、毛利、净利、成本等指标都是跟“钱”有关的，用货币来表示的指标构成了财务管理的基础，决定了企业的长远发展和在市场中的竞争力。但是，同样一笔收入，对不同的组织和不同的决策者的真实价值不一定是相同的。比如，同样是 100 万元的营业收入，对一个大型企业（如阿里、腾讯等）来说或许微不足道，但是对一个创业型企业而言，可能是救命的稻草。类似地，同样是 100 万元的支出（比如公益捐款），对一个大型企业来说几乎算不上负担，但是对一个创业型企业来说，则可能令其“节衣缩食”好一阵子。因此，一笔收入或者支出对组织和决策者的真实价值不能直接通过该收入或支出的绝对值来进行度量。我们可以引入一个新的量纲——效用（Utility）来度量用货币单位表示的结果的真实价值。

在经济学中，效用是指消费者在一定时间内消费某种商品或劳务一定数量获得的满足程度。在本书中，效用是指某个决策结果对组织或决策者的真实价值。

- 效用度量的是决策者对决策结果的主观价值、态度及偏爱程度。在商业决策环境下，用货币来表示的结果是相对客观的，但是效用则和“人”息息相关。事实上，效用因人、因时、因地而异。在一个组织中，不同决策者对同一个决策结果的看法不一定是相同的（这很好地解释了现实中合伙人之间经常出现的争吵行为）。不同环境下，同一个人看待同一个结果的主观感受也是不一样的。

- 效用和用货币单位描述的结果是息息相关的。虽然效用值不完全等同于货币价值，但是一般情况下两者之间呈现明显的正相关关系。比如，某种经营活动如果产生的现金流越多，决策者感知的效用越高；支出的费用越多，决策者感知的效用越低。
- 效用能反映出决策者的风险态度。如果管理情境下决策者只关心决策结果的期望值，我们说决策者是风险中性的。在这种情况下，我们可以认为用货币表示的结果和效用之间是等价的关系，即用货币表示的结果和效用值之间呈线性关系。但是在多数情况下，决策者是规避风险的（如社保基金是不能容忍投资亏损的）；少数情形下，决策者是追逐风险的（追逐风险往往是为了获取超额的回报，比如一些私募基金在股票投资上采取比较激进的操作）。

为了更好地感受“效用”，我们举一个例子来说明。多数情况下，企业按月给员工发放工资。比如，某公司信息办公室有 10 名网络工程师，每人每月的工资为 10 000 元，因此公司在该部门的人力资源成本是每月 10 万元。假设公司现在提出一种新的工资发放方式，即工资金额通过抽签的方式来确定。月底发放工资时，人力资源办公室会准备 10 个信封，信封里的卡片对应着工资金额。在 8 个信封的卡片中标注的工资金额是 12 500 元（比正常工资高出 25%），另外 2 个信封的卡片中标注的工资金额是 0 元。可以发现，从公司的角度，人力资源成本保持 10 万元不变，但是员工是否支持该项新的工资发放举措呢？

在新的发放举措下，从概率的角度，每个网络工程师以 80%的概率能获得 12 500 元，以 20%的概率什么也得不到。这两个可能结果对应的期望值为 $0.8 \times 12\,500 = 10\,000$ 元，等同于正常工资水平。但是工程师们对该做法的反应可能有很大不同。

- 小王认为这种做法是根本不能接受的，因为虽然以更大的概率能多获得 25%的收入，但是一旦抽中金额为 0 的工资，那下个月的正常生活开支就没法维持了。也就是说，工资为 0 这个结果对小王的效用是极低的。因此小王是不愿意冒险的。
- 小张认为两种工资发放方法没有本质差别。虽然有 20%的可能性一无所得，但是在 80%的可能性下，他有望增加 25%的工资。因此小张是风险中性的。
- 老赵则非常拥护新的工资发放制度。他认为即便万一不幸没有得到工资，对自己生活的影响也微不足道；但是如果能抽中 12 500 元的工资，相当于工资增加了 25%，这比当前市场上收益率在 4%左右的理财产品强多了。因此老赵是愿意冒险的。

综上，如果将固定发放 10 000 元所对应的效用值定义为 1，我们可知小王对新的发放方式的感知效用低于 1，小张的感知效用刚好等于 1，而老赵的感知效用大于 1。

人与人之间的差别决定了大家对同一件事情的效用是不同的。在研究人的行为时，有人对同一群人做过如下两个实验。

实验一：给实验对象两个选择。

(1) 通过抽签的方式确定收入：75%的机会得到 1 000 元，25%的机会得到 0 元；

(2) 获得确定的 700 元收入。

实验二：同样给实验对象两个选择。

(1) 通过抽签的方式确定支出：75%的机会付出 1 000 元，25%的机会付出 0 元；

(2) 确定付出 700 元。

实验一中，有 75%的人选择了第二个选项；实验二中，有 80%的人选择了第一个选项。我们先看看实验一：选项 (1) 对应的期望收入为 750 元，大于选项 (2) 的 700 元收入，但是多数人选择了期望值低但是稳妥的方案。再看实验二：选项 (1) 对应的期望支出为 750 元，大于选项 (2) 的 700 元支出，但是多数人选择了期望支出更高但是有可能支出为 0 的方案。这一实验实际上反映了人们对待收入和支出的不同的风险态度。

- 在对待收入时，多数人会倾向于风险低的方案，以规避可能出现的风险；
- 在对待支出时，多数人会倾向于风险高的方案，以博取可能出现的低支出。

上述实验揭示出的规律在金融投资领域也是普遍存在的。比如，人们在股票投资中对盈利和亏损的态度是很不同的。借助效用理论，也能很好地解释“踏空”“被套”等心理现象以及“追涨”“杀跌”等操作行为。

了解了消费者对客观结果的主观效用，在很多情境下，管理者可以更好地制定决策。比如，某国外城市的公交管理部门为了鼓励居民使用智能公交卡，推出了一项举措：凡是给公交卡充值的，充 100 元可以奖励 5 元。为了实现更好的效果，有专家建议政府部门采用一种更有趣的奖励政策，即每充 100 元可以获得一张彩票，可能中奖金额高达 10 000 元。在设置的中奖规则中，每张彩票中奖的可能性只有万分之五。从政府部门的角度，两种奖励方案的成本是一样的，但是事实表明第二种方案对居民的吸引力显著大于第一种方案。这是因为多数人认为彩票方案的效用高于固定奖励机制。

试考虑下面的例子。

[例 9-1]（打官司） 老赵和商业伙伴产生了经济纠纷，双方对簿公堂。法官建议双方庭外和解。经过代理律师的判断，如果老赵不接受庭外和解，最后有七成把握能在官司中获胜，有三成的可能性会败诉。如果败诉，老赵将一无所得；如果胜诉，老赵能获得的赔偿也具有一定的不确定性。在乐观情形下，老赵能获得 100 万元的赔偿；在中性情形下，老赵能获得 60 万元的赔偿；在保守情形下，老赵获得的赔偿只有 10 万元。三种赔偿结果对应的可能性分别为 30%、30%和 40%。对方提出愿意赔偿 30 万元庭外和解。如果你是老赵，你会接受庭外和解，还是坚持对簿公堂？如果庭外和解，那么你能接受的最低赔偿金额是多少？

直观上，我们可以通过决策树来刻画老赵所面临的决策，如图 9-1 所示。通过计算，可知事件节点 B 的期望赔偿是 36.4 万元，大于庭外和解能得到的赔偿 30 万元。但是，老赵一定会选择坚持对簿公堂吗？老赵决策的结果取决于老赵对风险的偏好程度，我们可以在描述老赵"效用函数"的基础上，帮助他进行决策。

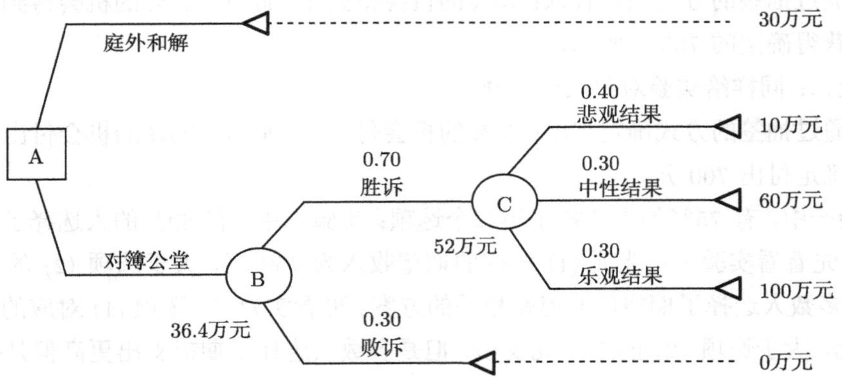

图 9-1 老赵打官司的决策树

9.2 效用函数

决策者获得一笔收入或者支出一笔费用究竟对他的主观价值是多大？我们可以通过效用函数进行描述。记 $U(x)$ 为决策者获得 x 的货币收入（或支出）所对应的主观效用，我们把 $U(x)$ 称为决策者的效用函数，其中 x 取负值时表示支出所对应的效用。一般来说，效用函数没有一个统一的尺度，但是效用函数通常是货币所得值的增函数（严格地说，是非减函数）。

为了帮助了解某人的效用函数，我们先定义一个术语——风险组合。所谓"风险组合"，是指以不同概率获得不同货币收益的组合，通常记做 $L(p_1, r_1; p_2, r_2; \cdots; p_n, r_n)$。它表示一个不确定的收益结果，即以 p_1 的概率获得 r_1，以 p_2 的概率获得 r_2……以 p_n 的概率获得 r_n，其中

$$p_1 + p_2 + \cdots + p_n = 1$$

用图示来表示，一个概率组合可以描述为决策树中的事件节点，如图 9-2 所示。

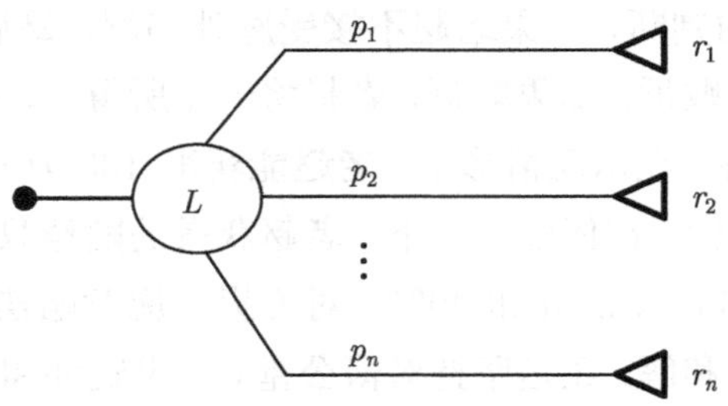

图 9-2 风险组合

很显然，一个确定型的收入或支出 r 也可以看作为一个风险组合 $L_1(100\%, r)$。考虑如下两个风险组合 L_1 和 L_2：

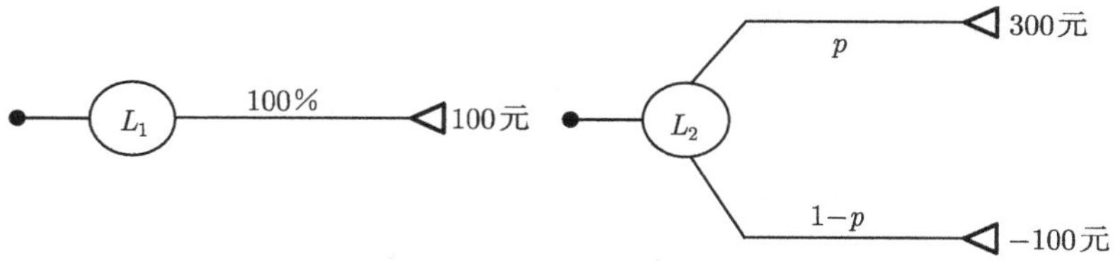

图 9-3　无差异的两个风险组合 L_1 和 L_2

其中，风险组合 L_1 对应于获得 100 元的确定性收入。在 L_2 中，以概率 p 获得 300 元收入，而以 $1-p$ 的概率支付 100 元。为了了解某访问对象的效用函数，我们提出如下问题：在概率值 p 为多少时，在你看来上述两个风险组合无差异？

所谓的主观感受无差异，是指在“效用”的尺度（而不是货币尺度）下，两个组合是等价的。即两个风险组合对应的期望效用相等：

$$U(100) = p \times U(300) + (1-p) \times U(-100) \tag{9-1}$$

如果我们只是要了解采访对象在区间 $[-100, 300]$ 内的效用函数，可以将所有效用值归一化到区间 $[0, 1]$ 中。因为效用函数是单调的，有

$$U(300) = 1,\ U(-100) = 0$$

于是，式 (9-1) 意味着

$$U(100) = p$$

即收入 100 元所对应的效用值刚好等于采访对象认为两个风险组合无差异的概率值 p。通过这种“询问”的方式，更换 L_1 中确定收入或损失的值，就可以分别取样到不同货币收入/支出所对应的效用值了。在取足够数量的数据点的基础上，将数据点采用平滑曲线连起来，就得到了采访对象的效用函数了。

图 9-4 给出了几条典型的效用曲线。首先，如果某人是风险中性的，那么收入 x 所对应的效用和货币金额之间是完全正相关的关系，体现为效用函数 $U(x)$ 是一条连接端点 (−100, 0) 和 (300, 1) 的直线，如曲线 B 所示。然而，多数情况下，效用函数可能体现为图中曲线 A 或 C 的形状。为了分析它们所对应的风险特征，我们任意画一条水平的直线（比如，画一条高度为 0.5 的直线）。图中的几个交点表明：当风险组合 L_2 中的概率 p 固定为 0.5 时，对风险中性的人来说，他认为和 100 元的无风险收益无差别，即他认为风险组合 L_2“值”100 元。然而，效用函数为 A 的人则认为 L_2“值”−50 元，效用函数为 C 的人认为 L_2“值”250 元。即相对风险中性而言，A 认为 L_2 的价值更低，C 认为 L_2 的价值更高。这说明 A 是规避风险的（即保守型），而 C 是追逐风险的（即冒险型）。

用数学语言来描述，可知：

- 中庸型效用函数是线性的，即对任意 x_1 和 x_2：

$$\frac{U(x_1) + U(x_2)}{2} = U\left(\frac{x_1 + x_2}{2}\right)$$

- 保守型效用函数是凹函数：

$$\frac{U(x_1)+U(x_2)}{2}<U\left(\frac{x_1+x_2}{2}\right)$$

- 冒险型效用函数是凸函数：

$$\frac{U(x_1)+U(x_2)}{2}>U\left(\frac{x_1+x_2}{2}\right)$$

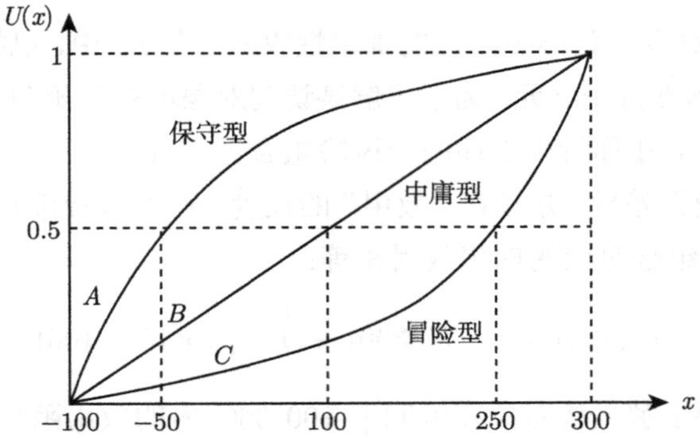

图 9-4　风险中性、风险厌恶和风险追逐型效用曲线

用经济学的语言可表述为：对风险厌恶的决策者，随着货币收入的增加，其边际效用递减；对风险追逐的决策者，随着货币收入的增加，其边际效用递增。

正如 9.1 节的行为实验所体现的，人们对待损失和对待收益的风险态度可能是不一样的。多数经济学家、决策和金融领域的科学家认为一般的人是风险厌恶的，但是心理学家和行为经济学家认为，人们对待损失是风险追逐的，对待收益是风险厌恶的，体现为他们的效用曲线呈现“S”形状，如图 9-5a 所示。但是在有些决策场景中，人们对待损失是风险厌恶的，对待收益是风险追逐的，对应的效用曲线如图 9-5b 所示。

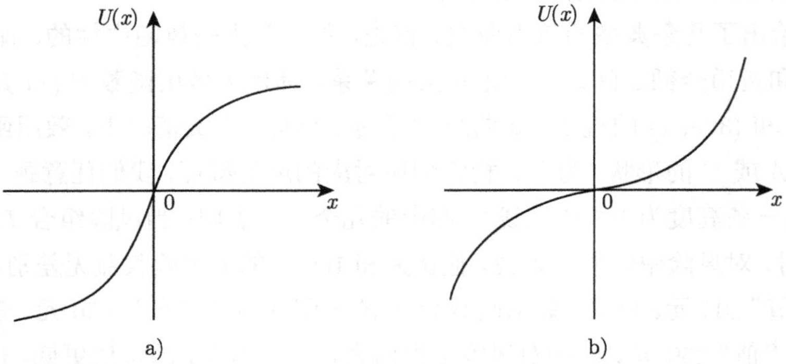

图 9-5　“S”形效用曲线

了解了决策者的效用曲线，我们就可以在“效用”的尺度下对决策方案进行比较了。对于一个风险组合 $L(p_1,r_1;p_2,r_2;\cdots;p_n,r_n)$，它的期望效用（Expected Utility）函数为

$$EU(L)=\sum_{i=1}^{n}p_iU(r_i)$$

[例 9-2]（项目投资） 某部门经理要从三个项目中挑选一个实施。每个项目实施的结果都取决于将来的市场状况。根据分析，可能发生四种市场状况，每个项目在每种状况下对应的期望回报，以及每种状况发生的可能性如表 9-1 所示。已知部门经理的效用曲线如图 9-4 的曲线 A 所示。请问他应该选择实施哪个项目？

表 9-1

项目	可能状况				期望回报
	0.4	0.2	0.1	0.3	
1	300	100	0	−100	110
2	220	160	50	−50	110
3	140	100	100	80	110

解：正如上表最后一列计算的，每个项目所对应的期望回报均为 110。因此，如果部门经理是风险中性的，那么三个项目是无差异的。我们可以直观地看出，项目 1 最大的可能盈利是最高的，同时最大的可能亏损也是最大的，即项目 1 的风险是最高的；相对来说，项目 3 比较稳健，风险较低。考虑到部门经理的效用曲线对应曲线 A（部门经理厌恶风险），我们可以在效用曲线上找到各种可能结果对应的效用值，如表 9-2 所示：

表 9-2

项目	可能状况				期望回报
	0.4	0.2	0.1	0.3	
1	1.00	0.82	0.60	0.00	0.624
2	0.92	0.88	0.72	0.40	0.736
3	0.85	0.82	0.82	0.80	0.826

上表中最后一列计算出了每个项目对应的期望效用。很显然，项目 3 的期望效用最大。也就是说，规避风险的部门经理会选择风险最低的项目 3。类似地，如果部门经理的效用曲线对应图 9-4 中的曲线 C，那么按照期望效用最大化准则决策得到的结果应该是选择风险最大的项目 1。

9.3 指数效用函数

在绝大多数商业活动中，管理者都是规避风险的，因为一旦出现巨额亏损（即便出现的概率极低），可能会给企业带来毁灭性灾难。比如，大型公募基金都通过构建持仓组合（把鸡蛋分散到不同篮子里）、购买股指期货等方法来降低风险。在学术研究和管理应用中，经常采用一个指数型函数来刻画决策者的效用：

$$U(x) = 1 - \exp\left(-\frac{x}{R}\right) \tag{9-2}$$

其中参数 R 值的大小决定了效用函数曲线的形状。图 9-6 绘制了 R 等于 200 和 100 的两条指数效用函数线。不难看出，指数效用函数具有一些明显的特征，包括：

$$U(0) = 0, \qquad \lim_{x\to\infty} U(x) = 1$$

如果用 $U_1(x)$ 和 $U_2(x)$ 表示参数为 R_1 和 R_2 $(R_1 > R_2)$ 所对应的效用函数，则 $x < 0$ 时，$U_1(x) > U_2(x)$；$x > 0$ 时，$U_1(x) < U_2(x)$。两条效用曲线在 $x = 0$ 处有唯一交点。

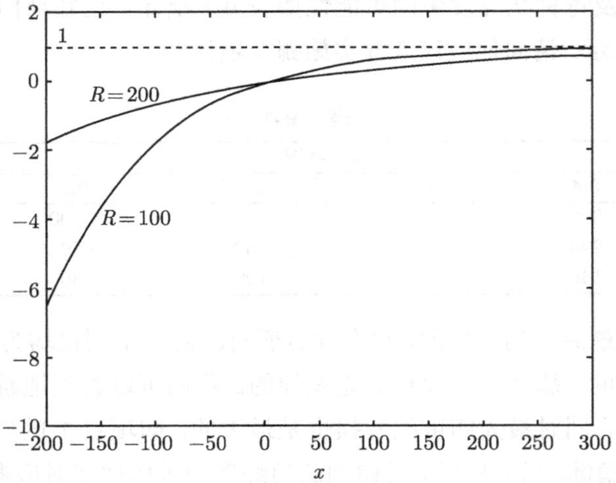

图 9-6 指数效用函数

通过对比可以直观地看出（也可以通过数学证明），参数 R 越大，对应的效用曲线越扁平，越靠近直线（风险中性）的情形。因此，R 越大说明决策者的风险偏好越接近风险中性。所以，一般把 R 称为风险容忍度（Risk Tolerance），R 越大则越能“容忍”风险。

那么，如何定量地刻画人的容忍度？我们先引入一个概念：考虑一个风险组合 L，如果一个无风险的损益值（记为 CE）对应的效用刚好等于 L 的期望效用，即

$$U(CE) = EU(L)$$

我们称该损益值为风险组合 L 的**“确定等价价格”**（Certainty Equivalent），其表达式为

$$CE = -R \times \ln(1 - EU(L)) \tag{9-3}$$

也就是说，在给定的效用函数下，无风险的损益 CE 和风险组合 L 对于某人是无差异的。换句话说，某人认为风险组合 L 的价值刚好“值”CE 这么多货币值。

定理 9-1 *在指数效用函数下，任何风险组合 $L(p_1, r_1; p_2, r_2; \cdots; p_n, r_n)$ 所对应的确定等价价格一定小于该风险组合的期望值。*

证明： 风险组合的期望值记为

$$\bar{r} = p_1 r_1 + p_2 r_2 + \cdots + p_n r_n$$

因为指数效用函数是凹函数，有

$$U(\bar{r}) > p_1 U(r_1) + p_2 U(r_2) + \cdots + p_n(r_n) = EU(L)$$

即

$$1 - \exp\left(-\frac{\bar{r}}{R}\right) > EU(L)$$

等价于

$$\bar{r} > -R \times \ln(1 - EU(L)) = CE$$

即风险组合的期望值大于确定等价价格。

图 9-7 直观地展示了风险组合的期望值和确定等价价格之间的关系，其中考虑的风险组合为 $L(0.5, x_1; 0.5, x_2)$。我们将风险组合的期望值和确定等价价格之间的差值称为“风险溢价”（Risk Premium），它描述了人们承担风险所需的额外补偿。

$$\text{风险组合 } L \text{ 的风险溢价 } = \sum r_i p_i + R \times \ln\left(1 - \sum p_i U(r_i)\right) \tag{9-4}$$

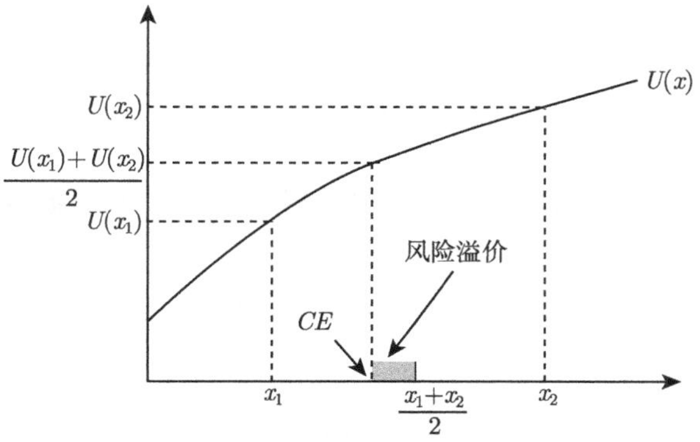

图 9-7 风险溢价示意图

在例 9-1 中，对应于老赵的不同风险容忍度，其确定等价价格也是不同的。图 9-8 给出了确定等价价格关于老赵风险容忍度的函数曲线。很显然，风险容忍度越高，那么确定等价价格也越高。如果老赵能接受对方 30 万元的和解赔偿，则说明老赵认为风险组合 B 的价值不超过 30 万元的无风险收入。因此，老赵的风险容忍度不超过 112 万元。如果老赵的风险容忍度为 100 万元，可知其对应的确定等价价格为 29.32 万元，因此风险溢价为 $36.4 - 29.32 = 7.08$（万元）。

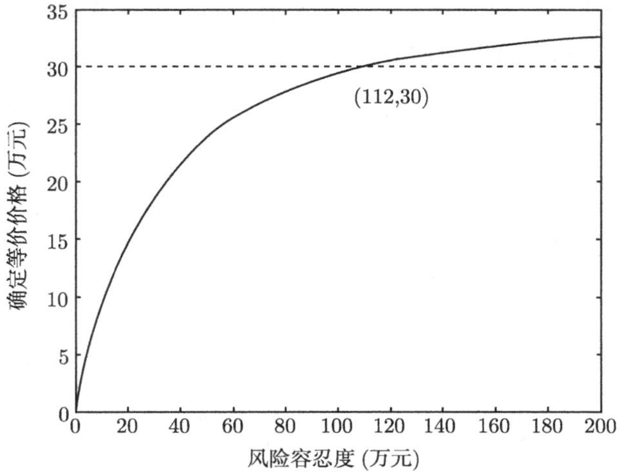

图 9-8 老赵的确定等价价格函数

为了测量人的风险容忍度，也可以设计一个实验[1]。给受访对象提出如下掷硬币（采用的硬币是均匀的，即投掷之后正面或反面朝上的概率均为 50%）的游戏规则：投掷一枚硬币，如果正面朝上，则受访对象获得 X 的现金收入；如果反面朝上，则受访对象支付 $X/2$。向受访对象询问：当 X 最大取值为多少时，你依然能接受该游戏？

上述问询方式实际上了解的是受访对象关于如下风险组合的态度，如图 9-9 所示。

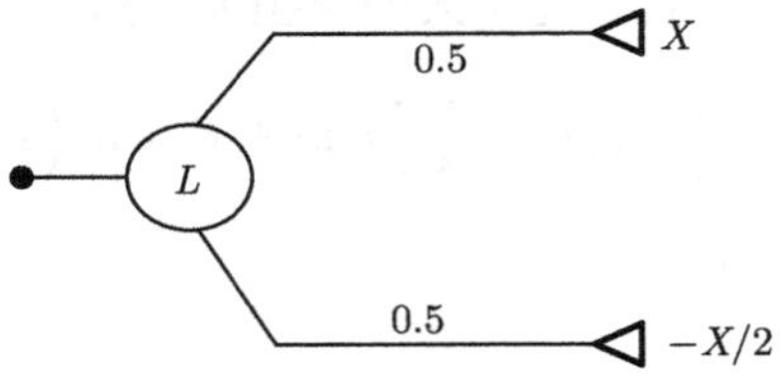

图 9-9

如果受访对象给出的答案为 X，说明风险组合 L 和不玩该游戏（不赚也不赔）是无差异的。即满足

$$0.5U(X)+0.5U\left(-\frac{X}{2}\right)=U(0)$$

等价于

$$\exp\left(-\frac{X}{R}\right)+\exp\left(\frac{X}{2R}\right)=2$$

不难求解得

$$R\approx 1.039X$$

因此，受访对象的风险容忍度和他参与掷硬币能够接受的最大金额之间成正比关系，比例系数为 1.039。

9.4 基于效用理论的管理决策

很多学者采用类似的实验方法对个人决策者和企业决策者的风险容忍度展开过实证研究。研究表明，个人决策者的风险容忍度一般位于个人财富的 1/5 ~ 1/8 之间。[2] 指数

[1] 该实验称为“Howard's Gamble”，详见论文 Howard R A. Decision Analysis: Practice and Promise[J]. Management Science, 1998(34): 679-695.

[2] 相关研究可以参阅文献：

- French K R, Schwert G W, Stambaugh R F. Expected Stock Returns and Volatility[J]. Financial Economics, 1987(19): 3-30.
- Harvey C R. Time-varying Conditional Covariances in Tests of Asset Pricing Models[J]. Financial Economics, 1989(24): 289-317.
- Graham J C, Harvey C R. Market Timing Ability and Volatility Implied in Investment Newsletters' Asset Allocation Recommendations[J]. Financial Economics, 1996(42): 397-421.
- Barsky R B, Juster F T, Kimball M S, et al. Preference Parameters and Behavioral Heterogenity: An Experimental Approach in the Health and Environment Study[J]. Economics, 1997(112): 537-579.

效用函数可以帮助决策者判定是否该购买保险，参见下面的例子。

[**例 9-3**]（**保险购买决策**） 现实生活中，消费者在购买某些贵重商品（如家电、汽车、智能手机、家具等）和服务（如家装）时可以享受 1~3 年的免费质保服务。然而，在使用产品的过程中，产品可能发生一些质保范围之外的故障，消费者需要支付昂贵的维修服务。比如，智能手机很容易出现碎屏，更换一个屏幕需要支付近千元的维修成本。假设统计数据表明，有 α 比例的消费者会出现质保范围之外的某种故障（α 的取值跟产品的质量息息相关），其对应的维修成本为 C。

某保险公司联合厂家推出了一种维修险。消费者如果购买了维修险，出现故障时厂家将予以免费维修。保险公司的保险定价规则如下：平均意义下，购买维修险的每个消费者的期望维修成本为 $\alpha \times C$；考虑到保险的管理成本，保险公司一般会在该期望成本的基础上加价一定的百分比（记为 β），即维修险的销售价格为 $C \times (1+\beta)\,\alpha$。

某顾客刚刚购买了一件新产品，请问他是否应该同时购买一份维修险？结合对自己风险态度的认识，假设该顾客的效用函数为指数形式，对应的风险容忍度为 R 元。

解：画出该顾客的决策树如图 9-10 所示：

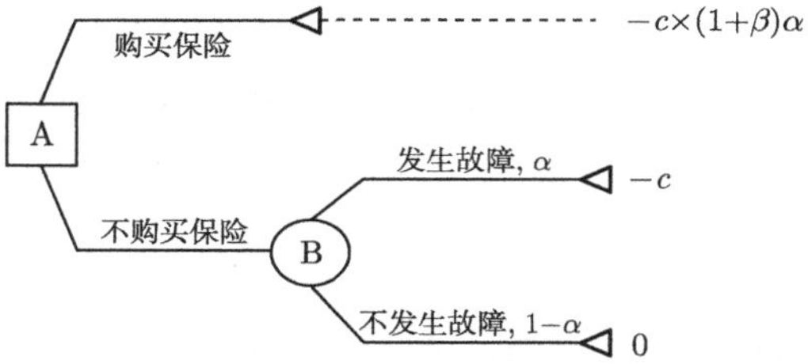

图 9-10 顾客购买维修险的决策树

很显然，如果顾客是风险中性的，那么他一定不会购买保险。在指数效用函数下，顾客不购买保险对应的期望效用为

$$EU\,(\mathrm{B}) = \alpha U\,(-C) + (1-\alpha)\,U\,(0) = \alpha \times \left(1 - \exp\left(\frac{C}{R}\right)\right)$$

顾客购买保险对应的期望效用为

$$U\,(-C \times (1+\beta)\,\alpha) = 1 - \exp\left(\frac{C \times (1+\beta)\,\alpha}{R}\right)$$

因此，当且仅当 $U\,(-C \times (1+\beta)\,\alpha) \geqslant EU\,(\mathrm{B})$，即保险公司的加价比例

$$\beta \leqslant \frac{R}{\alpha C}\ln\left(1 - \alpha + \alpha \times \exp\left(\frac{C}{R}\right)\right) - 1$$

时，该顾客才应该选择购买保险。

换句话来说，该顾客愿意支付的最高维修险费用（即确定等价价格）是

$$CE = R \times \ln\left(1 - \alpha + \alpha \times \exp\left(\frac{C}{R}\right)\right)$$

另一方面，我们记购买保险相对不购买保险的增量期望效用为

$$\begin{aligned}\Delta U &= U\left(-C\times(1+\beta)\alpha\right) - EU\left(\mathrm{B}\right)\\&= 1-\exp\left(\frac{C\times(1+\beta)\alpha}{R}\right)-\alpha\left(1-\exp\left(\frac{C}{R}\right)\right)\end{aligned}$$

它关于容忍度 R 的导数为

$$\begin{aligned}\frac{\mathrm{d}\Delta U}{\mathrm{d}R} &= \frac{C\times(1+\beta)\alpha}{R^2}\exp\left(\frac{C\times(1+\beta)\alpha}{R}\right)-\alpha\frac{C}{R^2}\exp\left(\frac{C}{R}\right)\\&= \frac{C\alpha}{R^2}\left[(1+\beta)\exp\left(\frac{C\times(1+\beta)\alpha}{R}\right)-\exp\left(\frac{C}{R}\right)\right]>0\end{aligned}$$

因此，可知 ΔU 是关于风险容忍度的严格增函数。这意味着风险容忍度越高的顾客越倾向于购买维修险。因此，存在一个容忍度的阈值水平 $\hat{R}$，当且仅当顾客的风险容忍度高于该阈值时，其会选择购买保险。特别是，阈值水平 $\hat{R}$ 是如下方程的唯一解：

$$\exp\left(\frac{C\times(1+\beta)\alpha}{R}\right)+\alpha\left(1-\exp\left(\frac{C}{R}\right)\right)=1$$

值得一提的是，虽然该方程不存在一个显式的解，但是根据 ΔU 的单调性，可以通过简单的一维搜索代码求解该方程。

我们再看两个具体的例子。

[**例 9-4**]（**智能手机碎屏险**） 小马刚刚下单买了一台智能手机。该手机有个缺点是屏幕易碎。有统计数据表明，5%的用户在使用手机过程中会因为摔落等出现碎屏。一旦碎屏，唯一的维修方式是更换屏幕，需要花费 1 000 元的费用。

有一家保险公司开发了一种碎屏险。如果每个购买手机的用户有 5%的可能性会更换屏幕，那么期望意义下，每个用户的换屏成本为 $1\,000\times 5\% = 50$ 元。考虑到保险的管理成本，保险公司在期望成本的基础上加价 10%，即碎屏险的定价为 $50\times 1.1 = 55$ 元。

小马想确定自己是否应该花 55 元购买一份碎屏险。结合对自己风险态度的认识，小马的效用函数为指数形式，对应的风险容忍度为 50 000 元。

解：画出小马的决策树如图 9-11 所示：

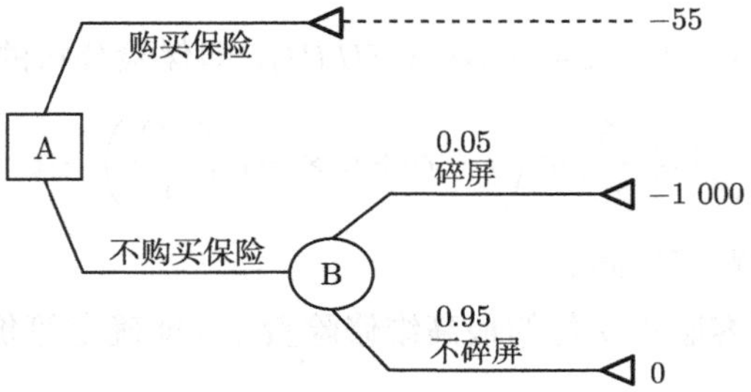

图 9-11　小马购买碎屏险的决策树

小马不购买保险对应的期望效用为

$$EU\left(\mathrm{B}\right) = 0.05U\left(-1\ 000\right) + 0.95U\left(0\right)$$
$$= 0.05 \times \left(1 - \exp\left(\frac{1\ 000}{50\ 000}\right)\right) = -0.001\ 01$$

小马购买保险对应的期望效用为

$$U\left(-55\right) = 1 - \exp\left(\frac{55}{50\ 000}\right) = -0.001\ 1 < EU\left(\mathrm{B}\right)$$

因此，小马应该选择不购买保险。

在上面的例子中，小马之所以不应该购买保险，是因为保险费用过高。那么小马最高愿意支付的碎屏险是多少呢？假设其愿意支付的碎屏险上限为 CE 元，那么应该满足关系式 $U\left(-CE\right) = EU\left(B\right)$，即

$$0.05 \times \left(1 - \exp\left(\frac{1\ 000}{50\ 000}\right)\right) = 1 - \exp\left(\frac{CE}{50\ 000}\right)$$

求得 $CE = 50.48$ 元。

该问题也可以直接借助 Excel 中的 TreePlan 来完成。不同于风险中性情形下求期望值最大或者最小，只需要在 TreePlan 的“Options”选项中，设置为“Use Exponential Utility Function”即可，如图 9-12 所示。

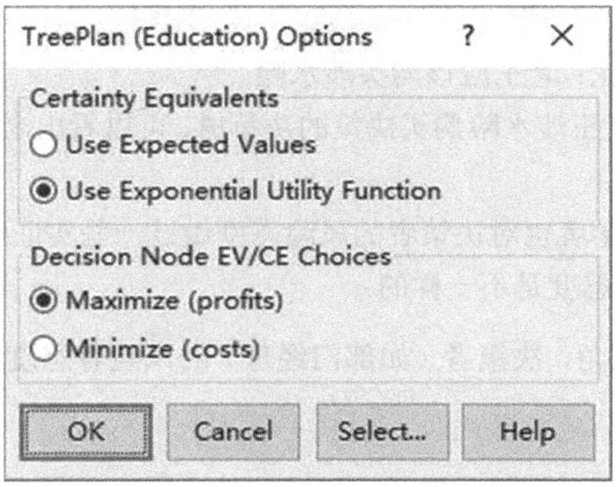

图 9-12 TreePlan 中选择采用指数效用函数

图 9-13 给出了小马购买碎屏险的 TreePlan 决策树的优化结果。正如图中所示，不购买碎屏险对应的期望效用更高，因此小马应该放弃购买碎屏险。该决策树结果中也直接给出了确定的等价价格，即小马愿意支付的最高碎屏险价格是 50.48 元。

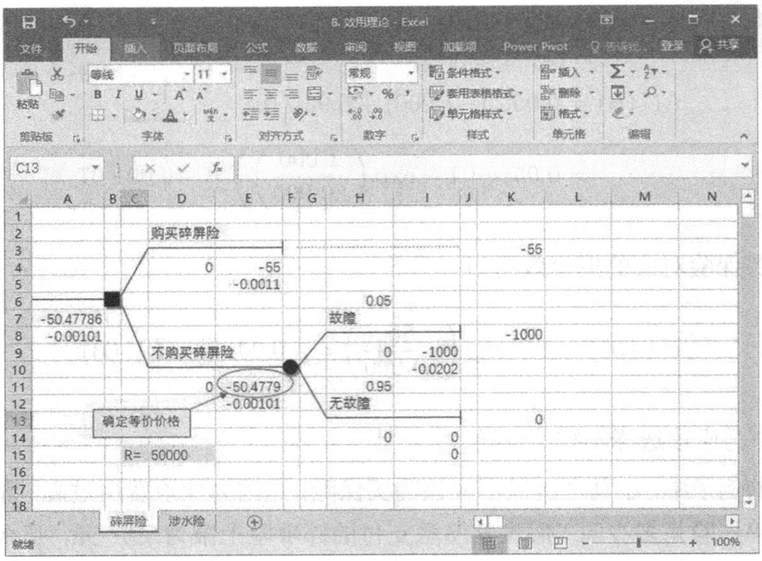

图 9-13　TreePlan 求解小马碎屏险购买决策

[例 9-5]（汽车涉水险）　老王又要购买新一年度的汽车险了。在保险公司给出的保险项目中，老王在琢磨是否购买涉水险。虽然汽车涉水的概率极低（只有 $\alpha = 1\%$），但是一旦汽车发动机进水，需要更换发动机的连杆等部件，需要支出 $C = 20\ 000$ 元的修理费。保险公司在对涉水险定价时成本加成的比例为 $\beta = 10\%$。已知老王的指数效用函数中，风险容忍度为 50 000 元。请问，老王是否应该购买涉水险？

解： 这里我们直接套用例 9-3 的结果。将相关参数代入模型，我们可知

$$10\% = \beta \leqslant \frac{R}{\alpha C} \ln\left(1 - \alpha + \alpha \times \exp\left(\frac{C}{R}\right)\right) - 1 = 22.65\%$$

因此，可以直接得出结论：老王应该购买涉水险。

从图 9-14 对应的老王涉水险购买决策的决策树，可以看出老王最高愿意支付的涉水险保费为 245.31 元。

在企业的层面上，学者也对决策者的风险态度做过一些实证研究⊖。研究表明，不同层级的管理者的风险容忍度是不一样的：

- 在业务部门的视角，决策者（如部门经理）的风险容忍度约等于部门年度预算总额的 1/4；

⊖ 相关研究可以参阅文献：

- Walls M R, Morahan T, Dyer J S. Decision Analysis of Exploration Opportunities in the Onshore US at Phillips Petroleum Company[J]. Interfaces, 1995, 25(6): 39-56.
- Howard R A. Decision Analysis: Practice and Promise[J]. Management Science, 1988(34): 679-695.
- Smith J E. Risk Sharing, Fiduciary Duty, and Corporate Risk Attitudes[J]. Decision Analysis, 2004(1): 114-27.

- 在全公司的视角，一般可以设容忍度为公司市值的 1/6 左右；
- 在股东的视角，拥有多元化股东的上市公司在做决策时近乎是风险中性的。

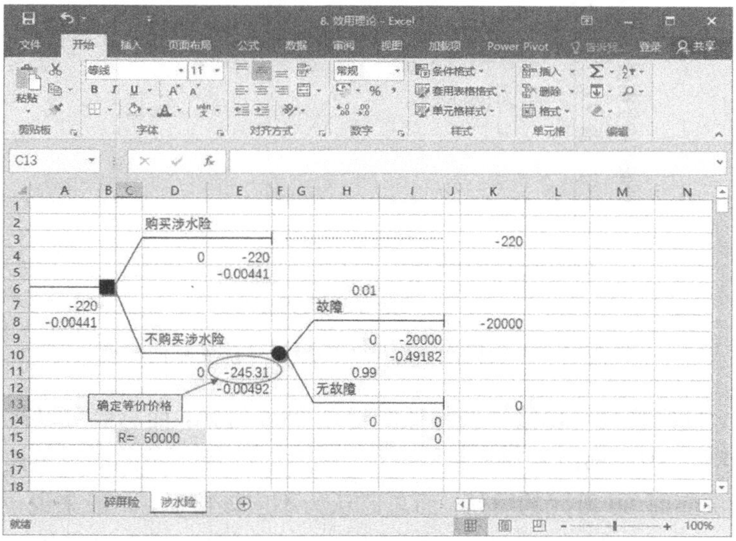

图 9-14 TreePlan 求解老王涉水险购买决策

因此，对待同一个决策问题，不同的管理者因为风险态度不一样，可能得到的决策结果是大相径庭的。考虑下面两个例子。

[例 9-6]（商业索赔） 某公司陷入一场商业纠纷，要向它的供应商索赔。供应商提出给予 90 万元的赔偿额度，公司要权衡是否接受该赔偿。如果不接受该赔偿，将由法官来判决实际赔偿额度。公司法务部门认为如果由法院来判决，公司肯定胜诉，但是赔偿的额度有可能高于 90 万元，也可能低于 90 万元。经过测算，法务部门认为最终赔偿金额在乐观情形下是 120 万元，在悲观情形下是 80 万元，但是出现乐观结果的可能性只有四成。公司 CEO 让部门经理和一个总监分别判断是否接受客户的 90 万元赔偿。

假设部门经理和总监的效用函数都是负指数形式，但是他们对应的风险容忍度不同。部门经理容忍度 $R_1 = 20$ 万元，总监容忍度 $R_2 = 80$ 万元。结合该问题的决策树（如图 9-15 所示），可以计算不同风险容忍度下风险组合 B 所对应的确定等价价格，其曲线如图 9-16 所示。

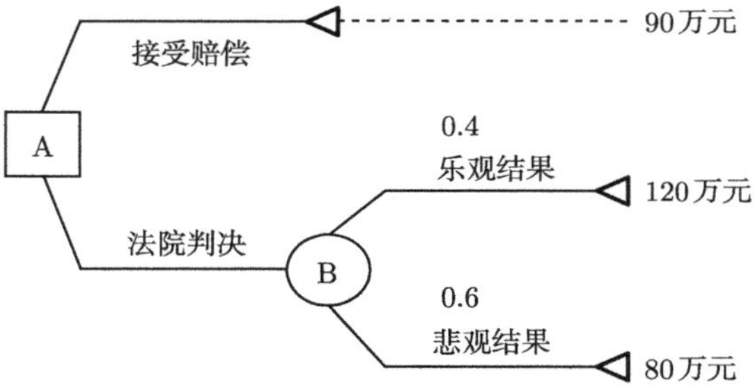

图 9-15 商业索赔的决策树

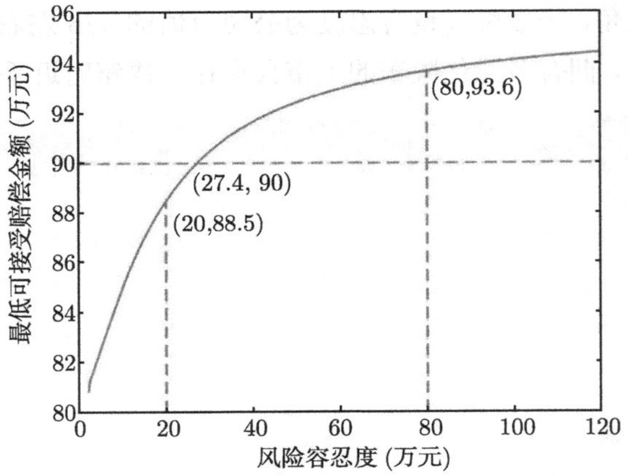

图 9-16 不同风险容忍度下的最低可接受赔偿额度

不难看出，部门经理可以接受的最低赔偿是 88.5 万元，而总监可以接受的最低赔偿额度是 93.6 万元。因此部门经理和总监会向公司 CEO 提出不同的决策建议：部门经理认为可以接受供应商 90 万元的赔偿，而总监认为不应该接受。一般来说，当决策者的意见和 CEO 的意见不一致时，最好让 CEO 来进行“拍板”，因为老板的风险偏好可能又会与其他人存在差异。

再看下一个例子。

[例 9-7]（商业赔偿） 某供应商因为产品质量问题遭到客户的起诉；客户提出了 105 万元的赔偿诉求。供应商的法务部门认为如果由法院来判决，公司肯定败诉，但是赔偿的额度有可能高于 105 万元，也可能低于 105 万元。经过测算，法务部门认为最终赔偿金额在乐观情形下是 60 万元，在悲观情形下是 120 万元，出现乐观情形的可能性只有四成。供应商 CEO 让部门经理和一个总监分别判断是否接受客户的 105 万元的赔偿诉求。

假设部门经理和总监的效用函数都是负指数形式，但是他们对应的风险容忍度不同。部门经理容忍度 $R_1 = 20$ 万元，总监容忍度 $R_2 = 50$ 万元。结合该问题的决策树（如图 9-17 所示），可以计算不同风险容忍度下风险组合 B 所对应的最高赔偿金额如图 9-18 所示。

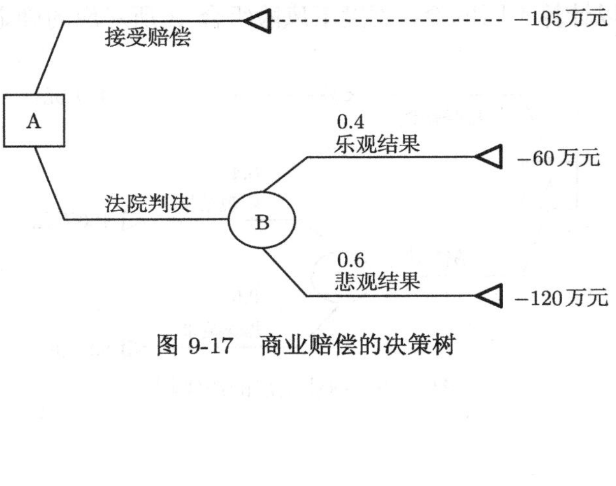

图 9-17 商业赔偿的决策树

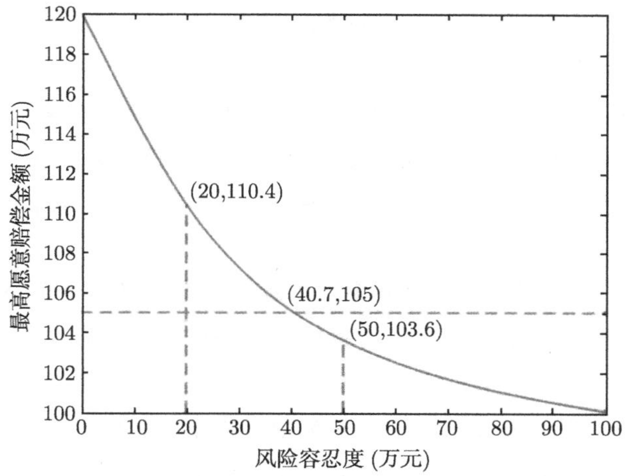

图 9-18 不同风险容忍度下的最高愿意赔偿额度

不难看出，部门经理认为可以接受的最高赔偿是 110.4 万元，而总监可以接受的最高赔偿额度是 103.6 万元。因此部门经理和总监会也向公司 CEO 提出不同的决策建议：部门经理认为可以接受客户 105 万元的索赔请求，而总监认为不应该接受。

本章习题

1. 老赵购买彩票中奖得到了 20 万元，现要决定如何处置这笔收入。一种比较稳妥的方案是以整存整取的方式存入银行，年利率只有 2%。一个在信托公司工作的朋友给老赵提供了一个投资机会，但是该投资结果具有很大的不确定性。如果投资项目运行成功，则一年后老赵可以获得 15%的投资回报；若运行失败，则会亏损 10%的本金。老赵经过自己的判断，认为该项目运行成功和失败的概率均为 0.5。请回答下列问题：

(1) 如果老赵是风险中性的，那么他应如何决策？

(2) 如果老赵并不是风险中性的，他对获益或亏损 M 万元的效用由函数 $U(M) = \sqrt{M+6}/3$ 决定。请指出老赵的风险类型，并通过决策树的方法帮助老赵进行决策。

(3) 对比 (1) 和 (2) 的结果，请说明不同风险态度会对决策带来什么样的影响。

(4) 针对 (2) 中的情形，如果老赵判断的项目成功的可能性不一定准确，请对他的投资决策进行敏感性分析。

2. 小马手头有 10 万元现金可供投资。一个从事信托工作的朋友承诺能给小马 8%的年投资回报率。但是小马感觉目前的股市有走牛的迹象，他也在考虑是否购买指数型基金。经过一番研究，小马认为今年股市走牛和走熊的可能性分别为 40%和 60%：如果牛市来临，购买指数型基金有望获得 30%的回报；如果熊市来临，则购买指数型基金会亏损 10%。小马关注的是年底手头持有的资金。他的效用函数为

$$U(x) = x^3$$

其中金额 x 的单位是万元。请回答下列问题:

(1) 请判断小马的风险态度，说明判断的原因。

(2) 小马是否应该购买指数型基金？请用 TreePlan 建模来决策。

(3) 在小马看来，回报率为多少时，无风险投资和投资指数型基金是无差异的？

(4) 假设小马手头的资金是 M 万元，请问 M 在什么范围内时，他应该选择 8%的无风险回报？

3. 已知老钱的效用函数是指数型函数，风险容忍度为 R。今年公司年底聚餐时为了活跃气氛，在奖金发放方面推出了一种创新性举措: 每个员工可以选择跟往年一样，直接领取 8 000 元的“阳光普照”奖，也可以通过抽签的方式来确定其能够获得的奖金金额。人事部门专门请了 IT 部门编写了一个计算机抽签程序。如果选择抽签的方式，每个人能以 40%的可能性获得 2 万元的奖金，或 60%的可能性只获得 2 000 元的奖金。请回答下列问题:

(1) 老钱的风险容忍度在什么范围内时，他会选择直接领取 8 000 元奖金？

(2) 如果老钱的风险容忍度是 2 万元，请问必须将抽奖抽中 2 万元的概率提升到多少时，他才会愿意去抽奖？

4. 老李在考虑是否给花 5 000 元给自己买一份 10 万元的重大疾病保险。保险公司统计数据表明，3%的购买重疾险的用户在保险期间会发生理赔，理赔的平均金额是 8 万元。假设老李的效用函数是负指数形式，风险容忍度为 5 万元。

(1) 结合上述信息，你建议老李购买重疾险吗？

(2) 为了更加准确地制定保险购买决策，你认为老李还应该收集怎样的信息？

C H A P T E R 10

第10章

非线性规划

相对于线性规划，非线性规划的目标函数或者约束条件存在非线性的形式。通过前面章节的学习不难看出，线性规划虽然可以帮助解决很多的管理问题，但是也存在很多的局限性。比如，当管理问题中的边际收益或者边际成本并非常数（试想经济学中的边际收益递减和边际成本递增规律），决策者的风险态度并非中性（试想指数型效用函数），管理指标本身非线性（如用于度量风险的方差）时，管理者面临的决策问题都是一个非线性规划问题，不能采用线性规划的方法（如单纯形方法）进行求解，也不能采用 100%法则进行敏感性分析。

非线性函数的形式比线性函数要复杂和多变，导致非线性规划的求解难度远远高于线性规划。以图 10-1 所示的三维空间的函数为例，即使其可行域为全域，要通过较少的计算代价找到目标函数的全局极大值点（或全局极小值点）也是非常困难的。特别是，算法找到的极值点很可能只是一个局部极大或局部极小值点。对于一般的非线性规划问题，要找到其最优解，理论上唯有全域搜索（类似于枚举法，但是允许有误差）是比较稳妥的。但是对于很多管理问题，如果其目标函数或约束条件呈现一些“好”的特征（如凹性或凸性、下模性或上模性、单峰等），那么可以开发相应的算法来提升最优解的搜索效率。事实上，很多运营管理和供应链管理的学术研究都是在分析并优化问题“结构性质”的基础上展开的，如投资组合管理、设施选址、库存与定价管理、营销管理、供应链管理等。

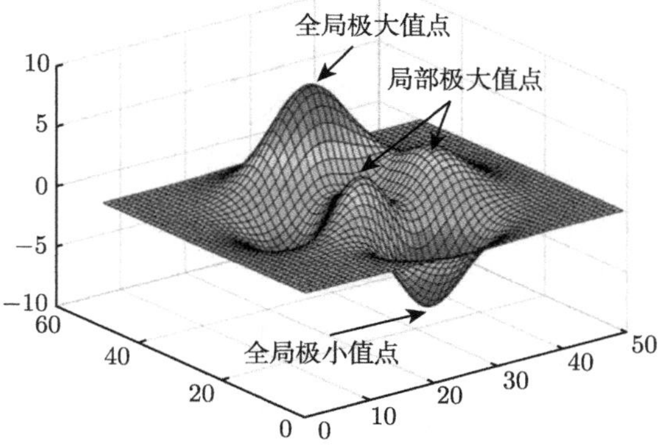

图 10-1　一个典型的非线性函数

10.1 非线性规划的基本概念

一般的非线性规划模型可以描述为：

$$\min/\max f(X)$$
$$\text{s.t.}\, g_i(X) \geqslant 0,\ i = 1, 2, \cdots, k \tag{10-1}$$

其中 $f(X)$ 和 $g_i(X)$ 中至少有一个为非线性函数。

模型 (10-1) 的一个等价形式是：

$$\min/\max f(X)$$
$$\text{s.t.} \begin{cases} X \in D \\ D = \{X | g_i(X) \geqslant 0,\ i = 1, 2, \cdots, k\} \end{cases} \tag{10-2}$$

其中，D 表示问题的可行域。任何不满足上述形式的非线性规划模型，都可以等价变换为上述形式。

10.1.1 局部与全局极值点

[例 10-1] 考虑如下非线性规划模型：

$$\min (x_1 - 14)^2 + (x_2 - 14)^2$$
$$\text{s.t.} \begin{cases} (x_1 - 8)^2 + (x_2 - 9)^2 \leqslant 49 \\ 2 \leqslant x_1 \leqslant 13 \\ x_1 + x_2 \leqslant 24 \end{cases}$$

该规划模型的目标函数和可行域都包含有非线性的形式。其中，约束条件 $(x_1 - 8)^2 + (x_2 - 9)^2 \leqslant 49$ 对应于二维空间中以 (8, 9) 为圆心、半径为 7 的圆。因此，可以非常容易地画出该问题的可行域，如图 10-2 中的阴影部分所示（不难看出，该可行域为一个凸集）。由目标函数的形式可知，任何以点 $A(14,\ 14)$ 为圆心的圆都构成一条等值线。因此，图中的点 $B(12,\ 12)$ 即为规划问题的最优解，它刚好对应于等值线和可行域边界 $x_1 + x_2 \leqslant 24$ 的切点。

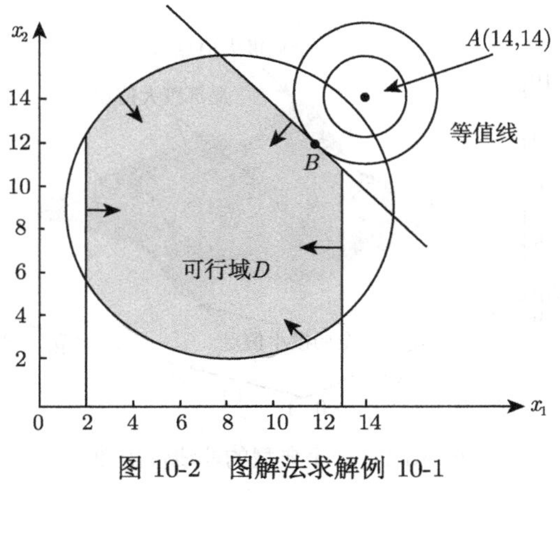

图 10-2 图解法求解例 10-1

在例 10-1 中，最优点 B 位于可行域的边界上，但它并不是可行域的顶点，这是非线性规划问题区别于线性规划问题的一个重要方面（线性规划问题的最优解总是可以在可行域的顶点处获得）。事实上，非线性规划问题的最优解甚至有可能在可行域的内部获得。比如，考虑图 10-3 所示的非线性曲线 $f(x)$，在 $x \in [1,6]$ 的可行域内，$f(x)$ 的最小值在点 C 处获得，它位于可行域的内部（因此，C 是一个“内点”）。在该可行域中，还有两个点（A 和 B）较特殊，它们虽不是优化问题的最优解，但是它们所对应的目标函数的取值均优于（即小于）它们所在邻域的任何其他点的取值。因此，A 点和 B 点被称为局部极小值点。

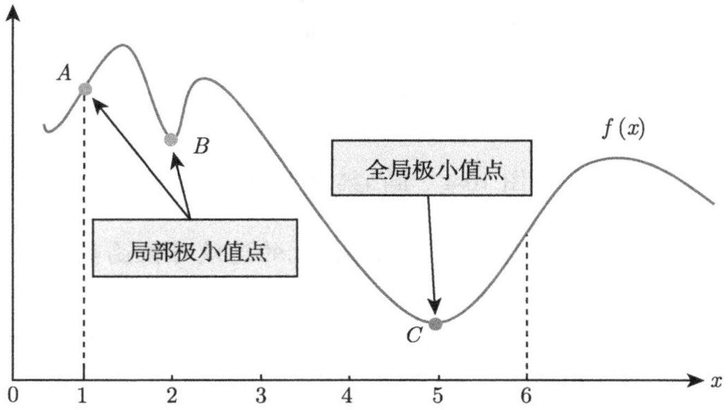

图 10-3 局部极值点和全局极值点

定义 10-1（局部极值点） 在可行域 D 的某一局部范围内使目标函数达到最大（或最小）的可行解。用数学语言来描述：如果存在 $\varepsilon > 0$ 和 $X^* \in D$，使得对任意 $x \in D, |X - X^*| \leqslant \varepsilon$，

- 均有 $f(X) \geqslant f(X^*)$，则 X^* 为可行域 D 上的一个局部极小值点；
- 均有 $f(X) \leqslant f(X^*)$，则 X^* 为可行域 D 上的一个局部极大值点。

定义 10-2（全局极值点） 在整个可行域 D 内使目标函数达到最大（或最小）的可行解。用数学语言来描述：

- 如果 $X^* \in D$，而且对任意 $x \in D$，均有 $f(X) \geqslant f(X^*)$，则 X^* 为可行域 D 上的一个全局极小值点；
- 如果 $X^* \in D$，而且对任意 $x \in D$，均有 $f(X) \leqslant f(X^*)$，则 X^* 为可行域 D 上的一个全局极大值点。

从以上定义可以看出，全局极值点一定是局部极值点，但是局部极值点不一定是全局极值点。在非线性规划模型中，希望找到的是全局极大或极小值点。当非线性规划的可行域中包括非线性的等式或不等式约束时，可行域有可能并不是一个凸集。如图 10-4 所示，如果该求极小化的规划问题的等值线对应于右下方以某点为圆心的圆，不难看出，可行域中的 A 点是全局极小值点，但是 B 点是局部极小值点。

下述定理 10-1 给出了 n 元函数 $f(X)$ 在某点取得极值的必要条件。

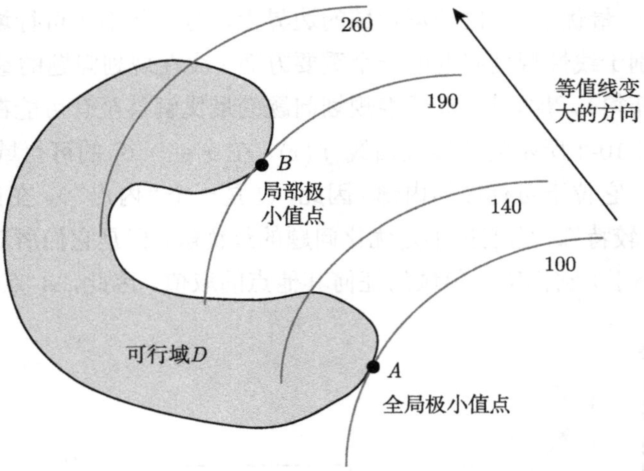

图 10-4 非凸集的可行域 D

定理 10-1 设 $f(X)$ 是 n 维欧式空间 R_n 上的连续可微函数，如果 $f(X)$ 在 X^* 处取得局部极值，则必有

$$\nabla f(X^*) = \left(\frac{\partial f(X^*)}{\partial x_1}, \frac{\partial f(X^*)}{\partial x_2}, \cdots, \frac{\partial f(X^*)}{\partial x_n}\right)^{\mathrm{T}} = 0$$

其中，$\nabla f(X^*)$ 为函数 $f(X)$ 在 X^* 处的梯度。

在微积分术语中，梯度为 0 的点也称为驻点或平稳点（Stationary Point）。从数学的角度，函数的梯度有两条性质：

- 函数 $f(X)$ 在某点的梯度 $\nabla f(X)$ 必与函数过该点的等值面正交；
- 梯度向量的方向是函数值在该点上升最快的方向，负梯度向量的方向则是函数值在该点下降最快的方向。

下述定理 10-2 给出了 n 元函数 $f(X)$ 在某点取得极小值的充分条件。

定理 10-2 设 $f(X)$ 是 n 维欧式空间 R_n 上的连续二阶可微函数，如果 $\nabla f(X^*) = 0$，且 $\nabla^2 f(X^*)$ 正定，则 X^* 为 $f(X)$ 的局部极小值点。其中

$$\boldsymbol{\nabla^2 f(X^*)} = \begin{pmatrix} \dfrac{\partial^2 f(X^*)}{\partial x_1^2} & \dfrac{\partial^2 f(X^*)}{\partial x_1 \partial x_2} & \cdots & \dfrac{\partial^2 f(X^*)}{\partial x_1 \partial x_n} \\ \dfrac{\partial^2 f(X^*)}{\partial x_2 \partial x_1} & \dfrac{\partial^2 f(X^*)}{\partial x_2^2} & \cdots & \dfrac{\partial^2 f(X^*)}{\partial x_2 \partial x_n} \\ \vdots & \vdots & & \vdots \\ \dfrac{\partial^2 f(X^*)}{\partial x_n \partial x_1} & \dfrac{\partial^2 f(X^*)}{\partial x_n \partial x_2} & \cdots & \dfrac{\partial^2 f(X^*)}{\partial x_n^2} \end{pmatrix}$$

为 $f(X)$ 在 X^* 处的 Hessian 矩阵。

[例 10-2] 分析如下函数是否存在极值点：

$$f(X) = 2x_1^2 + 5x_2^2 + x_3^2 + 2x_2x_3 + 2x_3x_1 - 6x_2 + 4$$

解：先计算一阶条件

$$\begin{cases}\dfrac{\partial f(X)}{\partial x_1}=4x_1+2x_3=0\\ \dfrac{\partial f(X)}{\partial x_2}=10x_2+2x_3-6=0\\ \dfrac{\partial f(X)}{\partial x_3}=2x_3+2x_2+2x_1=0\end{cases}\Rightarrow\begin{cases}x_1=1\\x_2=1\\x_3=-2\end{cases}$$

函数 $f(X)$ 在驻点 $X^*=(1,1,-2)$ 处的 Hessian 矩阵为

$$\boldsymbol{\nabla^2 f(X^*)}=\begin{pmatrix}4&0&2\\0&10&2\\2&2&2\end{pmatrix}$$

可以判定矩阵 $\boldsymbol{\nabla^2 f(X^*)}$ 是一个正定矩阵，因此 $X^*=(1,1,-2)^{\mathrm{T}}$ 即为函数 $f(X)$ 的极小值点。

[例 10-3]　分析函数 $f(X)=x_1^2-x_2^2$ 是否存在极值点。

解：先计算一阶条件

$$\begin{cases}\dfrac{\partial f(X)}{\partial x_1}=2x_1=0\\ \dfrac{\partial f(X)}{\partial x_2}=-2x_2=0\end{cases}\Rightarrow\begin{cases}x_1=0\\x_2=0\end{cases}$$

函数 $f(X)$ 在驻点 $X^*=(0,0)^{\mathrm{T}}$ 处的 Hessian 矩阵为

$$\boldsymbol{\nabla^2 f(X^*)}=\begin{pmatrix}2&0\\0&-2\end{pmatrix}$$

该 Hessian 矩阵是不定的，因此 $X^*=(0,0)^{\mathrm{T}}$ 是驻点，但不是极值点。

在泛函中，这种既不是极大值点也不是极小值点的驻点被称为“鞍点”（Saddle Point）。函数 $f(X)=x_1^2-x_2^2$ 实际上对应一个马鞍面，如图 10-5 所示。

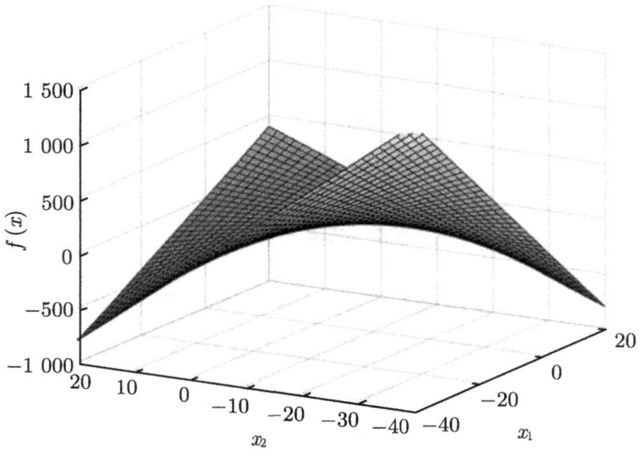

图 10-5　马鞍面

10.1.2 凹函数与凸函数

考虑多元非线性函数 $f(X)$：如果对任意实数 $a\in(0,1)$ 以及任意两点 X_1 和 X_2，恒有

$$f(aX_1+(1-a)X_2)\leqslant af(X_1)+(1-a)f(X_2) \tag{10-3}$$

则称 $f(X)$ 为一个凸函数（Convex Function）。

同理，如果恒有

$$f(aX_1+(1-a)X_2)\geqslant af(X_1)+(1-a)f(X_2) \tag{10-4}$$

则称 $f(X)$ 为一个凹函数（Concave Function）。

如果在不等式 (10-3) 或 (10-4) 中取严格小于号或者大于号，则称 $f(X)$ 为一个严格凸函数或者严格凹函数。

事实上，要判断一个函数是否为凸函数或凹函数，并不需要验证不等式 (10-3) 或 (10-4) 对任意实数 $a\in(0,1)$ 都成立，只须验证它们对某一实数（如 $a=0.5$）成立即可。图 10-6 给出了凸函数和凹函数的示意图。它们的几何意义非常直观：如果函数图形上任意两点的连线都不在这个图形的下方，则该函数为凸函数（也称“下凸”函数，见图 10-6a）；如果函数图形上任意两点的连线都不在这个图形的上方，则该函数为凹函数（也称“上凸”函数，见图 10-6b）。

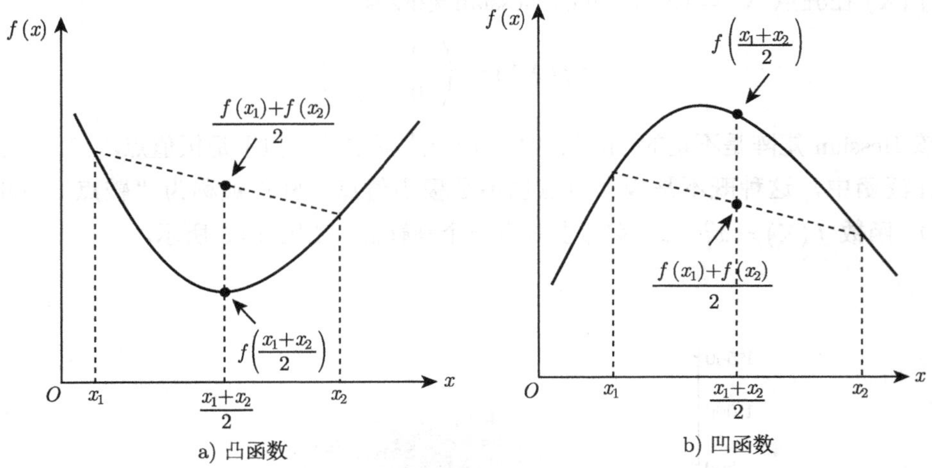

图 10-6 凸函数和凹函数

根据上述定义可知，任何线性函数既可以看作是凸函数，也可以看作是凹函数。一个凹函数乘以 (-1) 即为凸函数。因此，下文重点考察凸函数。

通过简单的数学推导可知，凸函数具有下列性质：

(1) 如果 $f(X)$ 为凸函数，则对任意实数 $\beta\geqslant0$，$\beta f(X)$ 也是一个凸函数；

(2) 如果 $f_1(X)$ 和 $f_2(X)$ 为凸函数，则它们的和 $f_1(X)+f_2(X)$ 也是一个凸函数；

(3) 如果 $f(X)$ 为凸函数，则对任意实数 β，集合

$$D=\{X|f(X)\leqslant\beta\}$$

是一个凸集。

除了通过定义来判断一个函数是否为凸函数以外，还可以利用下述充要条件进行判断。

定理 10-3 若 $f(X)$ 是 n 维欧式空间 R_n 上的连续可微函数，则 $f(X)$ 是凸函数的充分必要条件是：对任意两个不同点 X_1 和 X_2，恒有

$$f(X_2)\geqslant f(X_1)+\nabla f(X_1)^{\mathrm{T}}(X_2-X_1) \tag{10-5}$$

定理 10-4 若 $f(X)$ 是 n 维欧式空间 R_n 上的连续二阶可微函数，则 $f(X)$ 是凸函数的充分必要条件是：对任意点 X，其 Hessian 矩阵均为半正定。

定理 10-3 的几何意义是，如果 $f(X)$ 为凸函数，则过 $f(X)$ 任一点做切线或者切面，该切线或切面必在曲线 $f(X)$ 之下。反之，如果切线或者切面总在曲线 $f(X)$ 之下，则 $f(X)$ 为凸函数。当不等式 (10-5) 取严格大于或者定理 10-4 中 Hessian 矩阵为正定时，函数 $f(X)$ 为严格凸函数。上述两个定理分别从一阶条件和二阶条件的角度给出了凸函数的判定方法。

[**例 10-4**] 分析函数 $f(X)=x_1^2+x_2^2$ 是否为凸函数。

解：采用两种方法来判断。

(1) 任取两个不同的点 $X_1=(a_1,b_1)^{\mathrm{T}}$ 和 $X_2=(a_2,b_2)^{\mathrm{T}}$，不难有 $\nabla f(X_1)=(2a_1,2b_1)^{\mathrm{T}}$，因此

$$\begin{aligned}&f(X_2)-f(X_1)-\nabla f(X_1)^{\mathrm{T}}(X_2-X_1)\\=&a_2^2+b_2^2-a_1^2-b_1^2-(2a_1,2b_2)\times(a_2-a_1,b_2-b_1)^{\mathrm{T}}\\=&(a_2-a_1)^2+(b_2-b_1)^2>0\end{aligned}$$

根据定理 10-3 给出的一阶判定条件知，$f(X)$ 为一个严格凸函数。

(2) 函数 $f(X)$ 在任一点 X 处的 Hessian 矩阵为

$$\boldsymbol{\nabla^2 f(X)}=\begin{pmatrix}2&0\\0&2\end{pmatrix}$$

因为 $\boldsymbol{\nabla^2 f(X)}$ 正定，所以 $f(X)$ 为一个严格凸函数。

定义 10-3（凸规划） 考虑如下非线性规划模型

$$\begin{aligned}&\min\quad f(X)\\&\text{s.t.}\begin{cases}X\in D\\D=\{X|g_i(X)\geqslant 0,\ i=1,2,\cdots,k\}\end{cases}\end{aligned} \tag{10-6}$$

如果目标函数 $f(X)$ 为凸函数，$g_i(X)$ 全是凹函数，则称这种非线性规划为凸规划（Convex Programming）。

凸规划有一些良好的性质，包括：

(1) 凸规划的可行域为凸集；

(2) 任何凸规划的局部极值点也是全局极值点；

(3) 如果目标函数为严格凸函数而且最优解存在，则其最优解必定唯一。

有兴趣的读者可以自行证明上述性质。不难看出，线性规划也是一类特殊的凸规划。

定理 10-5 设 $f(X)$ 是 n 维欧式空间 R_n 上的连续可微凸函数，如果存在 $X^* \in R_n$，使得对任意 $X \in R_n$，恒有

$$\nabla f(X^*)^{\mathrm{T}}(X - X^*) \geqslant 0$$

则 X^* 即为 $f(X)$ 的全局极小值点。

证明： 根据定理 10-3，有

$$f(X) \geqslant f(X^*) + \nabla f(X^*)^{\mathrm{T}}(X - X^*) \geqslant f(X^*)$$

因此，X^* 即为 $f(X)$ 的全局极小值点。

定理 10-5 表明，可微凸函数的驻点就是其全局极小值点。

10.2 非线性规划的搜索算法

对于连续可微的函数来说，可以通过令其梯度等于 0 构建联立方程组求解极值点。对于一元非线性函数，可以采用二分法、斐波那契法、黄金分割法等方法来搜索极值点，计算效率比较高。但是对于多元非线性函数，用来求解极值点的联立方程组可能形式复杂，求解面临着巨大的困难。能否开发一些类似单纯形法的算法，来有效搜索非线性规划的最优解？本节以求极小化的非线性规划为例，介绍非线性规划搜索算法的基本思想。

迭代算法的基本思路类似于单纯形法：从某一个初始点 $X^{(0)}$ 出发，按照一定的规则找出一个优于 $X^{(0)}$ 的点 $X^{(1)}$（即 $f\left(X^{(1)}\right) < f\left(X^{(0)}\right)$），再找出一个优于 $X^{(1)}$ 的点 $X^{(2)}$…… 如此继续，可产生一个逐步改进的点序列 $\{X^{(k)}\}$：

$$f\left(X^{(0)}\right) > f\left(X^{(1)}\right) > \cdots > f\left(X^{(k)}\right) > \cdots$$

如果该序列存在一个极限点 X^*，即

$$\lim_{k\to\infty} X^{(k)} = X^*$$

或

$$\lim_{k\to\infty} \left\| X^{(k)} - X^* \right\| = 0$$

则称该点序列收敛于 X^*。

一般的下降迭代算法并不能找到真正最优的点 X^*，事实上，只要找到比较靠近 X^* 的某个点即可。因此，迭代算法追求的目标是以尽可能少的计算代价找到能满足给定精度要求的满意解。下降迭代算法的一般步骤描述如下：

① 初始化，令 $k=0$，选择初始点 $X^{(k)}$。

② 确定搜索方向，即从 $X^{(k)}$ 出发的能使目标函数进一步下降的方向 $P^{(k)}$。

③ 确定步长，即沿下降方向 $P^{(k)}$ 前进步长 λ_k，得到下一个迭代点

$$X^{(k+1)} = X^{(k)} + \lambda_k P^{(k)}$$

使得

$$f\left(X^{(k+1)}\right) = f\left(X^{(k)} + \lambda_k P^{(k)}\right) < f\left(X^{(k)}\right)$$

④ 检验点 $X^{(k+1)}$ 是否满足误差要求，可供选择的终止准则包括（其中 ε 是足够小的正数）：

- 相继两次迭代结果的绝对误差不超过给定上限

$$\left\|X^{(k+1)} - X^{(k)}\right\| \leqslant \varepsilon$$

$$\left\|f\left(X^{(k+1)}\right) - f\left(X^{(k)}\right)\right\| \leqslant \varepsilon$$

- 相继两次迭代结果的相对误差不超过给定上限

$$\frac{\left\|X^{(k+1)} - X^{(k)}\right\|}{\left\|X^{(k)}\right\|} \leqslant \varepsilon$$

$$\frac{\left\|f\left(X^{(k+1)}\right) - f\left(X^{(k)}\right)\right\|}{\left\|f\left(X^{(k)}\right)\right\|} \leqslant \varepsilon$$

- 函数梯度的模足够小

$$\left\|\nabla f\left(X^{(k+1)}\right)\right\| \leqslant \varepsilon$$

如果满足精度的要求，则迭代停止，输出 $X^{(k+1)}$；若不满足，则令 $k=k+1$，返回步骤 ② 继续迭代。

在上述迭代算法中，搜索方向和搜索步长直接决定了算法的效率。下面介绍两种常用的搜索算法。若想了解更多的搜索算法（如共轭梯度法、变尺度法等），可以参阅相关文献。

10.2.1　梯度法

从当前点 $X^{(k)}$ 出发，为了确定搜索方向和搜索步长，不妨令

$$X = X^{(k)} + \lambda P^{(k)}$$

如果 $f(X)$ 在 $X^{(k)}$ 的梯度为 0，则已经找到了驻点；若不为 0，将 $f(X)$ 在 $X^{(k)}$ 处泰勒展开，得

$$f(X) = f\left(X^{(k)}\right) + \lambda \nabla f\left(X^{(k)}\right)^{\mathrm{T}} P^{(k)} + o(\lambda)$$

其中 $o(\lambda)$ 是 λ 的高阶无穷小。为了保证下一个点相对 $X^{(k)}$ 能改进目标函数值，即

$$f\left(X^{(k)}+\lambda P^{(k)}\right)<f\left(X^{(k)}\right)$$

只需

$$\nabla f\left(X^{(k)}\right)^{\mathrm{T}} P^{(k)}<0$$

由线性代数知识可知

$$\nabla f\left(X^{(k)}\right)^{\mathrm{T}} P^{(k)}=\left\|\nabla f\left(X^{(k)}\right)^{\mathrm{T}}\right\| \times\left\|P^{(k)}\right\| \times \cos(\theta)$$

其中，θ 为向量 $\boldsymbol{\nabla f(X^{(k)})}$ 和向量 $\boldsymbol{P^{(k)}}$ 的夹角。因此，可以选择 $\theta=180^{\circ}$，使得 $\cos(\theta)=-1$，从而 $\nabla f\left(X^{(k)}\right)^{\mathrm{T}} P^{(k)}$ 为负而且绝对值最大，即可令搜索方向与梯度 $\nabla f\left(X^{(k)}\right)$ 反方向（即负梯度方向）：

$$P^{(k)}=-\frac{\nabla f\left(X^{(k)}\right)}{\left\|\nabla f\left(X^{(k)}\right)\right\|}$$

如果不考虑搜索方向的模为 1 的限制，可以直接令

$$P^{(k)}=-\nabla f\left(X^{(k)}\right)$$

负梯度方向是函数值下降最快的方向，沿着该方向搜索有可能较快地达到极值点。因此，梯度法也称为最速下降法。

对于任何给定的搜索方向，为了尽快找到问题的最优解，我们总是希望每次迭代后函数值下降得尽可能多（类似于线性规划中的换基迭代）。因此，选择步长 λ_k 相当于优化下述问题：

$$\lambda_k=\arg\min_{\lambda\geqslant 0} \Phi(\lambda) \tag{10-7}$$

其中

$$\Phi(\lambda)=f\left(X^{(k)}+\lambda P^{(k)}\right)$$

按照 (10-7) 式确定的步长称为最佳步长。

如果 $f(X)$ 是连续可微的，则有 $\Phi(\lambda)$ 也连续可微，其一阶导数为

$$\Phi'(\lambda)=\nabla f\left(X^{(k)}+\lambda P^{(k)}\right)^{\mathrm{T}} P^{(k)}$$

(10-7) 式表明 λ_k 必为函数 $\Phi(\lambda)$ 的驻点，即 $\Phi'(\lambda_k)=0$，即

$$\nabla f\left(X^{(k)}+\lambda_k P^{(k)}\right)^{\mathrm{T}} P^{(k)}=0 \tag{10-8}$$

(10-8) 式表明 $f(X)$ 在 $X^{(k+1)}$ 点的梯度和搜索方向 $P^{(k)}$ 是正交的。

在梯度法中确定好搜索方向后，搜索步长可以直接通过下式确定：

$$\lambda_k=\arg\min_{\lambda\geqslant 0} f\left(X^{(k)}-\lambda\nabla f\left(X^{(k)}\right)\right)$$

对于一般的多元非线性函数，利用上述梯度法搜索也可能需要花费较大的计算代价才会达到精度的要求。因此，在实际使用中，也可以将梯度法和其他方法结合起来应用。比如，在前期使用梯度法，能尽快接近极小值点；在后期可以采用收敛速度更快的其他方法（如牛顿法）。

10.2.2 牛顿法

考虑正定二次函数

$$f(X)=\frac{1}{2}X^{\mathrm{T}}AX+B^{\mathrm{T}}X+c$$

其中 A 为对称正定阵。记该函数的极小值点为 X^*，则必有

$$\nabla f(X^*)=AX^*+B=0$$

即

$$X^*=-A^{-1}B$$

考虑任一点 $X^{(0)}$，$f(X)$ 在该点的梯度为

$$\nabla f\left(X^{(0)}\right)=AX^{(0)}+B=AX^{(0)}-AX^*$$

因此有

$$X^*=X^{(0)}-A^{-1}\nabla f\left(X^{(0)}\right)$$

上式表明，从任一点 $X^{(0)}$ 出发，如果令

$$P^{(0)}=-A^{-1}\nabla f\left(X^{(0)}\right),\quad \lambda_0=1$$

那么，经过一步迭代即可找到极小值点。上述搜索方向 $P^{(0)}=-A^{-1}\nabla f\left(X^{(0)}\right)$ 被称为“牛顿方向”。

[例 10-5] 求解下述函数的极小值点：

$$f(X)=x_1^2+4x_2^2$$

解：将 $f(X)$ 变形为

$$f(X)=\frac{1}{2}(x_1,x_2)\begin{pmatrix}2&0\\0&8\end{pmatrix}\begin{pmatrix}x_1\\x_2\end{pmatrix}$$

不妨取初始点 $X^{(0)}=(1,2)^{\mathrm{T}}$，其梯度为 $\nabla f\left(X^{(0)}\right)=(2,16)^{\mathrm{T}}$。于是

$$\begin{aligned}X^*&=X^{(0)}-A^{-1}\nabla f\left(X^{(0)}\right)\\&=\begin{pmatrix}1\\2\end{pmatrix}-\begin{pmatrix}\frac{1}{2}&0\\0&\frac{1}{8}\end{pmatrix}\begin{pmatrix}2\\16\end{pmatrix}=\begin{pmatrix}0\\0\end{pmatrix}\end{aligned}$$

因此，$X^*=(0,0)^{\mathrm{T}}$ 即为 $f(X)$ 的极小值点。

下面考虑一个连续二阶可导函数 $f(X)$，从点 $X^{(k)}$ 出发，要确定搜索方向和步长。在 $X^{(k)}$ 附近，可以将函数 $f(X)$ 用其二阶泰勒展开式来逼近：

$$f(X)\approx f\left(X^{(k)}\right)+\nabla f\left(X^{(k)}\right)\Delta X+\frac{1}{2}\Delta X^{\mathrm{T}}\nabla^2 f\left(X^{(k)}\right)\Delta X \tag{10-9}$$

其中，$\Delta X=X-X^{(k)}$。

式 (10-9) 右边的近似函数的极小值点应该满足一阶必要条件：

$$\nabla f\left(X^{(k)}\right)+\nabla^2 f\left(X^{(k)}\right)\Delta X=0$$

因此有

$$X=X^{(k)}-\left[\nabla^2 f\left(X^{(k)}\right)\right]^{-1}\nabla f\left(X^{(k)}\right)$$

于是，可以令

$$P^{(k)}=-\left[\nabla^2 f\left(X^{(k)}\right)\right]^{-1}\nabla f\left(X^{(k)}\right),\quad \lambda_k=1$$

该搜索方法采用了牛顿方向，因此被称为广义牛顿法，它可用于求解非正定二次函数的极小点。牛顿法的优点是收敛速度很快，缺点是当问题的维度较高时，计算 $\nabla^2 f\left(X^{(k)}\right)$ 的逆阵可能需要较大的代价。

10.3 带约束的非线性规划

考虑带约束的非线性规划模型 (10-6)。相对于无约束的非线性规划而言，该问题从可行域 D 内某点 $X^{(k)}$ 出发进行搜索时，需要保证下一个点也落在可行域范围内。对问题中的 k 个约束，先界定两个概念：

- 如果某约束 $g_i\left(X^{(k)}\right)>0$，则称其为 $X^{(k)}$ 处的无效约束；
- 如果某约束 $g_i\left(X^{(k)}\right)=0$，则称其为 $X^{(k)}$ 处的有效约束（或起作用约束）。

对于某个搜索方向 P，如果存在正数 λ_0，使得对任意 $\lambda\in[0,\lambda_0]$ 均有 $X^{(k)}+\lambda P\in D$，则称 P 为 $X^{(k)}$ 的一个可行搜索方向（或可行方向）。在设计搜索算法时，只能在可行搜索方向上进行搜索。因此：

- 如果 $X^{(k)}$ 位于可行域 D 的内部，那么任何方向 P 都是可行搜索方向，如图 10-7a 所示；
- 如果 $X^{(k)}$ 位于可行域 D 的某个边界上，则并非任意方向都是可行搜索方向。比如，在图 10-7b 中，$g_i\left(X^{(k)}\right)=0$。直观上，只有和梯度方向 $\nabla g_i\left(X^{(k)}\right)$ 的夹角小于 90 度的方向才是可行搜索方向，即可行搜索方向 P 必须满足

$$\nabla g_i\left(X^{(k)}\right)^{\mathrm{T}}P>0$$

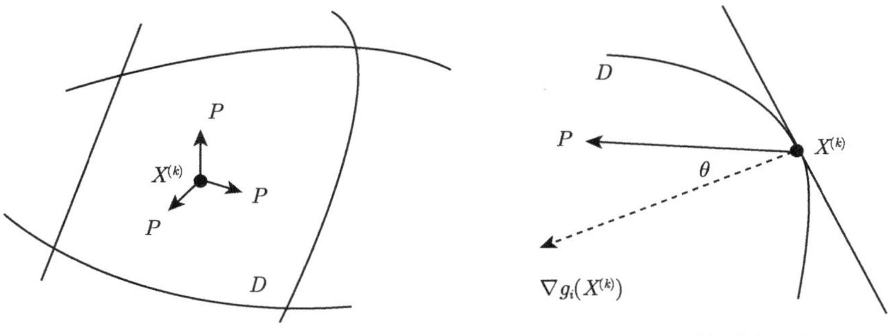

图 10-7　可行搜索方向示意图

另一方面，并非所有可行搜索方向都能使目标函数值得到进一步改进。对于某个搜索方向 P，如果存在正数 λ_0，使得对任意 $\lambda \in (0, \lambda_0]$ 均有

$$f\left(X^{(k)}+\lambda P\right)<f\left(X^{(k)}\right)$$

则称 P 为 $X^{(k)}$ 的一个下降方向。

根据一阶泰勒展开式不难得出，下降方向 P 必须满足如下条件：

$$\nabla f\left(X^{(k)}\right)^{\mathrm{T}} P<0$$

综上，从可行域 D 内某点 $X^{(k)}$ 出发进行搜索时，既可行又下降的方向 P 必须同时满足条件：

$$\begin{cases}\nabla f\left(X^{(k)}\right)^{\mathrm{T}} P<0 \\ \nabla g_i\left(X^{(k)}\right)^{\mathrm{T}} P>0 \text{ 对所有起作用的约束}\end{cases}$$

定理 10-6　设 X^* 是非线性规划问题 (10-6) 的一个局部极小值点，其中目标函数和约束条件均连续可微。记

$$I=\{i \mid g_i\left(X^*\right)=0,\ i=1,2,\cdots,k\}$$

为 X^* 处所有起作用的约束的集合，则在 X^* 处不存在任何可行而且下降的方向，即不存在任何搜索方向 P，同时满足

$$\begin{cases}\nabla f\left(X^{(k)}\right)^{\mathrm{T}} P<0 \\ \nabla g_i\left(X^{(k)}\right)^{\mathrm{T}} P>0,\ i \in I\end{cases} \tag{10-10}$$

定理 10-6 给出了任何极小值点必须满足的条件。该条件是显而易见的，否则从 X^* 点出发，沿着一个可行下降方向进行搜索，一定能在 X^* 附近找到一个更优的点。

那么，如何判断是否存在满足条件 (10-10) 的搜索方向 P 呢？可以参阅如下引理。

引理 10-1（Gordan 引理）　设 $A_1, A_2, \cdots, A_k$ 为 k 个 n 维向量，不存在向量 $\boldsymbol{P}$ 使得对所有 $i=1,2,\cdots,k$，均有

$$A_i^{\mathrm{T}} P<0$$

的充分必要条件是，存在一组不全为零的非负实数 $\mu_1, \mu_2, \cdots, \mu_k$，使得

$$\sum_{i=1}^{k} \mu_i A_i = 0$$

我们考察下面的例子。

[例 10-6]　考察非线性规划问题

$$\min f(X) = (x_1 - 2)^2 + (x_2 - 1)^2$$
$$\text{s.t.} \begin{cases} g_1(X) = x_2 - x_1^2 \geqslant 0 \\ g_2(X) = 2 - x_1 - x_2 \geqslant 0 \end{cases}$$

该问题可以利用图解法非常直观地进行求解，如图 10-8 所示，图中点 $A(1,1)$ 即为问题的最优解。在该点处：

$$\nabla f(1,1) = (-2, 0)^{\mathrm{T}}$$
$$\nabla g_1(1,1) = (-2, 1)^{\mathrm{T}}$$
$$\nabla g_2(1,1) = (-1, -1)^{\mathrm{T}}$$

点 A 的最优性意味着从该点出发，不存在任何既可行又下降的方向，即不存在任何搜索方向 P 同时满足

$$\begin{cases} \nabla f(1,1)^{\mathrm{T}} P < 0 \\ -\nabla g_1(1,1)^{\mathrm{T}} P < 0 \\ -\nabla g_2(1,1)^{\mathrm{T}} P < 0 \end{cases}$$

根据引理 10-1 知，其充要条件是，存在三个非负实数 μ_0、μ_1 和 μ_2，使得

$$\mu_0 \nabla f(1,1) - \mu_1 \nabla g_1(1,1) - \mu_2 \nabla g_2(1,1) = 0$$

因为 $\nabla g_1(1,1)$ 和 $\nabla g_2(1,1)$ 是线性不相关的，所以必有 $\mu_0 \neq 0$。于是，上述条件等价于：存在两个非负实数 μ_1 和 μ_2，使得

$$\nabla f(1,1) = \mu_1 \nabla g_1(1,1) + \mu_2 \nabla g_2(1,1) \tag{10-11}$$

为了更好地理解条件 (10-11) 的几何意义，再次分析图 10-8。因为 $g_1(X)$ 和 $g_2(X)$ 在 A 点处都是起作用的约束，因此，不存在任何搜索方向 P，使得 P 与 $\nabla f(1,1)$ 的夹角超过 90 度，同时 P 与 $\nabla g_1(1,1)$ 和 $\nabla g_2(1,1)$ 的夹角都小于 90 度。从几何角度，满足该现象的一个必要条件是，$\nabla f(1,1)$ 必位于 $\nabla g_1(1,1)$ 和 $\nabla g_2(1,1)$ 之间，即 $\nabla f(1,1)$ 可以写为 $\nabla g_1(1,1)$ 和 $\nabla g_2(1,1)$ 的线性和形式，如式 (10-11)。

例 10-6 揭示了带约束的非线性规划解的一个重要性质，如下定理所示。

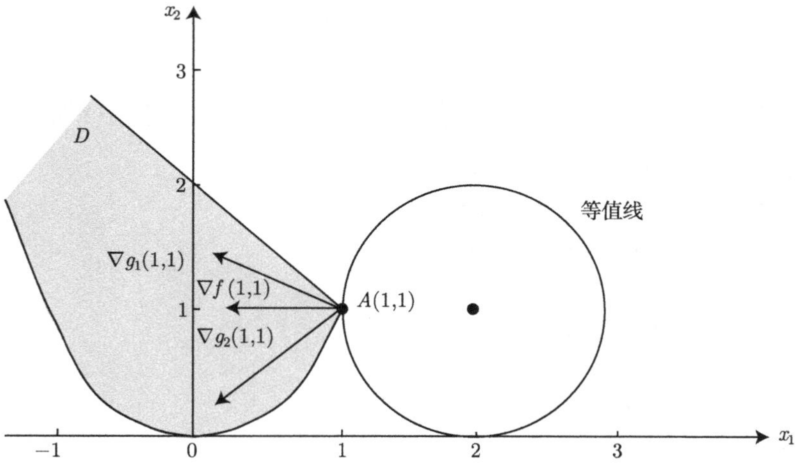

图 10-8　图解法求解例 10-6

定理 10-7（库恩–塔克条件）　设 X^* 是非线性规划问题 (10-6) 的一个局部极小值点，其中目标函数和约束条件均连续可微。如果 X^* 处所有起作用的约束的梯度线性无关，则存在一组不全为 0 的非负实数 $\mu_1,\mu_2,\cdots,\mu_k$，使得

$$\begin{cases}\nabla f\left(X^*\right)=\sum\limits_{i=1}^{k}\mu_i\nabla g_i\left(X^*\right)\\ \mu_i g_i\left(X^*\right)=0,\ i=1,2,\cdots,k\\ \mu_i\geqslant 0, i=1,2,\cdots,k\end{cases}$$

该条件称为“库恩–塔克条件”，满足该条件的点称为“库恩–塔克点”或“K-T 点”。其中的参数 μ_1，$\mu_2,\cdots,\mu_k$ 称为广义拉格朗日乘子。

[例 10-7]　写出下述非线性规划问题的库恩–塔克条件：

$$\min f\left(X\right)$$
$$\text{s.t.}\begin{cases}g_i\left(X\right)\geqslant 0, & i=1,2,\cdots,k\\ h_i\left(X\right)=0, & i=1,2,\cdots,m\\ b_i\left(X\right)\leqslant 0, & i=1,2,\cdots,n\end{cases}\tag{10-12}$$

解：首先将约束条件等价变换为如下形式：

$$\begin{cases}g_i\left(X\right)\geqslant 0, & i=1,2,\cdots,k\\ h_i\left(X\right)\geqslant 0, & i=1,2,\cdots,m\\ -h_i\left(X\right)\geqslant 0, & i=1,2,\cdots,m\\ -b_i\left(X\right)\geqslant 0, & i=1,2,\cdots,n\end{cases}$$

根据定理 10-7，若 X^* 是非线性规划问题 (10-12) 的一个局部极小值点，且 X^* 处所有起作用的约束的梯度线性无关，则存在四组不全为零的非负实数 $\mu_i\left(i=1,2,\cdots,k\right)$、

$\alpha_i\,(i=1,2,\cdots,m)$、$\beta_i\,(i=1,2,\cdots,m)$、$\gamma_i\,(i=1,2,\cdots,n)$ 使得

$$\begin{cases}\nabla f\left(X^*\right)=\sum\limits_{i=1}^{k}\mu_i\nabla g_i\left(X^*\right)+\sum\limits_{i=1}^{m}\left(\alpha_i-\beta_i\right)\nabla h_i\left(X^*\right)-\sum\limits_{i=1}^{n}\gamma_i\nabla b_i\left(X^*\right)\\ \mu_i g_i\left(X^*\right)=0,i=1,2,\cdots,k\\ \alpha_i h_i\left(X^*\right)=0,i=1,2,\cdots,m\\ \beta_i h_i\left(X^*\right)=0,i=1,2,\cdots,m\\ \gamma_i b_i\left(X^*\right)=0,i=1,2,\cdots,n\\ \mu_i\geqslant 0,i=1,2,\cdots,k\\ \alpha_i\geqslant 0,i=1,2,\cdots,m\\ \beta_i\geqslant 0,i=1,2,\cdots,m\\ \gamma_i\geqslant 0,i=1,2,\cdots,n\end{cases}$$

由于一定满足 $\alpha_i h_i\left(X^*\right)=\beta_i h_i\left(X^*\right)=0$，上述条件等价于：存在三组不全为零的实数 $\mu_i\,(i=1,2,\cdots,k)$、$\alpha_i\,(i=1,2,\cdots,m)$、$\gamma_i\,(i=1,2,\cdots,n)$，使得

$$\begin{cases}\nabla f\left(X^*\right)=\sum\limits_{i=1}^{k}\mu_i\nabla g_i\left(X^*\right)+\sum\limits_{i=1}^{m}\alpha_i\nabla h_i\left(X^*\right)-\sum\limits_{i=1}^{n}\gamma_i\nabla b_i\left(X^*\right)\\ \mu_i g_i\left(X^*\right)=0,i=1,2,\cdots,k\\ \gamma_i b_i\left(X^*\right)=0,i=1,2,\cdots,n\\ \mu_i\geqslant 0,i=1,2,\cdots,k\\ \gamma_i\geqslant 0,i=1,2,\cdots,n\end{cases}$$

注意，对于等式约束 $h_i\left(X\right)=0$，其 K-T 条件中对应的系数 α_i 不一定要取非负实数。

[例 10-8] 利用库恩–塔克条件分别求解下列非线性规划

$$\text{(a) min}\quad f_1\left(x\right)=-x^2+2x+9$$
$$\text{s.t. } 0\leqslant x\leqslant 5$$
$$\text{(b) min}\quad f_2\left(x\right)=x^2-2x-9$$
$$\text{s.t. } 0\leqslant x\leqslant 5$$

解： 记

$$g_1\left(x\right)=x$$

$$g_2\left(x\right)=5-x$$

于是有

$$\nabla f_1\left(x\right)=-2x+2,\quad \nabla f_2\left(x\right)=2x-2$$

$$\nabla g_1\left(x\right)=1,\quad \nabla g_2\left(x\right)=-1$$

(1) 引入两个拉格朗日乘子 μ_1, μ_2，该规划问题对应的库恩–塔克条件为

$$\begin{cases} -2x+2=\mu_1-\mu_2 \\ \mu_1 x=0 \\ \mu_2(5-x)=0 \\ \mu_1,\mu_2 \geqslant 0 \end{cases}$$

为了求解该联立方程组，讨论如下四种情形：

① 如果 $\mu_1 > 0$ 且 $\mu_2 > 0$，方程组无解；

② 如果 $\mu_1 > 0$ 且 $\mu_2 = 0$，有 $x = 0$，$\mu_1 = 2$，对应的 $f_1(x) = 9$；

③ 如果 $\mu_1 = 0$ 且 $\mu_2 = 0$，有 $x = 1$，对应的 $f_1(x) = 10$；

④ 如果 $\mu_1 = 0$ 且 $\mu_2 > 0$，有 $x = 5$，$\mu_2 = 8$，对应的 $f_1(x) = -6$。

对应于上述 ②、③ 和 ④ 三种情形，可得到三个 K-T 点，其中 $x = 0$ 和 $x = 5$ 是极小值点，而 $x = 1$ 为极大值点。问题的全局极小值点为 $x^* = 5$，对应的最优目标函数值为 $f_1(x^*) = -6$。

(2) 引入两个拉格朗日乘子 μ_1, μ_2，该规划问题对应的库恩–塔克条件为

$$\begin{cases} 2x-2=\mu_1-\mu_2 \\ \mu_1 x=0 \\ \mu_2(5-x)=0 \\ \mu_1,\mu_2 \geqslant 0 \end{cases}$$

为了求解该联立方程组，讨论如下四种情形：

① 如果 $\mu_1 > 0$ 且 $\mu_2 > 0$，方程组无解；

② 如果 $\mu_1 > 0$ 且 $\mu_2 = 0$，有 $x = 0$，$\mu_1 = -2 < 0$，因此方程组无解；

③ 如果 $\mu_1 = 0$ 且 $\mu_2 = 0$，有 $x = 1$，对应的 $f_2(x) = -10$；

④ 如果 $\mu_1 = 0$ 且 $\mu_2 > 0$，有 $x = 5$，$\mu_2 = -8 < 0$，因此方程组也无解。

因此，只得到了一个 K-T 点 $x = 1$，它即是问题的唯一极小值点。

在例 10-8 中，$f_1(x)$ 是一个凹函数，从而导致出现了多个 K-T 点。但是 $f_2(x)$ 是一个凸函数，其极小值点是唯一的。事实上，当 $f(X)$ 是严格凸函数且可行域为凸集时，K-T 点应该是唯一确定的。

10.4　非线性规划的管理应用

下面结合几个例子探讨非线性规划的管理应用。

[例 10-9]（投资组合）　某投资公司考虑投资三家公司（A、B 和 C）的股票。投资各公司的回报率都存在较大的不确定性；经过测算它们各自的年期望收益率、标准差和相关系数如表 10-1 所示。作为投资经理，你如何确定“最佳”的投资组合？

表 10-1

公司	期望年收益 (%)	标准差 (%)	相关系数		
			A	B	C
A	11	4.00	1		
B	14	4.69	0.16	1	
C	7	3.16	−0.395	0.067	1

解： 先简单分析一下该问题。在可供投资的三家公司中，B 的期望年收益最高，但是其标准差也最大；相反，C 的期望年收益最低，但是其标准差最小。这说明要追求高回报往往需要承担更高的风险。通过构建合适的投资组合，可以帮助投资公司合理地降低风险。

用随机变量 R_A、R_B 和 R_C 分别表示三家公司对应的年投资回报率，它们对应的标准差分别为 σ_A、σ_B 和 σ_C。设 x_A、x_B 和 x_C 分别为投资三家公司的比重，则投资组合的回报可以记为

$$Z = x_\mathrm{A}R_\mathrm{A} + x_\mathrm{B}R_\mathrm{B} + x_\mathrm{C}R_\mathrm{C}$$

它是一个取决于投资组合决策的随机变量。一般来说，通过构建投资组合，投资经理希望组合的期望回报尽可能高，同时风险尽可能低。投资组合 Z 的期望值和方差分别为

$$E[Z] = x_\mathrm{A}E[R_\mathrm{A}] + x_\mathrm{B}E[R_\mathrm{B}] + x_\mathrm{C}E[R_\mathrm{C}] = 11x_\mathrm{A} + 14x_\mathrm{B} + 7x_\mathrm{C}$$

$$\begin{aligned} V[Z] &= x_\mathrm{A}^2\sigma_\mathrm{A}^2 + x_\mathrm{B}^2\sigma_\mathrm{B}^2 + x_\mathrm{C}^2\sigma_\mathrm{C}^2 + 2x_\mathrm{A}x_\mathrm{B}\sigma_\mathrm{A}\sigma_\mathrm{B}\mathrm{Corr}(R_\mathrm{A}, R_\mathrm{B}) \\ &\quad + 2x_\mathrm{A}x_\mathrm{C}\sigma_\mathrm{A}\sigma_\mathrm{C}\mathrm{Corr}(R_\mathrm{A}, R_\mathrm{C}) + 2x_\mathrm{C}x_\mathrm{B}\sigma_\mathrm{C}\sigma_\mathrm{B}\mathrm{Corr}(R_\mathrm{C}, R_\mathrm{B}) \\ &= 16x_\mathrm{A}^2 + 22x_\mathrm{B}^2 + 10x_\mathrm{C}^2 + 6x_\mathrm{A}x_\mathrm{B} - 10x_\mathrm{A}x_\mathrm{C} + 2x_\mathrm{C}x_\mathrm{B} \end{aligned}$$

由于投资经理的风险偏好不同，往往有两种建模思路。

方法 (1) 如果投资经理把期望回报率放在首位（回报优先），他会设置期望达到的收益率水平（介于单一企业年收益率的最大值和最小值之间），在满足该回报率的前提下使得投资组合的风险最小。比如投资经理设定的期望收益率为 11%，则对应的优化模型为

$$\min V[Z] = 16x_\mathrm{A}^2 + 22x_\mathrm{B}^2 + 10x_\mathrm{C}^2 + 6x_\mathrm{A}x_\mathrm{B} - 10x_\mathrm{A}x_\mathrm{C} + 2x_\mathrm{C}x_\mathrm{B}$$

$$\text{s.t.}\begin{cases} E[Z] = 11x_\mathrm{A} + 14x_\mathrm{B} + 7x_\mathrm{C} \geqslant 11 \\ x_\mathrm{A} + x_\mathrm{B} + x_\mathrm{C} = 1 \\ x_\mathrm{A}, x_\mathrm{B}, x_\mathrm{C} \geqslant 0 \end{cases}$$

方法 (2) 如果投资经理把投资的风险放在首位（风险优先），他会为投资组合的方差（或者标准差）设置一个上限值，在满足该上限的前提下优化投资组合的期望收益率。比如投资经理设定的标准差上限为 3.1%，则对应的优化模型为

$$\max E[Z] = 11x_\mathrm{A} + 14x_\mathrm{B} + 7x_\mathrm{C}$$

$$\text{s.t.}\begin{cases} V[Z] = 16x_\mathrm{A}^2 + 22x_\mathrm{B}^2 + 10x_\mathrm{C}^2 + 6x_\mathrm{A}x_\mathrm{B} - 10x_\mathrm{A}x_\mathrm{C} + 2x_\mathrm{C}x_\mathrm{B} \leqslant 9.61 \\ x_\mathrm{A} + x_\mathrm{B} + x_\mathrm{C} = 1 \\ x_\mathrm{A}, x_\mathrm{B}, x_\mathrm{C} \geqslant 0 \end{cases}$$

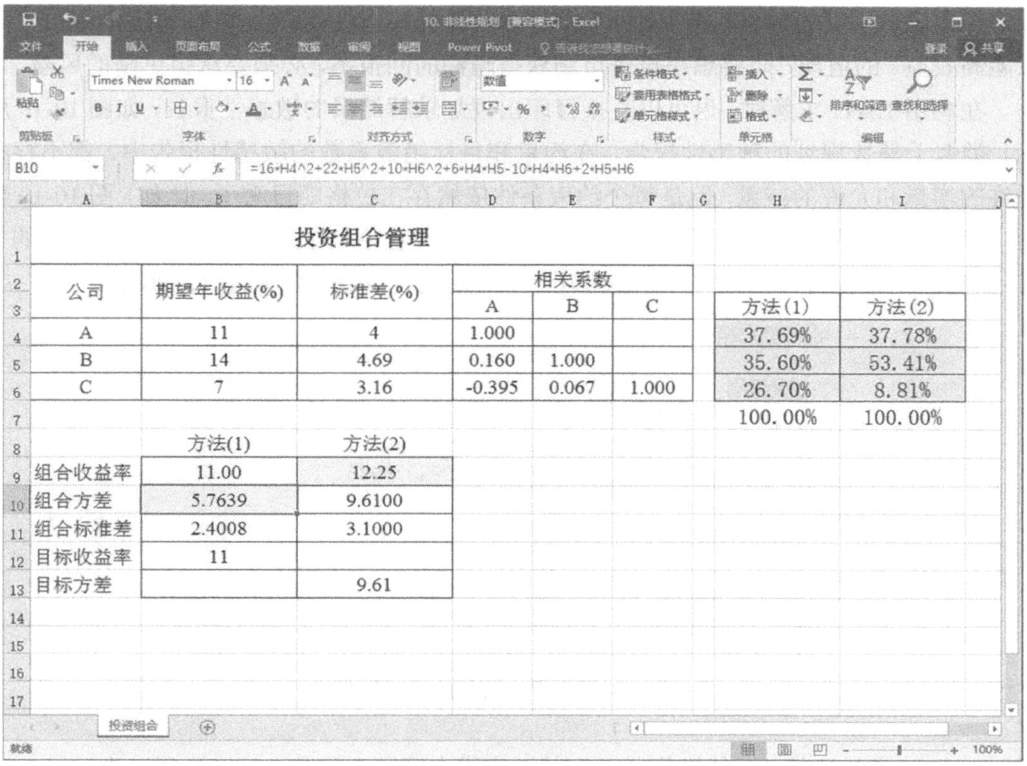

投资组合管理

公司	期望年收益(%)	标准差(%)	相关系数		
			A	B	C
A	11	4	1.000		
B	14	4.69	0.160	1.000	
C	7	3.16	-0.395	0.067	1.000

方法(1)	方法(2)
37.69%	37.78%
35.60%	53.41%
26.70%	8.81%
100.00%	100.00%

	方法(1)	方法(2)
组合收益率	11.00	12.25
组合方差	5.7639	9.6100
组合标准差	2.4008	3.1000
目标收益率	11	
目标方差		9.61

图 10-9　投资组合决策结果

和线性规划模型一样，可以利用 Excel 等优化软件来求解该非线性规划模型。比如，使用 Excel 的规划求解模块时，只需要将求解方法设置为“非线性 GRG”即可。采用上述两种方法求解的结果如图 10-9 所示。可以看出：

- 当回报优先的投资经理将目标收益率设置为 11%时，最佳的投资组合为将资产的 37.69%、35.60%和 26.70%分别投资于三家公司，能使得投资组合的标准差降低为 2.400 8%。
- 当风险优先的投资经理将投资组合的标准差上限设置为 3.1%时，最佳的投资组合为将资产的 37.78%、53.41%和 8.81%分别投资于三家公司，能实现 12.25%的期望组合收益率。

不难发现，在构建投资组合的过程中，任何组合的期望收益率都介于 7%（公司 C 的期望年收益率）和 14%（公司 B 的期望年收益率）之间，但是投资组合的标准差有可能低于三家公司标准差的最小值，这是因为被投对象收益率之间存在负相关。在现实中，利用不同投资对象之间的相关关系，投资公司可以构建合适的组合来降低投资风险。

有兴趣的读者可以在方法 (1) 或方法 (2) 中，改变投资经理期望实现的收益率（或愿意承受的最大组合标准差）的取值，分别计算最优投资组合以及组合的最小标准差（或最大收益率）。不难发现，投资经理期望实现的收益率越大，则组合的最优标准差也越大；

投资经理愿意承受的组合标准差越大，则组合的最优期望收益率也越大。这也印证了“高风险高收益”的道理，即要想在投资市场获得超额的回报率，必须要承担更高的风险。

在利用 Excel 求解时，也可以直接打印出规划求解结果的敏感性报告，如图 10-10 所示。类似于整数规划的敏感性报告，在约束和目标函数系数的敏感性报告中，都不存在允许的增量和允许的减量，但是每个约束条件依然存在拉格朗日乘子。比如，图 10-10 表明，如果风险优先的投资经理可以承受的组合的方差在 9.61 的基础上增加一个很小的量 Δ，则对应的最优目标函数值（即最优组合下的期望收益率）将增加约 0.260Δ。

可变单元格

单元格	名称	终值	递减梯度
\$I\$4	A 方法(2)	0.377774649	0
\$I\$5	B 方法(2)	0.534148415	0
\$I\$6	C 方法(2)	0.088076936	0

约束

单元格	名称	终值	拉格朗日乘数
\$C\$10	组合方差 方法(2)	9.610000427	0.260288208
\$I\$7	方法(2)	1	7.246727207

图 10-10 投资组合决策的敏感性报告

[**例 10-10**]（**选址决策**） 某销售公司在某城市设立了四个销售中心，分别记为 A、B、C 和 D。公司打算建立一个新库房，同时为四个销售中心提供物流服务。表 10-2 给出了二维地图上四个销售中心的坐标以及每个销售中心的日均物流需求。请帮助公司初步规划库房的选址。

表 10-2

销售中心	每日卡车运输次数	x 的坐标值	y 的坐标值
A	9	8	2
B	7	3	10
C	4	8	15
D	5	14	13

解：设库房的选址坐标为 $P(x,y)$，如图 10-11 所示。很显然，P 点和各销售中心的距离决定了对应的物流成本。如果目标函数是总的加权运输路程最短，则选址决策对应的优化问题是：

$$\min f(x,y) = 9\sqrt{(x-8)^2+(y-2)^2}+7\sqrt{(x-3)^2+(y-10)^2}$$
$$+4\sqrt{(x-8)^2+(y-15)^2}+5\sqrt{(x-14)^2+(y-13)^2}$$

这可以看作是一个无约束的非线性规划问题。借助 Excel 建立优化模型（如图 10-12 所示），可知最佳选址的坐标为 $(x^*,y^*)=(6.81,8.65)$。

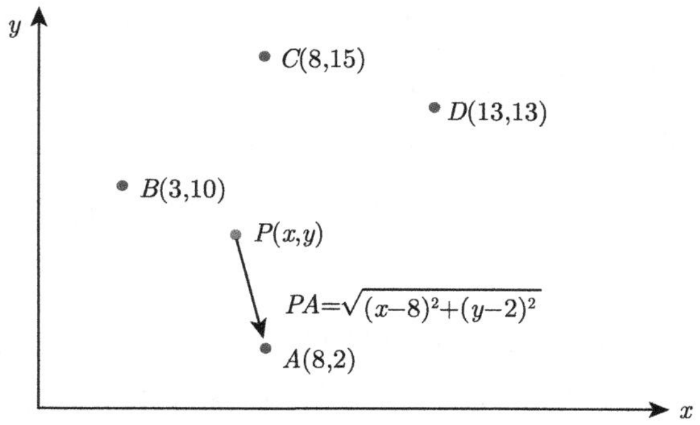

图 10-11　选择决策示意图

	选址决策				
销售中心	每日卡车运输次数	x的坐标值	y的坐标值		距离
A	9	8	2		6.754
B	7	3	10		4.043
C	4	8	15		6.461
D	5	14	13		8.403
	P点坐标	6.81	8.65		
	总运输距离	156.955			

图 10-12　选址决策结果

细心的读者可能已经意识到，采用上述模型来帮助企业选址貌似过于简单。事实上，企业选址决策问题远比上述模型复杂，还需要考虑到更多其他的因素，比如：

- 并非任意选址 $P(x,y)$ 都是可行的，这意味着 (x,y) 可能需要满足相应的约束条件。
- 按照卡车运输次数作为权重来优化总的运输路程也未必是合理的，比如有些情境下卡车可以从库房出发，沿途分别给各个销售中心依次发货。因此，可能需要在模型中同时考虑选址决策以及对应的车辆路径规划。
- 利用库房和各销售中心的直线距离作为运输距离也未必合理。比如，在很多城市中，受到交通路线的约束，很多配送只能走折线，而不是直线。

- 在交通拥堵现象常见的城市物流配送中，配送路径最短并不一定是企业追求的目标；相反，总运输时间最短也许是更合理的目标。因此，在选址模型中，可能需要考虑到不同路径的拥堵时间、通行费用等因素。

因此，建立选址模型需要结合实际问题背景，尽可能准确地描述企业所追求的目标以及面临的约束条件。

[例 10-11]（订货批量决策） 经济订货批量（Economic Ordering Quantity）模型最早由 F.W. Harris 于 1915 年提出，它描述的是如下决策问题。某销售商批发并销售某产品，已知产品的需求率为 D 件/年，顾客需求均匀到达。销售商需要制定采购策略来满足顾客的需求。采购成本包括两方面：

- 固定成本：每次采购发生的固定成本为 S 元，该成本与采购数量无关；
- 可变成本：产品的单位采购成本为 C 元/件。

此外，产品的库存成本为 H 元/（件 · 年）。请问：在满足顾客需求的前提下，为了使得总成本最低，销售商应该每次批发多少件产品？

解：设每次批发 Q 件产品。考虑一年的时间周期：总订货量刚好等于一年的总需求量，因此每年的订货次数为 D/Q。相应地，总固定订货成本为 $S\times(D/Q)$。因为顾客需求均匀到达，库存水平随时间的变化规律如图 10-13 所示。显然，库存的最高水平为 Q，最低水平为 0。因此，平均库存水平为 $Q/2$，对应的库存成本为 $H\times(Q/2)$。

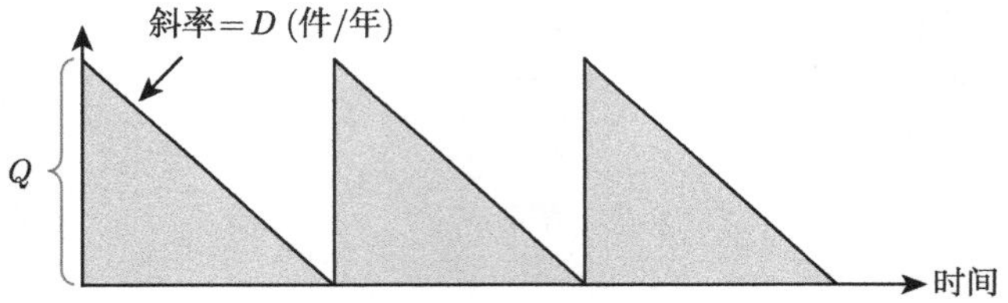

图 10-13　库存水平随时间变化曲线

考虑到固定订货成本、可变订货成本以及库存持有成本，一年的总成本为

$$F(Q)=C\times D+S\times\frac{D}{Q}+H\times\frac{Q}{2}$$

一般来说，订货批量 Q 的取值越大，则固定订货成本越低，库存持有成本越高，如图 10-14 所示。总成本函数是关于 Q 的非线性形式，其一阶导数为

$$\frac{\mathrm{d}F(Q)}{\mathrm{d}Q}=\frac{H}{2}-S\times\frac{D}{Q^2}$$

它是关于 Q 的单调递增函数，即

$$\frac{\mathrm{d}^2F(Q)}{\mathrm{d}Q^2}=2S\times\frac{D}{Q^3}>0$$

故 $F(Q)$ 是关于 Q 的凸函数。成本函数 $F(Q)$ 的极小值点 Q^* 由其一阶条件唯一确定。令

$$\frac{\mathrm{d}F(Q)}{\mathrm{d}Q}=\frac{H}{2}-S\times\frac{D}{Q^2}=0\Rightarrow Q^*=\sqrt{\frac{2DS}{H}}$$

因此，销售商的最优订货量（即经济订货批量）为 $Q^*=\sqrt{\dfrac{2DS}{H}}$。在该订货量处，库存的持有成本刚好等于固定订货成本。特别是，固定采购成本越高，则经济订货批量越高，产品的库存成本越高，则经济订货批量越低。

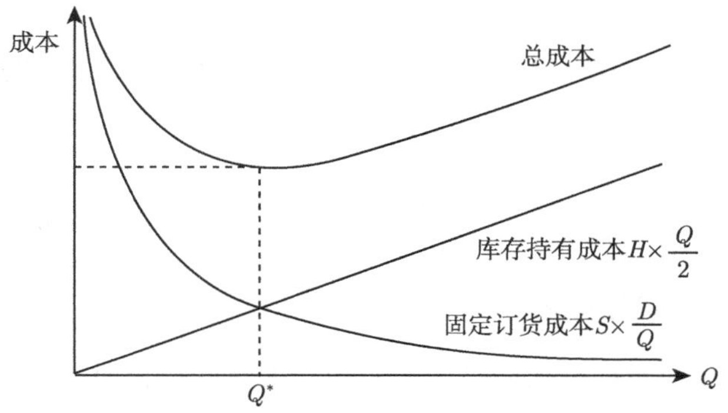

图 10-14 经济订货批量模型的最优解

[例 10-12]（花童模型） 某花店老板每天早上从花卉市场批发一批玫瑰花，然后在店里销售。已知每朵玫瑰花的批发价格为 w 元，零售价格为 $p(>w)$ 元。每天玫瑰花的需求是不可准确预测的，因为需求受到太多因素的影响。通过对历史销售数据的统计分析，花店老板发现每天的玫瑰花需求大致服从一个概率密度函数为 $f(x)$、累计概率分布函数为 $F(x)$ 的随机分布。因为花店条件的限制，当天没有销售出去的玫瑰花无法保存到第二天销售。于是，每晚临近打烊时，花店老板都会在店门口以极低的价格 $s(<w)$ 元销售给路边的行人。请问：该花店应该每天批发多少支玫瑰花？

解： 设花店批发的玫瑰花为 Q 朵。用随机变量 D 表示每天的市场需求，即 $D\sim f(x),F(x)$。因为市场需求是随机的，对任意批发量决策 Q，当天的销售结果都包括两种可能状态：

- 如果 $D\geqslant Q$，则所有批发的玫瑰花都销售出去；
- 如果 $D<Q$，则批发的玫瑰花有剩余。

两种情形对应的净利润分别为

$$R(Q|D)=\begin{cases}pQ-wQ & \text{如果 } D\geqslant Q\\ pD+s(Q-D)-wQ & \text{如果 } D<Q\end{cases}$$

因此，花店的净利润是一个取决于批发量决策的随机变量。如果花店老板是风险中

性的，他追求的目标是期望利润最大化：

$$R(Q)=E_D\{R(Q|D)\}=\int_0^Q[px+s(Q-x)]f(x)\,\mathrm{d}x+\int_Q^\infty pQf(x)\,\mathrm{d}x-wQ$$

为了分析利润函数 $R(Q)$ 的形状，可以考察其一阶和二阶导数：

$$\frac{\mathrm{d}R(Q)}{\mathrm{d}Q}=\int_0^Q sf(x)\,\mathrm{d}x+\int_Q^\infty pf(x)\,\mathrm{d}x-w=p-w-(p-s)F(Q)$$

$$\frac{\mathrm{d}^2R(Q)}{\mathrm{d}Q^2}=-(p-s)f(Q)<0$$

二阶导数为负表明 $R(Q)$ 是关于 Q 的严格凹函数。因此，最优的批发量 Q^* 刚好对应于一阶条件。令

$$\frac{\mathrm{d}R(Q)}{\mathrm{d}Q}=p-w-(p-s)F(Q)=0\Rightarrow Q^*=F^{-1}\left(\frac{p-w}{p-s}\right)$$

因此，玫瑰花的最优订货量为 $F^{-1}\left(\frac{p-w}{p-s}\right)$。

上述玫瑰花批发决策模型代表了现实中的一大类库存管理问题。很多情境（如销售季节性服装、新鲜食品、生命周期短的电子产品等）下，企业都面临着生产/批发一批产品，然后在有限的销售季节内销售的问题。销售季节结束后，剩余的产品就只能废弃，或者以极低的残值进行处理。在市场需求不确定的背景下，管理者需要在产品供不应求和供过于求所带来的后果之间进行权衡，以选择合适的产量决策。这类问题最重要的特征是产品的时效性，在学术上被称为“报童模型”（Newsvendor Model），因为当天没有卖完的报纸第二天不会有人买了。

一般地，报童模型中权衡的是两方面的成本：

- 库存过多的单位成本，记为 C_o
- 库存不足的单位成本（包括机会损失），记为 C_u

在市场需求的累积分布函数为 $F(x)$ 时，报童模型的最优解 Q^* 由如下关键比率决定：

$$F(Q^*)=\frac{C_u}{C_u+C_o}$$

在该最优决策下，企业能满足所有顾客需求的概率（称为“服务水平”）为

$$P\{Q^*\geqslant D\}=F(Q^*)=\frac{C_u}{C_u+C_o}$$

因此，上述关键比率刚好对应着最优库存决策下的服务水平。

[例 10-13]（定价模型） 某公司开发了一款新产品拟投放市场，已知产品的单位生产成本为 c。为了给产品有效定价，公司在特定区域开展了较大规模的市场调查。在调查中，公司让顾客试用该产品，并询问他们愿意支付的最高价格。收集到足够的样本数据以后，

公司数据分析人员对顾客的支付意愿进行了统计分析。结果表明，不同顾客的支付意愿存在较大的差别。从统计上，他们的支付意愿服从一个概率密度函数为 $f(x)$、累积概率分布函数为 $F(x)$ 的连续随机分布（记为随机变量 $V \sim f(x), F(x)$）且 V 满足“失效率递增”（Increasing Failure Rate）的特征，即

$$h(p) := \frac{f(p)}{\bar{F}(p)}$$

是关于 p 的增函数，其中 $\bar{F}(p) = 1 - F(p)$。

基于该信息，请问公司应该如何设定产品的价格？

解：设产品的定价为 $p(p > c)$。对任一潜在顾客，其愿意支付的最高价格是顾客的私有信息，公司只知道其概率分布。因此，潜在顾客愿意购买的概率为

$$P\{V \geqslant p\} = 1 - F(p)$$

于是，公司从每个潜在顾客所能获得的期望利润为

$$R(p) = (p - c)[1 - F(p)]$$

为了分析利润函数 $R(p)$ 的形状，考察其一阶导数：

$$\frac{\mathrm{d}R(p)}{\mathrm{d}p} = 1 - F(p) - f(p)(p - c) = \bar{F}(p)[1 - (p - c)h(p)]$$

进一步考察 $R(p)$ 的二阶导数，很难判断其二阶导数是否为正（或负），因此，无法断定 $R(p)$ 是否为凹函数。定义函数

$$\phi(p) := 1 - (p - c)h(p)$$

其一阶导数为

$$\frac{\mathrm{d}\phi(p)}{\mathrm{d}p} = -h(p) - (p - c)h'(p)$$

因为 $h'(p) > 0$，我们知当 $p > c$ 时

$$\frac{\mathrm{d}\phi(p)}{\mathrm{d}p} < 0$$

因此，$\phi(p)$ 是关于 p 的递减函数。特别是：

- 当 $p = c$ 时，$\phi(c) = 1 > 0$；
- 当 p 足够大时，

$$\lim_{p \to \infty} \phi(p) < \lim_{p \to \infty} \{1 - (p - c)h(0)\} < 0$$

因此，方程 $\phi(p) = 0$ 在 $p \in (c, +\infty)$ 上有且仅有一个解，记为 p^*。很显然，p^* 是函数 $R(p)$ 的驻点，特别是：

- 当 $p < p^*$ 时，$R'(p) > 0$，即 $R(p)$ 关于 p 严格递增；
- 当 $p > p^*$ 时，$R'(p) < 0$，即 $R(p)$ 关于 p 严格递减。

因此，$R(p)$ 是关于 p 的先增后减的“单峰”（Unimodal）函数，唯一的驻点 p^* 就是最优的产品定价。

在该例子中，顾客支付意愿 V 满足失效率递增的特性。很多常见的分布（比如正态分布）都满足该条件，该条件也被广泛应用于运营管理和供应链管理的建模研究中。值得注意的是，该问题中的目标函数 $R(p)$ 并不是凹函数，但是它是一个单峰函数，因此，其唯一的驻点刚好对应于最优的定价决策。

正如前文提到的，虽然理论上一个非线性规划问题可能存在多个极值点，但是多数管理问题的最优解都呈现出一些“好的”特征。研究该类问题，可以先根据一阶或二阶条件判断目标函数和可行域的结构性质（如凹性和凸性、单峰性等），然后采用合适的方法进行优化求解，并对最优结果进行分析。

本章习题

1. 判断下列非线性规划是否为凸规划：

(1)

$$\max\ f(X) = 2x_1 + 5x_2$$

$$\text{s.t.}\begin{cases} x_1^2 + 5x_2^2 \leqslant 100 \\ x_1 \geqslant 2 \end{cases}$$

(2)

$$\min\ f(X) = x_1^2 + 5x_2$$

$$\text{s.t.}\begin{cases} x_1^2 + x_2^2 \leqslant 400 \\ 5x_1 + x_3 = 80 \\ x_1, x_3 \geqslant 0 \end{cases}$$

2. 请编写计算机程序（可以使用 C 语言、MATLAB 或其他工具），采用梯度法分别求解下列函数的极小值点：

$$f_1(X) = x_1^2 - 2x_1x_2 + 4x_2^2 - 4x_1 + x_2$$

$$f_2(X) = x_1 + \frac{1}{2x_1} + x_1^2 - 2x_1x_2 + x_2^2$$

3. 用库恩–塔克条件求解下列非线性规划：

(1)

$$\max\ f(X) = x_1^2 - 2x_1x_2 + 4x_2^2 - 4x_1 + x_2$$

$$\text{s.t.}\begin{cases} x_1 + x_2 \geqslant 5 \\ 2x_1 + x_2 \leqslant 10 \end{cases}$$

(2)

$$\min\ f(X) = x_1^2 - 2x_1x_2 + 4x_2^2 - 4x_1 + x_2$$

$$\text{s.t.} \begin{cases} x_1 + x_2 \geqslant 5 \\ 2x_1 + x_2 \leqslant 10 \end{cases}$$

4. 某男生与女朋友约好晚上六点钟在她家附近的一个地方约会。男生下班后从办公室打车到约会地点的时间（记为 T）是一个随机变量，取决于交通拥堵状况。按照过去的经验，路上所花时间服从一个均值为 30 分钟、标准差为 10 分钟的正态分布。虽然很难量化男生迟到一分钟所造成的损失，但是他认为每晚到 1 分钟要比早到 1 分钟多付出 $\alpha(\geqslant 0)$ 倍的代价。请问，男生应当什么时候从办公室出发最合适？请给出出发时间随 α 的函数关系。

5. 年底最后一个月为了提高销售业绩，某销售商决定投入更多的销售努力。已知产品的单位批发成本为 c、销售价格为 p。在销售努力水平为 e 时，对应的市场需求为

$$d(e) = a + b \times e$$

其中的参数 a 和 b 都是大于零的常数。但是，销售努力 e 所需投入的成本为

$$C(e) = c \times e^k$$

其中的参数 c 和 k 也都大于零。请构建模型帮助该销售商决定最优的销售努力水平，并探讨最优销售努力水平随参数 k 的变化关系。

6. 某旗舰店 A 在某知名电商平台 B 上销售产品。产品的单位批发成本为 c、零售价格为 p，每销售一单位产品，电商平台抽成 α 比例的收益。目前，电商平台 B 也打算自营该产品。已知电商平台 B 从供应商处的采购价格为 w，他需要设定自营价格 q。访问电商平台的潜在消费者的选择行为服从如下规律：

- 选择从旗舰店购买的概率为

$$\beta_1(q) = \frac{e^{u-p}}{1 + e^{u-p} + e^{v-q}}$$

- 选择从自营店购买的概率为

$$\beta_2(q) = \frac{e^{v-q}}{1 + e^{u-p} + e^{v-q}}$$

请分析下列问题：

(1) 电商平台 B 应该如何定价？电商平台 B 开设自营店会对旗舰店的绩效带来怎样的影响？

(2) 如果旗舰店 A 即为电商平台 B 的供应商，请问电商平台 B 应该如何定价？电商平台 B 开设自营店会对旗舰店的绩效带来怎样的影响？

7. 某企业在一段时间 $[0,T]$ 内生产并销售某产品，产品的单位生产成本为 c，正常零售价格为 $p(>c)$。随着时间的推移，产品在市场上的热度逐渐下降，体现为其“质量指数”（Quality Index）v_t 按指数形式衰减

$$v_t = e^{-\beta t},\ 0 \leqslant t \leqslant T$$

其中参数 $\beta \geqslant 0$，$v_0 > p$。

潜在消费者是异质的，每个消费者的类型可以用一个随机变量 Θ 来表示，产品对该消费者的效用为 Θv_t。假设 Θ 服从 [0,1] 之间的均匀分布。

因为产品的热度随时间递减，企业打算在合适的时间对产品进行降价销售。请通过建模分析帮助企业确定应该什么时候开始降价，以及如何设置最优的降价方案。

8. 春节对很多企业来说都是一个销售旺期。某销售商在 2019 年 12 月初就备好了一批春节品，批发单价为 c，批发数量为 Q，全国统一零售价格为 p。元旦过后，突发的新冠肺炎疫情让销售商隐隐感到不安，因为如果病毒传播开来，势必影响到市场需求。通过市场分析，销售商对商品的市场需求进行了预测更新，认为春节期间的市场需求将服从一个概率密度函数为 $f(x)$、累积概率分布函数为 $F(x)$ 的连续概率分布。为了避免春节期间因为需求不足导致的销售损失，销售商考虑当前就以折扣价处理部分商品，以降低库存。出于成本等方面的考虑，销售商拟采取的折扣价格为 βp，其中 $\beta < 1$。

请帮助销售商确定下列问题：

(1) 是否应该提前处理部分库存？

(2) 如果是，应该预留多少库存给春节期间销售？

(3) 结合销售商面临的困境，你有什么建议能帮助销售商应对需求萎缩的风险？

9. 为了提高产品在市场上的竞争力，某公司打算投入研发努力来提升产品的质量水平。设产品的质量指数随研发努力 e 的函数关系如下：

$$v(e) = v_0 + \alpha \times e,\ e \geqslant 0$$

其中 v_0 为产品的当前质量水平，参数 $\alpha \geqslant 0$。研发努力水平 e 所需投入的研发成本为

$$C(e) = \frac{1}{2}e^2$$

假设产品的单位生产成本 c 不受产品质量水平的影响，产品当前的销售价格为 p。

潜在消费者是异质的，每个消费者的类型可以用一个随机变量 Θ 来表示，产品对该消费者的效用为 $\Theta v(e)$。假设 Θ 服从 [0,1] 之间的均匀分布。

试通过建模分析研究下列问题：

(1) 如果保持产品销售价格不变，请问公司是否应该投入努力进行产品研发？如果是，最优的研发努力水平是多少？

(2) 如果产品销售价格可以调整，请问公司是否应该投入努力进行产品研发？如果是，最优的研发努力水平是多少？

CHAPTER 11

第11章

动态规划

很多情境下，企业面临着多阶段（可以体现为空间、时间等维度）的决策问题，每一阶段的最优决策不仅受制于当时的实际情况（比如当时具备的资源），而且要考虑到该决策对未来的影响。因此，不同阶段的决策是彼此关联的。以航空公司机票销售为例，对于任一航班，航空公司都提前较长时间接受顾客预订。随着时间的推移，航空公司经常动态地调整机票价格。比如，如果机票销售状况好于预期，航空公司通常会涨价；如果机票销售低于预期，航空公司通常会降价。任一时间的机票价格取决于当前还剩余的机票数量以及还剩余的销售时间。如何帮助航空公司确定动态的定价策略以提高销售收入？可以借助动态规划模型进行决策分析。

作为运筹学的一个重要分支，动态规划（Dynamic Programming）是解决多阶段决策的一种数学方法。20 世纪 50 年代初美国数学家贝尔曼（R.E. Bellman）等在研究多阶段决策问题时，根据这类问题的特点，将多阶段决策问题转换为一系列彼此关联的单阶段问题，然后逐个解决。Bellman 提出了解决这类问题的最优化原理（Principle of Optimality），奠定了动态规划的理论基础。正是因为其在动态规划领域做出了开创性工作，用递归方式描述的动态规划方程式也被称为“Bellman 方程”（Bellman Equation）。1957 年，Bellman 在普林斯顿大学出版了第一本著作《动态规划》，它是动态规划的开山之作。其后，Bellman 与其他学者发表了一系列有关动态规划的学术成果，深入研究了动态规划在生产调度、经济管理和工程技术等领域的广泛应用。目前，动态规划被普遍应用于产品定价、库存管理、资源分配、设备更新、营销努力、机制设计等方面。

11.1 动态规划的基本概念和方程

动态规划的基本思想是将多阶段的决策问题转化为多个单阶段问题，然后依次求解各单阶段问题。该思想背后的理论支持是最优化原理。

11.1.1 最优化原理

假设为了解决某多阶段的优化问题，需要依次做出 n 个决策（记为 $D_1, D_2, \cdots, D_n$）。最优的决策序列具有下列性质，即对于任一整数 k，$1 \leqslant k < n$，无论前 k 个阶段的决策

是怎样的，之后的最优决策只取决于由前面决策所确定的当前状态，即后续阶段的决策 $D_{k+1}, D_{k+2}, \cdots, D_n$ 也是最优的。

上述逻辑即为 Bellman 提出的**最优化原理**。简言之，一个过程的最优决策具有这样的性质：无论其初始状态和初始决策如何，其后阶段的策略对以第一个决策所形成的状态作为初始状态的过程而言，必须构成最优策略。

为了更好地理解最优化原理，重新考虑第 8 章例 8-2 中的最优决策路径。在该例中，小高面临着 3 个阶段的决策问题，分别对应于时间点 2 月底、3 月中旬和 3 月底。图 11-1 给出了小高暑期工作的最优决策路径，即 2 月底拒绝前任老板 Bill 的 offer 并等待保险公司的决策，3 月中旬如果保险公司提供 offer 则接受其工作邀约，如果不提供，则等到 3 月底参加校园招聘会。在该最优路径中，以第三阶段为例，不管之前保险公司是否提供 offer，如果小高还处于没有找到工作的状态，那么 3 月底他都需要参加校园招聘会。因此，后续每一个阶段的最优决策也必是全部阶段最优决策的一部分。

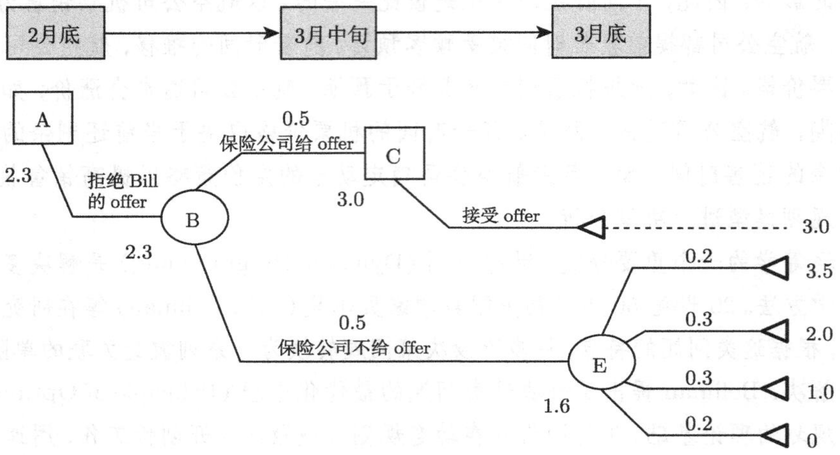

图 11-1　例 8-2 中小高暑期工作的最优决策路径

正是由于最优化原理的支持，在求解小高的最优决策路径时，可以从最后一阶段开始，依次考察每一阶段的最优决策，直到解决完所有阶段的决策问题。

再看一个经典的最短路径问题。

[例 11-1]（最短路径问题）　某人从城市 A 前往城市 G，其中要依次经历 B、C、D、E、F 等 5 个中转城市。已知从各城市到下一城市有不同路线可供选择（到达不同的车站），可选的路线以及该路线对应的路程如图 11-2 所示。请规划一条从 A 到 G 的路径，要求总路程最短。

最短路径规划是运筹学中的一类经典问题，在电商仓库拣货规划、物流配送、GPS 导航等领域得到了普遍应用。要解决上述问题，可以把路径选择决策看作 6 个阶段，每个阶段选择不同的决策会对应不同的路径。

第一种容易想到的方法是穷举法，即列出所有可能的路径组合，计算每条路径对应的总路程并对它们进行比较，从而得到从 A 点到 G 点的最短距离。在第一阶段（从城市 A 出发到城市 B）中有两个选择 $\{B_1, B_2\}$。在第二阶段，从 B_1 出发，可供选择的方案集为 $\{C_1, C_2, C_3\}$；从 B_2 出发，可供选择的方案集为 $\{C_2, C_3, C_4\}$。因此，从城市 A 到城市 C，总共的可行路径为 $2 \times 3 = 6$ 条。以此类推，从城市 A 到城市 G，所有可行路径的总数目为

$$2 \times 3 \times 2 \times 2 \times 2 \times 1 = 48 \text{ 条}$$

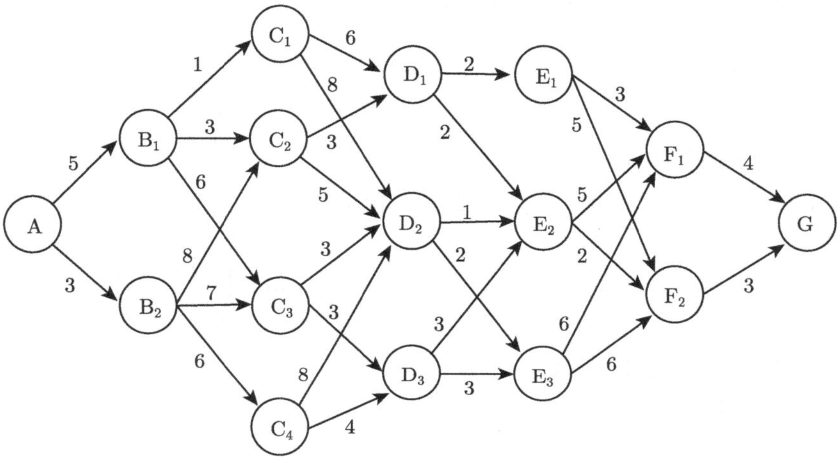

图 11-2　城市 A 到城市 G 的路径网络

通过对比 48 条可行路径的总路程，可以得出路程最短的路径为：

$$A \to B_1 \to C_2 \to D_1 \to E_2 \to F_2 \to G$$

对应的总路程为 18。虽然通过穷举法能找到该问题的最短路径，但是该方法的缺点是需要大量的数学计算。对大规模的问题，穷举法几乎是不太现实的。

第二种可考虑的方法是走一步看一步，即每一阶段都选择当前阶段最短的路径。比如从城市 A 出发，因为 $AB_2 < AB_1$，因此选择路径 $A \to B_2$。从 B_2 出发，应该选择最短路径 $B_2 \to C_4$。以此类推，最终的路径为 $A \to B_2 \to C_4 \to D_3 \to E_2 \to F_2 \to G$。该路径对应的总路程为 21，与穷举法的结果相比可知，该方法得到的路径并不是最短距离。这是因为走一步看一步的策略只是一种启发式策略，追求每一步的局部路径最短有可能导致全局路径得不到优化。

下面考虑用动态规划的方法来求解。根据最优化原理，如果某一条路径是最优的，那么从该路径上任一点（如 C_2）出发到达 G 点的那一段路径，一定是从该点到 G 点的所有可能路径中的最短路径。否则，假设从 C_2 出发到 G 点有另一条更短的子路径存在，则把它和原来的最短路径中从 $A \to C_2$ 的那部分路径连接起来，就会形成一条比原来最短路径还要短的路径。

根据以上事实，我们可以从后往前逐段求最优子路径。为了便于表述，定义

$$d(i, j) = \text{从 } i \text{ 点到 } j \text{ 点的距离}$$

$$f_k(j) = \text{第 } k \text{ 阶段从 } j \text{ 点出发到 } G \text{ 点的最短距离}$$

① 在第六阶段（$k=6$），从 F_1 或 F_2 到 G 点各只有一种可行路径，因此

$$f_6(\mathrm{F}_1) = d(\mathrm{F}_1,\mathrm{G}) = 4, \quad f_6(\mathrm{F}_2) = d(\mathrm{F}_2,\mathrm{G}) = 3$$

② 在第五阶段（$k=5$）：

从 E_1 出发，有两种选择，到 F_1 或 F_2，因此

$$f_5(\mathrm{E}_1) = \min\begin{pmatrix} d(\mathrm{E}_1,\mathrm{F}_1) + f_6(\mathrm{F}_1) \\ d(\mathrm{E}_1,\mathrm{F}_2) + f_6(\mathrm{F}_2) \end{pmatrix} = \min\begin{pmatrix} 3+4 \\ 5+3 \end{pmatrix} = 7$$

对应的最短子路径为 $\mathrm{E}_1 \to \mathrm{F}_1 \to \mathrm{G}$。

从 E_2 出发，也有两种选择，到 F_1 或 F_2，因此

$$f_5(\mathrm{E}_2) = \min\begin{pmatrix} d(\mathrm{E}_2,\mathrm{F}_1) + f_6(\mathrm{F}_1) \\ d(\mathrm{E}_2,\mathrm{F}_2) + f_6(\mathrm{F}_2) \end{pmatrix} = \min\begin{pmatrix} 5+4 \\ 2+3 \end{pmatrix} = 5$$

对应的最短子路径为 $\mathrm{E}_2 \to \mathrm{F}_2 \to \mathrm{G}$。

从 E_3 出发，同样有

$$f_5(\mathrm{E}_3) = \min\begin{pmatrix} d(\mathrm{E}_3,\mathrm{F}_1) + f_6(\mathrm{F}_1) \\ d(\mathrm{E}_3,\mathrm{F}_2) + f_6(\mathrm{F}_2) \end{pmatrix} = \min\begin{pmatrix} 6+4 \\ 6+3 \end{pmatrix} = 9$$

对应的最短子路径为 $\mathrm{E}_3 \to \mathrm{F}_2 \to \mathrm{G}$。

③ 在第四阶段（$k=4$）：

从 D_1 出发，有两种选择，到 E_1 或 E_2，则

$$f_4(\mathrm{D}_1) = \min\begin{pmatrix} d(\mathrm{D}_1,\mathrm{E}_1) + f_5(\mathrm{E}_1) \\ d(\mathrm{D}_1,\mathrm{E}_2) + f_5(\mathrm{E}_2) \end{pmatrix} = \min\begin{pmatrix} 2+7 \\ 2+5 \end{pmatrix} = 7$$

对应的最短子路径为 $\mathrm{D}_1 \to \mathrm{E}_2 \to \mathrm{F}_2 \to \mathrm{G}$。

从 D_2 出发，有两种选择，到 E_2 或 E_3，则

$$f_4(\mathrm{D}_2) = \min\begin{pmatrix} d(\mathrm{D}_2,\mathrm{E}_2) + f_5(\mathrm{E}_2) \\ d(\mathrm{D}_2,\mathrm{E}_3) + f_5(\mathrm{E}_3) \end{pmatrix} = \min\begin{pmatrix} 1+5 \\ 2+9 \end{pmatrix} = 6$$

对应的最短子路径为 $\mathrm{D}_2 \to \mathrm{E}_2 \to \mathrm{F}_2 \to \mathrm{G}$。

从 D_3 出发，也有两种选择，到 E_2 或 E_3，则

$$f_4(\mathrm{D}_3) = \min\begin{pmatrix} d(\mathrm{D}_3,\mathrm{E}_2) + f_5(\mathrm{E}_2) \\ d(\mathrm{D}_3,\mathrm{E}_3) + f_5(\mathrm{E}_3) \end{pmatrix} = \min\begin{pmatrix} 3+5 \\ 3+9 \end{pmatrix} = 8$$

对应的最短子路径为 $\mathrm{D}_3 \to \mathrm{E}_2 \to \mathrm{F}_2 \to \mathrm{G}$。

④ 在第三阶段（$k=3$）：

从 C_1 出发，有两种选择，到 D_1 或 D_2，则

$$f_3(C_1)=\min\begin{pmatrix} d(C_1,D_1)+f_4(D_1) \\ d(C_1,D_2)+f_4(D_2) \end{pmatrix}=\min\begin{pmatrix} 6+7 \\ 8+6 \end{pmatrix}=13$$

对应的最短子路径为 $C_1 \to D_1 \to E_2 \to F_2 \to G$。

从 C_2 出发，有两种选择，到 D_1 或 D_2，则

$$f_3(C_2)=\min\begin{pmatrix} d(C_2,D_1)+f_4(D_1) \\ d(C_2,D_2)+f_4(D_2) \end{pmatrix}=\min\begin{pmatrix} 3+7 \\ 5+6 \end{pmatrix}=10$$

对应的最短子路径为 $C_2 \to D_1 \to E_2 \to F_2 \to G$。

从 C_3 出发，有两种选择，到 D_2 或 D_3，则

$$f_3(C_3)=\min\begin{pmatrix} d(C_3,D_2)+f_4(D_2) \\ d(C_3,D_3)+f_4(D_3) \end{pmatrix}=\min\begin{pmatrix} 3+6 \\ 3+8 \end{pmatrix}=9$$

对应的最短子路径为 $C_3 \to D_2 \to E_2 \to F_2 \to G$。

从 C_4 出发，有两种选择，到 D_2 或 D_3，则

$$f_3(C_4)=\min\begin{pmatrix} d(C_4,D_2)+f_4(D_2) \\ d(C_4,D_3)+f_4(D_3) \end{pmatrix}=\min\begin{pmatrix} 8+6 \\ 4+8 \end{pmatrix}=12$$

对应的最短子路径为 $C_4 \to D_3 \to E_2 \to F_2 \to G$。

⑤ 在第二阶段（$k=2$）：

从 B_1 出发，有三种选择，到 C_1、C_2 或 C_3，则

$$f_2(B_1)=\min\begin{pmatrix} d(B_1,C_1)+f_3(C_1) \\ d(B_1,C_2)+f_3(C_2) \\ d(B_1,C_3)+f_3(C_3) \end{pmatrix}=\min\begin{pmatrix} 1+13 \\ 3+10 \\ 6+9 \end{pmatrix}=13$$

对应的最短子路径为 $B_1 \to C_2 \to D_1 \to E_2 \to F_2 \to G$。

从 B_2 出发，有三种选择，到 C_2、C_3 或 C_4，则

$$f_2(B_2)=\min\begin{pmatrix} d(B_1,C_2)+f_3(C_2) \\ d(B_1,C_3)+f_3(C_3) \\ d(B_1,C_4)+f_3(C_4) \end{pmatrix}=\min\begin{pmatrix} 8+10 \\ 7+9 \\ 6+12 \end{pmatrix}=16$$

对应的最短子路径为 $B_2 \to C_3 \to D_2 \to E_2 \to F_2 \to G$。

⑥ 在第一阶段（$k=1$）：

从 A 出发，有两种选择，到 B_1 或 B_2，则

$$f_1(A)=\min\begin{pmatrix} d(A,B_1)+f_2(B_1) \\ d(A,B_2)+f_2(B_2) \end{pmatrix}=\min\begin{pmatrix} 5+13 \\ 3+16 \end{pmatrix}=18$$

对应的最短路径为 $A \to B_1 \to C_2 \to D_1 \to E_2 \to F_2 \to G$，它即是从城市 A 出发到达城市 G 的路程最短的路径。上述计算过程中从各点到 G 点的最短路径如图 11-3 中的虚线所示。

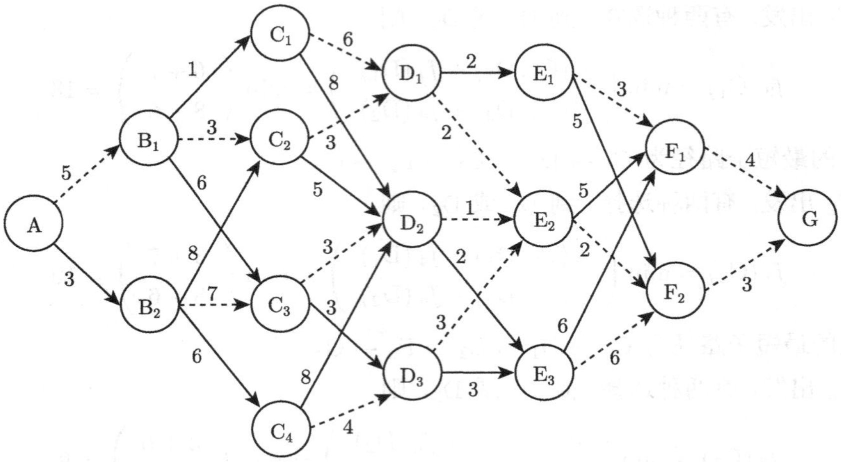

图 11-3 城市 A 到城市 G 的最短路径

与穷举法相比，上述动态规划方法有两方面的优点：一是计算量大大减少，二是不仅得到了城市 A 到城市 G 的最短路径，而且还得到了图中任何一点到城市 G 的最短路径和距离。例 11-1 表明，利用最优化原理求解动态规划的基本思想如下：

(1) 对问题进行阶段划分，将其转化为一族同类子问题，逐个求解。

(2) 求解每个子问题时，都需要用到前面已求出的子问题的最优结果。

(3) 每阶段最优决策的选取都是从全局考虑出发的，因此找到的最优解是全局最优解。

11.1.2 动态规划模型

动态规划模型包括下列要素。

1. 阶段

一个动态规划模型可以转化为一系列的子问题，我们称每个子问题对应于一个阶段的决策。通常用 $k=1,2,\cdots,n$ 表示各个阶段。根据问题的实际情境，可以从时间、空间或者逻辑的角度来进行阶段划分。

2. 状态

每个阶段的决策问题所面临的自然状况或客观条件称为该阶段的“状态”（State)，通常用 S_k 来表示。取决于问题的情境，状态可以是一维的，也可以是多维的。状态变量的选择要求具有“无后效性”，即给定某阶段的状态变量，该阶段以后过程的发展不受该阶段以前各阶段状态的影响。

3. 决策

给定某阶段的状态，该阶段需要确定的选择称为该阶段的决策。和其他规划问题一样，描述决策的变量称为决策变量，可以用一个数、一个向量或者矩阵来描述。记第 k 阶段的决策为 U_k，其可行决策集合可能与状态有关，记为 $D_k(S_k)$。由于状态的无后效性，每阶段决策时只须考虑当前的状态而无须考虑历史状态（因此，最优决策可以看作是当前阶段状态的一个函数)，但是该阶段的决策需要考虑到其对未来的影响。

4. 策略

将各阶段的决策按顺序排列起来，就构成一个“策略”，记为 $\{U_1(S_1), U_2(S_2), \cdots, U_n(S_n)\}$。从第 k 阶段到第 n 阶段的决策过程，称为问题的后部子过程，其对应的策略 $\{U_k(S_k), \cdots, U_n(S_n)\}$ 被称为原问题的子策略。

5. 状态转移方程

多阶段决策问题中，某阶段的状态到下一阶段状态的演变过程被称为“状态转移”，用定量形式来刻画该转移的方程式即为状态转移方程。一般来说，状态转移方程由状态变量和该阶段的决策来确定，即 $S_{k+1}=T_k(S_k, U_k)$。该状态转移方程式既可以是确定型的函数形式，也可以是随机型表达式（即 S_{k+1} 可以是依赖于 S_k 和 U_k 的一个随机变量)。

6. 指标函数

用来衡量决策过程优劣的数量指标，称为指标函数。在第 k 阶段，从状态 S_k 出发，决策 U_k 下得到的第 k 阶段的效益（如收益、成本等）称为阶段指标函数，记为 $d(S_k, U_k)$。记 $f_k(S_k)$ 为从状态 S_k 出发，在第 $k\sim n$ 阶段通过最优策略所能获得的效益，即

$$f_k(S_k)=\max/\min\{d(S_k, U_k)+f_{k+1}(S_{k+1})\}$$

按照上述定义，一个多阶段决策过程的动态规划模型可以表示为

$$\begin{cases} f_k(S_k)=\max\limits_{U_k\in D_k(S_k)}/\min\{d(S_k, U_k)+f_{k+1}(S_{k+1})\}, \ k=n, n-1, \cdots, 1 \\ S_{k+1}=T_k(S_k, U_k), \ k=n, n-1, \cdots, 1 \\ f_{n+1}(S_{n+1})=0, \quad \forall S_{n+1} \end{cases} \tag{11-1}$$

其中，$f_{n+1}(S_{n+1})=0$ 被称为“边际条件”（Boundary Condition)。因为整个决策过程在第 n 阶段结束，因此不论第 $n+1$ 阶段的状态如何，其对应的效益均为 0。

方程式 (11-1) 通过递归的形式定义了每一阶段的决策问题以及对应的指标函数。从边际条件（对应于 $k=n+1$）出发，可以依次优化第 n、第 $n-1$、第 $n-2$ 直到第 1 阶段在相应状态下的决策问题。最后，将所有阶段的最优决策排列起来，即得到多周期问题的最优决策。

从不同的维度，可以将动态规划模型划分为不同类型：

- 离散时间和连续时间动态规划模型。按照时间来划分决策阶段是很多动态规划模型（比如动态定价）普遍采用的方法。理论上，时间是一个连续变量，需要建立连续时间动态规划模型来优化求解。有时也可以将时间离散化，将考虑的时间区间划分为若干个小区间，建立离散时间动态规划模型来优化求解。两种模型在数学表达形式上会存在较大差异：连续时间模型需要采用偏微分方程来描述，而离散时间模型需要采用差分方程来描述。

- 确定型和随机型动态规划模型。如果各阶段的状态是确定的（即下一阶段的状态由本阶段的状态和决策变量确定），则对应的动态规划为确定型模型。如果状态存在不确定性（即下一阶段的状态是取决于本阶段的状态与决策的一个随机变量），则对应的动态规划为随机型模型。对于随机动态规划模型，指标函数中往往需要考虑到决策的期望效益和风险。当决策者是风险中性时，追求的目标是期望效益最大化或期望成本最小化。
- 有限和无限周期动态规划模型。根据动态规划模型中包括的决策阶段数，可以分为有限和无限周期动态规划模型。模型 (11-1) 属于有限周期模型。对于无限周期模型，需要采用不同的方法进行建模，有兴趣的读者可以参阅相关图书。

11.2 动态规划的求解方法

11.2.1 逆序法

我们重点介绍有限周期模型 (11-1) 的求解方法。从模型的边际条件（对应于 $k=n+1$）出发，可以依次优化第 n、第 $n-1$、第 $n-2$ 直到第 1 阶段所有状态下的最优决策。因此，求解决策问题的次序跟实际决策的次序刚好相反，我们称之为“逆序法”。下面通过几个例子来演示逆序法的求解过程。

[例 11-2]（供应问题） 某企业与客户签订了未来一年的某大型设备的交付合同，合同规定每季度末交付的设备数量如表 11-1 所示。已知企业每季度的生产能力均为 20 台，但是考虑到物价和劳动力等因素，每季度的单位成本不同。因此，企业可以提前生产部分产品并计入库存以供未来交付。已知设备每季度的库存成本为 $h=1.5$ 千元/台。请问：在完成合同的前提下，企业应该如何安排生产和库存？

表 11-1

季度	交付量（台）	产能（台）	单位成本（千元）
1	$D_1=12$	20	$c_1=108$
2	$D_2=15$	20	$c_2=111$
3	$D_3=20$	20	$c_3=110$
4	$D_4=18$	20	$c_4=113$

解： 求解该问题可以通过直接建立线性规划模型来完成（参见例 4-8）。下面换一种思路来建模求解。设

$$x_k = \text{第 } k \text{ 季度生产的产品数量},\ k=1,2,3,4$$

定义状态变量

$$S_k = \text{第 } k \text{ 季度初的产品数量},\ k=1,2,3,4$$

令 $F_k(S_k)$ 为当第 k 季度初持有的库存量为 S_k 时，第 $k\sim4$ 季度期间最优安排下的总成本，则有：

模型的边际条件为

$$F_5(S_5)=0,\ 对任意S_5\geqslant 0$$

表示第 5 季度之后发生的成本为 0（因为考虑的对象是前 4 季度）。

状态转移方程为

$$S_{k+1}=S_k+x_k-D_k,\ k=1,2,3,4$$

目标函数的递归方程式（也称为 Bellman 方程）为

$$F_k(S_k)=\min_{x_k\in D_k(S_k)}\{c_kx_k+hS_{k+1}+F_{k+1}(S_{k+1})\},\ i=1,2,3,4$$

其中，第 k 季度的可行域 $D_k(S_k)$ 取决于初始状态 S_k：

$$D_k(S_k)=\{x_k|0\leqslant x_k\leqslant 20,S_k+x_k\geqslant D_k\}$$

根据上述动态规划方程式，我们分 4 阶段依次计算。

① 当 $k=4$ 时，

$$F_4(S_4)=\min_{0\leqslant x_4\leqslant 20,S_4+x_4\geqslant 18}\{113x_4+1.5(S_4+x_4-18)\}$$

上述优化问题是一个线性规划，其最优解取决于季度初库存 S_4，即

$$x_4^*=\begin{cases}0 & 如果\ S_4\geqslant 18\\ 18-S_4 & 其他\end{cases}$$

相应地，最优成本值为

$$F_4(S_4)=\begin{cases}1.5S_4-27 & 如果\ S_4\geqslant 18\\ 113(18-S_4) & 其他\end{cases}$$

因为前 3 季度的最大总产能为 60 台，总交付量为 47 台，所以，第 4 季度初的最大期初库存量为 13 台，即 $S_4\geqslant 18$ 的情况不存在。

② 当 $k=3$ 时，

$$F_3(S_3)=\min_{0\leqslant x_3\leqslant 20,S_3+x_3\geqslant 20}\{110x_3+1.5(S_3+x_3-20)+F_4(S_3+x_3-20)\}$$

将 $k=4$ 时的最优成本值 $F_4(S_4)$ 代入，可得

$$\begin{aligned}F_3(S_3)&=\min_{0\leqslant x_3\leqslant 20,S_3+x_3\geqslant 20}\{110x_3+1.5(S_3+x_3-20)+113(18-S_3-x_3+20)\}\\&=\min_{0\leqslant x_3\leqslant 20,S_3+x_3\geqslant 20}\{4\,264-111.5S_3-1.5x_3\}\end{aligned}$$

上述线性规划的最优解取决于季度初库存量 S_3，即

$$x_3^*=\begin{cases}0 & 如果\ S_3\geqslant 20\\ 20-S_3 & 其他\end{cases}$$

相应地，最优成本值为

$$F_3(S_3)=\begin{cases}4\ 264-111.5S_3 & \text{如果 } S_3\geqslant 20\\ 4\ 234-110S_3 & \text{其他}\end{cases}$$

同样，前两个季度最大总产能为 40 台，总交付量为 27 台，则第 3 季度初的最大库存状态为 13 台，因此 $S_3\geqslant 20$ 的情况不存在。

③ 当 $k=2$ 时，

$$F_2(S_2)=\min_{0\leqslant x_2\leqslant 20, S_2+x_2\geqslant 15}\{111+1.5(S_2+x_2-15)+F_3(S_2+x_2-15)\}$$

将 $k=3$ 时的最优成本值 $F_3(S_3)$ 代入，可得

$$F_2(S_2)=\min_{0\leqslant x_2\leqslant 20, S_2+x_2\geqslant 15}\{5\ 972.5-108.5S_2-108.5x_2\}$$

上述线性规划的最优解取决于季度初库存量 S_2，即

$$x_2^*=\begin{cases}0 & \text{如果 } S_2\geqslant 15\\ 15-S_2 & \text{其他}\end{cases}$$

相应地，最优成本值为

$$F_2(S_2)=\begin{cases}5\ 972.5-108.5S_2 & \text{如果 } S_2\geqslant 15\\ 4\ 345 & \text{其他}\end{cases}$$

由于第一季度最大产能为 20 台，交付量为 12 台，则第 2 季度初的最大库存状态为 8 台，因此 $S_2\geqslant 15$ 的情况不存在。

④ 当 $k=1$ 时，

$$F_1(0)=\min_{12\leqslant x_1\leqslant 20}\{108+1.5(x_1-12)+F_2(x_1-12)\}$$

将 $k=2$ 时的最优成本 $F_2(S_2)$ 代入，可得

$$F_1(0)=\min_{12\leqslant x_1\leqslant 20}\{108+1.5(x_1-12)+4\ 345\}$$

因此，$x_1^*=20$。进一步可得各季度的最优生产量分别为 $x_2^*=7$，$x_3^*=20$，$x_4^*=18$，四个季度的总成本最优值为 7 183 千元。

[例 11-3]（生产存储问题） 某公司规划未来半年的生产和销售计划。因为原材料和人工成本呈现季节性变化，每个月的单位生产成本 c_i 存在一定的差异，同时产品的销售价格 p_i 也不同，其中 $i=1,2,\cdots,6$ 表示不同的月份。公司每月的产能上限固定为 $CAP=100$，但是每月的需求 D_i 不等。公司可以提前生产并存储产品供未来销售，每单位产品每月的存储费用为 $h=1$。已知相关数据如表 11-2 所示，请帮助公司规划未来 6 个月的生产、存储和销售计划。

表 11-2

月份 i	生产成本 c_i	销售价格 p_i	市场需求 D_i
1	6	10	80
2	6	11	90
3	7	12	110
4	7	13	130
5	8	14	100
6	10	15	90

解：求解该问题可以直接建立线性规划模型。下面换一种思路来建模求解。设

$$x_i = \text{第 } i \text{ 月生产的产品数量}, \ i = 1, 2, \cdots, 6$$

$$y_i = \text{第 } i \text{ 月销售的产品数量}, \ i = 1, 2, \cdots, 6$$

定义状态变量

$$S_i = \text{第 } i \text{ 月初的产品数量}, \ i = 1, 2, \cdots, 6$$

令 $F_i(S_i)$ 为当第 i 月初持有的库存量为 S_i 时，在第 $i \sim 6$ 月中通过最优安排所能获得的最大利润。

模型的边际条件为

$$F_7(S_7) = 0, \quad \text{对任意 } S_7 \geqslant 0$$

表示第 6 月底任意剩余库存的价值都为 0。

状态转移方程为

$$S_{i+1} = S_i + x_i - y_i, \ i = 1, 2, \cdots, 6$$

目标函数的递归方程式（即 Bellman 方程）为

$$F_i(S_i) = \max_{(x_i, y_i) \in D_i(S_i)} \{p_i y_i - c_i x_i - h S_{i+1} + F_{i+1}(S_{i+1})\}, \ i = 1, 2, \cdots, 6$$

其中，第 i 月的可行域 $D_i(S_i)$ 取决于初始状态 S_i：

$$D_i(S_i) = \{(x_i, y_i) | 0 \leqslant x_i \leqslant CAP, \ 0 \leqslant y_i \leqslant D_i, y_i \leqslant S_i + x_i\}$$

根据上述动态规划方程式，我们分 6 阶段依次计算。

① 当 $i = 6$ 时，

$$F_6(S_6) = \max_{0 \leqslant x_6 \leqslant 100, 0 \leqslant y_6 \leqslant \min(90, S_6 + x_6)} \{15 y_6 - 10 x_6 - (S_6 + x_6 - y_6)\}$$

上述优化问题是一个线性规划，其最优解取决于月初库存 S_6，即

$$(x_6^*, y_6^*) = \begin{cases} (0, 90) & \text{如果 } S_6 \geqslant 90 \\ (90 - S_6, 90) & \text{其他} \end{cases}$$

相应地，最优利润值为

$$F_6(S_6)=\begin{cases}1\ 440-S_6 & \text{如果 } S_6\geqslant 90\\ 450+10S_6 & \text{其他}\end{cases}$$

② 当 $i=5$ 时，

$$F_5(S_5)=\max_{0\leqslant x_5\leqslant 100,0\leqslant y_5\leqslant \min(100,S_5+x_5)}\{14y_5-8x_5-(S_5+x_5-y_5)+F_6(S_5+x_5-y_5)\}$$

根据 $F_6(S_6)$ 的表达式，我们可以将该问题分为两个子问题来分别求解并进行比较，继而得到全局最优解：

$$F_5(S_5)=\max_{0\leqslant x_5\leqslant 100,0\leqslant y_5\leqslant \min(100,S_5+x_5),S_5+x_5-y_5\geqslant 90}\{14y_5-8x_5-(S_5+x_5-y_5)+1\ 440-(S_5+x_5-y_5)\}$$

以及

$$F_5(S_5)=\max_{0\leqslant x_5\leqslant 100,0\leqslant y_5\leqslant \min(100,S_5+x_5),S_5+x_5-y_5\leqslant 90}\{14y_5-8x_5-(S_5+x_5-y_5)+450+10(S_5+x_5-y_5)\}$$

两个子问题可通过线性规划图解法或单纯形法来求得最优解。因此，对于第一个子问题可得最优解为

$$(x_5^*,y_5^*)=\begin{cases}(190-S_5,100) & \text{如果 } S_5\geqslant 90\\ (100,S_5+10) & \text{其他}\end{cases}$$

相应地，最优利润值为

$$F_5(S_5)=\begin{cases}8S_5+1\ 140 & \text{如果 } S_5\geqslant 90\\ 600+14S_5 & \text{其他}\end{cases}$$

对于第二个子问题可得最优解为

$$(x_5^*,y_5^*)=(100,100)$$

最优利润值为

$$F_5(S_5)=1\ 050+9S_5$$

对比两种情形可得，全局最优解为

$$(x_5^*,y_5^*)=(100,100)$$

$$F_5(S_5)=1\ 050+9S_5$$

③ 当 $i=4$ 时，

$$F_4(S_4)=\max_{0\leqslant x_4\leqslant 100,0\leqslant y_4\leqslant \min(130,S_4+x_4)}\{13y_4-7x_4-(S_4+x_4-y_4)+F_5(S_4+x_4-y_4)\}$$

$$= \max_{0\leqslant x_4\leqslant 100, 0\leqslant y_4\leqslant \min(130, S_4+x_4)} \{5y_4 + x_4 + 8S_4 + 1\ 050\}$$

该线性规划的最优解为

$$(x_4^*, y_4^*) = \begin{cases} (100, 130) & 如果\ S_4 \geqslant 30 \\ (100, S_4+100) & 其他 \end{cases}$$

相应的最优利润值为

$$F_4(S_4) = \begin{cases} 1\ 800 + 8S_4 & 如果\ S_4 \geqslant 30 \\ 1\ 650 + 13S_4 & 其他 \end{cases}$$

④ 当 $i = 3$ 时，

$$F_3(S_3) = \max_{0\leqslant x_3\leqslant 100, 0\leqslant y_3\leqslant \min(110, S_3+x_3)} \{12y_3 - 7x_3 - (S_3 + x_3 - y_3) + F_4(S_3 + x_3 - y_3)\}$$

同样，需要将该问题分解为两个子问题求解。通过对比两个子问题的最优解，得到全局最优解为

$$(x_3^*, y_3^*) = \begin{cases} (100, 110) & 如果\ S_3 \geqslant 40 \\ (100, S_3+70) & 其他 \end{cases}$$

相应地，最优利润值为

$$F_3(S_3) = \begin{cases} 2\ 350 + 7S_3 & 如果\ S_3 \geqslant 40 \\ 2\ 150 + 12S_3 & 其他 \end{cases}$$

⑤ 当 $i = 2$ 时，

$$F_2(S_2) = \max_{0\leqslant x_2\leqslant 100, 0\leqslant y_2\leqslant \min(90, S_2+x_2)} \{11y_2 - 6x_2 - (S_2 + x_2 - y_2) + F_3(S_2 + x_2 - y_2)\}$$

其最优解为

$$(x_2^*, y_2^*) = \begin{cases} (130 - S_2, 90) & 如果\ S_2 \geqslant 30 \\ (100, 90) & 其他 \end{cases}$$

相应地，最优利润值为

$$F_2(S_2) = \begin{cases} 2\ 800 + 6S_2 & 如果\ S_2 \geqslant 30 \\ 2\ 650 + 11S_2 & 其他 \end{cases}$$

⑥ 当 $i = 1$ 时，

$$F_1(S_1) = \max_{0\leqslant x_1\leqslant 100, 0\leqslant y_1\leqslant \min(80, S_1+x_1)} \{10y_1 - 6x_1 - (S_1 + x_1 - y_1) + F_2(S_1 + x_1 - y_1)\}$$

其最优解为

$$(x_1^*, y_1^*) = \begin{cases} (110 - S_1, 80) & 如果\ S_1 \geqslant 10 \\ (100, 80) & 其他 \end{cases}$$

相应地，最优利润值为

$$F_1(S_1) = \begin{cases} 3\ 090 + 6S_1 & 如果\ S_1 \geqslant 10 \\ 3\ 050 + 10S_1 & 其他 \end{cases}$$

于是，对应于 $S_1 = 0$，可以得到各月的最优生产量和销售量决策，如表 11-3 所示：

表 11-3

月份	生产量	销售量	期末库存
1	100	80	20
2	100	90	30
3	100	100	30
4	100	130	0
5	100	100	0
6	90	90	0

通过最优安排，能获得的最优利润值为 3 050。

11.2.2 顺序法

除了逆序求解方法，有些动态规划问题也可以采用顺序法求解，即从 $k=1$ 阶段开始依次求解。再次考察例 11-1 中的最短路径问题，我们换一种思路建立动态规划模型并求解。

[例 11-4]（顺序法求解最短路问题） 利用顺序法求解例 11-1。

解： 定义 $f_k(S_{k+1})$ 为从 A 点出发，到第 k 阶段 S_{k+1} 点的最短距离，其余参数（包括阶段的划分和状态变量的含义）与例 11-1 均相同。

首先，作为边际条件，我们有

$$f_0(\mathrm{A})=0$$

即从 A 点到自身的最短距离为 0。

递归方程式为：

$$f_k(S_{k+1})=\min_X\{d(X,S_{k+1})+f_{k-1}(X)\}$$

① 当 $k=1$ 时，分别讨论两个状态对应的最短距离：

- 对于 B_1 点，显然有 $f_1(\mathrm{B}_1)=d(\mathrm{A},\mathrm{B}_1)=5$，对应的最短路径为 $\mathrm{A}\to\mathrm{B}_1$；
- 对于 B_2 点，显然有 $f_1(\mathrm{B}_2)=d(\mathrm{A},\mathrm{B}_2)=3$，对应的最短路径为 $\mathrm{A}\to\mathrm{B}_2$。

② 当 $k=2$ 时，分别讨论四个状态对应的最短距离：

- 对于 C_1 点，由于上一阶段的出发点只有 B_1，因此

$$f_2(\mathrm{C}_1)=d(\mathrm{B}_1,\mathrm{C}_1)+f_1(\mathrm{B}_1)=6$$

  即从 A 点到 C_1 点的最短路径为 $\mathrm{A}\to\mathrm{B}_1\to\mathrm{C}_1$；

- 对于 C_2 点，可以从 B_1 或 B_2 出发抵达，因此

$$f_2(\mathrm{C}_2)=\min\begin{pmatrix}d(\mathrm{B}_1,\mathrm{C}_2)+f_1(\mathrm{B}_1)\\d(\mathrm{B}_2,\mathrm{C}_2)+f_1(\mathrm{B}_2)\end{pmatrix}=8$$

  即从 A 点到 C_2 点的最短路径为 $\mathrm{A}\to\mathrm{B}_1\to\mathrm{C}_2$；

- 对于 C_3 点，可以从 B_1 或 B_2 出发抵达，因此

$$f_2(C_3)=\min\begin{pmatrix} d(B_1,C_3)+f_1(B_1) \\ d(B_2,C_3)+f_1(B_2) \end{pmatrix}=10$$

即从 A 点到 C_3 点的最短路径为 $A\to B_2\to C_3$；

- 对于 C_4 点，只能从 B_2 出发抵达，因此

$$f_2(C_4)=d(B_2,C_4)+f_1(B_2)=10$$

即从 A 点到 C_4 点的最短路径为 $A\to B_2\to C_4$。

③ 当 $k=3$ 时，分别讨论三个状态对应的最短距离：

- 对于 D_1 点，有

$$f_3(D_1)=\min\begin{pmatrix} d(C_1,D_1)+f_2(C_1) \\ d(C_2,D_1)+f_2(C_2) \end{pmatrix}=11$$

即从 A 点到 D_1 点的最短路径为 $A\to B_1\to C_2\to D_1$；

- 对于 D_2 点，有

$$f_3(D_2)=\min\begin{pmatrix} d(C_1,D_2)+f_2(C_1) \\ d(C_2,D_2)+f_2(C_2) \\ d(C_3,D_2)+f_2(C_3) \\ d(C_4,D_2)+f_2(C_4) \end{pmatrix}=13$$

即从 A 点到 D_2 点的最短路径为 $A\to B_1\to C_2\to D_2$ 或者 $A\to B_2\to C_3\to D_2$；

- 对于 D_3 点，有

$$f_3(D_3)=\min\begin{pmatrix} d(C_2,D_3)+f_2(C_2) \\ d(C_3,D_3)+f_2(C_3) \end{pmatrix}=13$$

即从 A 点到 D_3 点的最短路径为 $A\to B_2\to C_3\to D_3$ 或者 $A\to B_2\to C_4\to D_3$。

④ 当 $k=4$ 时：

- 对于 E_1 点，有

$$f_4(E_1)=d(D_1,E_1)+f_3(D_1)=11$$

即从 A 点到 E_1 点的最短路径为 $A\to B_1\to C_2\to D_1\to E_1$；

- 对于 E_2 点，有

$$f_4(E_2)=\min\begin{pmatrix} d(D_1,E_1)+f_3(D_1) \\ d(D_2,E_2)+f_3(D_2) \\ d(D_3,E_3)+f_3(D_3) \end{pmatrix}=13$$

即从 A 点到 E_2 点的最短路径为 $A\to B_1\to C_2\to D_1\to E_2$；

• 对于 E_3 点，有

$$f_4(E_3) = \min \begin{pmatrix} d(D_2, E_3) + f_3(D_2) \\ d(D_3, E_3) + f_3(D_3) \end{pmatrix} = 15$$

即从 A 点到 E_3 点的最短路径为 $A \to B_1 \to C_2 \to D_2 \to E_3$ 或者 $A \to B_2 \to C_3 \to D_2 \to E_3$。

⑤ 当 $k = 5$ 时：

• 对于 F_1 点，有

$$f_5(F_1) = \min \begin{pmatrix} d(E_1, F_1) + f_4(E_1) \\ d(E_2, F_1) + f_4(E_2) \\ d(E_3, F_1) + f_4(E_3) \end{pmatrix} = 16$$

即从 A 点到 F_1 点的最短路径为 $A \to B_1 \to C_2 \to D_1 \to E_1 \to F_1$；

• 对于 F_2 点，有

$$f_5(F_2) = \min \begin{pmatrix} d(E_1, F_2) + f_4(E_1) \\ d(E_2, F_2) + f_4(E_2) \\ d(E_3, F_2) + f_4(E_3) \end{pmatrix} = 15$$

即从 A 点到 F_2 点的最短路径为 $A \to B_1 \to C_2 \to D_1 \to E_2 \to F_2$；

⑥ 当 $k = 6$ 时：有

$$f_6(G) = \min \begin{pmatrix} d(F_1, G) + f_5(F_1) \\ d(F_2, G) + f_5(F_2) \end{pmatrix} = 18$$

即从 A 点到 G 点的最短路径为 $A \to B_1 \to C_2 \to D_1 \to E_2 \to F_2 \to G$。

上述计算过程所得结果如图 11-4 所示，其中每个节点对应方框的数据表示从 A 点的最短路程，图中的虚线即为最短路径。

由上述求解过程可以看出，采用顺序法求解动态规划模型时，模型的定义和逆序法存在较大的不同。一般来说，设 $f_k(S_{k+1})$ 为第一阶段到第 k 阶段状态 S_{k+1} 的效益/损失函数，对应的动态规划基本模型为

$$\begin{cases} f_k(S_{k+1}) = \underset{U_k \in D_k(S_{k+1})}{\max/\min} \{d(S_{k+1}, U_k) + f_{k-1}(S_k)\} \\ S_k = T_k(S_{k+1}, U_k) \\ f_0(S_1) = 0 \end{cases}$$

因此，顺序法和逆序法除了计算次序不同以外，在边际条件、状态转移方程、递归方程等方面均不同。但是，顺序法和逆序法求解同一个问题，得到的最优决策应该是完全一致的。

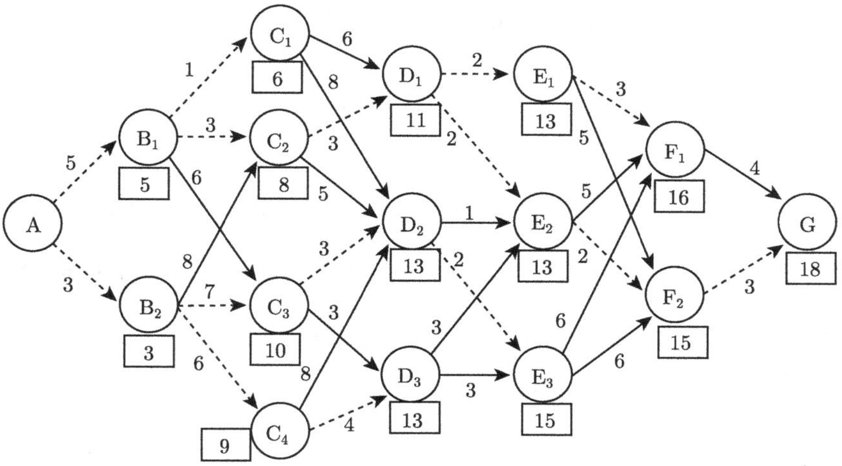

图 11-4 城市 A 到城市 G 的路径网络

11.3 动态规划的管理应用

动态规划应用领域非常广，包括最短路径、资源分配、库存管理、背包问题等。虽然动态规划主要用于用时间或空间划分的多阶段决策问题，但是一些静态规划问题也可以划分为多个阶段，用动态规划的方法来求解。应用动态规划解决多阶段决策问题时，最重要的是建立正确的动态规划模型。本节通过几个例子介绍动态规划的管理应用。

11.3.1 确定型动态规划模型

[例 11-5]（货郎担问题） 某人从城市 1 出发，要经过其他三个城市最后回到城市 1。已知各城市之间的距离 d_{ij} 如表 11-4 所示，要求经过每个城市一次且仅经过一次。请问应该选择怎样的路线，能使总行程最短？

表 11-4

距离 d_{ij}	城市 1	城市 2	城市 3	城市 4
城市 1	0	6	7	9
城市 2	8	0	9	7
城市 3	5	8	0	8
城市 4	6	5	5	0

解： 记 S 为到达城市 i 之前所经过的城市集合，可以将 (i,S) 作为状态变量。定义 $f_k(i,S)$ 为从城市 1 开始经由集合 S 中的所有 k 个城市再回到城市 i 的最短路程；相应的决策变量记为 $p_k(i,S)$，表示经由集合 S 中的所有 k 个城市再回到城市 i 的最短路径上城市 i 的前一个城市。

最短路程的动态规划递推式为

$$f_k(i,S)=\min_{j\in S}\{f_{k-1}(j,S\backslash\{j\})+d_{ij}\}$$

其中 $S\backslash\{j\}$ 表示从集合 S 中去掉城市 j 后对应的集合。

边际条件为

$$f_0(i,\varnothing)=d_{1i},\ i=1,2,3,4$$

即

$$f_0(2,\varnothing)=d_{12}=6,\quad f_0(3,\varnothing)=d_{13}=7,\quad f_0(4,\varnothing)=d_{14}=9$$

① 当 $k=1$ 时，从城市 1 开始，经由一个城市到达城市 i 的最短距离分别是：

$$f_1(2,\{3\})=f_0(3,\varnothing)+d_{32}=15$$
$$f_1(2,\{4\})=f_0(4,\varnothing)+d_{42}=14$$
$$f_1(3,\{2\})=f_0(2,\varnothing)+d_{23}=15$$
$$f_1(3,\{4\})=f_0(4,\varnothing)+d_{43}=14$$
$$f_1(4,\{3\})=f_0(3,\varnothing)+d_{34}=15$$
$$f_1(4,\{2\})=f_0(2,\varnothing)+d_{24}=13$$

② 当 $k=2$ 时，从城市 1 开始，经由两个城市到达城市 i 的最短距离分别是：

$$\begin{aligned}f_2(2,\{3,4\})&=\min\{f_1(3,\{4\})+d_{32},f_1(4,\{3\})+d_{42}\}\\&=\min\{14+8,15+5\}=20\end{aligned}$$

此时 $p_2(2,\{3,4\})=4$；

$$\begin{aligned}f_2(3,\{2,4\})&=\min\{f_1(2,\{4\})+d_{23},f_1(4,\{2\})+d_{43}\}\\&=\min\{14+9,13+5\}=18\end{aligned}$$

此时 $p_2(3,\{2,4\})=4$；

$$\begin{aligned}f_2(4,\{2,3\})&=\min\{f_1(2,\{3\})+d_{24},f_1(3,\{2\})+d_{34}\}\\&=\min\{15+7,15+8\}=22\end{aligned}$$

此时 $p_2(4,\{2,3\})=2$。

③ 当 $k=3$ 时，中间经过 3 个城市，此时已经返回城市 1，因此有

$$\begin{aligned}f_3(1,\{2,3,4\})&=\min\{f_2(2,\{3,4\})+d_{21},f_2(3,\{2,4\})+d_{31},f_2(4,\{2,3\})+d_{41}\}\\&=\min\{20+8,18+5,22+6\}=23\end{aligned}$$

相应地，$p_3(1,\{2,3,4\})=3$。

因此，从城市 1 出发最后返回城市 1 的最短路程为 23，对应的路径为 $1\to2\to4\to3\to1$。

[例 11-6]（投资分配） 某公司有一笔资金 a 万元，拟投资于 n 个项目。假设每个项目的投资回报都是确定的，项目 $k\,(=1,2,\cdots,n)$ 的投资回报与投资金额之间的函数关系为 $g_k\,(x)$。请问如何分配资金可使总投资回报最大？

解：该问题是一个典型的非线性规划问题，可以定义

$$x_k = \text{投资于第 } k \text{ 个项目的金额（万元）}$$

则对应的优化模型为

$$\max z = \sum_{k=1}^{n} g_k\,(x_k)$$

$$\text{s.t.} \begin{cases} \sum\limits_{k=1}^{n} x_k \leqslant a \\ x_k \geqslant 0, k=1,2,\cdots,n \end{cases}$$

下面采用动态规划的思想进行建模。我们可以认为投资是按照项目的次序依次进行的，即首先考虑项目 1 的投资金额，然后考虑项目 2 的投资金额 …… 最后考虑项目 n 的投资金额。因此，每个阶段对应一个项目的投资金额决策。

(1) 如果采用逆序法建模，定义：

- 状态变量 S_k：第 k 阶段初可投资于项目 $k \sim n$ 的剩余金额；
- 决策变量 x_k：第 k 阶段投资项目 k 的金额，其可行域为 $0 \leqslant x_k \leqslant S_k$；
- 指标函数 $f_k\,(S_k)$：在第 k 阶段初剩余资金 S_k 时，投资项目 $k \sim n$ 所能获得的最大投资回报。

动态规划递归方程（即 Bellman 方程）为

$$\begin{cases} f_k\,(S_k) = \max\limits_{0 \leqslant x_k \leqslant S_k} \{g_k\,(x_k) + f_{k+1}\,(S_{k+1})\} \\ S_{k+1} = S_k - x_k,\ k=1,2,\cdots,n \\ f_{n+1}\,(S_{n+1}) = 0,\ \forall S_{n+1} \geqslant 0 \end{cases}$$

$f_1\,(a)$ 即对应于 n 个项目所能获得的最大投资回报。

(2) 如果采用顺序法建模，定义：

- 状态变量 S_{k+1}：可以用于第 $1 \sim k$ 个项目的总投资金额；
- 决策变量 x_k：第 k 阶段投资项目 k 的金额，其可行域为 $0 \leqslant x_k \leqslant S_{k+1}$；
- 指标函数 $f_k\,(S_{k+1})$：当可以用于第 $1 \sim k$ 个项目的总投资金额为 S_{k+1} 时，通过最优安排所能获得的最大投资回报。

动态规划递归方程（即 Bellman 方程）为：

$$\begin{cases} f_k\,(S_{k+1}) = \max\limits_{0 \leqslant x_k \leqslant S_{k+1}} \{g_k\,(x_k) + f_{k-1}\,(S_k)\} \\ S_k = S_{k+1} - x_k, k=0,1,2,\cdots,n-1 \\ f_0\,(S_1) = 0,\ \forall S_1 \geqslant 0 \end{cases}$$

$f_4\,(a)$ 即对应于 n 个项目所能获得的最大投资回报。

11.3.2 随机动态规划

在不确定环境下，从某一阶段的某一状态出发，给定决策以后得到的状态可能服从某随机分布。以逆序法的动态规划建模为例，状态转移方程

$$S_{k+1} = T_k(S_k, U_k)$$

中，S_{k+1} 可以服从一个离散或者连续随机分布，其分布取决于上一阶段的状态 S_k 和决策 U_k。考虑 S_{k+1} 服从连续分布的情形，记其概率密度函数为 $h(x)$，累积概率分布函数为 $H(x)$。假设决策者是风险中性的，追求期望效益的最大化或期望成本的最小化。

记 $f_k(S_k)$ 表示第 k 阶段的初始状态为 S_k 时，在剩下的周期内通过最优安排所能获得的最大期望效益或最小期望成本，则动态规划的递推方程式为

$$\begin{aligned} f_k(S_k) &= \max/\min\ E\{[d(S_k, U_k) + f_{k+1}(S_{k+1})\} \\ &= \max/\min\left\{\int[d(S_k, U_k) + f_{k+1}(x)]h(x)\,dx\right\} \end{aligned}$$

下面结合几个例子构建随机动态规划模型。

[例 11-7]（不确定采购问题） 由于生产需要，某企业采购部门必须在未来五周内采购一批原材料。已知原材料的价格波动较大，每周的价格都有可能发生变化。历史数据表明，每周的价格服从一个独立同分布的离散概率分布，其可能取值和对应的概率如表 11-5 所示：

表 11-5

可能的价格	500	600	700
对应的概率	0.3	0.3	0.4

试帮助该企业的采购经理制定最优的采购策略，使得期望采购价格最低。

解： 将采购过程划分为 5 个阶段，记为 $k = 1, 2, \cdots, 5$，分别对应第 k 周。为区分符号，定义：

$$S_k = \text{第 } k \text{ 周的原材料价格（随机变量）}$$

$$s_k = \text{第 } k \text{ 周原材料价格的实际值，} s_k \in \{500, 600, 700\}$$

定义 0-1 变量为第 k 周的决策：

$$U_k = \begin{cases} 1 & \text{如果在第 } k \text{ 周采购} \\ 0 & \text{如果在第 } k \text{ 周观望} \end{cases}$$

定义 $f_k(s_k)$ 表示第 k 周实际价格为 s_k 时，从第 k 周到第 5 周能获得的最小期望价格。为建模方便，定义 y_k 为在前 $k-1$ 周一直等待，在 $k \sim 5$ 周采取最优采购策略时的采购价格期望值。于是有

$$y_k = E[f_k(S_k)] = 0.3f_k(500) + 0.3f_k(600) + 0.4f_k(700)$$

考虑第 k 周已经观察到当周原材料价格 $S_k = s_k$ 的情形。如果选择采购（即 $U_k = 1$），则实现的采购价格为 s_k；如果选择观望（即 $U_k = 0$），则对应的最小期望采购价格为 y_{k+1}。因此，该问题的递归方程式为

$$f_k(s_k) = \min\{s_k, y_{k+1}\}$$

边际条件为

$$f_5(s_5) = s_5$$

表示在最后一周，无论价格为多少，都必须采购。

于是，从第 5 周开始逐步向前递推，计算过程如下。

① 当 $k = 5$ 时：

$$f_5(500) = 500,\ f_5(600) = 600,\ f_5(700) = 700$$

最优决策为 $U_5 = 1$，而且 $y_5 = E[f_5(S_5)] = 610$。

② 当 $k = 4$ 时：

$$f_4(s_4) = \min\{s_4, y_5\} = \begin{cases} 500 & \text{如果 } s_4 = 500 \\ 600 & \text{如果 } s_4 = 600 \\ 610 & \text{如果 } s_4 = 700 \end{cases}$$

即在第 4 周，当且仅当实际价格为 500 或 600 时选择采购，否则等待；对应的 $y_4 = E[f_4(S_4)] = 0.3 \times 500 + 0.3 \times 600 + 0.4 \times 610 = 574$

③ 当 $k = 3$ 时：

$$f_3(s_3) = \min\{s_3, y_4\} = \begin{cases} 500 & \text{如果 } s_3 = 500 \\ 574 & \text{如果 } s_3 = 600 \\ 574 & \text{如果 } s_3 = 700 \end{cases}$$

即在第 3 周，当且仅当实际价格为 500 时选择采购，否则等待；对应的 $y_3 = E[f_3(S_3)] = 551.8$。

④ 当 $k = 2$ 时：

$$f_2(s_2) = \min\{s_2, y_3\} = \begin{cases} 500 & \text{如果 } s_2 = 500 \\ 551.8 & \text{如果 } s_2 = 600 \\ 551.8 & \text{如果 } s_2 = 700 \end{cases}$$

即在第 2 周，当且仅当实际价格为 500 时选择采购，否则等待；对应的 $y_2 = E[f_2(S_2)] = 536.3$。

⑤ 当 $k = 1$ 时：

$$f_1(s_1) = \min\{s_1, y_2\} = \begin{cases} 500 & \text{如果 } s_1 = 500 \\ 536.3 & \text{如果 } s_1 = 600 \\ 536.3 & \text{如果 } s_1 = 700 \end{cases}$$

即在第 1 周，当且仅当实际价格为 500 时选择采购，否则等待；对应的 $y_1 = E[f_1(S_1)] = 525.4$。

综上可知，最优采购策略为：若前三周中某周的实际价格为 500，则采购；如果第 4 周的实际价格不超过 600，则采购；在第五周，无论什么价格都要采购。在上述采购策略下，采购价格的期望值为 525.4。

[例 11-8]（库存管理） 某销售商在一段时间（划分为 T 个周期）内采购并销售某产品。在每周期初，销售商向上游供应商订货，单位批发价格为 c。假定供应商的物流运输足够快，销售商订购货物可以认为是瞬时到达。产品的销售价格是固定的，记为 p。历史销售数据表明，每周期的需求（记为 D_t）服从一个独立同分布的连续随机分布，概率密度函数为 $f(x)$，累积概率分布函数为 $F(x)$。在各周期，没有满足的需求会损失掉。当期没有销售出去的库存可以保存到下一周期继续销售，但是需要花费 h 的库存管理成本。试帮助该销售商规划每周期的最优订货量决策，使得 T 周期的期望利润最大。

解：很显然，每周期的订货量和周期初持有的库存息息相关：如果期初库存较高，则可以少订货，否则需要多订货。因此，可以定义状态变量

$$x_t = \text{第 } t \text{ 周期的期初库存},\ t = 1, 2, \cdots, T$$

设 q_t 为第 t 周期的订货量决策。令 $R_t(x_t)$ 表示在第 t 周期的期初库存水平为 x_t 时，通过最优库存管理，销售商在 $t \sim T$ 周期内能获得的最大期望利润。

由于市场需求具有不确定性，第 $t+1$ 周期的期初库存取决于第 t 周期实际实现的需求，对应的状态转移方程如下：

$$x_{t+1} = \begin{cases} x_t + q_t - D_t & \text{如果 } D_t \leqslant x_t + q_t \\ 0 & \text{如果 } D_t > x_t + q_t \end{cases}$$

相应地，销售商在第 t 周期的利润为

$$\phi(q_t|D_t) = \begin{cases} pD_t - cq_t - h(x_t + q_t - D_t) & \text{如果 } D_t \leqslant x_t + q_t \\ p(x_t + q_t) - cq_t & \text{如果 } D_t > x_t + q_t \end{cases}$$

即

$$\phi(q_t|D_t) = p \times \min(D_t, x_t + q_t) - cq_t - h \times \max(x_t + q_t - D_t, 0)$$

因此，递归方程式（Bellman 方程）为

$$\begin{aligned} R_t(x_t) &= \sup_{q_t \geqslant 0} E\{\phi(q_t|D_t)\} \\ &= \sup_{q_t \geqslant 0} \{-cq_t + E[p \times \min(D_t, x_t + q_t) - h \times \max(x_t + q_t - D_t, 0) + R_{t+1}(x_{t+1})]\} \end{aligned}$$

其中

$$x_{t+1} = \max\{x_t + q_t - D_t, 0\}$$

模型的边际条件为（在最后一周期）

$$R_T(x_T) = \sup_{q_T \geqslant 0} \{-cq_T + E[p \times \min(D_t, x_T + q_T)]\}$$

从最后一周期出发，可以结合非线性规划优化方法，依次求解各周期的最优订货量决策。在最优决策下，T 个周期内的最优期望总利润为 $R_1(0)$。

例 11-8 是运营与供应链管理领域的一类典型的随机库存问题，该问题没法通过一个显式表达式来描述各周期的最优订货量决策。因此，学者从结构性质刻画的角度去研究利润函数的结构性质，并进一步刻画最优订货量随期初库存的变化规律，有兴趣的读者可以参阅运营管理的相关图书和学术论文。

在该例子中有一些基本假设，包括需求独立同分布、不考虑固定订货成本、采购提前期为 0（即订购的货物瞬时抵达）、没满足的需求损失（Lost Sales）、产品生命周期无限长等。在很多情境下，这些假设不一定是符合企业现实的，因此不少学者结合不同的情境，分别对多周期库存模型的最优订货策略展开过研究。此外，有些情境下产品的销售价格也是可以决策的，这时销售商面临着采购量和销售价格的联合动态优化问题。对上述问题感兴趣的读者可以参阅发表于 *Management Science*，*Operations Research*，*Manufacturing & Service Operations Management*，*Production and Operations Management* 等国际学术期刊的相关学术论文。

[例 11-9]（**机票动态定价**） 为了尽量提高上座率和销售收益，航空公司经常结合实际销售情况调整机票的销售价格。考虑一个航班的价格调整策略。假设该航班的座位数是固定的（为 C），销售时间区间为 $[0,T]$，其中 T 表示航班起飞时间（或者停止销售时间）。根据舱位等级的不同，记机票价格的可行价格集合为 $P = \{p_1, p_2, \cdots, p_m\}$，其中 p_1 表示全价，其他价格表示不同等级的折扣价水平，$p_1 > p_2 > \cdots > p_m$。潜在顾客的到达服从 Poisson 过程，到达率为 λ。潜在顾客到达以后，只有价格低于顾客的最大支付意愿，顾客才会选择购买。市场调查表明，当机票价格为 p 时，到达的顾客实际购买的概率函数为 $\alpha(p) \in [0,1]$，它是关于 p 的递减函数，记

$$\lambda_i = \lambda \times \alpha(p_i),\ i = 1, 2, \cdots, m$$

因此，$\lambda_1 < \lambda_2 < \cdots < \lambda_m$。

假设航空公司风险中性，请建立动态规划模型帮助航空公司动态调整价格，使得航班的总期望收益最大化。

解： 该问题应该从时间的维度进行阶段划分，可以采用两种方法进行建模。

(1) 离散时间模型

将机票销售时间区间 $[0,T]$ 等分为 N 个小区间，每个区间看作一个决策周期，每个周期的时长为 $\dfrac{T}{N}$。我们考虑 N 足够大的情形（比如每个周期的时长只有 0.1 秒钟）。因为顾客的到达服从 Poisson 过程，那么每个周期最多只到达一个潜在顾客。

记 $R_t(n)$ 为第 $t(=1,2,\cdots,N)$ 周期初航班还剩余 n 张机票的前提下，通过最优定价，在剩余销售时间能获得的最大期望收益。在各个周期发生的事件的次序如下：

- 航空公司观察到当周期的剩余机票数，确定该周期的销售价格；
- 最多一个潜在顾客到达（也可能没有顾客到达）；
- 顾客决策是否以当前价格购买机票，如果不购买，则顾客损失。

根据 Poisson 过程的数学性质，每周期到达一个潜在顾客的概率为 $\frac{T}{N}\lambda$，没有顾客到达的概率为 $1-\frac{T}{N}\lambda$。如果顾客到达，在面对价格 p 时，该顾客购买的概率为 $\alpha(p)$。因此，在 t 周期销售 1 张机票的概率为 $\frac{T}{N}\lambda\alpha(p)$。考虑到所有的可能情形，可以写出期望收益函数的递归方程式（差分方程）如下：

$$\begin{aligned}R_t(n) &= \max_{p\in P}\left\{\frac{T}{N}\lambda\alpha(p)\left[p+R_{t+1}(n-1)\right]+\left(1-\frac{T}{N}\lambda\alpha(p)\right)R_{t+1}(n)\right\}\\ &= \max_{i=1,2,\cdots,m}\left\{\frac{\lambda_i T}{N}\left[p_i+R_{t+1}(n-1)\right]+\left(1-\frac{\lambda_i T}{N}\right)R_{t+1}(n)\right\}\\ &= \max_{i=1,2,\cdots,m}\left\{\frac{\lambda_i T}{N}\left[p_i+R_{t+1}(n-1)-R_{t+1}(n)\right]\right\}+R_{t+1}(n)\end{aligned}$$

可以看出，确定第 t 周期最优定价的是 $\Delta R_{t+1}(n)=R_{t+1}(n)-R_{t+1}(n-1)$，它对应于座位的边际期望收益。

上述递归方程式需要的边际条件为

$$R_{N+1}(n)=0,\ \forall n\geqslant 0$$
$$R_t(0)=0,\ \forall t\geqslant 1$$

其中，第一个边际条件表示航班起飞后，任何剩余座位的价值为 0；第二个边际条件表明在销售过程中，一旦座位销售完毕，在剩余销售区间所能获得的收益也为 0。

(2) 连续时间模型

对任意时刻 t，考虑一个非常小的时间区间 $[t,t+\Delta t)$，其中 Δt 足够小，以至于该区间内最多只有一位潜在顾客到达（到达一个顾客的概率为 $\lambda\Delta t$）。类似于离散时间模型，记 $R(t,n)$ 为在时间点 t 还剩余 n 张机票的前提下，通过最优定价，在剩余销售时间能获得的最大期望收益。根据离散时间模型的建模思路，我们可得

$$\begin{aligned}R(t,n) &= \max_{p\in P}\left\{\lambda\Delta t\alpha(p)\left[p+R(t+\Delta t,n-1)\right]+(1-\lambda\Delta t\alpha(p))R(t+\Delta t,n)\right\}\\ &= \max_{i=1,2,\cdots,m}\left\{\lambda_i\Delta t\left[p_i+R(t+\Delta t,n-1)-R(t+\Delta t,n)\right]\right\}+R(t+\Delta t,n)\end{aligned}$$

上述方程整理可得

$$\frac{R(t,n)-R(t+\Delta t,n)}{\Delta t}=\max_{i=1,2,\cdots,m}\left\{\lambda_i\left[p_i+R(t+\Delta t,n-1)-R(t+\Delta t,n)\right]\right\}$$

令 $\Delta t \to 0$，可得如下偏微分方程式（Bellman 方程）：

$$-\frac{\partial R(t,n)}{\partial t} = \max_{i=1,2,\cdots,m} \{\lambda_i [p_i + R(t,n-1) - R(t,n)]\}$$

上述递归方程式需要的边际条件为

$$R(T,n) = 0,\ \forall n \geqslant 0$$
$$R(t,0) = 0,\ \forall t \in [0,T]$$

区别于离散时间模型的是，连续时间模型需要通过偏微分方程来描述递归方程式。虽然离散时间模型只是连续时间模型的一个近似，其应用却非常广泛。例 11-9 是一个典型的动态定价和收益管理模型，围绕该研究方向，学者在国际学术期刊上发表了大量的学术论文。在一般的研究中，从 Bellman 方程出发，学者研究收益函数和最优决策的结构性质，并挖掘有意义的管理启示。比如对类似例 11-9 的问题，通过数学证明可以发现的结论包括：

- 状态 (t,n) 下的最优定价是关于边际期望收益函数的增函数。
- $R_t(n)$ 和 $R(t,n)$ 是关于剩余机票数量 n 的凹函数。因此，对任何给定时间 t，剩余的机票数量越多，则机票的最优定价越低。
- $R_t(n)$ 和 $R(t,n)$ 是关于 (t,n) 的下模函数。因此，对任何给定的机票数量 n，越临近航班起飞时间，则机票的最优定价越低。

求解例 11-9 的动态规划模型可以借助计算机编程实现。由递归方程式知，需要计算任意状态下对应的最优决策以及相应的收益函数。这里可以利用程序语言中的循环语句来实现。比如，考虑下面的算例。

考虑销售时间 $T=1$ 的情形。已知相关参数如下：

- $C = 100,\quad m = 10$；
- $P = (10,\ 9.5,\ 9,\ 8.5,\ 8,\ 7.5,\ 7,\ 6.5,\ 6,\ 5.5)$；
- $\lambda_i = (40,\ 50,\ 60,\ 70,\ 80,\ 90,\ 100,\ 110,\ 120,\ 130)$；

可以通过如下 MATLAB 代码来计算任意状态对应的最优期望收益函数，其中 N 对应于将时间区间花费为的周期数。

```
%=======================================
% 求解例11-9的MATLAB代码
%=======================================
T = 1;
m = 10;
C = 100;
N = 30000;              %划分的周期数
p = [10 9.5 9 8.5 8 7.5 7 6.5 6 5.5];
```

```
lambda = [40 50 60 70 80 90 100 110 120 130] * T / N;
for i = 0:C
    R(i+1) = 0;          %对应销售季末的边际条件
end
for t = N:(-1):1
    RR(1) = 0;           %对应剩余座位为零的边际条件
    for i=1:C
        for j=1:m
            revenue(j) = lambda(j) * (p(j) + R(i) - R(i+1));
        end
        RR(i+1) = R(i+1) + max(revenue);
    end
  for i = 0:C
        R(i+1) = RR(i+1);
    end
end
result = R(C+1);         %用来记录最优总期望收益
%=========================================
```

改变不同的时间周期划分数 N，计算得到的最优总期望收益如表 11-6 所示。理论上，N 越大，计算结果越精确（即离散时间模型的结果越接近连续时间模型的结果）。从表 11-6 可以看出，当 $N \geqslant 10\,000$ 时，结果之间的差距已经可以忽略不计了。这意味着，选取更大的周期划分数在提高计算结果精度方面的作用不大，它们只会带来更大的计算代价。

表 11-6　不同 N 值下的最大期望收益计算结果

序号	N	期望收益
1	10 000	685.351 0
2	15 000	685.317 7
3	20 000	685.301 0
4	25 000	685.291 1
5	30 000	685.284 4
6	35 000	685.279 7
7	40 000	685.276 1
8	45 000	685.273 3
9	50 000	685.271 1
10	55 000	685.269 3

本章习题

1. 请采用动态规划的方法，分别求解下述网络图中从 $V_1 \rightarrow V_8$ 的最短和最长路径。

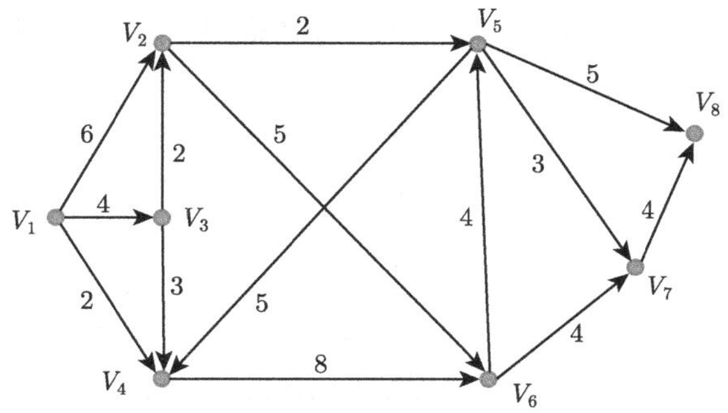

2. 某货轮要从城市 A 出发，沿途经历 B~E 等 4 个城市，最后抵达城市 F。已知城市 F 有三个港口可供停靠，如下图所示。请问，如果要追求总路程最短，该货轮应该停靠哪个港口？

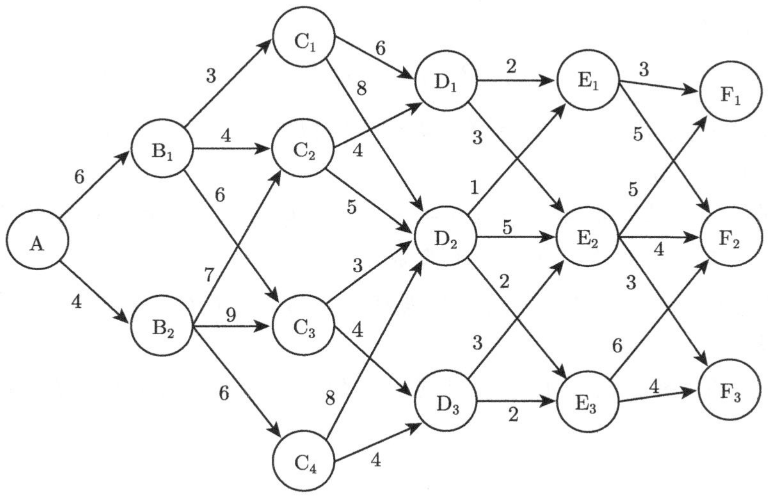

3. 某家具厂生产产品需要用到一台关键设备，该设备的市场价格相对稳定，为 15 万元。因为设备在使用中会产生磨损，每年年末都需要对设备进行维修，维修费用取决于该设备已经服役的年龄（服役年龄越长，则维修费用越高）。如果家具厂决定购买一台新的设备，则可以将服役过的旧设备折价处理销售给二手市场，旧设备的残值也取决于设备的服役年龄。请结合下列相关数据建立动态规划模型，帮助家具厂制订一个总成本最低的设备更新计划。

机器役龄（年）	1	2	3	4	5
维修费（万元）	5	6	6	7	8
残值（万元）	4	3	2	1	0

4. 某个体销售商从海外采购并销售一种产品，所有产品必须保存在库房里，库房的最大容量是 1 000 件。销售商每月初进购一批产品，下个月初产品才能抵达仓库（即采购的提前期为一个月），因此当月只能销售仓库现有的货品，已知 1 月初仓库现有库存为

500 件。销售商预测未来半年的产品批发和销售价格如下表所示，请构建动态规划模型，帮助销售商规划未来半年的采购与销售计划。

月份	采购成本	销售单价
1	10	12
2	9	12
3	11	14
4	12	14
5	12	16
6	13	15

5. 某销售商在一段时间（划分为 T 个周期）内采购并销售某产品。根据采购合同的约定，每周期初，销售商以固定批发价格 c 向上游供应商进购固定数量为 Q 的产品。假定供应商的物流运输速度足够快，销售商订购的货物瞬时到达。产品的销售价格是固定的，记为 p。但是销售商可以通过加大广告投入来营销产品。已知每周期市场需求随广告投入金额 x 的函数关系为

$$D(x) = d(x) + \varepsilon$$

其中，$d(x)$ 是一个关于 x 的单调递增函数；ε 是随机噪声，服从一个均值为 0、概率密度函数为 $f(x)$ 的随机分布。

在各周期，没有满足的需求会损失掉。当期没有销售出去的库存可以保存到下一周期继续销售，但是需要花费 h 的库存管理成本。

(1) 请构建动态规划模型，帮助销售商规划每周期的广告投放决策，使得 T 周期的期望利润最大。

(2) 如果采购的提前期为 1，即本周期订购的产品下周期初才能抵达。请重新构建相应的动态规划模型。

C H A P T E R 12

第12章

排队论基础

美国某家媒体曾经以人们在生活中如何进行时间分配为主题做过一项调查，结果表明人在一生中大约要花费 60 个月的时间用于各种各样的排队。排队现象在生活中无处不在，如购物中心、餐馆、银行柜台、医院、高铁售票厅、机场、海关、高速收费站等场所排队等待几乎是生活的常态。排队过长不仅影响到顾客的服务感知和服务体验，而且需要消耗企业的昂贵资源来进行排队管理。如何采取有效的措施减少顾客排队和等待的时间是很多企业面临的问题。作为运筹学的一个分支，排队论（Queueing Theory）是研究排队现象的理论与方法。因为多数研究是针对不确定环境下的服务系统，所以也被称为“随机服务系统理论”。

排队论起源于 20 世纪初。1909 年，丹麦工程师 A.K. Erlang 开展了一项关于电话设备优化配置的研究工作。他从电话业务量出发，解决了当时新兴的自动电话的设计问题，并发表了题为《概率与电话通话理论》的文章。该项工作为排队论的发展奠定了基础。第二次世界大战之后，排队论的相关理论逐渐完善，并在现实中得到了快速应用。现在，排队论已经广泛应用于服务系统的设计与管理、交通系统的设计与疏导、库存控制等方面。

12.1 排队系统

从运营管理的视角，供给和需求的不匹配是导致排队现象产生的根本原因。当顾客的服务请求不能立即得到满足时，就会产生排队现象。排队的表现形式是队列，既包括有形的队列，也包括无形的队列。比如，在一个呼叫中心中，当所有接线员都在提供服务时，新来的顾客呼叫必须等候，这些等候的顾客就构成了一个无形的队列。排队系统中等候的对象可以是人，也可以是物（比如高速收费站排队的车辆、等候处理的文件等）。为等候对象提供服务的可以是人（如服务台），也可以是物（如自动售货机、停车位、提供计算的服务器等）。

为了统一，排队论中将请求服务的对象统称为“顾客”（Customer），为顾客提供服务的人或物称为“服务台”（Sever）。一个典型的服务系统如图 12-1 所示。当到达的顾客要请求某项服务时，如果所有的服务台都处于繁忙状态，他必须加入队列等待，直到轮到他为止。经过一系列的服务流程（中间也可能需要再次排队）之后，顾客接受完服务并离开系统。

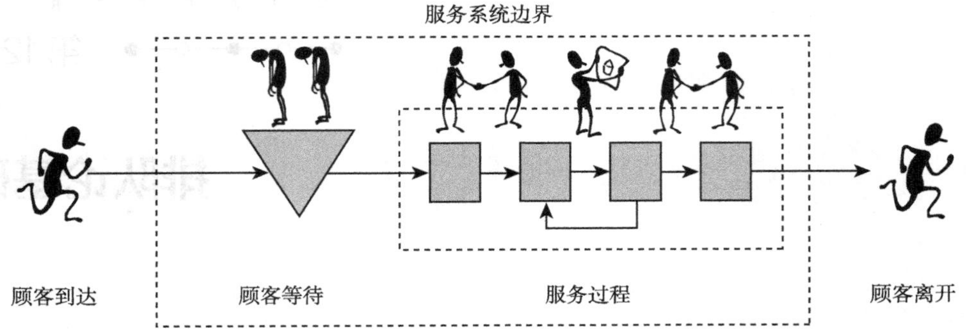

图 12-1　顾客到达、等待、服务流程示意图

一个顾客在服务系统中的逗留时间（即顾客从到达系统到离开系统之间的时间间隔）中，有可能部分时间花费在排队上。很显然，顾客的排队时间占比越长，顾客对服务的体验会越差。事实上，排队对顾客和服务提供者都意味着成本。从顾客的角度，排队的成本包括等待所消耗时间的机会成本以及排队过程中因为无聊、焦虑所导致的其他心理问题所带来的成本。从服务提供者的角度，排队的成本包括有形和无形两个方面：有形成本包括雇用专门人员（如安保人员）、购买专门设施（如取号机）来管理队列所消耗的成本，无形成本包括因为排队导致的顾客满意度降低、顾客流失以及负面口碑效应等。

一般来说，如果服务提供者投入更多的服务能力（如雇用更多的服务员、设置更多的 ATM 机等），则能降低顾客的排队时间，从而降低等待成本；但是投入更多的能力（Capacity）意味着需要支出更高的能力投入成本（如图 12-2 所示）。因此，如何在能力投入成本和等待成本综合权衡的基础上确定最佳的能力投入（以实现总成本最小化），是摆在服务提供者面前的一个管理问题。同时，在能力投入给定的情况下，采用不同方式配置服务系统也直接决定了服务系统的表现。借助排队论，我们将学习不同排队系统中一些关键指标的定量公式，从而为企业的能力投入和服务配置决策奠定基础。

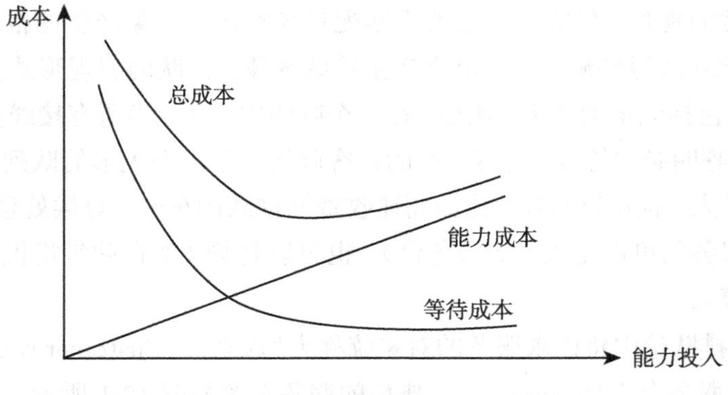

图 12-2　能力投入成本与等待成本

12.1.1　排队系统的构成

从系统观的角度，任何排队系统都可以看作为一个“输入 $\rightarrow$ 输出”式过程。因此，排队系统都包括一些共同的要素，包括到达过程、队列配置、排队规则以及服务机制，如图 12-3 所示。

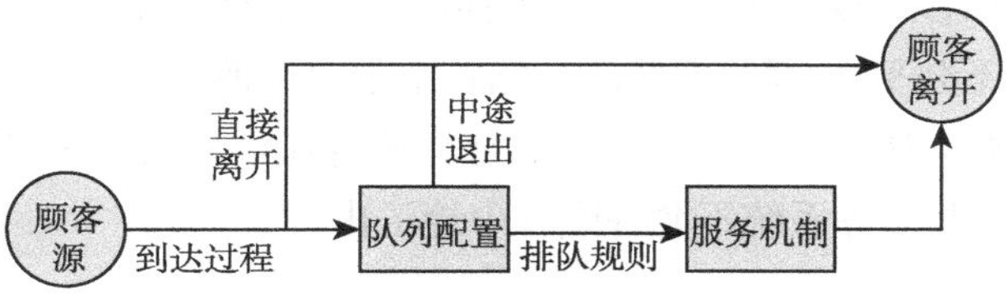

图 12-3　排队系统的构成

1. 到达过程

到达过程刻画了顾客进入到服务系统的规律，一般从五个方面进行刻画。

(1) 潜在顾客源数量：一般的服务系统中潜在顾客源数量充分多，以至于可以认为是无限的（如抵达购物中心的顾客流、高速收费站的进站车辆等）。但是在有些系统中，顾客源是有限的（比如公司上班打卡的员工、大学教职工餐厅顾客等）。

(2) 潜在顾客身份：到达的顾客可以是同质的，也可以是异质的。在很多服务系统中，除了普通顾客以外，还有银卡或金卡等 VIP 顾客。一般来说，VIP 顾客的优先级别高于普通顾客，如医院的急诊病人享有优先诊治权等。

(3) 到达方式：顾客可以独立到达，也可以批量到达。比如，当国际航班降落时，往往伴随着一群入境乘客批量抵达入境大厅。

(4) 到达时间间隔分布：利用统计的手段分析依次到达的顾客之间的时间间隔，可以描述顾客进入系统的“强度”。记 T_n 为第 n 个顾客的到达时间点，则 $X_n = T_n - T_{n-1}$ 即为第 n 个顾客和第 $n-1$ 个顾客的到达时间间隔。$\{X_n : n = 1, 2, \cdots\}$ 可以是一组确定的数（如生产流水线中半成品抵达某工作台的时间间隔），也可以是服从某分布的随机变量。比如，当顾客的到达服从一个 Poisson 过程时，时间间隔 $\{X_n : n = 1, 2, \cdots\}$ 是服从负指数分布的一簇独立分布变量，其概率分布函数对应的参数（通常用 λ 表示）为顾客的到达率。

(5) 是否加入队列：顾客到达时如果没有空闲服务台，顾客可以自行选择是否加入队列等待。有些情况下，排队系统的排队空间受限（如呼叫中心的电话线路数是有限的），到达的顾客有可能被迫直接离开。

2. 队列配置

队列的配置与设置规则包括如下方面。

(1) 队列数：分为单队列和多队列。在多队列系统中，顾客可以自行选择加入某一队列。在商场、机场等场景中，往往设有面向特殊人群的快速通道。

(2) 队列容量：分为有限队列和无限队列。有限队列中能够容纳的顾客数是有限的，当队列被占满时，后面到达的顾客将不能进入系统（Balk）。相反，无限队列能够容纳的排队顾客数是不受到任何限制的。一类特殊的有限队列是排队空间为 0 的队列，其不允许任何顾客排队（比如一条电话线一旦占用，则后到的顾客只能直接离开）。

(3) 是否允许顾客换队：因为不同队列的前进速度可能存在差异，有些顾客在排队过程中可能会选择换队以尽快开始服务。但是换队行为可能会带来一些负面的影响（比如导致其他顾客觉得不公平），因此有些队列配置中不允许换队。

(4) 是否允许顾客中途退出（Renege）：部分顾客在排队过程中可能变得不耐烦而选择中途退出，但是有些服务系统不允许顾客中途退出。

3. 排队规则

排队规则，即服务台从等待的顾客中选择下一个接受服务的顾客的规则。常用的规则包括：

(1) 先到先服务（First-Come-First-Service, FCFS）：按照顾客到达的顺序依次对顾客进行服务，这是一种相对公平的排队规则。

(2) 后到先服务（Last-Come-First-Service, LCFS）：优先对最后到达的顾客进行服务，该规则只有在少数特殊情形下使用。

(3) 具有优先权的服务：根据顾客的不同优先级别，优先服务级别高的顾客。比如航班登机时持有金卡的常旅客或购买头等舱/商务舱的乘客可以优先登机，医院急诊病人优先，火车购票大厅军人和老年人优先等。

(4) 最短服务时间优先：为了减少顾客的总体等待时间，根据顾客服务所需的时间不同，可以优先服务所需时间最短的顾客。比如，超市提供快速收银台为单件小批量购买的用户提供优先结账服务。

4. 服务机制

服务机制，即服务台为顾客提供服务的相关设置，包括：

(1) 服务台数量：分为单服务台系统和多服务台系统。

(2) 服务台连接形式：当存在多个服务台时，服务台之间的两种常见联接形式是串联和并联。在串联系统中，顾客依次接受完各个服务台的服务后离开系统；在并联系统中，顾客只需接受一个服务台的服务。多数情形下，多个服务台呈现相对复杂的"混联"形式，顾客有可能需要经过多次排队过程（如去医院看病的挂号、就诊、交费、取药等子服务过程）。"自助服务"（Self-Service）是一类特殊的服务模式，其中并不一定需要有"服务员"为顾客提供服务，比如顾客在超市选购商品的过程可以看作是自助服务。

(3) 服务时间：同一服务台为不同顾客提供服务的时间可能相等，也可能不相等。一般来说，可以将顾客接受服务的时间表示为一个随机分布。常见的分布包括定长分布（即每个顾客接受服务的时间是一个常数）、负指数分布以及 k 阶 Erlang 分布等。

12.1.2 排队系统的类型

根据排队系统不同要素的特征，可以将排队系统划分为不同的类型。常见的排队系统包括如下五种类型，如表 12-1 所示。

表 12-1　几种常见的服务系统

单队列单服务台系统	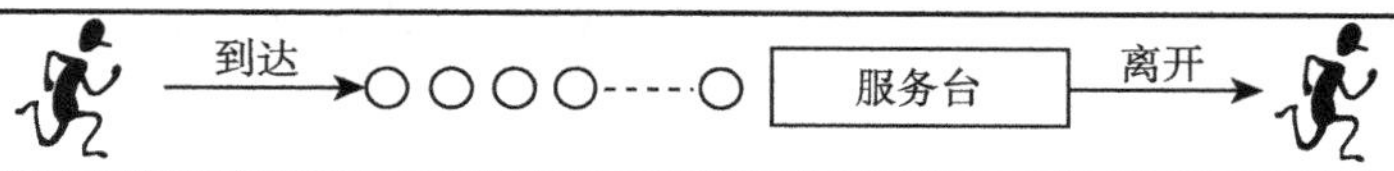
单队列多服务台并联系统	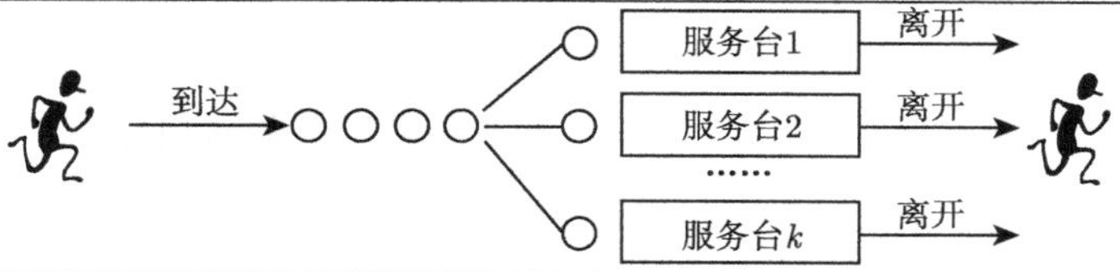
多队列多服务台并联系统	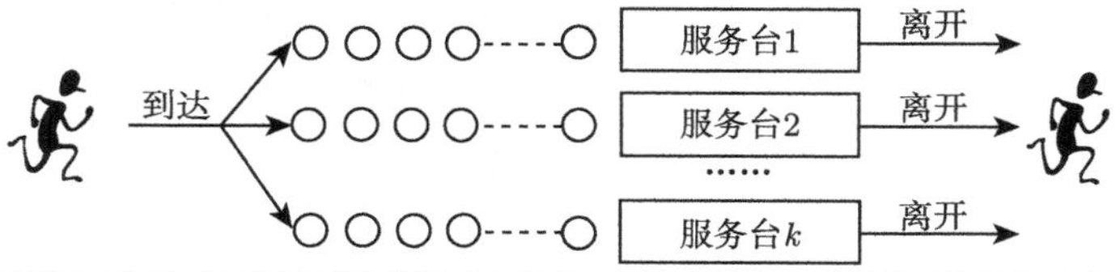
多队列多服务台串联系统	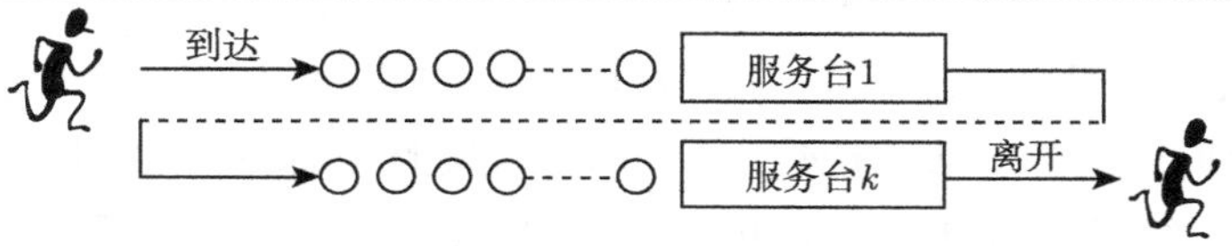
多队列多服务台混联系统	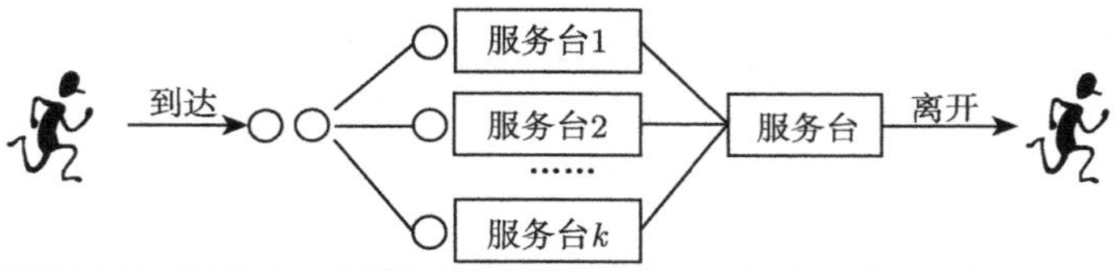

- 单队列单服务台系统：这是一类最简单的排队系统，顾客接受完一个服务台的服务便离开系统，但是在服务开始之前可能需要排队等待。比如，小规模夫妻店的收银过程就是一个单队列单服务台系统。
- 单队列多服务台并联系统：为了加快服务过程，一些系统开设多个并行的服务台同时为顾客提供服务，但是顾客在排队过程中只有单一的队列。比如，顾客到银行办理业务时先从取号机取号，然后等待某窗口叫号，该系统就属于单队列多服务台并联系统。
- 多队列多服务台并联系统：区别于单队列多服务台并联系统的是，在多队列多服务台并联系统中，每个服务台前都设置有一个单独的队列，顾客到达后可以根据自己的判断自行选择加入的队列。如麦当劳等快餐店的点餐系统。
- 多队列多服务台串联系统：当服务过程涉及多个环节时，从专业化分工的角度考虑，一个服务系统可以划分为彼此串联的若干个子服务系统，每个子服务系统可以看作一个单队列单服务台系统。比如，学生入学依次报到、交费、领取材料等。
- 多队列多服务台混联系统：复杂的排队系统中往往同时包括并联和串联的子服务系统。比如医院的就诊过程中，挂号、交费、取药是多队列多服务台并联子系统，而医生会诊、血常规检查等环节对应于单队列单服务台系统。

为了方便描述不同的排队系统，D.G. Kendall 提出采用如下符号来表示一个排队系统：

$$X/Y/Z/A/B/C$$

其中：

$X=$ 顾客到达时间间隔的分布

$Y=$ 顾客接受服务的时间分布

$Z=$ 并联状态的服务台的个数

$A=$ 服务系统能容纳的顾客上限

$B=$ 潜在顾客的数量

$C=$ 服务规则

按照惯例，字母 M 表示负指数分布，字母 D 表示定长分布（即确定性常数），字母 G 表示一般分布。于是，$M/M/1/\infty/\infty/FCFS$ 代表一个单服务台系统，其中，顾客的到达时间间隔服从负指数分布（即顾客按照 Poisson 过程到达），服务时间服务负指数分布，系统可容纳的顾客数以及潜在顾客数都无限，排队规则是先到先服务。在多数排队系统中，$A/B/C=\infty/\infty/FCFS$，此种情形下，在排队系统的符号表示中可以将后三项省略。比如，$M/M/1/\infty/\infty/FCFS$ 也可以简记为 $M/M/1$，$M/M/1/K$ 表示的单服务台系统中，系统的最大容量为 K（即允许的最大排队数为 $K-1$）。

12.2 排队系统的主要指标

排队现象是服务需求和服务供给相匹配的结果。因此，决定排队系统表现的两个主要参数分别对应于顾客的到达过程和服务台的服务过程，分别用需求率和服务率来刻画。

需求率（Demand Rate）：单位时间内到达服务系统的顾客数，通常用 λ 表示。当顾客的到达过程服从一个随机过程时，需求率描述的是单位时间内到达顾客的期望值。需求率可以是一个常数，也可以随时间发生变化。比如，快餐店的需求在 24 小时中呈现明显的周期性，需求率是变化的。对于一个到达率为 λ 的 Poisson 过程，相邻顾客的到达时间间隔服从一个均值为 $T=1/\lambda$ 的负指数分布，同时，在时间区间 $[0,t]$ 内到达的顾客数（记为 $N(t)$）服从一个均值为 λt 的 Poisson 分布，即

$$\mathbf{P}\{N(t)=n\}=\frac{(\lambda t)^n}{n!}\mathrm{e}^{-\lambda t}\,(n=0,1,2,\cdots)$$

服务率（Service Rate）：服务系统在单位时间内能服务完的顾客数，通常用 μ 表示。同样，如果服务时间服从某随机分布，则服务率表示单位时间内能服务完的顾客数的期望值。服务率描述了服务台的服务能力。很显然，每个服务台完成一次服务所需的平均时间为 $m=1/\mu$。考虑由 k 个服务台组成的工作站，其中第 i 个服务台的服务率为 μ_i：

- 对串联系统，工作站的服务率为 $1/\sum\limits_{i=1}^{k}\frac{1}{\mu_i}$；
- 对并联系统，工作站的服务率为 $\sum\limits_{i=1}^{k}\mu_i$。

需求率和服务率将直接决定顾客接受完服务之后离开系统的速度， 即**产出率**（**Throughput**）。产出率表示单位时间内接受完服务的顾客数或期望顾客数。

[例 12-1]（**产出率**） 某快餐店每天早上 5 点开始营业，直到凌晨 1 点打烊。营业期间，服务率 $\mu = 100$ 人/小时不变，但是需求率 $\lambda(t)$ 随时间变化的规律如图 12-4 所示。请计算该快餐店的产出率。

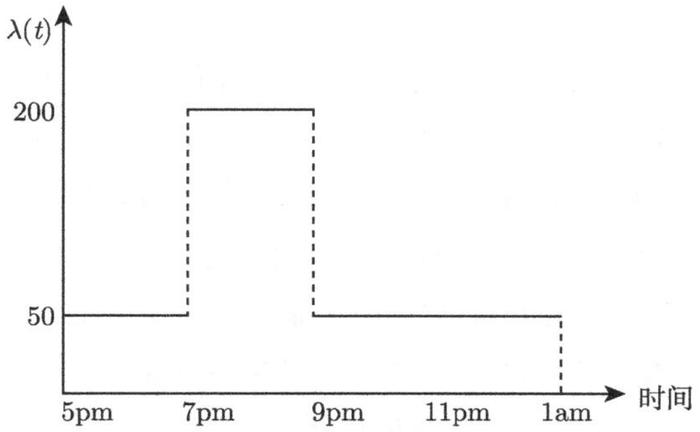

图 12-4

解：不同时间段需求率和服务率的相对大小不同，可能导致出现时变的产出率，如图 12-5 所示。

(1) 在 5~7pm 之间，需求率小于服务率，意味着每到达一个顾客，都能立即接受服务。因此，该时间段的产出率为 $\min(\lambda(t), \mu) = 50$ 人/小时，且没有顾客处于排队状态（即队列长度为 0）。

(2) 在 7~9pm 之间，需求率大于服务率，意味着部分顾客需要排队等候，服务台满负荷运营。因此，该时间段的产出率为 $\min(\lambda(t), \mu) = 100$ 人/小时，且随着时间的推移，顾客等待数呈线性关系并不断增加，如图 12-4 所示。

(3) 在 9pm~1am 之间，需求率小于服务率，但是还有很多顾客处于排队状态，因此服务台依然要满负荷运营，对应的产出率为 $\mu = 100$ 人/小时。同时，随着时间的推移，排队等候的顾客数逐渐下降，直至 1am 时等待队列清零。

在例 12-1 中，7pm 之前服务台只是以半负荷状态运营（每小时能服务的顾客数是 100 人，但是实际服务 50 人）。因此，服务台的**利用率**（**Utilization Rate**）为 50%，相应地，服务台的**闲置率**（**Idle Rate**）为 $1 - 50\% = 50\%$。在 7pm 之后，服务台的利用率变为了 100%，相应的闲置率为 0%。很多管理情景下，较高的闲置率意味着服务台资源的浪费。因此，为了更有效地利用服务台资源，麦当劳等企业采用全职员工和兼职员工相结合的人力资源管理方式，即在需求高峰（如中午 12 点左右）安排兼职人员来弥补服务能力的不足，从而避免了过多全职人员所带来的闲置。

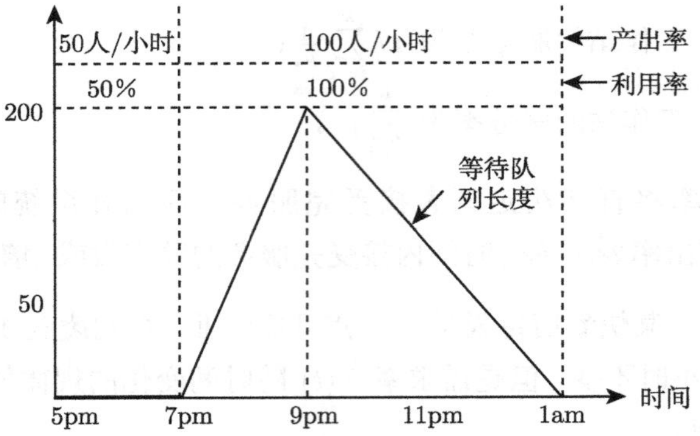

图 12-5　顾客等待数随时间变化规律

此外，排队系统的管理者还可能关心的主要指标包括下列方面。

队长和排队长：排队系统中的顾客数（包括正在接受服务的顾客和处于排队状态的顾客）称为“队长”，排队长则单指处于排队状态的顾客数。当顾客的到达过程和/或服务过程随机时，队长和排队长一般都是随机变量。了解它们的分布（离散分布）对于管理者掌握系统的运营状态、确定合适的排队空间等都是至关重要的。

逗留时间和等待时间：顾客从到达时刻起到接受完服务后离开系统的时间间隔为逗留时间（Sojourn Time），顾客从到达时刻起到开始服务的时间间隔则为等待时间（Waiting Time）。一般情况下，这两个时间也是服从某分布（连续分布）的随机变量。很显然，顾客和服务提供者都希望等待时间越短越好。它们的分布会影响到顾客是否加入队列的决策，也是服务提供者服务能力配置决策的主要参考依据。

顾客损失率：当顾客的选择基于战略性考虑或者服务系统的队列空间有限时，部分顾客可能会直接离开或者中途退出。这些损失的顾客可能会对顾客满意度带来负面的影响，其产生的负面口碑效应也会给服务提供者带来长远的无形损失。因此，了解顾客的损失率也是非常重要的。考虑顾客的损失率，真正流入服务系统的需求率（称为“有效需求率”）也是管理者关心的一个指标。

为了后文表述方便，下面统一定义相关的数量指标：

- $\rho = \lambda/\mu$，记为系统的服务强度；
- $N(t)$ = 排队系统在时刻 t 的顾客数（即队长），又称为系统的状态；
- $N_q(t)$ = 排队系统在时刻 t 处于排队状态的顾客数（即排队长）；
- $p_n(t)$ = 排队系统在时刻 t 处于状态 n 的概率。

上述变量都和系统的运行时间 t 有关，刻画这些随机变量的瞬时分布非常困难。学者的研究表明，部分排队系统在经过一段时间的运行之后，会趋于一个相对平衡的状态（或称平稳状态）。在平衡状态下，队长、排队长、系统处于各状态的概率分布等都和系统所处的时间无关，学者称之为“平稳分布”或“稳态分布”（Stationary Distribution）。很多跟排队相关的决策都是基于平稳分布进行的。因此，定义：

- N = 平稳状态下排队系统中的顾客数，记 $L = \mathbf{E}[N]$ 为平均队长；
- N_q = 平稳状态下排队系统中处于排队状态的顾客数，记 $L_q = \mathbf{E}[N_q]$ 为平均排队长；
- p_n = 平稳状态下排队系统处于状态 n 的概率；
- W = 平稳状态下顾客的平均逗留时间；
- W_q = 平稳状态下顾客的平均等待时间。

[例 12-2]（单服务台系统）　考虑一个简单的单服务台系统。记 $\{u_i : i = 1, 2, \cdots\}$ 表示顾客到达时间间隔的时间序列，$\{v_i : i = 1, 2, \cdots\}$ 表示服务时间的序列。假设 $\{u_i\}$ 和 $\{v_i\}$ 均为独立同分布（可以服从任何分布）。记

$$\lambda = \frac{1}{\mathbf{E}[u_i]},\ \mu = \frac{1}{\mathbf{E}[v_i]}$$

分别为该系统的需求率和服务率。另外，记 $\rho = \lambda/\mu$ 为服务强度，考虑 $\rho < 1$ 的情形。**Kingman 公式**（Kingman's Formula）表明，该系统的平均顾客等待时间可以近似表示为

$$W_q \approx \frac{1}{\mu} \times \frac{\rho}{1-\rho}\left(\frac{C_a^2 + C_s^2}{2}\right) \tag{12-1}$$

其中

$$C_a^2 = \frac{\mathbf{V}[u_i]}{[\mathbf{E}[u_i]]^2},\ C_s^2 = \frac{\mathbf{V}[v_i]}{[\mathbf{E}[v_i]]^2}$$

C_a^2 和 C_s^2 分别描述了顾客到达时间间隔和顾客接受服务时间对应的随机变量的方差相对其期望值平方的比值。式 (12-1) 表明，排队系统中造成顾客等待的原因主要来自顾客到达过程的不确定性和服务时间的不确定性。该近似公式能帮助决策者粗略地了解一般系统的平均顾客等待时间。比如，对一个 $\lambda < \mu$ 的 $M/G/1$ 排队系统，平均顾客等待时间近似为

$$W_q \approx \frac{\rho^2 + \lambda^2 \mathbf{V}[v_i]}{2\lambda(1-\rho)}$$

对于一些特殊的排队系统，可以从理论上推导出系统的平稳状态。下面分别针对单服务台系统和多服务台系统，对上述平稳状态下的指标进行定量刻画。

12.3　单服务台系统

考虑最简单的单服务台 $M/M/1$ 排队系统（如图 12-6 所示），其中顾客到达服从到达率为 λ 的 Poisson 过程，服务台服务时间服从参数为 μ 的负指数分布，系统的排队空间足够大，顾客到达以后不会直接离开系统，系统采用先到先服务的排队规则。我们将推导该系统经过足够长运行时间之后的稳态分布以及各稳态指标。

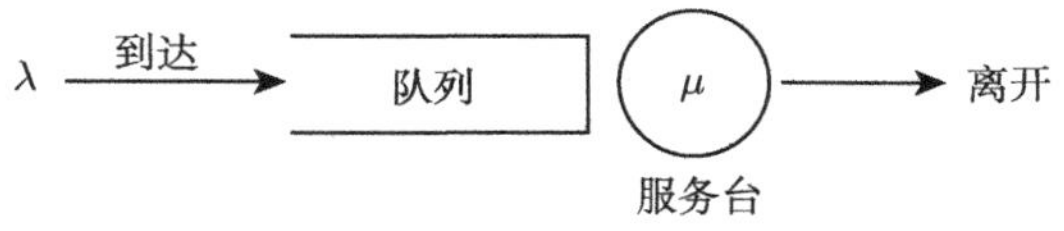

图 12-6　$M/M/1$ 排队系统示意图

12.3.1 系统的稳态分布

直观上，当 $\rho=\dfrac{\lambda}{\mu}>1$ 时（$\rho=1$ 时也一样），顾客的到达率大于服务率，因此随着时间的推移，将有越来越多的顾客处于等待状态（因为队列空间无穷大、顾客不退出）。经历足够长的时间后，系统中的顾客数将达到无穷大，从而导致系统达不到稳定状态。下文的数学推导也将表明，只有到 $\rho<1$ 时，$M/M/1$ 排队系统才能达到稳定状态。

记 $p_n=\mathbf{P}\{N=n\}$ 为系统达到平稳状态后队长 $N=n$ 的概率。所谓稳态分布，是指各可能状态的概率保持不变时对应的状态的分布。考虑到每到达一个顾客系统的状态增加 1 单位，每服务完一个顾客系统的状态减少 1 单位，可以画出各状态的转移图，如图 12-7 所示。考虑状态 $n=0$（即系统为空）的情形，当且仅当到达一个顾客后才会发生状态改变，对应的改变后的状态为 $n=1$，从状态 0 到状态 1 转移的"速度"或"强度"等于顾客的到达率 λ。再考虑状态 $n=1$，它可以转移到状态 0 或者状态 2。到达一个顾客时状态变为 2，结束完当前服务时状态变为 0，它们对应的"速度"分别为 λ 和 μ。采用类似的思想可以解释任意状态之间的转移规律。

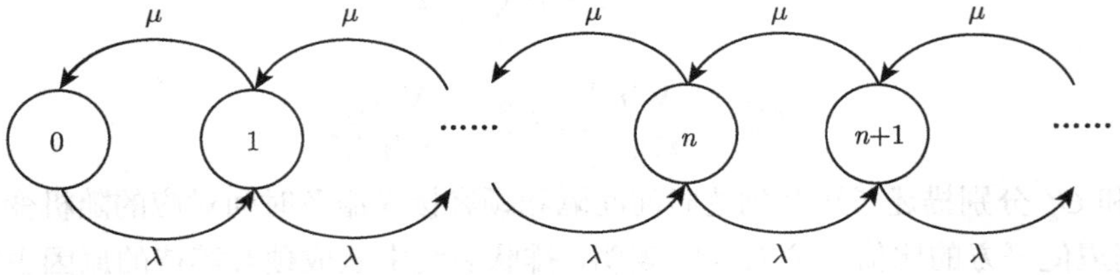

图 12-7 $M/M/1$ 排队系统的状态转移图

在稳态分布下，每个状态"流入"的量和"流出"的量应该刚好相等，体现为如下一组平衡方程式：

$$
\begin{array}{ll}
\text{状态 } 0: & \mu p_1=\lambda p_0 \\
\text{状态 } 1: & \lambda p_0+\mu p_2=(\lambda+\mu)\,p_1 \\
\cdots & \cdots \\
\text{状态 } n: & \lambda p_{n-1}+\mu p_{n+1}=(\lambda+\mu)\,p_n \\
\text{状态 } n+1: & \lambda p_n+\mu p_{n+2}=(\lambda+\mu)\,p_{n+1} \\
\cdots & \cdots
\end{array}
$$

由上述平衡方程组不难看出，数列 $\{p_n\}$ 服从一个等比数列：

$$p_n=\rho^n p_0,\ n=1,2,\cdots$$

因此，考虑到

$$\sum_{n=0}^{\infty}p_n=1$$

可得

$$p_0\left(1+\rho+\rho^2+\cdots+\rho^n\right)=1$$

这里可以直观看出，当 $\rho \geqslant 1$ 时，有 $p_0 = 0$，从而任何有限状态出现的概率均为零。因此，当且仅当 $\rho < 1$ 时，我们有：

$$\begin{cases} p_0 = 1 - \rho \\ p_n = (1-\rho)\,\rho^n,\ n = 1, 2, \cdots \end{cases} \tag{12-2}$$

该分布即对应 $M/M/1$ 排队系统的稳态状态分布。

因此，服务台处于空闲或闲置状态的概率为 $p_0 = 1 - \rho$，处于繁忙状态的概率为

$$\mathbf{P}\{N \geqslant 1\} = 1 - p_0 = \rho$$

即服务强度也反映了系统繁忙的程度：需求的到达率越接近服务率，则服务台的闲置率越低。

12.3.2　几个主要稳态指标

根据 (12-2) 式给出的稳态分布，可以直观计算出管理者可能关心的几个排队指标。

(1) 系统的平均队长（即系统中顾客的期望值）为

$$\begin{aligned} L &= \sum_{n=0}^{\infty} n p_n = \sum_{n=0}^{\infty} n\,(1-\rho)\,\rho^n = \sum_{n=0}^{\infty} n\rho^n - \sum_{n=0}^{\infty} n\rho^{n+1} \\ &= \rho + 2\rho^2 + 3\rho^3 + \cdots - \left(\rho^2 + 2\rho^3 + \cdots + n\rho^{n+1}\right) \\ &= \rho + \rho^2 + \rho^3 + \cdots + \rho^n = \frac{\rho}{1-\rho} \end{aligned}$$

(2) 系统的平均排队长为

$$\begin{aligned} L_q &= \sum_{n=1}^{\infty} (n-1)\,p_n = \sum_{n=1}^{\infty} n p_n - \sum_{n=1}^{\infty} p_n \\ &= L - (1 - p_0) = \frac{\rho}{1-\rho} - \rho = \frac{\rho^2}{1-\rho} \end{aligned}$$

(3) 顾客在系统的平均等待时间为

$$W_q = \sum_{n=1}^{\infty} \frac{n}{\mu} p_n = \frac{L}{\mu} = \frac{\rho}{\mu - \lambda} = \frac{\lambda}{(\mu - \lambda)\,\mu}$$

在上式计算中，当系统中有 n 个顾客时，新到达的顾客需要等待的期望时间是 n/μ。

(4) 顾客在系统的平均逗留时间等于顾客的平均等待时间和平均服务时间之和，因此有

$$W = W_q + \frac{1}{\mu} = \frac{1}{\mu - \lambda}$$

从以上结果不难验证知：

- 平均队长和平均逗留时间满足如下关系

$$L = \lambda \times W \tag{12-3}$$

- 平均排队长和平均等待时间满足如下关系

$$L_q = \lambda \times W_q \tag{12-4}$$

关系式 (12-3) 和 (12-4) 反映了排队系统中一个普适性规律 —— Little 法则（Little's Law）。它是 MIT 教授 John D.C. Little 提出的，即对任何一个系统，都满足下列关系式：

系统的长度 = 流入系统的速度 × 在系统中的逗留时间

对 $M/M/1$ 排队系统，如果考虑的对象是整个排队系统（包括队列和服务台），则得到关系式 (12-3)；如果考虑的对象仅限于队列，则得到关系式 (12-4)。利用 Little 法则，有时可以方便地计算排队系统的某些指标。

[例 12-3]（私人诊所） 王医生开设了一家私人诊所。她为病人看病的平均时间是 10 分钟，病人到达诊所的频率是平均每小时 4 人。假设王医生看病以及病人到达的时间间隔都服从负指数分布。有一天，小张身体不舒服打算去找王医生看病。请回答下列问题：

(1) 小张需要等待的可能性有多大？

(2) 如果在诊所的病人超过 3 名，小张会直接离开。那么小张直接离开的概率有多大？

(3) 诊所里病人的期望数量是多少？

(4) 小张的期望等待时间是多少？

解：可以将王医生诊所看成一个 $M/M/1$ 排队系统，其中需求率 $\lambda = 4$ 人/小时，服务率 $\mu = 6$ 人/小时，对应的服务强度 $\rho = \dfrac{2}{3}$。

(1) 小张等待的概率为

$$\mathbf{P}\{N \geqslant 1\} = 1 - \mathbf{P}\{N = 0\} = \rho = \frac{2}{3}$$

(2) 小张直接离开的概率为

$$\begin{aligned}\mathbf{P}\{N \geqslant 4\} &= 1 - p_0 - p_1 - p_2 - p_3 \\ &= 1 - (1-\rho)\left(1 + \rho + \rho^2 + \rho^3\right) = 0.530\ 9\end{aligned}$$

(3) 期望病人数为

$$L = \frac{\rho}{1-\rho} = 2$$

(4) 期望等待时间为

$$W_q = \frac{\lambda}{(\mu - \lambda)\,\mu} = \frac{1}{3}\ \text{小时} = 20\ \text{分钟}$$

正如前文提到的，服务台的利用率也是管理者关心的一个指标。直观上，提升服务台的利用率可以避免服务资源的闲置与浪费。图 12-8 画出了 $M/M/1$ 排队系统中平均队

长 L_q 随利用率 ρ 的函数关系。不难看出，当 $\rho \to 1$ 时，系统中的排队顾客数量会急剧增加。事实上，

$$\lim_{\rho \to 1} L_q = \lim_{\rho \to 1} \frac{\rho^2}{1-\rho} = \infty$$

因此，如果盲目追求服务台的利用率，有可能会给服务系统带来灾难性的后果。这说明在服务系统中，适度的资源闲置是必需的，安排适度过剩的资源（即 $\mu > \lambda$）是为了避免顾客过长的等待。

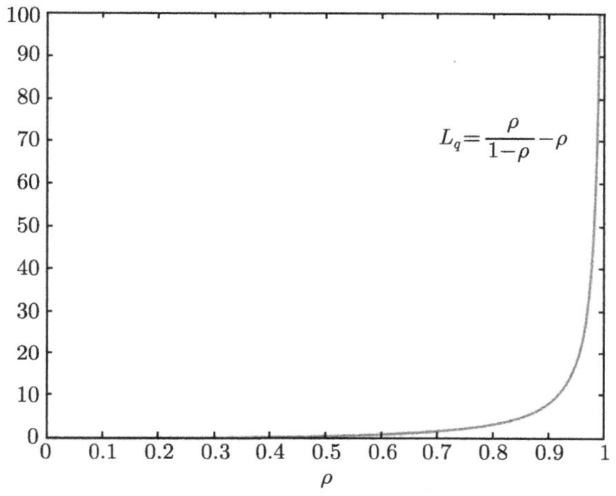

图 12-8 $M/M/1$ 排队系统中平均队长长度随利用率的函数关系

12.3.3 有限队列的单服务台系统

理论上，$M/M/1$ 系统中可以容纳无限个顾客，但是在现实管理场景中，多数情况下系统的等待空间是有限的。下面考虑 $M/M/1/K$ 排队系统，其中 K 为系统允许的最大顾客数（即系统状态的上限）。因此，当一个顾客到达时，如果系统已经处于满员状态（即 $N = K$），则该顾客将直接离开。

为了度量该系统的稳态分布，同样考虑其状态转移图（如图 12-9 所示）。区别于图 12-7 的是，该状态转移图中，可能的状态数是有限的，最大的状态是 K。

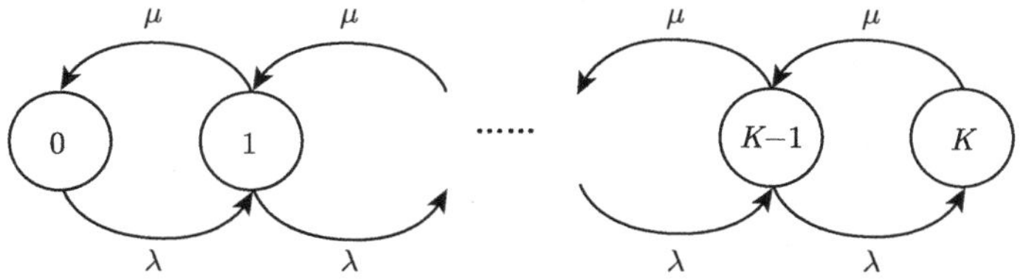

图 12-9 $M/M/1/K$ 排队系统的状态转移图

在稳态分布下，每个状态“流入”的量和“流出”的量应该刚好相等，体现为如下一组平衡方程式：

$$\begin{aligned}
&\text{状态 } 0: && \mu p_1 = \lambda p_0 \\
&\text{状态 } 1: && \lambda p_0 + \mu p_2 = (\lambda + \mu) p_1 \\
&\quad \vdots && \quad \vdots \\
&\text{状态 } K-1: && \lambda p_{K-2} + \mu p_K = (\lambda + \mu) p_{K-1} \\
&\text{状态 } K: && \lambda p_{K-1} = \mu p_K
\end{aligned}$$

同样，数列 $\{p_n\}$ 服从一个等比数列：

$$p_n = \rho^n p_0,\ n = 1, 2, \cdots, K$$

因此，考虑到

$$\sum_{n=0}^{K} p_n = 1$$

可得

$$p_0 \left(1 + \rho + \rho^2 + \cdots + \rho^K\right) = 1$$

因此，无论 ρ 是否大于 1、等于 1 或者等于 1，均能解出 p_0 的值。

$$p_0 = \begin{cases} \dfrac{1-\rho}{1-\rho^{K+1}} & \text{如果 } \rho \neq 1 \\ \dfrac{1}{K+1} & \text{如果 } \rho = 1 \end{cases}$$

上式表明，当系统的需求率刚好等于服务率时，平稳状态下各种状态出现的概率相等。

在此种“损失制”系统中，顾客流失的比例或概率（Loss Probability）也是管理者关心的一个指标。很显然，当且仅当系统状态为 K 时新到的顾客会损失，因此，顾客的损失概率为 p_K，从而顾客的损失率（即单位时间内直接离开的顾客数）为 λp_K，实际进入服务系统的**“有效需求率”**（Effective Demand Rate）是

$$\lambda_e = \lambda (1 - p_K) \tag{12-5}$$

系统的平均长度与顾客的平均逗留时间、系统的平均队长与顾客的平均等待时间依然满足 Little 法则，只须将“流入系统的速度”替换为 λ_e 即可。即

- 平均队长和平均逗留时间满足如下关系

$$L = \lambda_e \times W = \lambda (1 - p_K) W \tag{12-6}$$

- 平均排队长和平均等待时间满足如下关系

$$L_q = \lambda_e \times W_q = \lambda (1 - p_K) W_q \tag{12-7}$$

通过代数计算，可得如下结果：

(1) 当服务强度 $\rho \neq 1$ 时，

$$\begin{cases} L = \dfrac{\rho}{1-\rho} - \dfrac{K+1}{1-\rho^{K+1}}\rho^{K+1} \\ L_q = \dfrac{\rho}{1-\rho} - \dfrac{K\rho^K+1}{1-\rho^{K+1}}\rho \\ W = \dfrac{L}{\lambda(1-p_K)} \\ W_q = \dfrac{L_q}{\lambda(1-p_K)} \end{cases}$$

(2) 当服务强度 $\rho = 1$ 时，

$$\begin{cases} L = \dfrac{K}{2} \\ L_q = \dfrac{K(K-1)}{2(K+1)} \\ W = \dfrac{K+1}{2\lambda} \\ W_q = \dfrac{K-1}{2\lambda} \end{cases}$$

[例 12-4]（汽车修理）　技术工人老赵下岗后在路边开设了一家小型汽车修理厂。因为场地限制，修理厂内最多只能停放 4 辆待修汽车。设汽车修理需求按 Poisson 流抵达，平均每天到达 1 辆，修理时间服从负指数分布，平均 1.5 天完成修理。请帮老赵计算该系统的相关指标。

解： 该系统可以看作一个 $M/M/1/4$ 服务系统，其中

$$\lambda = 1,\ \mu = \frac{1}{1.5} = \frac{2}{3},\ \rho = \frac{\lambda}{\mu} = 1.5$$

系统在平稳状态下的分布为

$$\begin{cases} p_0 = \dfrac{1-\rho}{1-\rho^5} = 0.075\ 8 \\ p_n = 1.5^n p_0 \end{cases}$$

于是有

- 顾客的损失概率为

$$p_4 = 1.5^4 p_0 = 0.383\ 9$$

- 需求的有效到达率为

$$\lambda_e = \lambda(1-p_4) = 1 - 0.383\ 9 = 0.616\ 1 \text{（辆/天）}$$

- 平均队长为

$$L = \frac{1.5}{1-1.5} - \frac{5}{1-1.5^5} \times 1.5^5 = 2.758\ 3 \text{（辆）}$$

- 平均排队长为

$$L_q = L - (1 - p_0) = 2.758\,3 - 0.924\,2 = 1.834\,1 \text{（辆）}$$

- 平均逗留时间为

$$W = \frac{L}{\lambda_e} = \frac{2.758\,3}{0.616\,1} = 4.476\,9 \text{（天）}$$

- 平均等待时间为

$$W_q = \frac{L_q}{\lambda_e} = \frac{1.834\,1}{0.616\,1} = 2.976\,9 \text{（天）}$$

12.4 多服务台系统

下面考虑多服务台并联的排队系统。在图 12-10 所示的 $M/M/c$ 系统中，c 个服务台同时为顾客提供服务，它们的服务时间相互独立。一旦某服务台结束服务，则立刻开始对排在队列首位顾客的服务。一般情形下，不同服务台的服务率可以是不同的，记 μ_i 为服务台 i 的服务率，则整个系统的总服务率为 $\sum_{i=1}^{c}\mu_i$。根据单服务台系统的结论，直观上，如果队列不存在上限，则当且仅当

$$\lambda < \sum_{i=1}^{c}\mu_i$$

时，系统存在稳态分布。

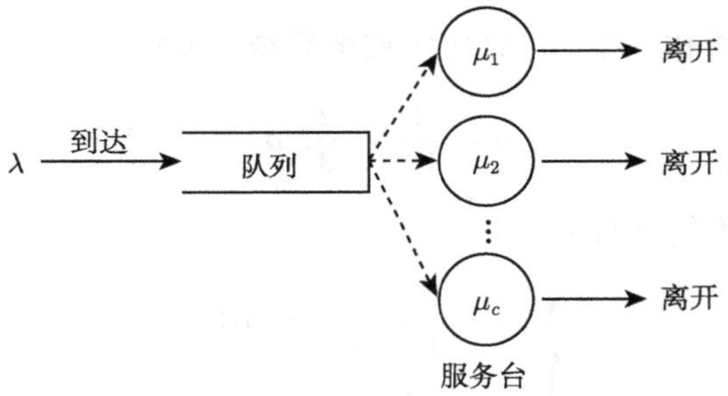

图 12-10 $M/M/c$ 排队系统示意图

12.4.1 服务台对称情形下的稳态分布

首先探讨服务台对称的情形，其中各服务台的平均服务时间无差异，都为 $\mu_i = \mu$。类似于 $M/M/1$ 系统，稳态分布下该系统的可能状态集合为 $\{0, 1, 2, \cdots\}$，但是状态之间的转移关系存在较大的不同。

考虑当前有 $n\,(1 \leqslant n \leqslant c)$ 个服务台处于繁忙状态的情形，只要其中某一个服务台完成服务，系统的顾客数将减少 1，对应于该转移过程的“速度”为 $n\mu$。基于该思想，系统的状态转移图如图 12-11 所示。其中，对应于任意状态 $n \geqslant c$，其转移到状态 $n-1$ 的“速度”均为 $c\mu$，因为所有的服务台都处于繁忙状态。

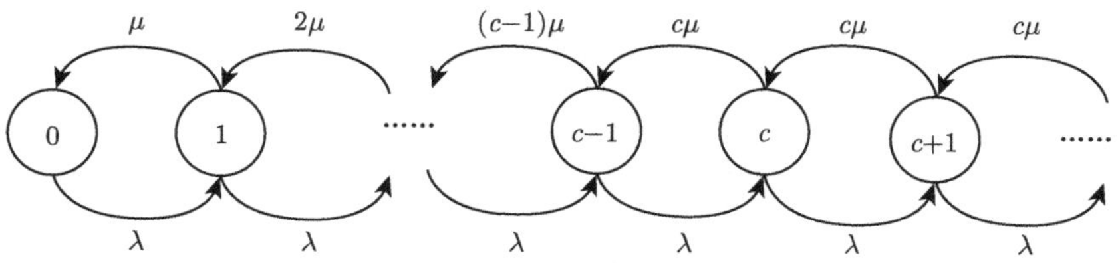

图 12-11　$M/M/c$ 排队系统的状态转移图

在稳态分布下，根据每个状态“流入”量等于“流出”量的准则，稳态分布概率满足下列平衡方程式：

$$
\begin{array}{ll}
\text{状态 } 0: & \mu p_1 = \lambda p_0 \\
\text{状态 } 1: & \lambda p_0 + 2\mu p_2 = (\lambda+\mu)\, p_1 \\
\text{状态 } 2: & \lambda p_1 + 3\mu p_3 = (\lambda+2\mu)\, p_2 \\
\vdots & \vdots \\
\text{状态 } c-1: & \lambda p_{c-2} + c\mu p_c = [\lambda + (c-1)\,\mu]\, p_{c-1} \\
\text{状态 } c: & \lambda p_{c-1} + c\mu p_{c+1} = [\lambda + c\mu]\, p_c \\
\text{状态 } c+1: & \lambda p_c + c\mu p_{c+2} = [\lambda + c\mu]\, p_{c+1} \\
\vdots & \vdots
\end{array}
$$

不难发现，数列 $\{p_n\}$ 不再服从等比数列。利用概率和为 1，通过代数计算，可知，当 $\rho < c$ 时，系统中没有顾客的概率为

$$p_0 = \left[\sum_{n=0}^{c-1} \frac{\rho^n}{n!} + \frac{\rho^c}{c!\,(1-\rho/c)}\right]^{-1}$$

系统状态为 n 的概率为

$$p_n = \begin{cases} \dfrac{\rho^n}{n!} p_0 & \text{如果 } 1 \leqslant n \leqslant c \\ \dfrac{\rho^n}{c!c^{n-c}} p_0 & \text{如果 } n > c \end{cases}$$

当一个顾客到达时，如果所有服务台处于繁忙状态，则该顾客必须等待。因此，顾客需要等待的概率为

$$P\{N \geqslant c\} = \sum_{n=c}^{\infty} p_n = \frac{\rho^c}{c!\,(1-\rho/c)} p_0$$

该公式也称为“Erlang 等待公式”。

基于稳态概率分布，也可以直观计算得平均队长等指标，如下：

(1) 系统的平均排队长为

$$L_q = \sum_{n=c+1}^{\infty} (n-c)\, p_n = \sum_{n=c+1}^{\infty} (n-c)\, \frac{\rho^n}{c!c^{n-c}} p_0 = \frac{\rho^{c+1}}{(c-1)!\,(c-\rho^2)} p_0$$

(2) 系统中正在接受服务的顾客的期望值为

$$s = \sum_{n=0}^{\infty} \min(n,c)\, p_n = \sum_{n=1}^{c} n \frac{\rho^n}{n!} p_0 + \sum_{n=c+1}^{\infty} c \frac{\rho^n}{c!c^{n-c}} p_0$$

$$= p_0\rho\sum_{n=1}^{c}\frac{\rho^{n-1}}{(n-1)!}+\frac{\rho^{c+1}}{c!\left(1-\frac{\rho}{c}\right)}p_0$$

$$= p_0\rho\left[\sum_{n=1}^{c}\frac{\rho^{n-1}}{(n-1)!}+\frac{\rho^{c}}{c!\,(1-\rho/c)}\right]=\rho$$

即处于繁忙状态的服务台的期望值刚好等于该服务系统的强度 ρ，而与服务台的个数 c 无关。

(3) 系统的平均队长等于平均排队长和平均服务顾客数之和，即

$$L = L_q + s = \frac{\rho^{c+1}}{(c-1)!(c-\rho)^2}p_0 + \rho$$

(4) 顾客在系统的平均等待时间和平均逗留时间可以直接利用 Little 法则得到，即

$$W = \frac{L}{\lambda}, W_q = \frac{L_q}{\lambda} = W - \frac{1}{\mu}$$

对于队列受限的 $M/M/c$ 系统，同样可以采用类似于 12.3.3 节的方法，结合系统的状态转移图来计算稳态概率分布。有兴趣的读者可以自行去推导。

根据稳态分布的相关公式，可以画出不同服务台数量下，系统的平均队长随 $\rho_c = \rho/c$ 变化的函数关系。对于一个服务强度为 $\rho = 0.8$ 的单服务台系统，其平均队长为 4，如果增加一个同样的服务台，则能将平均队长显著降低到 1 左右。利用排队系统指标随着服务台数量的变化关系，可以帮助企业来制定最优的服务台配置决策。

配置合适的服务能力（即服务台数量）是企业的重要决策问题，需要考虑到能力投入的边际成本、边际收益（体现为顾客排队时间的减少）、顾客满意度等方面的因素。常用的能力规划决策准则包括两个方面，即基于服务水平的准则和基于收益/成本的准则。

基于服务水平的决策准则中，往往在设定服务水平下限的情况下优化服务能力，如：

- 顾客的平均等待时间不超过 10 分钟；
- 顾客需要等待的概率不超过 80%；
- 因为等待空间不够导致顾客直接离开的概率不超过 20%。

基于收益/成本的决策准则则是在能力投入边际成本和边际收益权衡的基础上进行的，如：

- 最小化顾客的等待成本和服务提供者成本的总和；
- 最大化企业的总利润（考虑顾客损失成本）。

[例 12-5]（**冷饮店服务员配置**） 某在读研究生在大学校门口开设了一家冷饮店，并雇用了一名服务员经营该冷饮店。过去的销售数据表明，平均每小时有 10 名学生光顾店面，店员的平均服务时间是 4 分钟。店员采用计时工资制，每小时的工资为 40 元。冷饮店店主认为顾客满意度是该店能长久经营的关键之所在，他认为顾客等待 1 小时对应的成本为 60 元。考虑学生的到达时间间隔和店员的服务时间都服从负指数分布的情形，回答下列问题：

(1) 考虑到顾客的等待成本，该冷饮店每小时的成本为多少？

(2) 店主考虑再雇用一名店员，请问雇用是否划算？

解： 当前经营下，冷饮店可以看作是一个 $M/M/1$ 系统，其中

$$\lambda = 10,\ \mu = \frac{60}{4} = 15,\ \rho = \frac{\lambda}{\mu} = \frac{2}{3}$$

(1) 稳态分布下系统的平均排队长为

$$L_q = \frac{\rho}{1-\rho} - \rho = \frac{4}{3}$$

于是，每小时的总成本为

$$C_1 = 40 + 60L_q = 120 \text{（元/小时）}$$

(2) 如果再雇用一名店员，则冷饮店可以看作是一个 $M/M/2$ 系统，套用公式可以计算得其平均排队长为

$$L_q = 0.025$$

于是，每小时的总成本为

$$C_2 = 40 \times 2 + 60L_q = 81.5 \text{（元/小时）}$$

因此，虽然多雇用一名店员需要额外支付每小时 40 元的工资，但是极大地降低了顾客的等待成本。所以，在该冷饮店店主看来，新雇用一名店员是划算的。

12.4.2 服务台非对称情形下的稳态分布

本小节探讨多服务台系统中服务台的服务效率存在差异的情形（比如，个别服务人员因为经验不足，服务效率欠佳）。区别于服务台对称的情形，研究该系统存在两方面的显著差异：

- 仅用顾客数无法准确和全面描述系统的状态，相反，描述系统状态时还需要明确哪些服务台处于繁忙状态；
- 要度量系统的表现，需要进一步明确服务的规则，即当多个服务台处于闲置状态时，新到达的顾客按照何种规则分配到不同的服务台。

我们通过如下例子来说明非对称情形下服务系统稳态分布的分析思路。

[例 12-6]（接线员调度） 某淘宝店主雇用了两名接线员（记为 A 和 B）为顾客提供电话咨询。已知咨询电话按照 Poisson 过程到达，平均每 2 分钟来一个电话。接线员的工作效率存在差异，虽然 A 和 B 的服务时间彼此独立而且服从负指数分布，但是 A 的平均服务时间是 5 分钟，B 的平均服务时间是 4 分钟。因为只有两条电话线路，当 A 和 B 都处于繁忙状态时，新呼入的电话将无人接听。请分别度量下列来电分配规则下系统的表现：

(1) 优先安排接线员 A 应答电话；

(2) 优先安排接线员 B 应答电话；

(3) 随机安排两名接线员（当他们都处于空闲状态时）应答电话，分配的概率各 50%。

解：该系统的可能状态包括四个，各自的含义如下：

$0=$ 系统中没有顾客，两名接线员都处于空闲状态；

$1_A=$ 系统中只有 1 名顾客，接线员 A 正在为该顾客提供服务，接线员 B 空闲；

$1_B=$ 系统中只有 1 名顾客，接线员 B 正在为该顾客提供服务，接线员 A 空闲；

$2=$ 系统中有 2 名顾客，两名接线员都处于繁忙状态。

分别记 p_0、p_A、p_B 和 p_2 为上述四种状态在平稳状态下的概率。记 $\lambda=0.5$，$\mu_A=0.2$，$\mu_B=0.25$。

(1) 如果优先安排接线员 A 应答电话，则从状态"0"出发只能转移到状态 1_A（而不能转移到状态 1_B），状态转移图如图 12-12a 所示。

根据各状态对应的平衡方程式，不难得到下述方程组：

$$\begin{cases}0.5p_0=0.2p_A+0.25p_B\\(0.5+0.2)\,p_A=0.5p_0+0.25p_2\\(0.5+0.25)\,p_B=0.2p_2\\(0.25+0.2)\,p_2=0.5p_A+0.5p_B\\p_0+p_A+p_B+p_2=1\end{cases}$$

不难求得该方程组的解为 $(p_0,p_A,p_B,p_2)=(0.169\,1,\ 0.277\,0,\ 0.116\,6,\ 0.437\,2)$。

(2) 如果优先安排接线员 B 应答电话，则从状态"0"出发只能转移到状态 1_B（而不能转移到状态 1_A），状态转移图如图 12-12b 所示。

根据各状态对应的平衡方程式，不难得到下述方程组：

$$\begin{cases}0.5p_0=0.2p_A+0.25p_B\\(0.5+0.2)\,p_A=0.25p_2\\(0.5+0.25)\,p_B=0.5p_0+0.2p_2\\(0.25+0.2)\,p_2=0.5p_A+0.5p_B\\p_0+p_A+p_B+p_2=1\end{cases}$$

不难求得该方程组的解为 $(p_0,p_A,p_B,p_2)=(0.179\,0,\ 0.154\,3,\ 0.234\,6,\ 0.432\,1)$。

(3) 如果以等概率的方式优先安排接线员 A 或 B，则从状态"0"出发转移到状态 1_A 和 1_B 的"速度"均为 $0.5\lambda=0.25$，状态转移图如图 12-11c 所示。

根据各状态对应的平衡方程式，不难得到下述方程组：

$$
\begin{cases}
0.5p_0 = 0.2p_A + 0.25p_B \\
(0.5+0.2)\,p_A = 0.25p_0 + 0.25p_2 \\
(0.5+0.25)\,p_B = 0.25p_0 + 0.2p_2 \\
(0.25+0.2)\,p_2 = 0.5p_A + 0.5p_B \\
p_0 + p_A + p_B + p_2 = 1
\end{cases}
$$

不难求得该方程组的解为 $(p_0, p_A, p_B, p_2) = (0.173\,9,\ 0.217\,4,\ 0.173\,9,\ 0.434\,8)$。

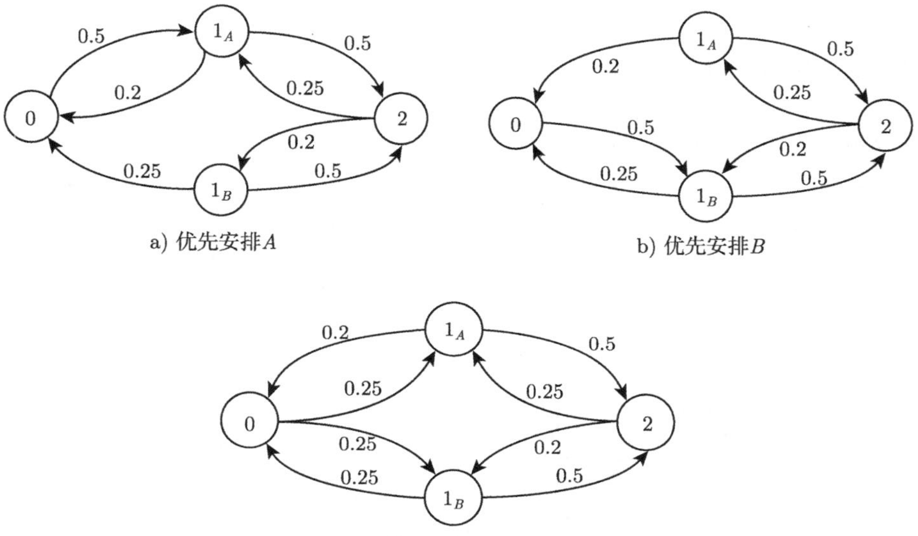

a) 优先安排A　　b) 优先安排B

c) 等概率优先安排

图 12-12　不同来电分配策略下的状态转移图

不同管理指标的计算公式以及在不同分配策略下的表现汇总在表 12-2 中。因为接线员 B 的服务效率更高，因此，将来电优先分配给 B 对整个系统而言是更有效的，体现为系统的产出率更高，同时来电损失率最低。作为一种折中的分配策略，这两个指标在等概率分配策略下的表现介于其他两个分配策略之间。

表 12-2　不同来电分配策略下的系统表现

指标	计算公式	优先分配 A	优先分配 B	等概率分配
接线员 A 的利用率	$p_A + p_2$	71.43%	58.64%	65.22%
接线员 B 的利用率	$p_B + p_2$	55.39%	66.67%	60.87%
系统的产出率	$\lambda(1-p_2)$	0.281 4	0.284 0	0.282 6
来电损失率	p_2	43.73%	43.21%	43.48%
平均系统长度	$p_A + p_B + 2p_2$	1.268 2	1.253 1	1.260 9

在现实中，确定分配规则时也不能仅仅考虑系统的效率，还需要考虑到工作安排的公平性、成本（如果接线员是按件工资制，资深接线员 B 的单位工资更高）等因素，需要结合具体问题具体考虑。例 12-6 的分析框架为分析该类问题并帮助企业决策提供了可以借鉴的思路。

现实中还有很多更为复杂的排队系统，比如顾客的到达率和服务率都可能随时间变化、顾客源有限、到达率或服务率依赖于系统状态、顾客到达时间间隔和服务时间服从一般分布、顾客和服务台分为不同类型以及多服务台混联等。分析这些复杂系统时可以借鉴本章介绍的稳态分析思路，有时也需要采用其他不同的方法。有兴趣的读者可以进一步深入学习排队论的相关知识。如果利用代数方法分析排队系统过于复杂，有时也可以采用系统仿真的方法来分析不同管理规则下排队系统的表现，有兴趣的读者也可以查阅系统仿真和模拟的相关内容。

本章习题

1. 分别给出下列服务系统的产出率：

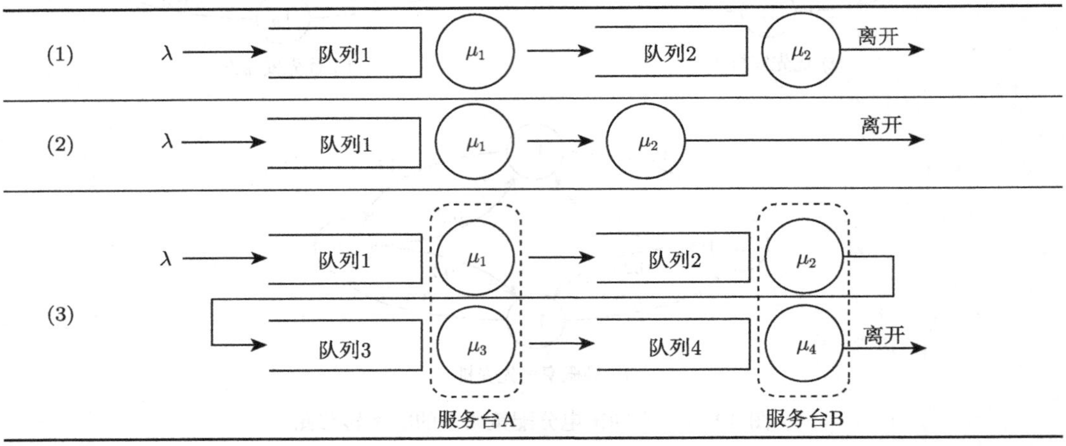

2. 请近似给出服务强度小于 1 的 $M/D/1$ 服务系统和 $D/M/1$ 服务系统的平均顾客等待时间以及平均队列长度。

3. 某保险公司每年平均处理 10 000 件保险索赔，索赔完成的平均时间是 3 周。那么，平均意义下，有多少件索赔处于“处理”状态？为了提升服务，公司决定将平均处理时间缩短 20%，请问此时平均意义下又有多少件索赔处于“处理”状态？（每年按 50 周计算）

4. 某公司每年的平均销售金额为 3 000 万元，公司账面上的平均应收账款为 450 万元。请问公司的平均回款周期是多长？

5. 某淘宝店主开设了一条服务专线为顾客提供售前和售后咨询服务。已知平均每隔 5 分钟会有一个咨询请求，咨询的平均时间是 m 分钟。考虑电话呼入时间间隔和咨询时间都服从负指数分布的情形。请问，有多大比例的咨询请求会因电话占线而损失？请刻画该损失概率随平均服务时间 m 的函数关系。你发现了什么有意义的管理启示？

6. 某售票处设有 2 个售票窗口，已知顾客的到达服从 Poisson 过程，到达率为 1 人/分钟。售票员的售票服务时间服从负指数分布，均值为 2.5 分钟。请度量该售票处的效率指标。如果新增 1 个售票窗口，这些指标会发生怎样的变化？你是否建议新增窗口？说出你的判断理由。

7. 考虑某配有两名接线员（记为 A 和 B）、三条电话线路的呼叫系统（Call Center）。已知咨询电话按照 Poisson 过程到达，平均每 2 分钟来一个电话。接线员的服务时间彼此独立而且服从负指数分布，A 的平均服务时间是 5 分钟，B 的平均服务时间是 4 分钟。新来电如果成功接入但是两个接线员均处于繁忙状态，则该来电将一直等待，直到某接线员完成应答服务。假设呼叫中心采用的是随机分配规则：如果 A 和 B 均处于空闲状态，则新的顾客来电将以 60%的概率分配给 A，以 40%的概率分配给 B。请结合该系统的稳态分布计算两名接线员的利用率、系统的产出率、来电损失率、平均系统长度以及平均队列长度。

营销教材译丛系列

课程名称	书号	书名、作者及出版时间	定价
网络营销	即将出版	网络营销：战略、实施与实践（第4版）（查菲）（2014年）	65
销售管理	978-7-111-32794-3	现代销售学：创造客户价值（第11版）（曼宁）（2011年）	45
市场调研与预测	978-7-111-36422-1	当代市场调研（第8版）（麦克丹尼尔）（2011年）	78
国际市场营销学	978-7-111-38840-1	国际市场营销学（第15版）（凯特奥拉）（2012年）	69
国际市场营销学	978-7-111-29888-5	国际市场营销学（第3版）（拉斯库）（2010年）	45
服务营销学	978-7-111-44625-5	服务营销（第7版）（洛夫洛克）（2013年）	79